SOLIDWORKS二次开发理论与技术

董玉德　凌乐舒　编著

机械工业出版社

本书以 SOLIDWORKS 开发项目为研究背景，以 Visual Studio（VS）2019 为编程工具和开发平台，运用大量专题实例，详细而又系统地介绍了用 C++进行二次开发的方法和技巧。本书的一个重要特点是给出了如何运用 C++进行面向 SOLIDWORKS 系统的二次开发。

本书的内容涉及开发一个实用 CAD 系统的多个方面，其中包括 CAD 二次开发概述、面向对象的 C++程序设计基础、面向对象的 API 程序开发包、交互界面设计、零件自动建模、装配体自动操作、工程图的程序生成、选择与遍历技术、标准件库的设计、液压机设计与计算、浮选机设计、陶瓷砖模具设计等。

全书内容安排详略得当、通俗易懂，各章专题例程相互独立，读者可从中学到 SOLIDWORKS 系统软件开发的方方面面。

本书有鲜明的个性和极大的实用价值，可作为高等院校师生学习 SOLIDWORKS 二次开发的教材，也可供机械、电子、计算机、建筑、服装、广告等行业的计算机辅助设计技术人员使用。

本书配有丰富的操作视频及拓展资料，读者扫描书中二维码即可观看，另外，本书还附赠全部实例的源文件，需要的读者可联系编辑索取（微信：18515977506，电话：010-88379739）。

图书在版编目（CIP）数据

SOLIDWORKS 二次开发理论与技术/董玉德，凌乐舒编著．—北京：机械工业出版社，2024.8

ISBN 978-7-111-75540-1

Ⅰ.①S… Ⅱ.①董… ②凌… Ⅲ.①机械设计-计算机辅助设计-应用软件 Ⅳ.①TH122

中国国家版本馆 CIP 数据核字（2024）第 070185 号

机械工业出版社（北京市百万庄大街 22 号　邮政编码 100037）
策划编辑：汤　枫　　　　责任编辑：汤　枫　赵晓峰
责任校对：李可意　张　征　　责任印制：邓　博
北京盛通数码印刷有限公司印刷
2024 年 8 月第 1 版第 1 次印刷
184mm×260mm · 22 印张 · 572 千字
标准书号：ISBN 978-7-111-75540-1
定价：99.00 元

电话服务
客服电话：010-88361066
010-88379833
010-68326294

网络服务
机　工　官　网：www.cmpbook.com
机　工　官　博：weibo.com/cmp1952
金　　书　　网：www.golden-book.com
机工教育服务网：www.cmpedu.com

前　言

CAD 教学在高等院校得到普遍重视。各类企业、研究机构也培养了一大批 CAD 应用与研究队伍，与 20 世纪 80—90 年代相比，目前 CAD 的应用水平已有较大的提高，这一方面得益于高水平商用 CAD 软件的功能不断被完善，另一方面也是企业提高产品设计效率、降低劳动成本的必然要求。根据编者这些年在企业实践的经验来看，CAD 工具在企业中的应用绝大部分还是停留在几何建模阶段（2D 或 3D），设计与校核分析等作用并没有得到很大的体现。究其原因，一方面是产品的整个设计过程太复杂，单一 CAD 工具很难对付各个过程，另一个重要原因是缺乏对 CAD 工具进行深层次开发，这在企业中特别明显。为了从根本上改变这种局面，编者从 2003 年开始对本科生开设 CAD 二次开发课程，目的是加强学生 CAD 软件的设计与开发能力。

SOLIDWORKS 作为使用最为广泛的三维 CAD 软件之一，在机械、电子、建筑、服装等行业得到广泛的应用。二次开发是 SOLIDWORKS 对外开放特性中最具魅力的一面旗帜，C++、Delphi、C#作为第三代开发工具，采用全新的面向对象编程技术和 Visual C++集成化开发环境，在开发的内容和形式上都发生了重大变化，受到了 SOLIDWORKS 使用者和广大程序开发人员的欢迎。

本书编写背景

编者从中国期刊全文数据库检索 1994—2022 年有关 SOLIDWORKS 的论文有 31434 条，其中关于二次开发的有 1168 条；从中国学位论文全文数据库中检索 1994—2022 年有关 SOLIDWORKS 的学位论文有 8351 篇；其中关于二次开发的有 885 篇；从 Engineering Village 数据库检索 1994—2022 年有关 SOLIDWORKS 的论文有 4275 篇，其中有关二次开发的有 91 篇；从 Science Direct 数据库检索 1994—2022 年有关二次开发的论文有 1022 篇；从 ISI Web of Knowledge 数据库检索 1994—2022 年有关 SOLIDWORKS 及其开发的论文有 5148 篇。以上数据表明了学术界和工程界对 SOLIDWORKS 二次开发的重视。

目前，已出版的有关 SOLIDWORKS 二次开发的参考书为数不少，对读者了解 SOLIDWORKS 二次开发的主要内容和应用程序开发方法起到了重要作用，但讲解如何用 C++开发一套实用的 SOLIDWORKS 插件系统，这方面的书籍还比较少见。由于使用 C++编程要求开发者不仅对 SOLIDWORKS 系统本身有深刻的认识，还要能把面向对象的 C++编程和 SOLIDWORKS SDK API 有机地结合起来，因此对初学者，甚至是有一定编程经验的程序开发者来说，开发一套实用的 CAD 系统会相当困难。

本书内容概要

本书以多个 SOLIDWORKS 开发项目为研究背景，以 SOLIDWORKS 2008 版至 2022 版系统开发技术为基础，在认真总结编者 20 多年开发经验的基础上编写。全书在内容安排上以一定的篇幅介绍了 Visual Studio 开发平台和 C++语言的基础知识，大部分的内容给出了工程中的开发实例，每个程序都具有极高的实用价值。全书共 20 章，内容安排如下。

第 1 章　CAD 技术概述、CAD 二次开发、SOLIDWORKS 二次开发，以及二次开发的一般过程。

第 2 章　VS 开发环境、类、对象、继承与多态性。

第 3 章　MFC 对话框的创建、非模态对话框与消息对话框、C++中的消息机制和常用控件的使用。

第 4 章　SOLIDWORKS 二次开发基本术语、变量类型、接口获取方法，以及接口返回值。

第 5 章　SOLIDWORKS API 对象的方法、事件、属性。

第 6 章　二次开发菜单、工具栏以及交互对话框的实现。

第 7 章　对零件进行相关概述、新建零件文件、进行草图绘制、为草图添加标注尺寸、进行特征造型、对零件视角进行操作、自定义零件属性。

第 8 章　SOLIDWORKS 装配操作中的相关概念、新建装配文件、插入零件到装配体、添加装配关系、对装配体进行干涉检查。

第 9 章　工程图的概述、创建工程图、工程图自动调整。

第 10 章　SOLIDWORKS 选择集的使用、访问选择管理器、SOLIDWORKS BREP 模型、几何与拓扑遍历、体面遍历，遍历特征管理器、零件和装配体。

第 11 章　标准件库开发方案、标准件库实现技术和标准件库的建立。

第 12 章　二次开发在 YH 型液压机中的应用。

第 13 章　二次开发在浮选机中的应用。

第 14 章　二次开发在陶瓷砖模具中的应用。

第 15 章　二次开发在底侧卸式矿车中的应用。

第 16 章　二次开发在轿车轮胎花纹中的应用。

第 17 章　二次开发在冰箱发泡模具中的应用。

第 18 章　二次开发在压铸模浇注系统中的应用。

第 19 章　二次开发在阀门参数化系统中的应用。

第 20 章　二次开发在轻型卡车翻转支座断裂分析中的应用。

本书由董玉德和凌乐舒编著完成。其中，董玉德负责第 1～17 章的编写，凌乐舒负责第 18～20 章的编写，谈国荣、段国齐、丁战友、代晓波、丁毅、葛华辉、刘明明、张楚豪、白杨负责全书的视频录制与程序编制。

本书的特点

本书在各章节的编写中重点关注了以下几个问题：①内容体系的完备。尽量保证各章节内容的完整性，使本书不仅可作为教材参考书，还可作为工具书。②应用实例教学。主要章节都有大量的应用实例，不仅有函数介绍，而且有详细的应用过程，以及如何使用这些方法。书中列举了关键代码，其中部分代码来自编者实际开发的项目。③本书的前 10 章是全书的基础，其余部分按专题来介绍，读者可根据需要选择学习。

教学程序与实用程序

在本书编写过程中，编者参考了大量的文献资料，第 1～10 章基本知识内容中引用了部分作者的程序源代码，除了书本中标注和参考文献中列举的外，还有从期刊、网络上收集的资料、源程序，无法一一列举，在此对以上文献与源程序的作者表示感谢。第 11～20 章中的实用商用 SOLIDWORKS 二次开发程序是编者项目组这几年开展企业信息化项目时完成的，如标准件的参数化、液压机设计计算、浮选机的参数化设计等项目，本书将这些源代码无保留奉献给读者，期望能为更多的青年学子和 SOLIDWORKS 从业人员提高设计与开发水平尽一份微薄之力。

本书的定位

编者认为 CAD 教学应分三个层次：①SOLIDWORKS 软件的使用，学生通过该工具可以从事一般的绘图作业，实质上这与辅助设计还有一定的距离，这时也只能说是二维工程图变成三维实体模型；②计算机辅助设计原理与方法，通过该课程的学习，学生可以了解到 SOLIDWORKS 的基本原理与应用领域，知道 SOLIDWORKS 能解决的问题及其局限性，同时有助于理解 SOLIDWORKS 的设计过程；③SOLIDWORKS 的二次开发，该层次学习是要求学生在会使用 SOLIDWORKS 工具与对 SOLIDWORKS 原理认识的基础上，运用面向对象的设计方法、面向对象的程序设计、数据库、机械设计（或建筑设计、纺织服装设计、电气设计等）、软件工程等知识，去解决实践活动过程中所遇到的具体问题，可以说二次开发是以往所学各门课程知识的综合运用，是一次学习能力检验与提高的过程。

对读者的要求及如何阅读本书

本书读者对象是工科各专业的本科生、研究生、博士生和从事 CAD 软件开发的各类人员。要求读者具有 C 和 C++（或 C#、Delphi）程序开发的基本知识，另外要熟悉 SOLIDWORKS API 函数。

CAD 是一门实践性很强的技术，仅仅依靠阅读是不够的，需要经常动手去实践，要学会举一反三、融会贯通，根据需要查找帮助中的相关函数。当遇到不好理解的代码一定要在开发环境下去调试，这是最好的学习方法，同理，本书如果没有多个实际项目的支持，是很难写出来的。

联系我们

由于编者水平有限，书中难免存在错漏之处，一些示例程序和实用程序也可能需要改进，恳请同行专家与读者批评指正，并能提出一些建设性意见，以便在以后再版做进一步改进与充实。

编者项目组多年来长期从事 CAD 二次开发，在 AutoCAD、SOLIDWORKS、Creo、NX、CATIA 等平台下做了一些工作，希望本书的出版能更进一步带动 CAD 二次开发。

致谢

在本书出版之际，首先要感谢浙江大学谭建荣院士多年来在学术上给予的指导与关心。其次，感谢企业界的朋友，没有你们提出具体的设计需求就没有今天的研究成果。

最后，感谢多年来对数字化设计与制造中心给予支持的企业界朋友，使我们在服务社会的同时找到了自己的定位。

编　者

目　录

第1章　绪　论

本章内容提要

(1) CAD 技术概述，包括 CAD 技术简介、主流 CAD 工具、CAD 发展趋势

(2) CAD 二次开发，包括主流 CAD 软件二次开发方法和 CAD 二次开发的基本原理

(3) SOLIDWORKS 二次开发，包括二次开发的意义、SOLIDWORKS 二次开发语言及其比较

1.1　CAD 技术概述

1.1.1　CAD 技术简介

计算机辅助设计（computer aided design，CAD）技术产生于20世纪50年代后期。CAD 是以人为主导，利用计算机软硬件辅助进行一项工程设计的建立、修改、分析和优化的一种现代设计方法。1972年10月，国际信息处理联合会（IFIP）在荷兰召开的“关于CAD原理的工作会议”上给出如下定义：CAD 是一种技术，其中人与计算机结合为一个问题求解组，紧密配合，发挥各自所长，从而使其工作优于每一方，并为应用多学科方法的综合性协作提供了可能。CAD 是工程技术人员以计算机为工具，对产品和工程进行设计、绘图、分析和编写技术文档等设计活动的总称。

CAD 是图形技术、数值分析、计算机软件、机械工程设计方法学、人工智能、优化设计等多学科的综合应用技术。根据美国国家工程院对人类1964—1989年25年间工程成就的评选，其结果是 CAD 技术的开发应用是十大成就之一。

CAD 是一个包括范围很广的概念，概括来说，CAD 技术已被广泛应用于机械、电气、电子、轻工、纺织、建筑等行业，而如今，CAD 技术的应用范围已经延伸到艺术、电影、动画、广告和娱乐等领域，产生了巨大的经济及社会效益，有着广泛的应用前景。引用 CAD 技术可以：①降低工程设计成本13%~30%；②减少产品设计到投产的时间30%~60%；③产品质量的量级提高2~5倍；④减少加工过程30%~60%；⑤降低人力成本5%~20%；⑥提高产品作业生产率40%~70%；⑦提高设备的生产率2~3倍；⑧增加工程师分析问题的广度和深度的能力3~35倍。

近十年来，在计算机集成制造系统（CIMS）工程和 CAD 应用工程的推动下，我国计算机辅助设计技术应用越来越普遍，越来越多的设计单位和企业采用这一技术来提高设计效率、产品质量和改善劳动条件。目前，我国从国外引进的 CAD 软件有好几十种，国内的一些科研机

构、高校和软件公司也都立足于国内，开发出了自己的CAD软件，并投放市场，我国的CAD技术应用呈现出一片欣欣向荣的景象。

国内外专家通常把CAD的发展，划分为4个阶段：第一阶段是只能用于二维平面绘图、标注尺寸和文字的简单系统；第二阶段是将绘图系统与几何数据管理结合起来，包括三维图形设计及优化计算等其他功能接口；第三阶段是以工程数据库为核心，包括曲面和实体造型技术的集成化系统；第四阶段是基于产品信息共享和分布计算，并辅以专家系统及人工神经网络的智能化、网络协同CAD系统。

CAD技术是一项综合性的，集计算机图形学、数据库、网络通信等计算机及其他领域知识于一体的高新技术，是先进制造技术的重要组成部分，也是提高设计水平、缩短产品开发周期、增强行业竞争能力的一项关键技术，国家科学技术部已将CAD技术列为国家科技支撑计划与信息化专项。CAD能够提高产品的设计质量、缩短科研和新产品的开发周期、降低消耗、提高新产品的可信度、大幅度提高劳动生产率、实现脑力劳动自动化。总体来讲，CAD系统具有以下优点：

1）使传统的设计计算程序化，减轻工程设计人员的计算强度和重复性工作，提高设计的正确率和工作效率，缩短设计周期，加速产品的更新换代。

2）用计算机来表示产品的模型，使物理模型可视化、数字化、参数化和变量化，设计人员可以在设计过程中观察到设计的对象，并做必要的修改；特别是对系列化的产品设计，只需在原有的设计基础上做少量的修改，就可成为新的产品设计方案。

3）利于产品的标准化、通用化、系列化，且有利于与计算机辅助制造、计算机辅助管理技术相结合。

采用CAD技术进行产品设计，不但可以使设计人员"甩掉图板"，更新传统的设计思想，实现设计自动化，降低产品的成本，提高企业及其产品在市场上的竞争能力；还可以使企业由原来的串行式作业转变为并行式作业，建立一种全新的设计和生产技术管理体制，缩短产品的开发周期，提高劳动生产率。如今世界各大航空、航天及汽车等制造业巨头不仅广泛采用CAD/CAM（计算机辅助制造）技术进行产品设计，而且还投入大量的人力、物力及资金进行CAD/CAM软件的开发，以保持自己技术上的领先地位和国际市场上的优势。

1.1.2 主流CAD工具

1. 国外主要CAD软件

（1）AutoCAD和MDT　AutoCAD系统是美国Autodesk公司在1982年为微机开发的一个交互式绘图软件。Autodesk公司是拥有全球用户量最多的软件供应商，也是全球规模最大的基于个人计算机平台的CAD和动画及可视化软件企业。AutoCAD是当今最流行的二维绘图软件，具有强大的二维功能，如绘图、编辑、剖面线和图案绘制、尺寸标注，以及方便用户的二次开发功能，也具有部分的三维绘图造型功能。AutoCAD 2008把三维设计的概念引入二维设计的理念里面来，实现了设计思想与表达形式的分离，目前最新的版本是AutoCAD 2024。

MDT（Mechanical Desktop）是Autodesk公司在机械行业推出的基于参数化特征实体造型和曲面造型的微机CAD/CAM软件。它以三维设计为基础，集设计、分析、制造以及文档管理等多种功能为一体。MDT基于特征的参数化实体造型、基于NURBS的曲面造型，可以比较方便地完成几百甚至上千个零件的大型装配、提供相关联的绘图和草图功能、提供完整的模型和绘图的双向联结。该软件与AutoCAD完全融为一体，用户可以方便地实现三维向二维的转换。

MDT为AutoCAD用户向三维升级提供了一个较好的选择。MDT的用户主要有中国一汽集团、荷兰菲利浦公司、德国西门子公司、日本东芝公司、美国休斯公司等。

（2）Creo 1988年，美国参数技术公司（PTC）推出Pro/Engineer软件（以下简称Proe），Proe软件以参数化著称，是参数化技术的最早应用者，在三维造型软件领域中占有重要地位。

2010年，在Proe的基础上，PTC公司推出Creo软件，Creo整合了Proe的参数化技术、CoCreat的直接建模技术和ProductView的三维可视化技术。Creo集成了多个可互操作的应用程序，其功能覆盖了整个产品开发领域，包括Creo柔性建模扩展、Creo选项建模扩展、Creo布局扩展、Creo高级装配扩展、ECAD-MCAD协作扩展和其他模块。

Creo还提供了4项突破性技术，克服了CAD环境中与可用性、互操作性、技术锁定和装配管理相关的长期挑战。这些突破性技术包括：①Apps，在恰当的时间向正确的用户提供合适的工具，使组织中的所有人都参与到产品开发过程中，最终结果是激发新思路、创造力以及效率。②Modeling，提供业内唯一真正的多范型设计平台，使用户能够采用二维、三维直接或三维参数等方式进行设计。在某一个模式下创建的数据能在任何其他模式中访问和重用，每个用户可以在所选择的模式中使用自己或他人的数据。③Adoption，能够统一使用任何CAD系统生成的数据，从而实现多CAD设计的效率和价值。④Assembly，为团队提供所需的能力和可扩展性，以创建、验证和重用高度可配置产品的信息。

（3）Unigraphics NX（NX） NX原名Unigraphics（UG），起源于美国麦道（MD）公司，1991年11月并入美国通用汽车公司EDS分部，后被西门子收购，改名为NX。改名后的NX页面更简洁，功能更强大。NX具有尺寸驱动编辑功能和统一的数据库，支持产品开发的整个过程，从概念（CAID）到设计（CAD）、分析（CAE）再到制造（CAM）的完整流程。它具有很强的数控加工能力，可以进行2~2.5轴、3~5轴联动的复杂曲面加工和镗铣。

NX将产品的生命周期阶段整合到一个终端到终端的过程中，运用并行工程工作流、上下关联设计和产品数据管理使其能运用在所有领域。

（4）I-DEAS I-DEAS是美国SDRC公司开发的CAD/CAM软件。I-DEAS的新能力涉及针对各产品领域的增强，包括核心实体造型及设计、数字化验证（CAE）、数字化制造（CAM）、二维绘图及三维产品标注。I-DEAS在CAD/CAE一体化技术方面一直雄居世界榜首，软件内含结构分析、热力分析、优化设计、耐久性分析等真正提高产品性能的高级分析功能。

SDRC也是全球最大的专业CAM软件生产厂商之一。I-DEASCAMAND是CAM行业的顶级产品，可以方便地仿真刀具及机床的运动，可以从简单的2轴、2.5轴加工到以7轴5联动方式来加工极为复杂的工件表面，并可以对数控加工过程进行自动控制和优化。

（5）SOLIDWORKS 由美国SOLIDWORKS公司于1995年11月研制开发的SOLIDWORKS是一套基于Windows平台的全参数化特征造型软件，它可以十分方便地实现复杂的三维零件实体造型、复杂装配和生成工程图，图形界面友好，用户上手快。该软件可以应用于以规则几何形体为主的机械产品设计及生产准备工作中，其价位适中。

该软件采用Parasolid作为几何平台和DCM作为约束管理模块，自顶向下基于特征的实体建模设计方法，可动态模拟装配过程，自动生成装配明细表、装配爆炸图，动态装配仿真、干涉检查、装配形态控制，同时具有中英文两种界面可供选择，其先进的特征树结构使操作更加简便和直观。

（6）Solid Edge UGS公司的Solid Edge（www.solidedge.com）是一款功能强大的三维计算

机辅助设计软件，提供制造业公司基于管理的设计工具，在设计阶段就融入管理，达到缩短产品上市周期、提高产品品质、降低费用、提高收益率的目的。Solid Edge Insight 是目前唯一的直接嵌入 CAD 系统的设计管理工具，提供设计管理、增加设计协同能力。

Solid Edge 是真正的 Windows 软件，其采用最新的 STREAM 技术，是完全与 Microsoft 产品相兼容的真正技术指标化的三维实体造型系统。它利用逻辑推理和决策概念来动态捕捉工程师的设计意图，因为 STREAM 技术易学、易用，所以能够改善用户交互速度和效率，能够比其他中档 CAD 设计软件产生更多的效益。Solid Edge 采用 Unigraphics Solutions 的 Parasolid V10 造型内核作为强大的软件核心。

Solid Edge 利用相邻零件的几何信息，使新零件的设计可在装配造型内完成；模塑加强模块可直接支持复杂塑料零件造型设计；钣金模块使用户可以快速简捷地完成各种钣金零件的设计；利用二维几何图形作为实体造型的特征草图，实现三维实体造型，为从 CAD 绘图升至三维实体造型的设计提供了简单、快速的方法。

（7）CATIA　CATIA 系统是法国达索（Dassault）飞机公司 Dassault Systems 工程部开发的产品。该系统是在 CADAM 系统（原由美国洛克希德公司开发，后并入美国 IBM 公司）基础上扩充开发的，在 CAD 方面购买原 CADAM 系统的源程序，在加工方面则购买了有名的 APT 系统的源程序，形成了商品化的 CAD 系统。

CATIA 采用先进的混合建模技术，在整个产品生命周期内具有方便的修改能力，所有模块具有全相关性，具有并行工程的设计环境，支持从概念设计直到产品实现的全过程。它是世界上第一个实现产品数字化样机开发（DMU）的软件。

CATIA 系统如今已经发展为集成化的 CAD/CAE/CAM 系统，具有统一的用户界面、数据管理以及兼容的数据库和应用程序接口，并拥有 20 多个独立设计的模块。该系统的工作环境是 IBM 主机以及 RISC/6000 工作站。目前，CATIA 系统在全世界 30 多个国家都拥有用户，美国波音飞机公司的波音 777 飞机便是其杰作之一。

2. 主要国产 CAD 软件

（1）浩辰 CAD　浩辰 CAD（GstarCAD）是由苏州浩辰软件股份有限公司自主研发的国产 CAD 设计平台，能够全面完美兼容主流 CAD 文件格式，支持 CAD 软件二次开发，性能卓越，功能强大，自主版权安全可控，支持用户高效完成设计及绘图工作。将浩辰 CAD、浩辰 3D 设计平台，与拥有全球最大 CAD 软件移动用户群的新一代 CAD 云办公产品“浩辰 CAD 看图王”相结合，可实现计算机、手机、浏览器跨终端移动办公、数据共享、文档管理、团队协同设计等功能，为企业及用户提供简单、高效、多场景化的 CAD 软件及云解决方案。

集机械绘图、机构设计和数据管理等功能模块于一体的浩辰 CAD 机械，提供了符合国家标准和可定制化的行业标准环境，包含先进的多图框和明细表管理的智能系统、高效的尺寸符号注释、全面的标准零件库、强大的图纸兼容性等，可大幅提升机械工程师的设计绘图效率，大幅缩短项目工期，完全解决了企业 CAD 正版化的问题，全面提高了企业的综合竞争力。

（2）中望 CAD　中望 CAD 是中望软件自主研发的第三代二维 CAD 平台软件，凭借良好的运行速度和稳定性，完美兼容主流 CAD 文件格式，界面友好易用、操作方便，可帮助用户高效顺畅完成设计绘图。通过第三方云服务，配合中望 CAD 派客云图，可实现跨终端移动办公，满足更多个性化设计需求。

中望 CAD 主要特性包括：①基于自主研发 CAD 平台核心技术，独创内存管理机制，内存占用低，运行稳定顺畅；全面支持 VBA/LISP/ZRX/ZDS/. NET 接口，二次开发和移植扩展灵活高效。②兼容 DWG、DXF 等图形格式，能准确读取和保存数据内容。③设计风格界面简约、清晰、扁平化，支持 Ribbon 和经典两种界面，适用于新老用户。④支持 Windows、Mac、Linux 系统，配合中望 CAD 派客云图可实现跨平台设计办公，满足个性化需求。⑤全面支持 Unicode，各种语言以及特殊字符都能准确显示，杜绝了由于多语言环境导致的文件不兼容、文字无法显示、显示乱码等情况的发生，确保图样交流顺畅。⑥支持 OLE 对象插入，如 Office 软件的内容复制后可直接粘贴到中望 CAD 的图形中，中望 CAD 的图形也可以直接粘贴到 Office，只要双击 OLE 对象，就可启动对象对应的应用程序进行修改。

（3）CAXA CAXA CAD 电子图板（www.caxa.com）是一个开放的二维 CAD 平台，是数码大方自主开发的国产 CAD 核心产品。其具有上手快、出图快、专业规范、稳定可靠、兼容性好、授权灵活等特点，可随时适配最新的硬件和操作系统，支持最新制图标准，提供全面的最新图库，能零风险替代各种 CAD 平台，设计效率提升 100%以上。CAXA CAD 电子图板经过大中型企业及百万工程师十几年的应用验证，目前广泛应用于航空航天、装备制造、电子电器、汽车及零部件、国防军工、教育等行业。CAXA CAD 电子图板完全兼容 AutoCAD 2021 以下，从 R12 ~ 2018 版本的 DWG/DXF 格式文件，支持各种版本双向批量转换，数据交流完全无障碍；其界面依据视觉规律和操作习惯精心改良设计，交互方式简单快捷，符合国内工程师的设计习惯；其数据接口支持 PDF、JPG 等格式输出；提供与其他信息系统集成的浏览和信息处理组件；支持图样的云分享和协作；支持 Windows XP/7/8/10 等各种系统，且对计算机硬件要求也较低；另外，基于 CAXA 高效的资源管理技术，使 CAD 软件的安装和运行占用的资源都极低，1G 内存即可流畅运行。

CAXA 3D 实体设计是集创新设计、工程设计、协同设计于一体的新一代 3D CAD 平台解决方案，具有完全自主知识产权，易学易用，稳定高效，性能优越。它提供三维数字化方案设计、详细设计、分析验证、专业工程图等完整功能，可以满足产品开发和定义流程中各个方面的需求，帮助企业以更快的速度、更低的成本研发出新产品，并将新产品推向市场、服务客户，在专用设备设计、工装夹具设计、各种零部件设计等场景得到了广泛的应用。产品优势包括：将可视化的自由设计与精确化设计结合在一起；通过使用轻量化加载技术可以只加载当前设计所需的数据，大幅减少了模型对内存的占用；能够支撑 10 万个零件的大型装配设计；工程师可在同一软件环境下自由进行 3D 和 2D 设计，无须转换文件格式，就可以直接读写 DWG/DXF/EXB 等数据；设计中 70%以上的操作都可以借助三维球工具来实现，彻底改变了基于 2D 草图传统的三维设计操作麻烦、修改困难的状况。

CAXA 系列软件还包括 CAE 分析仿真、计算机辅助工艺设计（computer aided process planning，CAPP）工艺图表、CAM 线切割、CAM 数控车、CAM 工程师等模块。

（4）开目 CAD 开目 CAD 是中国最早的商品化 CAD 软件之一，也是全球唯一一款完全基于画法几何设计理念的工程设计绘图软件，目前拥有 5000 余家企业用户，装机量超过 40000 套。开目 CAD 是一款由开目公司设计的具有完全自主版权的专业设计绘图工具，拥有全部自主的核心技术，基于“长对正、宽相等、高平齐”的画法几何设计理念，能最大限度地切合工程设计师绘图习惯，容易被快速掌握。用开目 CAD 绘制的图样符合国标要求，图幅、线型、线宽、比例的设置结合国标要求，出图效果好。开目 CAD 提供包括零件结构、轴承、夹具、螺钉、螺母等丰富的符合国标和行业标准的工程图库，并支持用户对图库的自定义和扩展；开放的集成开发接口与产品数据管理（product data management，PDM）、CAPP 等应用系统具有良好的集成性，与开目系列产品具有良好的集成，也可与业界其他厂商的 PDM 系统良好集成。

（5）天河 CAD　天河 CAD 是由天河智造（北京）科技股份有限公司（Tianhe Microsystems）开发的一款 CAD 软件。天河 CAD 是一套面向建筑、土木工程、机械设计等领域的专业 CAD 解决方案，能提供全面的 2D 和 3D 设计功能，以及多种工具和功能，以满足不同行业的设计需求。天河 CAD 的一些主要特点和功能如下：

支持 2D 和 3D 设计，用户可以创建准确的平面图和三维模型，进行绘图和建模；提供了丰富的建模工具，包括绘制线条、绘制多边形、创建实体、编辑对象等功能，帮助用户创建准确的设计模型；支持与其他 CAD 软件的文件格式兼容，如 DWG、DXF 等，方便用户进行数据的交换和共享；提供了各种图形处理和编辑功能，如裁剪、修剪、平移、旋转、缩放等，方便用户对设计进行修改和优化；支持参数化设计，用户可以通过定义参数和公式来控制设计的各个方面，实现快速的设计变更和优化；提供了图层管理功能，允许用户对图形元素进行分组、隐藏、锁定等操作，方便管理复杂的绘图图层。

（6）InteCAD　InteCAD 是由武汉天喻软件有限责任公司开发的具有完全独立自主版权的二维机械 CAD 系统，符合 Windows 系统标准，采用 Windows 界面风格，易学、易用。InteCAD 基于特征的设计思想使画图和改图都无比快捷，是国内优秀的多文档、多窗口操作的机械 CAD 系统。

InteSolid 是产品造型与设计系统，采用面向对象技术和先进的几何造型器 ACIS 作为底层造型平台，通过零件造型、装配设计和工程图的生成来满足产品设计与造型的需要，在国内处于领先地位。武汉天喻软件有限责任公司的产品包括 InteCADTool、InteSolid、InteCAPP、InteCAST、IntePDM、InteAMS 等软件。

（7）PICAD　PICAD 系统是北京凯思博宏计算机应用工程有限公司开发的具有自主版权的 CAD 软件。该软件具有智能化、参数化和较强的开放性，对特征点和特征坐标可自动捕捉及动态导航；系统提供局部图形参数化、参数化图素拼装及可扩充的参数图符库；提供交互环境下的开放的二次开发工具；智能标注系统可自动选择标注方式；首先推出全新的“所绘即所得”自动参数化技术；可回溯的、安全的历史记录管理器；是真正的面向对象和面向特征设计的 CAD 系统。凯思博宏公司还在企业现代化信息管理系统和 CAD、PDM、OA、CAPP 等领域开发完成了一系列产品、专用系统及综合应用系统。

（8）XTMCAD　XTMCAD 是由北京艾克斯特科技有限公司与清华大学机械 CAD 开发中心数十位博、硕士毕业生不懈努力开发出来的以 AutoCAD 为平台的新一代二维特征化参数化集成机械 CAD 系统：XTMCAD for AutoCAD。它具有动态导航、参数化设计及图库建立与管理功能，还具有常用零件优化设计、工艺模块及工程图样管理等模块。

当 Autodesk 推出 Mechanical Desktop（MDT）后，作为 Autodesk 全球 ADN 成员的艾克斯特公司，推出了基于 MDT 的三维机械设计增强系统即 XTMCAD 3D。其他产品有 XTPDM、XTCAPP、TeamDesigner（集成化柔性设计 CAD 系统）、XTEDS（电气设计及仿真软件）、XTERP、XTGDES（齿轮设计专家系统）、DFMA（面向制造与装配的设计分析系统）等。

1.1.3 CAD 发展趋势

CAD 技术涉及面广而复杂、技术变化快，新的理论、技术和方法的研究，从未停止过。目前，从总体上讲，CAD 技术的发展趋势是变量化、虚拟化、集成化、智能化、协同化和网络化，CAD 二次开发可以说是实现这种技术发展的一种手段。

1. 变量化设计

先进的超变量几何（variational geometry extended，VGX）技术是一种现代CAD的核心技术。VGX提供三维变量化控制技术，贯穿二维草图设计、三维零件造型，直到装配体设计全过程；提供变量化草绘、建立变量方程、设计变量特征的能力；直接修改与基于设计历程修改相结合，可随时灵活地修改原约束、建立新约束和删除旧约束，或进行与造型顺序无关的尺寸标注，而不必关心设计顺序。VGX可在欠约束情况下进行任意几何与工程约束的自由创新设计，可在复杂的曲面边缘上自动生成凸缘。VGX完全一体化的变量化设计环境，支持统一的线框、裁剪曲面和实体造型。

VGX技术扩展了变量化产品结构，允许用户对一个完整的三维数字产品从几何造型、设计过程、特征，到设计约束，都可以进行实时直接操作。而且，随着设计的深化，VGX可以保留每一个中间设计过程的产品信息。

VGX为用户提出了一种交互操作模型的三维环境，设计人员在零部件上定义关系时，不须再关心二维设计信息如何变成三维，从而简化了设计建模的过程。设计人员可以针对零件上的任意特征直接进行图形化的编辑、修改，这就使得用户对其三维产品的设计更为直观和实时。用户在一个主模型中，就可以实现动态地捕捉设计、分析和造型的意图。VGX技术极大地改进了交互操作的直观性及可靠性，从而使CAD软件更加易于使用，效率更高。

2. 虚拟产品建模技术

虚拟现实（virtual reality，VR）技术在CAD中的应用也已经开始，可以进行各类具有沉浸感的可视化模拟，用以验证设计的正确性和可行性；还可以在设计阶段模拟零部件的装配过程，检查所用零部件是否合适和正确；在概念设计阶段，支持人机工程学，检验操作时是否舒适、方便，可用于方案选比。

虚拟制造（virtual manufacturing，VM）是实际制造过程在计算机上的本质实现，即利用各方面仿真与虚拟现实等技术构造一个虚拟的、集成的、有机的制造环境，在此环境下，产品开发人员通过网络协同技术，快速地、并行地进行产品开发。

虚拟制造是在计算机中生成产品的虚拟原型取代物理原型进行测试、仿真、分析，得出其性能、可制造性、可维护性、可装配性以及成本、外观等的评价，从而缩短产品开发周期、降低开发成本、提高企业快速响应的能力。

虚拟产品建模就是指建立产品的虚拟原型或虚拟样机的过程。基于虚拟样机的试验仿真分析，可以在真实制造之前发现问题，并得以解决。

虚拟样机是集产品几何信息（变量特征、设计历程、工程约束方程）、工艺信息（尺寸、坐标系、公差配合、形位公差、材料及物理属性）和加工工艺信息等为一体的完整的信息主模型。

3. CAX/PDM集成技术

许多企业已经建立了CAD、CAM、CAE、CAPP等软件平台，并应用于产品开发的各个环节。在产品的全生命周期中，CAD系统用于产品的设计，CAE系统用于产品分析，CAPP/CAM系统用于产品的加工生产，PDM系统用于管理与产品有关的数据和过程，企业资源计划（enterprise resource planning，ERP）系统用于管理企业的人、财、物、信息等企业资源。

这些系统如果相互独立，则较难发挥企业的整体效益。随着企业生产的发展，需要以产品为核心和以企业经营流程为核心的集成环境，这就需要CAD、PDM、ERP集成系统的支持。

如何保证产品数据的有效性、完整性、唯一性、最新性及共享性，是集成系统的核心问题。这就要求建立集成产品信息模型，它能够容易地在产品生命周期的不同环节间进行转换；要求能支持集成地、并行地设计产品及其相关的各种过程，帮助产品开发人员在设计一开始就考虑产品从概念形成到产品报废处理的所有因素，包括质量、成本、进度计划和用户要求。

目前个人计算机（PC）级CAD软件大都提出了CAD/CAM/CAE/PDM软件集成的解决方案，如基于NX、SOLIDWORKS、AutoCAD等解决方案。

4. 智能CAD技术

设计是一个含有高度智能的人类创造性活动领域，将CAD系统引入知识工程，从而产生了智能CAD系统。智能CAD是CAD发展的必然方向。

智能设计（intelligent design）和基于知识库系统（knowledge based system）的工程是出现在产品处理发展过程中的新趋势。在运用知识化、信息化的基础上，建立基于知识的设计仓库（design repository），它能及时准确地向设计人员提供产品开发所需的信息与帮助，利用Web机制，可以实现信息共享与交换，解决了产品设计中对知识需求的问题。

从数据库（database）到数据仓库（data warehouse）再到知识库（knowledge repository），从单纯的数据集到应用一定的规则从数据中进行知识的挖掘，再到让数据自身具有自我学习、积累能力，这是一个对数据处理、应用逐步深入的过程。

智能CAD软件采用动态导航技术，用户甚至会觉得设计过程中有一位同事在指点提示，用户的设计工作就是在与这位同事的交流中完成的。

5. 协同技术

计算机支持协同工作（computer supported cooperative work，CSCW）作为一项支持并行工程的智能技术，在现代CAD环境中得以实现，协同机制构造一种“虚拟工作空间”，开发成员围绕一个共同任务协同地进行工作。这要求CAD软件可以很好地解决协同设计中的各种冲突，包括基于规则的冲突消解、基于实例的冲突消解、基于约束的冲突消解及冲突协商；Internet/Intranet上进行群体成员间多媒体信息传输；异构环境中的数据传输与工具集成；设计群体中人人交互技术，包括利用白板、语音、视频等工具进行电子会议等。

产品协同商务（CPC）解决方案是一个完全建立在Internet平台、公共对象请求代理结构（CORBA）和Java技术基础上的产品。CPC定义为一类采用Internet技术的软件和服务，它允许企业或个人在产品的整个生命周期中协作开发、生产、管理产品。

CPC将所有产品和过程生命周期内的企业功能和资源集成在一起。CPC产品能用来为产品开发和管理的协同建立一个广义的企业信息基础设施，CPC基础设施建立在用于产品数据管理、采购、可视化、CAD/CAM、CAE、产品建模、文档管理、结构化和非结构化数据存储以及其他工具和服务的平台上。

6. 互联网时代CAD技术

进入2000年以来，互联网和电子商务的发展极其迅猛，电子商务赋予CAD技术新的内涵。对于产品设计而言，通过网络化的手段可以帮助设计师及其企业改造传统的设计流程，创造一种顺应人性而又充满魅力的设计环境，以便于设计师能在其中形象化地表现、高效率地研究发展和交流设计思想，更多的设计人员可以在同一平台下，通过网络针对一项设计任务进行实时的双向交互通信与合作。同时，在基于网络协同完成设计任务的同时，与制造、商务等的全面融合更带来了技术和应用两个领域革命性的进步。随着Web技术的不断渗透，支持Web协同设计方案的CAD软件已经出现并趋于成熟。借助于互联网的跨地域、跨时空的沟通特性和近乎无限的接入能力，CAD软件的团队协作能力可以直接利用互联网进行。面向网上协同设计的新一代 CAD 系统，可以设想为采用集中与分散相结合的体系结构，由中央服务器统一管理大型复杂产品的单一数据源，而分布各地的设计、制造人员在各自的子系统上开展工作，可以浏览相关业务的部分产品结构和安装系统。中央服务器不断检测各地工作站的设计进度，应答相关设计查询，调度设计更改的相关发送和审批，生成单一产品数据源的部件更新版。

所采用的关键技术包括：①利用 CAD/CAPP/CAM/PDM 集成技术，企业将实现真正的全数字化设计与数字化制造；CAD/CAPP/PDM 技术和 ERP（企业资源计划管理）、SCM（供应链管理）、CRM（客户关系管理）的应用，形成了企业信息化的总体构架。②虚拟工厂、虚拟制造，将是 CAD 技术在电子商务时代继续发展的一个重要方向，主要包括的技术有虚拟现实、仿真技术，以及可视化等。③基于 Web 的异构环境的集成技术主要包括三种分布式计算的框架：DCOM 和 CORBA、Web 上信息发布的标准 HTML、进行三维信息传输的 VRML 和 XML/3D。④扩展企业内电子商务的架构，电子商务是一个简单概念，将重要的商务系统与关键支持者（客户、雇员、供应商、分销商）通过内联网、外围网、环球网直接相连的组织，包括整个 SCM、ERP、CRM 的集成，模式主要有 B2B、B2C、C2B、B2G 等。⑤基于 Web 的工作流技术在 Service Marketplace 和 CPC 协同工作、并行工程中有着很重要的应用，提高了不同厂家的工作流产品的互操作，分布式服务的调用和分布式数据库的维护、访问和发布能力。⑥基于知识库的智能化设计和制造，将几何模型、特征模型、知识模型之间良好的集成，提供良好的学习接口和查询接口，提高自我学习能力，提供内容查询和特征查询，提高重用性，降低重复开发。

1.1.4　关于 SOLIDWORKS

SOLIDWORKS 公司成立于 1993 年，由 PTC 公司的技术副总裁 Payne 与 CV 公司的副总裁 Hirschtick 发起，1995 年推出了第一套 SOLIDWORKS 三维机械设计软件，1997 年，SOLIDWORKS 被法国达索（Dassault Systemes）公司收购，作为达索中端主流市场的主打品牌。由于使用了 Windows OLE 技术、直观式设计技术、先进的 parasolid 内核（由剑桥提供）以及良好的与第三方软件的集成技术，SOLIDWORKS 成为全球装机量最大、最好用的三维机械设计软件。据世界上著名的人才网站检索，与其他 3D CAD 系统相比，与 SOLIDWORKS 相关的招聘广告比其他软件的总和还要多，这比较客观地说明了越来越多的工程师使用 SOLIDWORKS，越来越多的企业雇佣 SOLIDWORKS 人才。该 CAD 系统的主要特点包括以下几个方面。

1. 全动感用户界面

SOLIDWORKS 提供了一整套完整的动态界面和鼠标拖动控制，“全动感”的用户界面减少了设计步骤和多余的对话框，从而避免了界面的零乱。崭新的属性管理员用来高效地管理整个设计过程和步骤，其可以处理所有的设计数据和参数，而且操作方便、界面直观。用 SOLIDWORKS 资源管理器可以方便地管理 CAD 文件。SOLIDWORKS 资源管理器是唯一一个同 Windows 资源器类似的 CAD 文件管理器。特征模板为标准件和标准特征，提供了良好的环境。用户可以直接从特征模板上调用标准的零件和特征，并与同事共享。SOLIDWORKS 提供的 AutoCAD 模拟器，使得 AutoCAD 用户可以保持原有的画图习惯，顺利地从二维设计转向三维实体设计。

2. 配置管理

配置管理是 SOLIDWORKS 软件体系结构中非常独特的一部分，涉及零件设计、装配设计和工程图。配置管理使得用户能够在一个 CAD 文档中，通过对不同参数的变换和组合，派生出不同的零件或装配体。

3. 协同工作

SOLIDWORKS 提供了技术先进的工具，使得用户可以通过互联网进行协同工作。通过 eDrawings 可方便地共享 CAD 文件。eDrawings 是一种极度压缩的、可通过电子邮件发送的、自行解压和浏览的特殊文件。通过三维托管网站展示生动的实体模型。三维托管网站是 SOLIDWORKS 提供的一种服务，用户可以在任何时间、任何地点，快速地查看产品结构。SOLIDWORKS 支持 Web 目录，使得用户将设计数据存放在互联网的文件夹中，就像存本地硬盘一样方便。使用 3D Meeting 可通过互联网实时地协同工作。3D Meeting 是基于微软 NetMeeting 的技术而开发的专门为 SOLIDWORKS 设计人员提供的协同工作环境。

4. 装配设计

在 SOLIDWORKS 中，当生成新零件时，可以直接参考其他零件并保持这种参考关系。在装配的环境里，可以方便地设计和修改零部件。对于超过一万个零部件的大型装配体，SOLIDWORKS 的性能得到极大的提高。

SOLIDWORKS 可以动态地查看装配体的所有运动，并且可以对运动的零部件进行动态的干涉检查和间隙检测。用智能零件技术自动完成重复设计。智能零件技术是一种崭新的技术，用来完成诸如将一个标准的螺栓装入螺孔中，而同时按照正确的顺序完成垫片和螺母的装配。镜像部件是 SOLIDWORKS 技术的巨大突破。镜像部件能产生基于已有零部件（包括具有派生关系或与其他零件具有关联关系的零件）的新的零部件。SOLIDWORKS 用捕捉配合的智能化装配技术，来加快装配体的总体装配。智能化装配技术能够自动地捕捉并定义装配关系。

5. 工程图

SOLIDWORKS 提供了生成完整的、车间认可的详细工程图的工具。工程图是全相关的，当修改图样时，三维模型、各个视图、装配体都会自动更新。从三维模型中自动产生工程图，包括视图、尺寸和标注。增强了的详图操作和剖视图，包括生成剖中剖视图、部件的图层支持、熟悉的二维草图功能，以及详图中的属性管理员。使用 RapidDraft 技术，可以将工程图与三维零件和装配体脱离，进行单独操作，以加快工程图的操作，但保持与三维零件和装配体的全相关。用交替位置显示视图能够方便地显示零部件的不同位置，以便了解运动的顺序。交替位置显示视图是专门为具有运动关系的装配体而设计的独特的工程图功能。

1.1.5 SOLIDWORKS CAX 一体化解决方案

以往的设计中，CAD 阶段的成果以工程图的形式体现，其数据不能传递成为 CAM 直接加工数据，也不能为 CAE 所用，更不能应用 CAPP 技术。为了解决这一问题，人们提出了一体化解决方案，它是利用计算机辅助设计零件从毛坯到成品的制造方法，目的是将企业产品设计数据转换为产品制造数据。有了 CAPP 技术，就可以结合 CAE 技术，在 CAM 中输入零件的工艺路线和工序内容，刀具就可以按照数控程序要求的轨迹运动，从而做到机械产品从设计到加工甚至到检验等全过程计算机辅助完成，如图 1-1 所示。

CAD/CAE/CAPP/CAM 集成的关键是 CAD、CAE、CAPP 和 CAM 之间的数据交换与共享。当代 CAD/CAE/CAPP/CAM 集成的支撑技术是 PDM 一体化技术，使得机械制造业节约成本、提高效率、缩短周期、产品可靠、质量高。

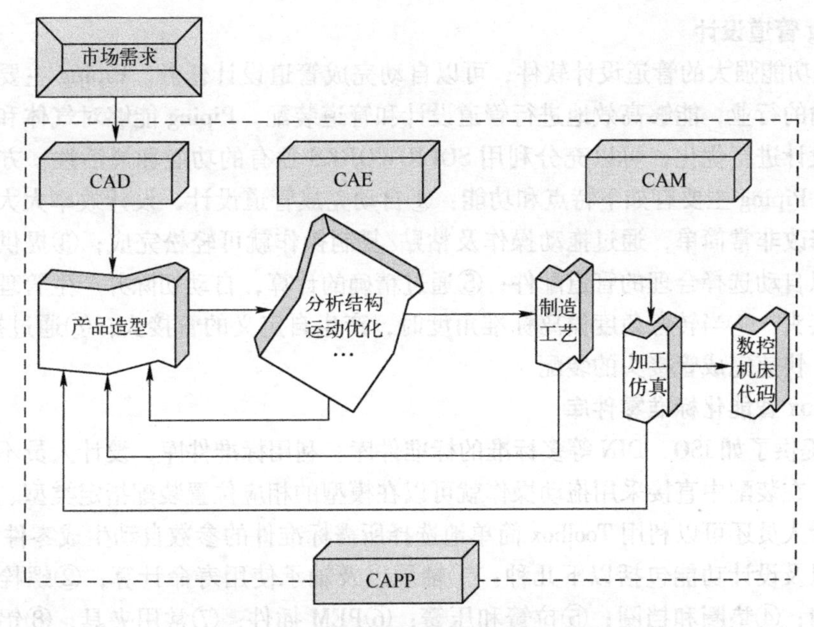

图1-1 CAD/CAE/CAPP/CAM 一体化

SOLIDWORKS Premium2010 中集成的 SOLIDWORKS Workgroup PDM 以及 3DVIA Composer 等软件，已经完成了大部分的 CAD/CAE/CAPP/PDM 一体化解决方案，已经基本建立了基于 SOLIDWORKS 平台的 CAPP 系统和集成 CAD、CAPP 的 PDM 系统。

1. PhotoWorks 实时渲染

PhotoWorks 软件用于产品真实效果的渲染，可产生高级的渲染效果图，设计人员可以利用渲染向导一步步完成零件或装配真实效果的渲染。利用 PhotoWorks 可以进行以下几种渲染：设置模型或表面的材质和纹理；为零件表面贴图；定义光源、反射度、透明度以及背景景象；利用现有的材质和纹理定义新材质或纹理；图像可以输出到屏幕或文件；进行实时渲染。

2. FeatureWorks 特征识别

利用 FeatureWorks 可以在 SOLIDWORKS 的零件文件中对输入的实体特征进行识别。实体模型被识别为特征以后，在 SOLIDWORKS 中以特征的形式存在，并与用 SOLIDWORKS 软件生成的特征相同。FeatureWorks 对静态的转换文件进行智能化处理，获取有用的信息，减少了重建模型所花费的时间。FeatureWorks 最适合识别规则的机加工轮廓和钣金特征，其中包括拉伸、旋转、孔和拔模等特征。

3. Animator 动画制作

产品的交互动画将 SOLIDWORKS 的三维模型实现动态的可视化，摄制产品设计的模拟装配过程、模拟拆卸过程和产品的模拟运行过程，从而实现动态设计。Animator 具有如下特点：①Animator 与 SOLIDWORKS 和 PhotoWorks 软件无缝集成，可以充分利用 SOLIDWORKS 的实体模型和 PhotoWorks 的渲染功能；②利用动画向导，可以非常容易地对 SOLIDWORKS 零件或装配体环境制作动画；③爆炸或解除爆炸动画，来展示装配体中零部件的装配关系；④绕着模型转动或让模型360°转动，可以从不同角度观看设计模型；⑤利用专业的灯光控制以及为零件和特征增加材质，来产生高质量的动画效果；⑥可以直接通过电子邮件发送 AVI 格式动画文件，加快设计观点的交流，缩短设计周期。

4. Piping管道设计

Piping是功能强大的管道设计软件，可以自动完成管道设计任务。Piping主要用于涉及气体或液体运输的行业，能够高效地进行管道设计和管道装配。Piping能够对气体和液体传输设备中的管道设计进行优化，可以充分利用SOLIDWORKS独有的功能和灵活性，方便自动地进行管道设计。Piping主要有如下特点和功能：①自动完成管道设计，设计效率大大提高；②管道的装配和修改非常简单，通过拖动操作及粘贴/复制操作就可轻松完成；③提供标准管道配件库；④可以自动选择合理的管道配件；⑤通过精确的计算，自动切除并产生管理；⑥转弯处自动插入管接头；⑦当转弯角度偏离标准角度时，产生自定义的管接头；⑧通过捕捉/配合的智能化装配，快速完成管接头的装配。

5. Toolbox智能化标准零件库

Toolbox提供了如ISO、DIN等多标准的标准件库。利用标准件库，设计人员不需要对标准件进行建模，在装配中直接采用拖动操作就可以在模型的相应位置装配指定类型、指定规格的标准件。设计人员还可以利用Toolbox简单地选择所需标准件的参数自动生成零件。Toolbox提供的标准件以及设计功能包括以下几种：①轴承以及轴承使用寿命计算；②螺栓和螺钉、螺母；③圆柱销；④垫圈和挡圈；⑤拉簧和压簧；⑥PEM插件；⑦常用夹具；⑧铝截面、钢截面梁的计算；⑨凸轮传动、链传动和带传动设计。

6. eDrawings（Professional）电子工程图

利用SOLIDWORKS提供的eDrawings软件可以将工程图输出成电子工程图格式（eDrawings），快速、清晰地交流设计思想。工程图输出成eDrawings格式以后，不需要打开模型文件便可直接查看零件的设计方案。eDrawings电子工程图软件主要有如下几个方面的功能：①视图虚拟折叠，在安排视图时完全可以按照设计者的习惯，输出视图的任意部分；②视图超级链接，利用视图的自动导航，可以单击视图注释，直接定位到需要查找的视图；③三维指针，可以很方便地查看某一轮廓在不同视图中的位置；④动画，以动画形式演示工程图视图间的关系，eDrawings可以动态演示工程图中所有视图的对齐的投影关系；⑤超级压缩的文件，eDrawings文件所占的空间更小，通过电子邮件发送非常方便；⑥内嵌的浏览器，无须附加的CAD软件或特殊的浏览器，在Windwos下就可以浏览eDrawings文件。

7. SurfaceWorks曲面辅助

SurfaceWorks主要是对SOLIDWORKS曲面建模功能的补充。在SOLIDWORKS中建立模型时，利用现有模型的边、面或点可以直接在SurfaceWorks中进行曲面处理，生成特定要求的曲面。在SurfaceWorks软件中保存零件返回到SOLIDWORKS后，在SurfaceWorks中生成的曲面就自动输入当前模型中。再利用输入的曲面对当前模型进行实体化处理，就可以建立具有复杂曲面的模型。

8. Geartrax齿轮和齿轮副设计

Geartrax主要用于精确齿轮的自动设计和齿轮副的设计，通过指定齿轮类型、齿轮的模数和齿数、压力角以及其他相关参数，Geartrax可以自动生成具有精确齿形的齿轮，为工程师提供了一种简单易用的、在SOLIDWORKS内部就可完成的驱动零件实体造型工具。可以设计的齿轮类型包括直齿轮、斜齿轮、锥齿轮、链轮、渐开线齿轮、齿形带齿轮、蜗轮和蜗杆、花键、V带齿轮等。

9. 3D Instant Website网站发布

3D Instant Website是一套全新的工具，能使SOLIDWORKS的使用者快速且方便地创造、发表一个生动又有安全性的3D交互式的网页。利用3D Instant Website可将现有的3D实体模型利用网页格式发表在SOLIDWORKS提供的网站或是公司内部的网站上。3D Instant Website也可将SOLIDWORKS特有的电子工程视图（eDrawings）放在网页上，提供一个传统形态的2D工程图形态，还拥有涂彩、3D模型及动画特色的沟通工具。

10. IMOLD模具设计软件

IMOLD for SOLIDWORKS是SOLIDWORKS环境下最强大的模具设计产品，模具设计者可快速进行产品设计，并可随时预览。IMOLD提供的功能不能与别的模具设计系统同日而语，包括许多自动工具或交互工具，如自动分离线生成工具、内部/空穴表面分割工具及边核开发工具等。IMOLD的主要模块有：数据准备、对象控制、内核与孔洞生成、布局设计、进料系统设计、Moldbase设计、弹射设计、插片设计、电梯设计、冷却系统设计、组件库、智能螺钉、材料单生成器、IMOLD草图、IMOLD工具共15种。

11. 初步的CAE分析

1）Cosmos/Works——工程师设计分析工具。

2）Cosmos/Motion—三维运动仿真软件。

3）Cosmos/FloWorks——流体动力学和热传导分析软件。

12. COSMOS/M专业分析

1）Cosmos/M-GEOSTAR有限元前后处理。

2）COSMOS/M-STAR应力和位移分析。

3）Cosmos/M-DSTAR失稳和频率分析。

4）Cosmos/M-ASTAR动态响应分析。

5）Cosmos/M-NSTAR非线性分析。

6）Cosmos/M-OPTSTAR设计优化。

7）Cosmos/M-FSTAR疲劳分析。

8）Cosmos/M-HSTAR热传导分析。

9）Cosmos/M-ESTAR电磁分析。

10）Cosmos/M-HFS高频分析。

11）Cosmos/M-FFE快速有限元技术。

12）Cosmos/M-数据转换。

13）Cosmos/M-标准材料库。

13. CAMWorks数控加工编程

CAMWorks是美国著名CAD/CAM软件开发商TEKSOFT公司研制的高效智能专业化数控加工编程软件。它运行于Windows平台，是专门为SOLIDWORKS配套开发的CAM系统。

14. 其他

1）EMbassyWorks——基于SOLIDWORKS的自动布线软件。

2）CircuitWorks——依据ECAD软件在SOLIDWORKS中生成三维线路板。

3）Moldflow Plastics Adviser——模流分析专家。

4）Interactive Product Animator（IPA）——动态模拟装配。

5）FloWorks——流体力学分析。

1.2 CAD 二次开发

1.2.1 二次开发的一般特点

国际知名的 CAD 软件，如 CATIA、Creo、NX、SOLIDWORKS、AutoCAD 等，都是商业化的通用平台，基本上覆盖了整个制造行业，但是专业针对性差，因而不能满足各种各样具体产品的设计需要，在实际的工程设计中难以达到理想效果，几乎不能真正实现灵活高效的特点。因此 CAD 软件的二次开发问题就成为 CAD 技术推广应用过程中所必须面对和解决的课题之一。二次开发就是把商品化、通用化的 CAD 系统用户化、本地化的过程，即以优秀的 CAD 系统为基础平台，研制开发符合国家标准、适合企业实际应用的用户化、专业化、集成化软件。

CAD 二次开发具有以下特点：

（1）继承性　二次开发是在已有软件的基础上进行的开发，因此开发后的软件性能在很大程度上取决于支撑软件的性能和开放程度，以及开发者对支撑软件的理解。

（2）专业性　二次开发是针对特定用户进行的，因此开发人员既要懂专业知识，又要具备软件开发的能力。

（3）实用性　二次开发是为了满足特定用户的特殊需要，因此成功的二次开发可以大幅度提高工作效率。

（4）紧迫性　二次开发要解决的是实际工作中遇到的问题，直接影响工作的进度，因此在时间上有紧迫性。

（5）复杂性　二次开发不仅涉及具体的应用，而且要求对支撑软件有深入的了解，因此工作量大，任务复杂。

应用软件是直接被用户使用的软件，因此应具有良好的用户界面，通过用户界面，用户不必去了解许多关于计算机硬件和软件方面的知识，只需要根据屏幕提示便能方便地完成产品设计。根据软件工程的指导思想，一个良好的 CAD 应用软件的用户界面应满足以下几方面的要求：

（1）使用方便　提供的用户界面以方便用户使用为原则，无须对用户做过多的专门训练工作就可以自如地使用该软件。

（2）记忆最少原则　一个好的应用软件应使用户尽量少记忆各种操作规则、专有名词和特殊符号。在 CAD 二次开发中，应尽量使用生产实践中普遍使用的专有名词和特殊符号，设计过程也应尽量符合设计人员的设计习惯。

（3）灵活的提示信息　应用软件运行时，应能给出简单易懂的提示信息，使用户的工作能顺利地进行。在 CAD 二次开发中，除了软件主体的设计外，提示菜单、帮助文件的设计也应多下功夫，尽量做到在线帮助、实时帮助。

（4）良好的交互方式　用户使用计算机进行设计时，应使其感到与计算机所进行的信息交换是十分自然的，与人们的日常工作习惯相符合。

（5）良好的出错处理　能及时给出出错信息并提出纠正建议。

1.2.2 主流CAD软件的二次开发

1. Creo的二次开发

Creo是一种采用了特征建模技术，基于统一数据库的参数化的通用CAD系统。利用它提供的二次开发工具在Creo的基础上进行二次开发，可以比较方便地实现面向特定产品的程序自动建模功能，并且可以把较为丰富的非几何特征，如材料特征、精度特征加入所产生的模型中，所有信息都存入统一的数据库，这是实现CAD/CAE/CAM集成的关键技术之一。

Creo提供了丰富的二次开发工具，常用的有：族表（family table）、Pro/Program、用户定义特征（UDF）和Pro/Toolkit等。以下简单介绍和比较各开发工具。

（1）族表（family table） 通过族表可以方便地管理具有相同或相近结构的零件，特别适用于标准零件的管理。它是通过建立基础零件为父零件，然后在族表中定义各个控制参数来控制模型的形状及大小。这样，就可通过改变各个参数的值来控制派生的各种子零件。整个族表通过电子表格来管理，所以又被称为表格驱动。

（2）Pro/Program Creo对每个零件或组件模型都有一个主要的设计步骤和参数列表，那就是Pro/Program。它是零件与组件自动化设计的一种有效工具。设计人员可使用类似BASIC的高级语言，根据需要来编写该模型的程序，包括控制特征的出现与否、尺寸的大小、零件与组件的出现与否、零件与组件的个数等。然而，Creo可以通过运行该程序来读取零件或组件，并通过人机交互的方法得到不同的几何形状，以满足产品设计的需要。

（3）用户定义特征（UDF） 设计人员在使用Creo进行零件设计时，经常会遇到一些重复出现的特征，如螺钉的座孔等，因此设计人员就要花费许多时间进行这种重复性的操作。用户定义特征则能将同一特征用于不同的零件上，或将若干个系统特征融合为一个自定义特征，使用时作为一个全局出现。这样，设计人员就可以建立自己的用户定义特征库，根据产品特征快速生成几何模型，从而极大地提高工作效率。

（4）Pro/Toolkit Pro/Toolkit是Creo软件自带的二次开发模块，可以直接访问Creo的最底层数据库资源，这是进行Creo二次开发最根本的方法，但是要求开发人员具有相当C语言的编程能力。Pro/Toolkit是PTC公司为Creo提供的用户化工具箱，该工具箱为用户程序、软件及第三方程序提供了与Creo的无缝连接。用户程序和第三方程序是用C语言编写的，Pro/Toolkit提供了大量的C语言的库函数，能够使外部应用程序安全有效地访问Creo的数据库和应用程序。通过C语言编程及应用程序与Creo的无缝集成，用户和第三方能够在Creo系统中增加所需的功能。

目前，在对Creo的二次开发中，Pro/Toolkit的同步模式应用最为广泛。

2. SOLIDWORKS的二次开发

SOLIDWORKS基于COM，完全支持OLE标准，实现了OLE自动化。SOLIDWORKS提供了几百个API接口，这些API函数是SOLIDWORKS的OLE或COM接口。SOLIDWORKS的API接口分为两种：一种是基于OLE Automation的IDispatch技术，通过IDispatch接口暴露对象的属性和方法，以便在客户程序中使用这些属性并调用它所支持的方法；另一种是基于Windows基础的COM，用户通过在自己开发的应用程序中对这些API对象及其方法和属性操作，就可以实现产品造型、产品分析、产品数据管理等几乎所有的SOLIDWORKS的软件功能，从而实现SOLIDWORKS的功能定制与扩展，满足企业特定产品的设计需求，提高企业的生产效率。

SOLIDWORKS 的对象模型是一个多层次的对象网络结构，对象包括 SldWorks、ModelDoc、Environment、Frame、Modeler、Feature、Attribute、Dimension 以及其他对象。SldWorks 对象是 SOLIDWORKS API 中的最顶层对象，它能够直接或间接访问 SOLIDWORKS API 中的其他子对象，主要完成应用程序的最基本操作，如生成、打开、保存、关闭和结束文件。ModelDoc 对象是非常重要的对象，属于模型层，是 SldWorks 的子对象同时又是 PartDoc、AssemblyDoc、DrawingDoc 等的父对象。ModelDoc 对象可以实现视图设置、轮廓线修改、参数控制、对象的选择/打开和保存文档等与实体模型相关的通用属性和方法。PartDoc 对象允许创建实体加特征。AssemblyDoc 对象用于完成装配功能，如增加一个新组件，增加配合要求，隐藏或炸开组件。DrawingDoc 对象主要是制图功能，生成标准三维视图，并实现标注、说明、明细表说明等。Environment 对象可分析文本和几何关系。Feature 对象用于访问特征类型、名称、参数以及对于特征的各种操作。Attribute 对象用于访问特征对象上的附加属性信息，可以用属性对象来设置、查询和修改相应的属性值。Dimension 对象用于设置尺寸标注值和公差标注等。Frame 对象可以修改、检查、添加 SOLIDWORKS 的下拉菜单和弹出菜单。

3. NX 的二次开发

NX/Open（UG/Open）API 工具提供了 NX 软件直接编程接口，支持 C、C++等主要高级语言。它主要由 UG/Open API、UG/Open GRIP、UG/Open MenuScript 和 UG/Open UIStyler 四个部分组成。

（1）UG/Open API　UG/Open API 又称 User Function，是一个允许程序访问并改变 NX 对象模型的程序集。UG/Open API 封装了近 2000 个 NX 操作函数，通过它可以对 NX 的图形终端、文件管理系统和数据库进行操作，几乎所有能在 NX 界面上的操作都可以用 UG/Open API 函数实现。UG/Open API 程序分为内部程序（Internal UG/Open API 程序）和外部程序（External UG/Open API 程序）。内部程序必须在 NX 环境下运行，根据所编制的程序进行交互操作。外部程序在操作系统中执行，不进入 NX 环境中，程序执行过程不能进行交互操作。与外部程序相比较，内部程序更简短、执行更快。针对不同运行环境的 UG/Open API 程序，其程序的入口不同：内部程序的主函数为 ufusr( )，外部程序的主函数为 main( )，其函数体都必须以 UF _initialize( )开始，以 UF _terminate( )结束。

（2）UG/Open GRIP　UG/Open GRIP（graphics interactive programming）是一种专用的图形交互编程语言。这种语言与 NX 系统集成，实现 NX 下的绝大多数的操作。GRIP 语言与一般的通用语言一样，有其自身的语法结构、程序结构、内部函数，以及与其他通用语言程序相互调用的接口。

一个 GRIP 语句由一个或几个 GRIP 命令组成，GRIP 命令是 GRIP 语言的基本组成部分。GRIP 命令有 3 种表示格式：①陈述格式，主要用于生成和编辑实体；②GPA 符号格式，GPA 是全局参数存取（global parameter access）的缩写，用于访问 NX 系统中各种对象的状态和参数；③EDA 符号格式，EDA 是实体数据存取（entity data access）的缩写，用于访问 NX 数据库，能够访问各种对象的功能性数据。例如，在属性、绘图和尺寸标注以及几何体等领域与 NX 进行交互操作时，其参数可用 EDA 格式的命令取得。

（3）UG/Open MenuScript　用这一工具可以实现用户化的菜单。UG/Open MenuScript 支持 NX 主菜单和快速弹出式菜单的设计和修改，通过它可以改变 NX 菜单的布局、添加新的菜单项以执行用户 GRIP、API 二次开发程序、User Tools 文件及操作系统命令等。

（4）UG/Open UIStyler　UIStyler 是开发 NX 对话框的可视化工具，生成的对话框能与 NX 集成，让用户更方便、高效地与 NX 进行交互操作。利用这个工具可以避免复杂的图形用户接口（GUI）的编程，直接将对话框中的基本控件组合生成功能不同的对话框。

NX 软件为用户提供的二次开发工具不但可以独立使用，而且可以相互调用其他工具开发的结果，这就大大扩展了工具本身所具有的功能，方便用户进行二次开发。

4. CATIA 的二次开发

CATIA 是法国达索公司在其开发的系统设计应用软件的基础上与美国 IBM 公司合作研究发展，共同支持和销售的 CAD/CAM/CAE 软件系统。CATIA 是一个先进的自动设计、制造及工程分析软件，主要应用于机械制造、工程设计及电子行业。

基于 CATIA 的应用开发可分为以下几类：①标准格式的输入输出。用于跨 CAD 平台、跨 PDM、标准格式的输入输出，以便进行数据格式的转化。②使用自动化应用接口（automation API）的宏。用于自动化组件、日志（journaling）、Visual Basic 和 JavaScript/HTML 的开发，是一种交互方式的定制，该定制方式允许用户获取 CATIA 的数据模型。Automation API 具备与任何 OLE 所兼容的平台进行通信的能力。③智能构件（knowledgeware）。智能构件是一套预定义的易用服务，它驱动的管理和重用是从函数、规范到组件和系统一步一步来实现的。它是一种反应式的、基于规则的、面向目标的客户化方式，允许定制和外部代码的集成。它用于三个方面：知识顾问、知识专家和产品工程优化。④交互式的用户定义特征。这是一种编制式的定制开发。通过聚合现存的特征来交互地定义新的数据类型，收集现存规范，指定输入，从而创建一个 IUDF（用户定义特征）。IUDF 可以通过引用一个 Catalog 保存在 . CATPart 文档中，可以交互地被客户使用。⑤CAA V5 的 C++ 和 Java 应用接口。这是基于组件的定制开发。组件应用架构（component application architecture，CAA）是达索公司产品扩展和客户进行定制开发的平台，它使全球诸多开发商可参与达索公司的研发。利用 CAA 可以进行从简单到复杂的二次开发工作，而且和原系统的结合非常紧密，如果没有特别的说明，无法把客户所研发的功能从原系统中区分出来，这非常有利于用户的使用和集成。

5. AutoCAD 的二次开发

二维 CAD 软件中应用最为广泛的是 AutoDesk 公司的 AutoCAD 系列软件。AutoCAD 是一个具有高度开发结构的 CAD 软件开发平台，提供给编程者一个强有力的二次开发环境。编者 2009 年出版的教材《CAD 二次开发理论与技术》中大量介绍了 AutoCAD 的二次开发情况，故此不做过多叙述。

1.2.3　CAD 二次开发方法

1. 参数化 CAD 二次开发

有些企业绝大多数的产品为定型产品，这些产品的系列化、通用化和标准化程度高。因此，进行这些产品设计所采用的数学模型及产品的结构都是固定不变的，所不同的只是产品的结构尺寸，而结构尺寸的差异是由于相同数目及类型的已知条件在不同规格的产品设计中取不同值造成的。对于这类产品，可以将已知条件及其他的随着产品规格而变化的基本参数用相应的变量代替，然后根据这些已知条件和基本参数，由计算机自动查询图形数据库，或由相应的软件计算出绘图所需的全部数据，由专门的绘图生成软件在屏幕上自动地设计出图形来。这种方法称为参数化 CAD，其工作原理如图 1-2 所示。

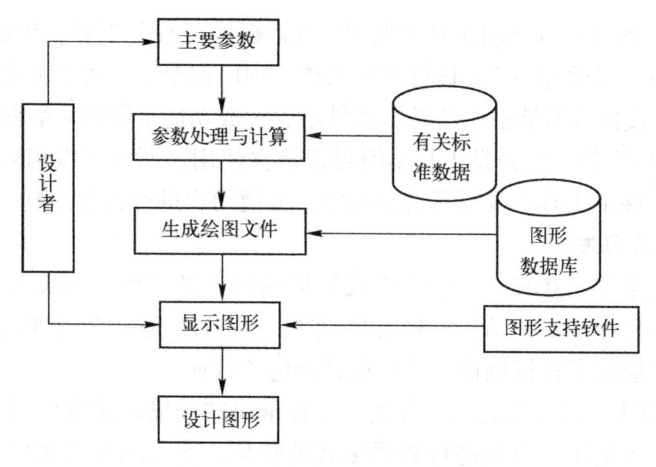

图1-2　参数化CAD工作原理

参数化CAD应用软件主要用于标准化、系列化和通用化程度比较高的定型产品，如模具、夹具、组合机床、阀门等。对于这些定型产品，通过变量选取不同的数值就可以方便地得到相应的设计图样。

在生产实践中，法兰盘的设计就是参数化CAD应用的一种典型实例。在设计过程中，可以将法兰盘外圆直径小孔分布圆直径，孔的直径、数目、类型和分布方式等均由不同变量表示，只要选择不同参数的任意组合，就可以方便地得到各种各样的法兰盘设计图样，大幅提高设计效率。

经过二次开发的参数化CAD软件是一种最简单的CAD应用软件，同时具有效率高、可靠性好等优点，对于我国国内很多企业都是非常实用的。

2. 成组CAD二次开发

许多企业的产品结构尽管不一样，但比较相似，可以根据产品结构和工艺性的相似性，利用成组技术将零件划分成有限数目的零件族，根据同一零件族中各零件的结构特点编制相应的CAD应用软件，用于该族所有零件的设计，就是“成组CAD”。采用成组CAD可以进行检索型CAD、相似零件的新设计和老产品图样的检索，其工作原理如图1-3所示。

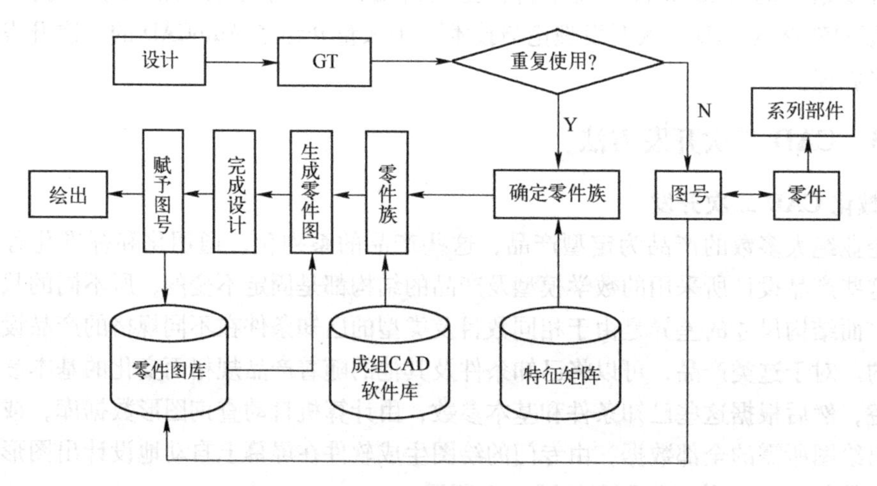

图1-3　成组CAD工作原理

根据待设计零件的特征取得其成组编码，由成组编码确定图库中是否有已设计好的相似图样，若有，则提取图形进行比较，以确定完全借用还是要稍加修改。设计完成后存入图库，以备下次检索用。这种方法称为“检索型 CAD”。若待设计零件的编码在图库中没有已设计好的图样，则根据编码确定待设计零件属于哪个零件族，然后在成组 CAD 软件库内调用该零件族的通用 CAD 软件。根据编码的信息功能要素自动进行取舍，输入必要的参数，自动从数据库中查询到大量参数，就可以较快地生成零件图，经过必要的修改，从而完成新零件的设计。

开发零件族通用 CAD 软件的常用方法是“复合零件法”。通过对零件族内所有零件的分析统计，归纳出一个“复合零件”，该零件将零件族内所有零件的功能要素集于一身，并对每个功能要素的参数进行标准化处理，建立相应的数据库。“复合零件”可以是真实零件，但多数情况下是个假想零件。对这样的“复合零件”进行设计就可能开发出通用的 CAD 软件，从而满足零件族内所有零件的设计。

3. 交互式 CAD 二次开发

有些企业的生产属于单件、小批量生产，其产品结构千差万别，无法对产品进行分类，更无法建立标准化、通用化图库，因此无法应用参数化 CAD 原理进行产品的设计，对这样的产品可以采用交互式 CAD。

交互式 CAD 就是设计人员利用交互图形显示系统的功能，在屏幕上利用图形处理系统的功能，以人机交互的方式进行设计。交互式 CAD 的开发工作就是充分利用系统提供的硬、软件资源进行二次开发，提高交互设计速度。

交互式 CAD 应用软件的开发通常包括数据库、图形库和程序库的建立以及人机交互主控程序等的开发。

（1）数据库　数据库中主要存放设计计算、绘图及各类标准数据。建立这样一个数据库的目的是减少甚至消除在计算机辅助设计中仍需人工查阅设计资料的现象，同时将设计中一些中间数据存入数据库中，减少数据输出、输入次数。

（2）图形库　图形库是利用图形支持软件提供的一些基本功能，将交互设计中遇到的一些基本图形，如螺钉、螺钉孔等标准件和一些常用标准图素，如推刀槽、倒角等，以及有关部门和企业自行制定的一些标准零部件，采用参数化绘图的方法编制成参数化图形库。在设计过程中，可以方便地从图库中将需要的标准零部件或图素调出来，从而大大提高交互设计速度。

（3）程序库　在程序库中存放各种所需的设计、分析和数据处理软件，如有限分析计算、优化程序等，在设计过程中可以随时根据需要调用，做到边算边画，体现交互的特点。

（4）人机交互主控程序　人机交互主控程序实际上是一个友好的人机界面，按照产品设计的过程模型开发，模拟有经验设计师的设计思路，引导操作者一步步有序地进行设计工作。

智能化 CAD
二次开发

交互式 CAD 具有应用广泛、设计结果多样、软件功能灵活等特点，因此，这就对操作者要求较高。交互式 CAD 适用于各类产品的设计，尤其是对那些通用化和标准化程度低、结构相似性差的产品。

1.3 SOLIDWORKS二次开发

1.3.1 二次开发的意义

尽管SOLIDWORKS功能强大，易学易用，但仍有必要对其进行二次开发。

1. 满足特殊需求

SOLIDWORKS软件是由美国公司开发的，由于国情、文化背景的差异，以及中国标准与美国标准、世界标准的不同，SOLIDWORKS软件还存在着不能完全满足用户的需要。此外，各个企业都有自己的特殊需求，为了实现这些需求，研发人员只有通过二次开发，对SOLIDWORKS软件进行必要的补充，以充分满足企业自己的需求。

2. 解决共性问题

在产品设计过程中，有些工作可能是相似或相同的，这使设计人员不得不将大量的时间浪费在重复工作上。通过二次开发，可以解决一些共性问题，不同部门可以共享开发成果，从而减少重复工作、节省时间、提高效率，同时也可提高产品的标准化、系列化程度。此外研发人员可以将精力投入产品的创新设计中，以加快产品的更新换代步伐。

3. 积累设计经验的需要

产品设计是影响产品竞争力的最基本因素，产品的非几何参数和指标是设计经验集中体现的地方，是设计师智慧的结晶，而SOLIDWORKS对此却无能为力。根据产品的性能指标，自动求解非几何参数，最终产生几何模型参数，这样才能真正提高产品设计的效率和水平。借助二次开发的手段，可以用程序完成这些操作，把设计经验以软件的形式表示，逐步积累，并无缝集成到SOLIDWORKS中，这对于企业发展的意义是不言自明的。

4. 信息集成的需要

如今，企业都在进行信息化建设，由各个部门的信息孤岛逐步向信息集成，即全面信息化发展。信息集成的总体要求是把CAD/CAM/CAE/PDM/ERP等系统集成在一起，形成一个融合产品设计、产品制造、市场销售以及其他系统全部信息的集成系统。由于软件、平台、数据格式、信息需求的侧重点等不同，只有通过对CAD软件的二次开发，才能充分地、无障碍地利用CAD信息。

1.3.2 开发工具

任何支持OLE和COM的编程语言都可以作为SOLIDWORKS的开发工具。SOLIDWORKS二次开发分为两种：一种是基于自动化技术的，可以开发EXE形式的程序；另一种开发方式是基于COM的，可以生成*.dll格式的文件，也就是SOLIDWORKS的插件。

总之，SOLIDWORKS的二次开发工具很多，开发者可以根据自身条件、工具的特点，选择一种合适的开发工具。下面对几个SOLIDWORKS的二次开发工具进行概述。

1. C++

C++是当今最流行的软件开发工具之一，是程序员的首选编程利器。它提供了功能强大的集成开发环境，用以方便有效地管理、编写、编译、跟踪C++程序，大大加快了程序员的工作速度、提高了程序代码的效率。在Visual Studio下使用C++进行SOLIDWORKS二次开发的优势如下。

1）使用 GDI 对象和设备环境类所提供的绘图函数，可以轻易地实现绘图功能而且无须考虑具体设备情况。

2）Visual Studio 开发环境十分友善，其高度的可视化开发方式和强大的向导工具（App-Wizard）能够帮助用户轻松地开发出多种类型的应用程序。大多数情况下，用户只需向自动生成的程序框架中填充定制代码即可，而且使用 ClassWizard 还能够大大简化这个过程。

3）Visual Studio 有着强大的调试功能，能够帮助开发人员寻找错误和提高程序效率。

4）Visual Studio 与 SOLIDWORKS 有极好的连接性，能直接调用许多资源，方便在 SOLIDWORKS 上添加命令和各种控件。

Visual Studio 是一个功能非常强大的可视化应用程序开发工具，可利用 C++开发面向对象 Windows 的应用程序。因此，可以说它是 SOLIDWORKS 的最佳开发工具，使用 C++能最大限度地使用 SOLIDWORKS API，并且开发的插件与其他方法相比有更好的效率，更适用于大型系统的开发。使用 C++进行二次开发的不足之处就是对二次开发人员的要求较高。

2. Visual Basic

在应用 Visual Basic 进行二次开发时，SOLIDWORKS 系统本身提供宏的录制、编辑功能，由于宏的语法就是基于 Visual Basic 的，开发人员可利用录制宏代码，对代码进行适当的修改就可以添加到自己的程序代码中，从而自动实现产品的设计。使用 Visual Basic 进行二次开发的优势在于容易使用、上手快、语言规则简单、功能很全、使用简捷，虽然功能上不及 Visual C++，但是已经能够满足绝大多数用户的需求。利用 Visual Basic 可以开发 EXE 型程序，然后用宏文件将其加载于 SOLIDWORKS 系统中作为自定义工具使用，还可以编译成 DLL 文件作为插件使用。其不足之处在于，开发的程序与 C++开发相比，效率较低，而且不适合开发大型系统。

VBA、Delphi

3. C#

C#（C Sharp）是微软（Microsoft）公司为 .NET Framework 量身定做的，是在 2000 年 6 月发布的一种新的编程语言。C#拥有 C/C++的强大功能以及 Visual Basic 简易使用的特性，是第一个组件导向（component-oriented）程序语言，和 C++与 Java 一样亦为对象导向（object-oriented）程序语言。C#是面向对象的编程语言，它使得程序员可以快速地编写各种基于 MICROSOFT .NET 平台的应用程序。MICROSOFT .NET 提供了一系列的工具和服务来最大限度地利用于计算与通信领域。

C#使得 C++程序员可以高效地开发程序，而绝不损失 C/C++原有的强大的功能。因为这种继承关系，C#与 C/C++具有极大的相似性，熟悉类似语言的开发者可以很快转向 C#。

1.3.3 SOLIDWORKS API SDK

SOLIDWORKS API SDK 是一个以 C++语言为基础的面向对象的开发环境和应用程序接口。它是运行于 Visual Studio 平台之上的非独立的 SOLIDWORKS 开发平台。本质上，它是一组 Windows 动态链接库（dynamic link library，DLL）。

SOLIDWORKS API SDK 程序是建立在 C++语言的基础上的，但是同时具有自己的语法，是专门用来对 SOLIDWORKS 进行二次开发的工具。在实际的开发过程中，SOLIDWORKS API SDK 安装以后，可以看成 Visual Studio 的一个子集。

SOLIDWORKS API SDK 可以实现以下强大的开发功能：

1）访问 SOLIDWORKS 数据库。SOLIDWORKS API SDK 不仅可以访问图形实体，而且可以访问配置表，还可以直接在 SOLIDWORKS 外部连接 ADO 数据库获取零件数据。

2）与 SOLIDWORKS API SDK 编辑器交互作用。用户开发的函数，可以通过菜单的形式予以调用，可以加载到 SOLIDWORKS 的主菜单中，与 SOLIDWORKS 的内部命令一样使用。同时，开发的 DLL 程序可以接收和响应发生在 SOLIDWORKS 的各种事件的通知。

3）使用 MFC 创建用户对话框界面。SOLIDWORKS API SDK 应用程序可以使用与 SOLIDWORKS 共享的动态链接库 MFC 来创建用户对话框界面。

4）与其他编程环境交互。例如，SOLIDWORKS API SDK 提供的管理封装类允许用户使用 Microsoft. NET 框架编写程序。SOLIDWORKS API SDK 应用程序可与其他程序接口交互（如 Visual C++. NET）。

5）异步模式。SOLIDWORKS API SDK 可以使用 MFC 库来开发标准 Microsoft 窗口图形用户界面（GUI）。SOLIDWORKS 将在后台运行。

6）建立复杂的应用程序。SOLIDWORKS API SDK 可以开发复杂的应用程序，它提供了如下特征：获取和使用接口、事务处理、文件操作、图形绘制、数据库处理、获取对象属性。

7）使用 SOLIDWORKS API SDK 开发包和 C++，可以完成以上所述的六大类功能。

1.4 SOLIDWORKS API 对象

SOLIDWORKS API 对象如图 1-4 所示。从图中可以看出 SOLIDWORKS API 对象分为若干层，每一层又包括若干对象，API 将 SOLIDWORKS 的各种功能封装在 SOLIDWORKS 对象中供编程调用。由此可见，SOLIDWORKS API 函数的数量、种类繁多，利用这些 SOLIDWORKS API 函数，完全可以开发出满足用户所需要的专用模块。

SOLIDWORKS 二次开发方式一般分两种：一种是进程内组件程序的开发，另一种是进程外组件程序的开发。每个进程都有各自的内存地址空间和系统资源，进程内的组件程序（*. DLL）以动态链接库的形式内嵌在客户程序中，也就是形成 SOLIDWORKS 的插件。当客户程序需调用组件程序服务时，将组件程序装入程序进程的内存空间中；当不需要时，系统可将其自动卸出内存，释放内存空间供其他程序使用，因而可充分利用系统资源，提高应用程序的运行效率。这种方法可编译成一个 DLL 文件，作为一个插件添加到 SOLIDWORKS 系统中，实现与 SOLIDWORKS 的无缝集成。与进程内组件程序不同的是，进程外组件和 SOLIDWORKS 分别拥有自己的内存地址空间和系统资源，也就是编译成可执行文件（*. EXE)，采取外挂的工作方式。

DLL 是基于 Windows 程序设计的一个非常重要的组成部分。在建立应用程序的可执行文件时，不必将 DLL 链接到程序中，而是在运行时动态装载 DLL，装载时 DLL 被映射到进程的地址空间中。AppWizard 支持自动生成几种类型的 DLL，用户可以编写自己的 DLL。

DLL 是一种基于 Windows 的程序模块，不仅可以包含可执行代码，还能有效根据各种资源，扩大库文件的使用范围。其优点在于：

1）扩展了应用程序的特性。

2）可以用多种语言编写，开发者可以选择最合适的语言编写。

3）简化软件项目的管理。

4）有助于节省内存。

5）有助于资源的共享。

6）有助于应用程序的本地化。

7）有助于解决平台差异。

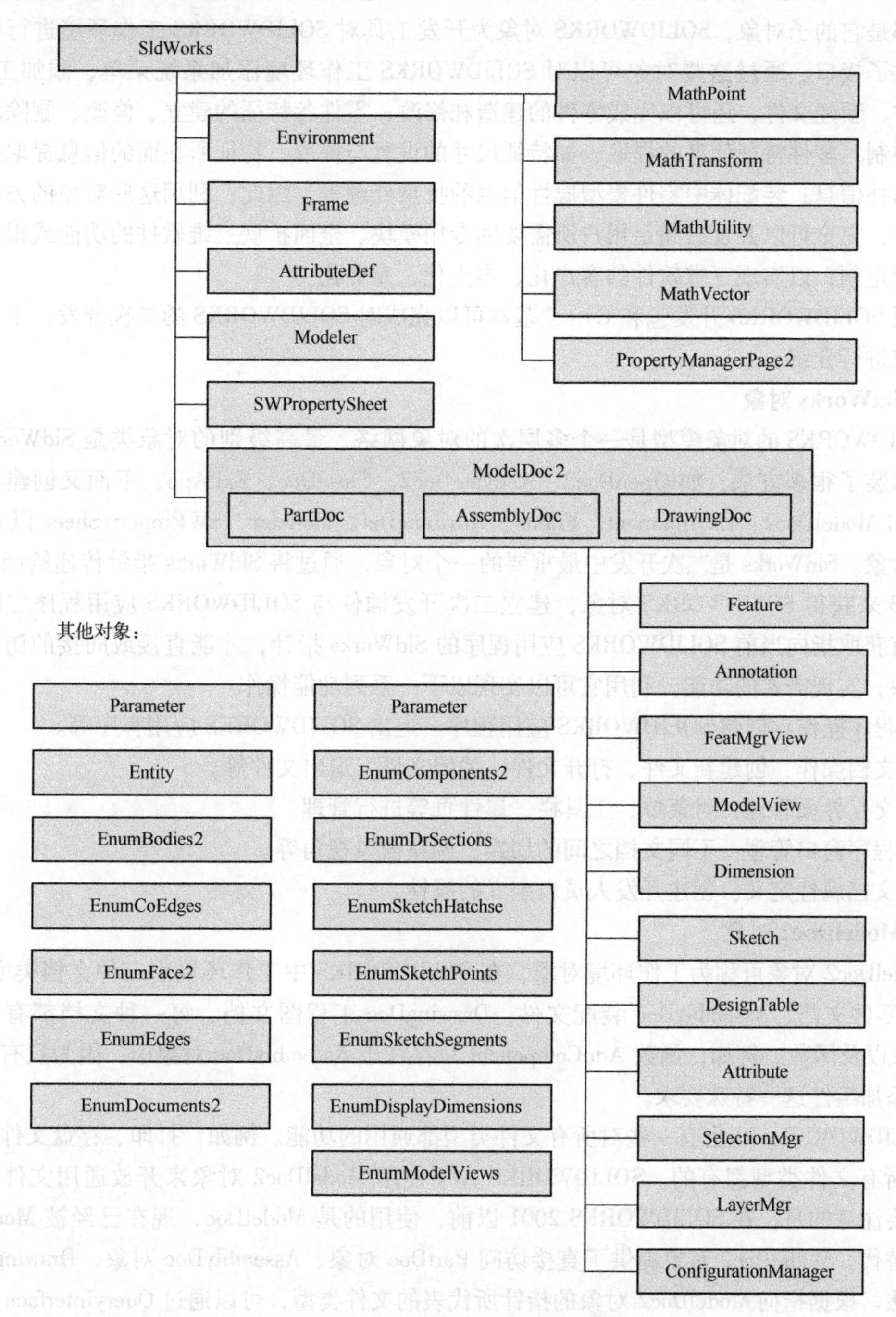

图 1-4　SOLIDWORKS API 对象

1.4.1　API 函数

二次开发是指以现有软件为开发平台，通过软件提供的应用程序接口（application program

interface，API），开发出满足特殊需求的应用程序或专用模块。SOLIDWORKS软件为设计人员提供了大量的API函数，并可以使用多种高级语言对其进行二次开发。图1-4所示的SOLIDWORKS API对象是一种树形的层次结构图，每一层又包括若干对象。根为SldWorks对象，其他对象都是它的子对象，SOLIDWORKS对象为开发工具对SOLIDWORKS工作环境进行访问和处理提供了接口。通过这些对象可以对SOLIDWORKS工作环境添加系统菜单、添加工具栏、打开文件、新建文件，还可以完成零件的建造和修改；零件各特征的建立、修改、删除和压缩等各项控制；零件特征信息的提取，如特征尺寸的设置与提取、特征所在面的信息提取及各种几何和拓扑信息；装配体中零件模型属性信息的批量处理等。因此，利用这些对象的方法、属性、事件，完全可以开发出满足用户所需要的专用模块、全面扩展三维软件的功能或根据客户需求进行定制，以实现三维软件的客户化、本土化、专业化。

使用SOLIDWORKS开发包和C++，基本可以完成对SOLIDWORKS的二次开发，下面对主要的对象进行介绍。

1. SldWorks对象

SOLIDWORKS的对象模型是一个多层次的对象网络，最高级别的对象类是SldWorks。该对象中封装了很多方法，如OpenDoc2、ActivateDoc2、CloseDoc、ExitApp，下面又创建了许多子类，如ModelDoc2、Environment、Frame、AttributeDef、Modeler、SWPropertySheet以及一些其他的对象。SldWorks是二次开发中最重要的一个对象，通过将SldWorks指针传递给函数InitUserDLL3来获得SOLIDWORKS对象，建立二次开发插件与SOLIDWORKS应用程序之间的连接，只有获取指向当前SOLIDWORKS应用程序的SldWorks指针，才能直接或间接的访问其他子类对象，实现需要的功能。利用它可以实现以下一系列功能操作。

1）程序操作：创建SOLIDWORKS应用程序、退出SOLIDWORKS应用程序等。

2）文档操作：创建新文件、打开文件、关闭文件、退出文件等。

3）交互界面管理：对菜单、工具栏、属性页等进行管理。

4）程序窗口管理：不同文档之间的切换、调整窗口视角等。

5）文档属性定义：创建开发人员自定义的属性。

2. ModelDoc2对象

ModelDoc2对象可称为工作环境对象，在SOLIDWORKS中工作环境由三种文档类型组成：PartDoc零件文档、AssemblyDoc装配文件、DrawingDoc工程图文档。每一种文档都有自己的API对象以及函数。例如，函数AddComponent只存在于AssemblyDoc对象中，因为只有装配文件才有添加组件这一特殊要求。

SOLIDWORKS API也有一些对所有文件类型都通用的功能。例如，打印、存盘文件命名等操作是所有文件类型都有的。SOLIDWORKS API使用ModelDoc2对象来开放通用文件级的功能。需要注意的是，在SOLIDWORKS 2001以前，使用的是ModelDoc，现在已经被ModelDoc2所更新替代。ModelDoc2对象提供了直接访问PartDoc对象、AssemblyDoc对象、DrawingDoc对象的方法。根据指向ModelDoc2对象的指针所代表的文件类型，可以通过QueryInterface函数从ModelDoc2对象获得相应的PartDoc对象、AssemblyDoc对象和DrawingDoc对象。三种对象获得的方法如下。

1）PartDoc对象：

```
retval = pModelDoc->QueryInterface(IID_IPartDoc, (LPVOID *)&pPartDoc)
```

2）AssemblyDoc 对象：

```
retval = pModelDoc->QueryInterface(IID_IAssemblyDoc, (LPVOID *)&pAssmDoc)
```

3）DrawingDoc 对象：

```
retval = pModelDoc->QueryInterface(IID_IDrawingDoc, (LPVOID *)&pDrawDoc)
```

3. Environment 对象

Environment 对象用于对创建符号所使用的文本及几何关系进行分析。如果一个注释中包含符号，想重新生成注释时可以使用 Environment 对象。目前 SOLIDWORKS 有一组符号用于几何公差符号库、孔符号库以及修改符号库。所有从 Environment 对象类返回的数值都是以文本高 1.0 为单位而言的。因此，一个具有文本高度为 0.15 的符号，应将返回值乘以 0.15，返回值可以通过 SldWorks::GetEnvironment 方法获得。

可以在安装目录\lang\english\gtol.sym 中找到一个文件，该文件包含所支持的几何公差符号和它们在 SOLIDWORKS 文本中的缩写。例如，几何公差符号库格式如下：

```
#<Name of library>,<Description of library>
*<Name of symbol>,<Description of symbol>
A,LINE xStart,yStart,xEnd,yEnd
A,CIRCLE xCenter,yCenter,radius
A,ARC xCenter,yCenter,radius,startAngle,endAngle
A,FARC xCenter,yCenter,radius,startAngle,endAngle
A,TEXT xLowerLeft,yLowerLeft,<letter(s)>
A,POLY x1,y1,x2,y2,x3,y3
```

其中，所有的 x、y 和半径值的符号网格空间在（0.0,1.0）区间内。（0,0）是左下角，（1,1）是右上角。网格空间被认为是一个字符的高度的二次方。所有角度的单位是度。

4. Frame 对象

此对象可以修改、检查、添加 SOLIDWORKS 的下拉菜单和弹出菜单。其接口可以通过 SldWorks::Frame 方法获得。

5. AttributeDef 对象

应用程序能够在 SOLIDWORKS 文件中创建依附于实体的属性数据。这个属性是针对特定文件程序的数据包，它将自动地存储 SOLIDWORKS 文件，且在文件打开时自动重载数据。

属性定义描述了一个数据包模板。该定义包含属性中的参数名称、参数类型以及默认值。SOLIDWORKS 允许在模型中生成定义在实体上的属性实例。

属性生成的一般步骤如下：

1）创建属性定义（SldWorks::DefineAttribute）。

2）在属性定义中添加参数（AttributeDef::AddParameter）。

3）将属性定义注册（AttributeDef::Register）。

4）在模型中的所有实体上生成属性定义的实例（AttributeDef::CreateInstance5）。

在运行期间，步骤 1）~3）只执行一次，即只在最初加载 DLL 文件时或者第一次运行 EXE 文件时才执行步骤 1）~3），然后就可以创建无数的属性定义的实例，直到 DLL 文件被卸载或者 EXE 文件被关闭。

这个对象的接口可以通过 SldWorks::DefineAttribute 方法获得。

6. Modeler 对象

Modeler 对象为管理 Temporary Body（临时实体）提供接口。临时实体主要用于显示。用 Modeler::CreateBodyFromFaces2 等方法能产生临时实体。Modeler 对象的接口可以通过 SldWorks::GetModeler 方法获得。

7. SWPropertySheet 对象

SWPropertySheet 对象允许应用程序添加记录到某些由 SOLIDWORKS 输出的属性表中。在 swconst. h 定义的 swPropSheetType_e 列表中找到支持这种功能的属性表。

在单击“工具”→“选项”时显示的对话框就是属性表的一个例子。这个对话框包含了最基本的属性表和属性页。单击选项卡显示特定的属性页。

MFC 类实现 CPropertySheet 属性表和 CPropertyPage 属性页。SWPropertySheet 是一个封装在 SOLIDWORKS CPropertySheet 类中的 OLE。这意味着 SOLIDWORKS API 程序开发员可以添加自己的 CPropertyPage 到 SOLIDWORKS 属性表中。

SOLIDWORKS 属性表不同于属性管理页。属性管理页在选择左侧面板上的属性管理选项卡时显示出来。属性管理页已经取代了许多对话框。

1.4.2 SOLIDWORKS API SDK 的优势特点

SOLIDWORKS API SDK 的使用，是进行二次开发的重要途径，其优越性表现在：

1）全面支持面向对象的 C++编程语言，能充分利用 C++编程方法的一切优点。

2）SOLIDWORKS API SDK 应用程序本身就是一个动态链接库，可直接调用 SOLIDWORKS 的核心函数，能够在运行期间扩展 SOLIDWORKS 固有的类及其功能。

3）SOLIDWORKS API SDK 应用程序可以直接访问 SOLIDWORKS 的核心数据结构，在 SOLIDWORKS 编辑环境下的所有动作，在应用程序中都可实现，在 SOLIDWORKS 编辑环境下不能实现的行为，也可以用应用程序实现。

4）共享 SOLIDWORKS 内存地址空间，因此可以提高速度。

1.5 第一个应用程序

1.5.1 SDK 安装

SOLIDWORKS 2019 API SDK 安装方法如下：

1）双击 api_sdk. exe 文件，进入安装界面，如图 1-5 所示。

2）单击“Next”按钮，确认安装位置是否正确。

3）单击“Install”按钮，直至安装完成。

1.5.2 应用程序创建

1. 添加 SW 库文件

运行 Visual Studio，选择“Tools”→“Options”，如图 1-6 所示。在弹出的“Options”对话框中选择 Directories 选项卡，在 Show directories for 下拉列表中选择“Include files”，在 Directories 列表框中添加 SOLIDWORKS 安装路径文件，里面包含了 SOLIDWORKS 的类型库，单击“OK”按钮完成添加，如图 1-7 所示。

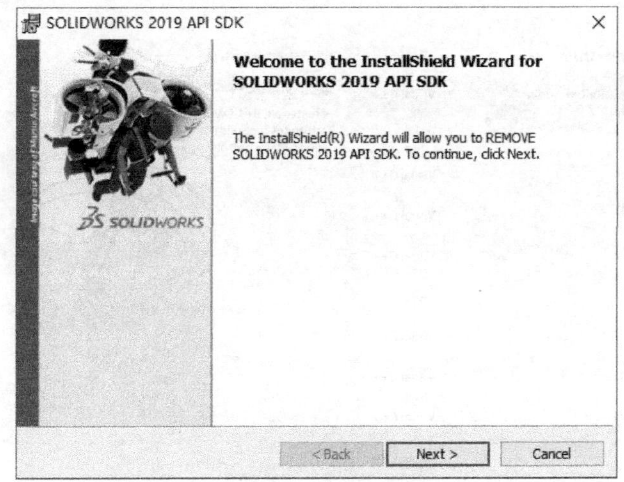

图 1-5　安装界面

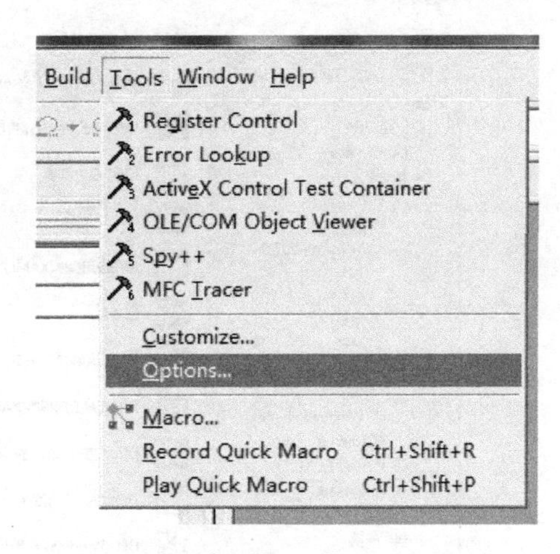

图 1-6　选择“Tools”→“Options”

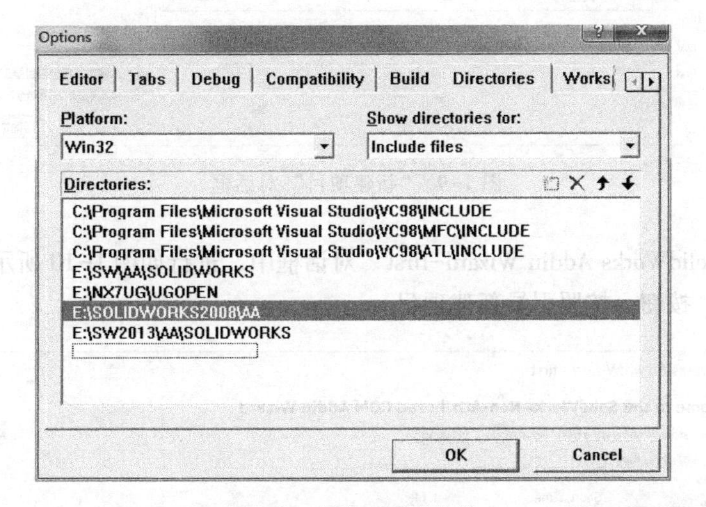

图 1-7　添加 SW 库文件

2. 新建工程

运行 Visual Studio，选择“文件”→“新建”→“项目”，如图 1-8 所示。在弹出的如图 1-9 所示的“新建项目”对话框中，工程类型选择“SolidWorks COM Non-Attributed Addin”，在“名称”中输入工程名，本例工程名为“first”，完成后单击“确定”按钮。

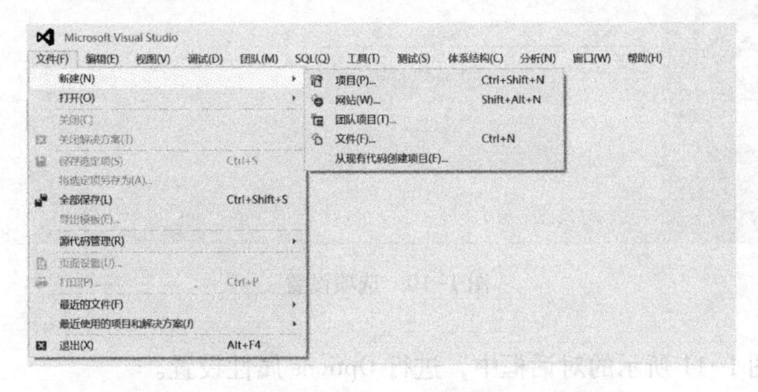

图 1-8　选择“文件”→“新建”→“项目”

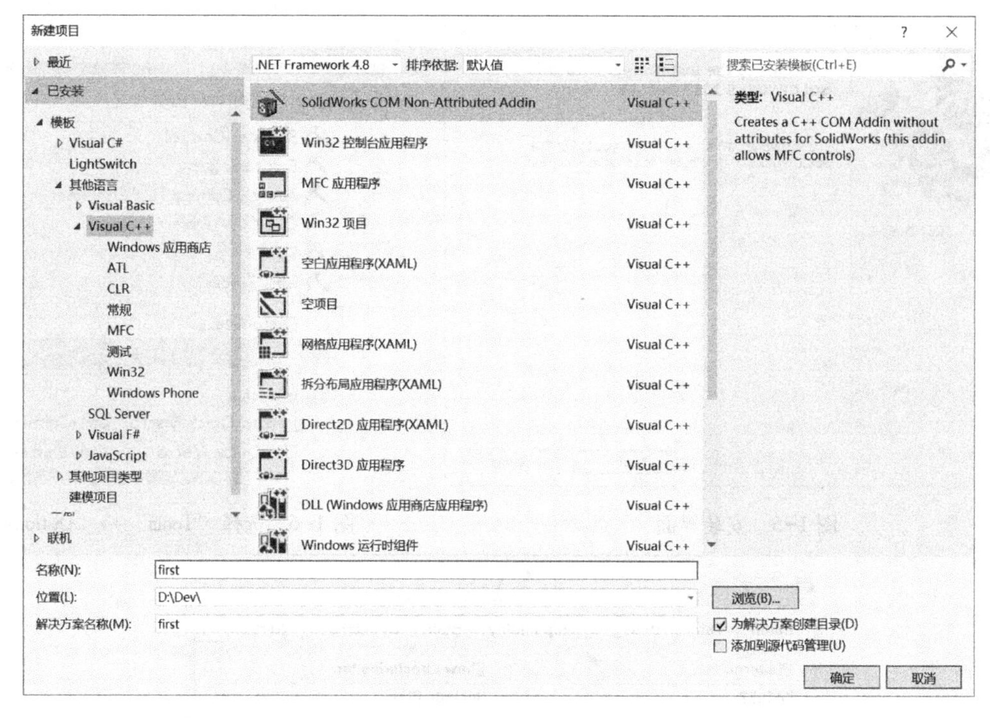

图 1-9 “新建项目”对话框

在弹出的“SolidWorks Addin Wizard-first”对话框中，进行如图 1-10 所示的选项设置，然后单击“下一步”按钮，按照引导新建项目。

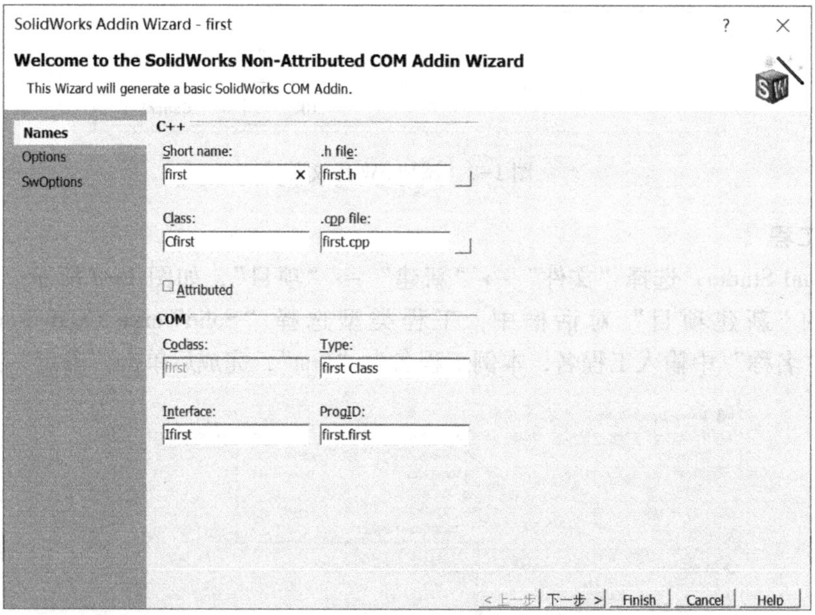

图 1-10 选项设置

在弹出的如图 1-11 所示的对话框中，进行 Options 属性设置。

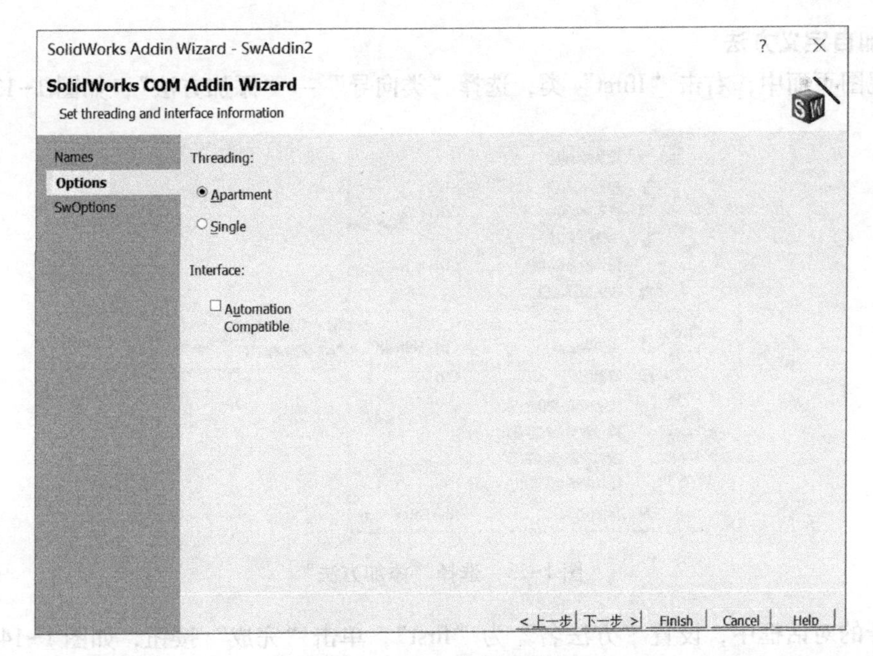

图 1-11 Options 属性设置

SolidWorks Addin Wizard 属性设置对话框的 SwOptions 属性页是 SolidWorks Addin 的基本属性设置，这里选择默认设置即可，如图 1-12 所示。

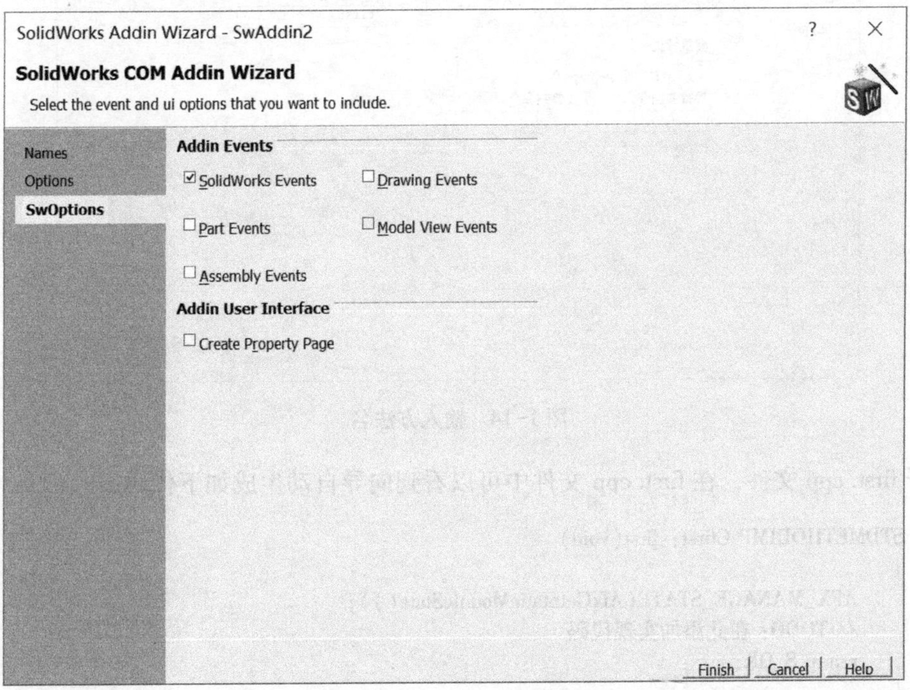

SolidWorks Addin Wizard - SwAddin2
SolidWorks COM Addin Wizard
Select the event and ui options that you want to include.
Names
Options
SwOptions
Addin Events
SolidWorks Events
Drawing Events
Part Events
Model View Events
Assembly Events
Addin User Interface
Create Property Page
Finish
Cancel
Help

图 1-12 SwOptions 属性页

为了使插件程序尽可能简单，这里都选择默认设置。设置完成后，单击“Finish”按钮，Visual Studio 将生成一个 SwAddIn 对象。

3. 添加自定义方法

在类视图页面中，右击“Ifirst”类，选择“类向导”→“添加方法”，如图 1-13 所示。

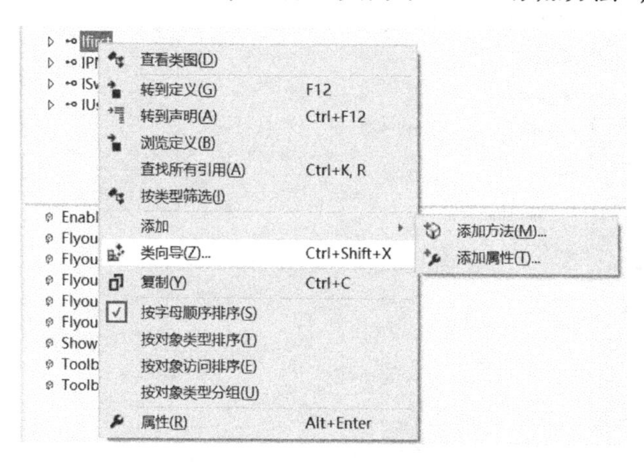

图 1-13 选择“添加方法”

在打开的对话框中，设置“方法名”为“first”，单击“完成”按钮，如图 1-14 所示。

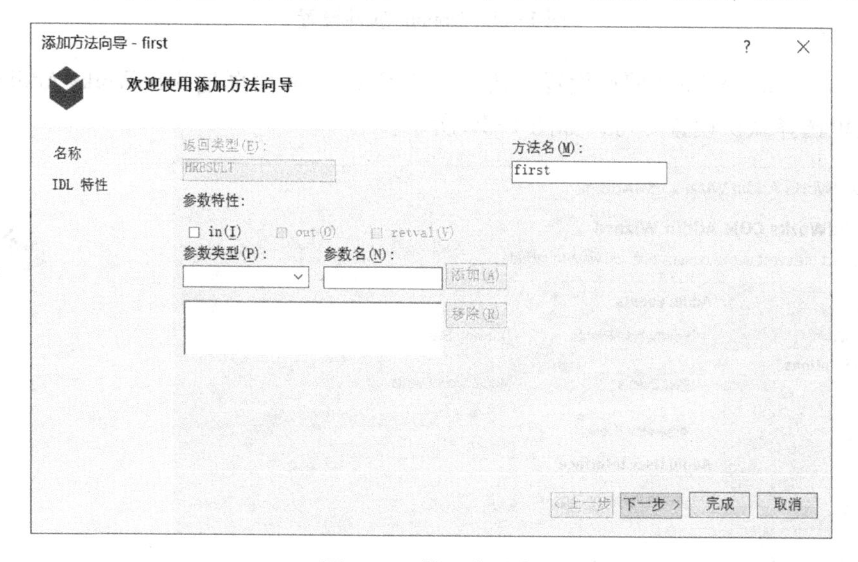

图 1-14 输入方法名

打开 first. cpp 文件，在 first. cpp 文件中可以看到向导自动生成如下代码：

```
STDMETHODIMP Cfirst::first(void)
{
    AFX_MANAGE_STATE(AfxGetStaticModuleState());
    // TODO: 在此添加实现代码
    return S_OK;
}
```

方法的代码就在该函数中编写，具体内容在下一节中讲述。

4. 添加自定义命令

在资源视图中，双击“String Table”，双击表中空白行，输入资源的 ID 值和标题，添加 String 资源，如图 1-15 所示，添加了名称为 IDS_STRING133 的资源。

资源视图 - first

- first
  - first.rc
    - "REGISTRY"
    - Bitmap
    - Dialog
    - String Table
      - String Table [英语(英国)]
    - Version

first.rc - String Table [英语(英国)]

ID	值	标题
IDS_PMP_TITLE	111	New Property Page
IDS_PMP_GROUP1_TITLE	112	Group1
IDS_PMP_LABEL1_CAPTI...	113	This is a sample Label
IDS_PMP_GROUP2_TITLE	114	Group2
IDS_PMP_OPTION2_CAP...	115	Option 2
IDS_PMP_OPTION3_CAP...	116	Option 3
IDS_PMP_TEXT1_CAPTIO...	117	Sample Textbox
IDS_PMP_LIST1_CAPTION	118	EMPTY
IDS_PMP_SELECTION1_C...	119	EMPTY
IDS_PMP_NUM1_CAPTIO...	120	EMPTY
IDS_PMP_COMBO1_CAP...	121	EMPTY
IDS_PMP_CHECK1_TIP	122	This is a sample checkbox
IDS_PMP_OPTION1_TIP	123	This is a sample option
IDS_PMP_OPTION2_TIP	124	This is a sample option
IDS_PMP_OPTION3_TIP	125	This is a sample option
IDS_PMP_TEXT1_TIP	126	You can enter text information into this control
IDS_PMP_LIST1_TIP	127	You can select one of these items
IDS_PMP_SELECTION1_TIP	128	This control displays the current selection
IDS_PMP_NUM1_TIP	129	This control allows you to enter numbers
IDS_PMP_CHECK1_CAPT...	130	Sample Checkbox
IDS_PMP_OPTION1_CAP...	131	Option 1
IDS_PMP_COMBO1_TIP	132	EMPTY
IDS_FLYOUT_CALLBACK	209	FlyoutCallback
IDS_FLYOUT_CALLBACK0	210	FlyoutCallback0
IDS_FLYOUT_CALLBACK1	211	FlyoutCallback1
IDS_FLYOUT_ENABLE0	212	FlyoutEnable0
IDS_FLYOUT_HINT0	213	Opens notepad.exe
IDS_FLYOUT_HINT1	214	Shows a flyout dialog box
IDS_FLYOUT_TIP0	215	Open notepad.exe
IDS_FLYOUT_TIP1	216	Show a flyout dialog
IDS_FLYOUT_ENABLE_CA...	217	FlyoutEnableCallback0
IDS_STRING133	133	

图 1-15 添加 String 资源

添加“IDS_1_ITE”“Mmessage@Firs”，该项为命令项显示的内容。

添加“IDS_1_METHOD”“firsrmethod”，该项为命令项的响应函数名。

添加“IDS_1_HINT”“display a message box”，该项为命令项显示的提示信息。

添加上述 3 个 String 资源后，String Table 如图 1-16 所示。

IDS_FLYOUT_TIP0	215	Open notepad.exe
IDS_FLYOUT_TIP1	216	Show a flyout dialog
IDS_FLYOUT_ENABLE_CA...	217	FlyoutEnableCallback0
IDS_1_ITE	133	Mmessage@Firs
IDS_1_METHOD	134	firsrmethod
IDS_1_HINT	135	display a message box

图 1-16 添加的 String 资源

5. 编辑 AddMenus( ) 函数

在 swobj. cpp 文件中 void Cswobj::AddMenus( ) 函数的零件菜单下添加如下代码，添加完成后如图 1-17 所示。

```
position = -1;
menu.LoadString(IDS_1_ITEM);
method.LoadString(IDS_1_METHOD);
hint.LoadString(IDS_1_HINT);
m_iSldWorks->AddMenuItem2(type, m_swCookie, menu, position, method, update, hint, &ok);
```

6. 编译并链接该工程

如图 1-18 所示，选择“生成解决方案”，对新建的工程文件进行全部编译，检查是否有错误存在。若编译成功，“输出”窗口的显示如图 1-19 所示。

```
void Cswobj::AddMenus()
{
    long retval = 0;
    VARIANT_BOOL ok;
    long type;
    long position;
    CComBSTR menu;
    CComBSTR method;
    CComBSTR update;
    CComBSTR hint;
    // Add menu for main frame
    type = swDocNONE;
    position = 3;
    menu.LoadString(IDS_FIRST_MENU);
    m_iSldWorks->AddMenu(type, menu, position, &retval);
    position = -1;
    menu.LoadString(IDS_FIRST_START_NOTEPAD_ITEM);
    method.LoadString(IDS_FIRST_START_NOTEPAD_METHOD);
    hint.LoadString(IDS_FIRST_START_NOTEPAD_HINT);
    m_iSldWorks->AddMenuItem2(type, m_swCookie, menu, position, method, update, hint, &ok);
    // Add menu for part frame
    type = swDocPART;
    position = 5;
    menu.LoadString(IDS_FIRST_MENU);
    m_iSldWorks->AddMenu(type, menu, position, &retval);
    position = -1;
    menu.LoadString(IDS_FIRST_START_NOTEPAD_ITEM);
    method.LoadString(IDS_FIRST_START_NOTEPAD_METHOD);
    hint.LoadString(IDS_FIRST_START_NOTEPAD_HINT);
    m_iSldWorks->AddMenuItem2(type, m_swCookie, menu, position, method, update, hint, &ok);
    position = -1;
    menu.LoadString(IDS_1_ITEM);
    method.LoadString(IDS_1_METHOD);
    hint.LoadString(IDS_1_HINT);
    m_iSldWorks->AddMenuItem2(type, m_swCookie, menu, position, method, update, hint, &ok);
```

图 1-17　添加的命令项

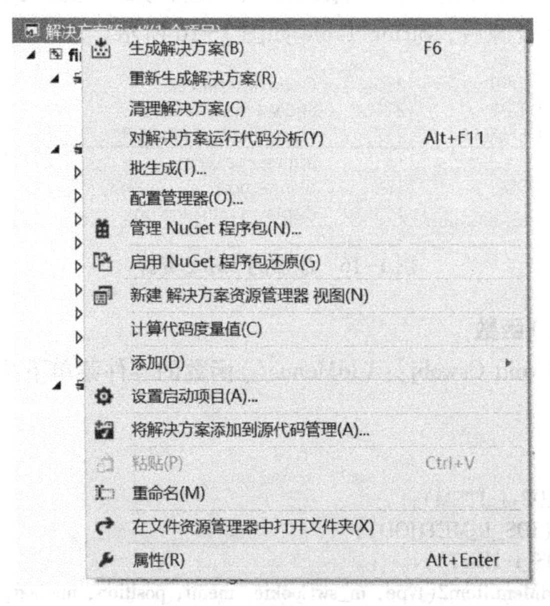

图 1-18　编译工程文件

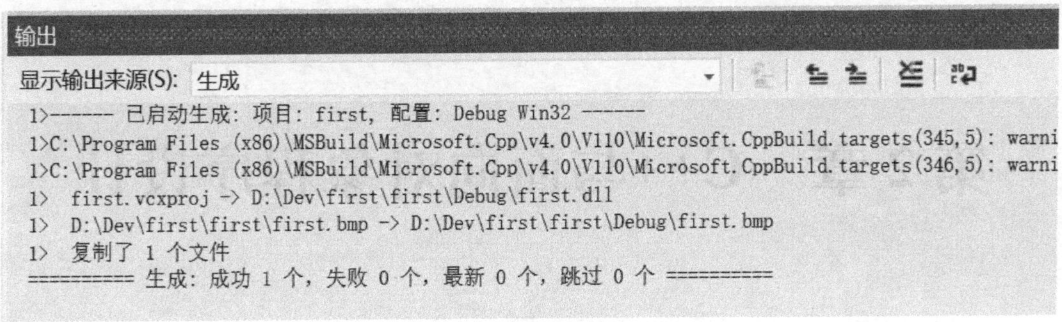

输出

显示输出来源(S): 生成

```
1>------ 已启动生成: 项目: first, 配置: Debug Win32 ------
1>C:\Program Files (x86)\MSBuild\Microsoft.Cpp\v4.0\V110\Microsoft.CppBuild.targets(345,5): warni
1>C:\Program Files (x86)\MSBuild\Microsoft.Cpp\v4.0\V110\Microsoft.CppBuild.targets(346,5): warni
1>  first.vcxproj -> D:\Dev\first\first\Debug\first.dll
1>  D:\Dev\first\first\first.bmp -> D:\Dev\first\first\Debug\first.bmp
1>  复制了 1 个文件
========== 生成: 成功 1 个, 失败 0 个, 最新 0 个, 跳过 0 个 ==========
```

图 1-19　编译成功

1.6 本章小结

本章主要对 CAD 技术以及相关的二次开发进行详细介绍。首先，深入介绍了 CAD 技术的概念，包括其基本含义，以及当前主流的 CAD 工具及其功能特性。同时，还对 CAD 技术的发展趋势进行了探讨，以期理解其在未来可能的发展路径和应用前景。

其次，本章研究了主流 CAD 软件的二次开发方法，以及这些方法的基本原理。通过理解和掌握这些原理和方法，使用者可以根据自己的需求对 CAD 软件进行定制和优化，从而提高工作效率和设计质量。

最后，介绍了 SOLIDWORKS 软件的二次开发，讨论了二次开发对于 SOLIDWORKS 用户的意义，以及可以用来进行二次开发的语言。本章对这些语言进行比较，以帮助用户选择最适合的开发工具，并以 C++为示例介绍创建一个程序的详细步骤。通过 SOLIDWORKS 的二次开发，用户可以进一步拓展软件功能，从而满足特定的设计需求，提升设计效率和质量。

第2章　C++与面向对象程序设计

本章内容提要

（1）Visual Studio 开发环境，包括菜单栏、工具栏、输出窗口、项目工作区和客户区
（2）类，包括类的定义、类的成员函数、类成员访问原则
（3）对象，包括对象的定义格式、对象成员的表示方法
（4）继承，包括基类和派生类、单继承、多继承、虚基类
（5）多态性，包括多态性的定义、覆盖和重载

2.1　Visual Studio 开发环境

2.1.1　环境介绍

Visual Studio 提供了一个集源程序编辑、代码编译与调试于一体的开发环境，这个环境称为集成开发环境，对于集成开发环境的熟悉程度直接影响程序设计的效率。开发环境是程序员同 Visual Studio 的交互界面，通过它程序员可以访问 C++源代码编辑器、资源编辑器，使用内部调试器，并且可以创建工程文件。Visual Studio 是多个产品的集成，从本质上讲是一个 Windows 应用程序。

建立工程文件后，单击“文件”→“打开”，选择一个工程文件，就会显示如图 2-1 所示的窗口，图中标出了窗口中各组成部分的名称，而且显示了已装入标准件工程文件的 Visual Studio 的开发环境。

2.1.2　菜单栏

菜单栏是 Visual Studio 集成开发环境中的重要组成部分，几乎包含了常用的所有操作功能。菜单栏所涉及的操作主要包括文件控制、文本编辑、视图查看、工程设置、编译调试和工具选项等，如图 2-2 所示。

1）“文件”菜单：提供项目的创建、打开、保存和关闭等文件操作，以及最近打开的文件列表和打印设置等选项。

2）“编辑”菜单：包含剪切、复制、粘贴等基本编辑操作，还提供查找、替换、全局替换等高级编辑功能。

3）“视图”菜单：用于切换和管理 IDE 中各个窗口和面板的可见性，包括代码编辑器、工具箱、资源管理器等。

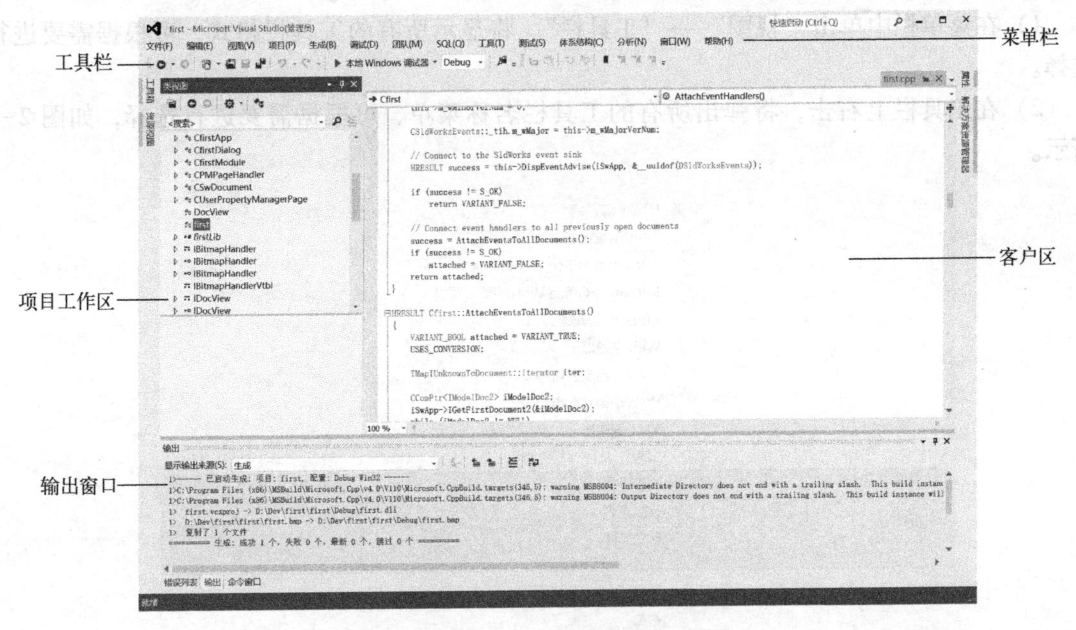

图 2-1 Visual Studio 开发环境的主窗口

文件(F) 编辑(E) 视图(V) 项目(P) 生成(B) 调试(D) 团队(M) SQL(Q) 工具(T) 测试(S) 体系结构(C) 分析(N) 窗口(W) 帮助(H)

图 2-2 菜单栏

4）“项目”菜单：提供项目的创建、添加、重命名、删除等操作，还包括项目属性设置和项目的生成和调试选项。

5）“生成”菜单：用于构建项目，包括编译、生成解决方案、重新生成等选项。

6）“调试”菜单：用于调试应用程序，包括启动调试、断点设置、单步执行、监视变量等调试操作。

7）“工具”菜单：提供许多开发工具和辅助功能，如选项设置、外部工具、扩展管理器等。

8）“测试”菜单：用于执行单元测试和性能测试，包括创建和管理测试项目、运行测试、分析测试结果等。

9）“SQL”菜单：用于管理数据库连接和数据源，包括添加、修改、删除数据库连接、查询数据库等操作。

2.1.3 工具栏

工具栏是一种图形化的操作界面，具有直观和快捷的特点，熟练掌握工具栏的使用对提高编程效率非常有帮助，如图 2-3 所示。工具栏由某些操作按钮组成，分别对应着某些菜单选项或命令的功能。用户可以直接单击这些按钮来完成指定的功能。显示和隐藏工具栏有下面两种方法：

本地 Windows 调试器 Debug

图 2-3 标准工具栏

1）在菜单栏中单击“视图”→“工具栏”，将显示所有的工具栏格式，可根据需要进行选择。

2）在工具栏上右击，将弹出所有的工具栏名称菜单，可根据需要进行选择，如图 2-4 所示。

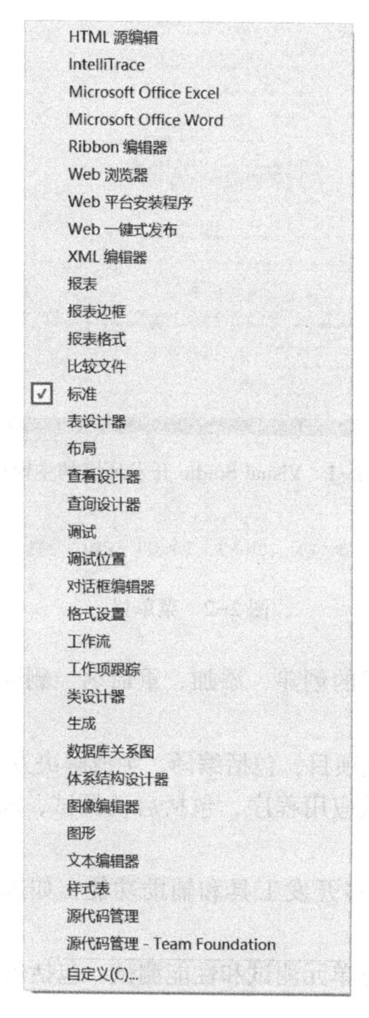

图 2-4　可供选择的工具栏

2.1.4　输出窗口

输出窗口位于主窗口的下方，如图 2-5 所示，主要用于显示代码调试和运行中的相关信息，包括以下几个方面。

1）错误列表窗口：显示编译或构建过程中发生的错误、警告和消息。在错误列表中，可以看到每个错误的文件、行号、错误类型和详细描述。通过单击错误列表中的错误，可以跳转到相应的代码位置，以便进行修复。

2）输出窗口：显示编译、调试和运行过程中的输出信息。可以用于查看应用程序的运行结果、调试信息、编译日志和其他相关信息。这对于调试和查找问题以及了解应用程序的运行状态非常有帮助。

3）命令窗口：一个交互式窗口，允许在 Visual Studio 中执行命令。可以在命令窗口中键入命令，如调用特定的命令、执行宏、查找符号等。命令窗口还提供自动完成和历史记录等功能，方便查找和执行常用的命令。

图 2-5　输出窗口

2.2 面向对象程序设计

项目工作区和客户区

面向对象程序设计（object-oriented programming，OOP）是软件设计和开发的一个重大进展，面向对象技术不仅是一种程序设计技术，而且是一种设计和构造软件的思维方法。面向对象技术正逐渐被软件开发者和用户所使用，实践证明，面向对象方法更有利于程序的复用、扩充和系统的维护。

2.2.1　数据抽象

数据抽象为程序员提供了一种比较高级的对数据和操作数据需要的算法的抽象。在传统的高级语言中，算法是一种非常重要的抽象机制，对算法的抽象就是指撇开了过程的实现细节，而仅仅强调了过程完成什么以及过程应该如何被使用。对数据的抽象更为基本，所有程序员实际上都享受到数据抽象的巨大好处。例如，在 C 语言中，int 就实现了对整型数的数据抽象。如果一种语言能够为用户提供数据抽象这种机制，那么就可以在程序中实现模块化和信息隐藏。

模块化就是将一个复杂系统分解为几个自包含实体（即模块），并将与系统中一个特定的实体有关的信息保存在该模块内。一个模块是对整个系统结构某一部分的完整描述。模块化的优点是当需要进行修改或出现问题时，可以立即确定需要在哪些模块上进行。模块化强调了这样一种设计方法：程序员将问题分解为若干实体进行考虑。

信息（数据）隐藏是将一个模块的细节对用户隐藏起来，实现抽象级别向前推进一步。使用信息隐藏，用户必须通过一个受保护的接口访问一个实体，而不能直接访问诸如数据结构或局部过程等内部细节，这个接口一般由一些操作组成。

通过模块化和信息隐藏就可以很容易地实现对象的封装。信息隐藏并不是面向对象程序设计所特有的。在结构化程序设计中，信息隐藏用于模块而不是类。

2.2.2　类

类和对象是面向对象编程中最基本的概念，从语言层来说，类是用户定义的数据类型，它包括内部数据变量与方法，而方法是在类定义中声明的过程和函数。一个对象是一个数据类型，是类的一个实例。类与对象的关系就像整数类型与整型变量之间的关系一样。对象与记录一样，是一种数据结构。类是创建对象的模板，它包含所创建的对象的状态描述和方法的定义。一旦定义了某一特定类，就可以通过一种机制来建立一个特定类的对象，这一机制被称为对象实例化。在C++中，假定CMyClass是一个已定义了的类，那么可通过如下方式创建隶属该类的一个对象（object）：

```
CMyClass object;
```

在实际应用中，常常基于对象之间关系来建立类。结构化程序设计为我们提供了描述这种关系的机制，如基于某类构造复合类。复合类描述了对象之间的包含关系。例如，在类B中嵌套类A，则称B为复合类，在进行对象的组装时，常常需要构造复合类。

类的说明是一个逻辑抽象的概念，它声明了一种新的“数据类型”，描述了一类对象的共同特性，它能够把属性数据及其操作方法包容在一起。类本身具有自含性。类中成员按其使用或存取的方式分类，分别使用关键词private、public和protected，为具体实现封装和继承机制提供条件。类的public部分定义的成员变量和成员函数可以被类外代码访问，是类对象的外部接口。对象是按类来定义的，对象的生成才真正创建了这种数据类型的物理实体，即对象占用实际的内存空间，而类的说明不占用内存。

1. 类的定义

类的一般形式如下：

```
class class_name {
    private:                                    // 私有成员，默认值
    private function and variables;
    protected:                                  // 保护成员
    protected function and variables;
    public:                                     // 公有成员
    public function and variables;
} object_list;
```

在上述说明中，class_name是类名，也是一种新的类型名；object_list为可选项，用户可在说明类之后，根据需要说明类的对象。值得注意的是，类的成员既可包括变量，又可包括函数。

类说明体内的变量和函数统称为这个类的成员，通过访问权限制词（后面加冒号）说明其不同的使用方式。利用这些关键字与成员函数，可以达到数据封装，或提供对外接口的功能。

2. 类的成员函数

定义类的成员函数的格式如下：

```
返回类型类名::成员函数名(参数说明)
{
    函数体
}
```

类的成员函数对类的数据成员进行操作，成员函数的定义体可以在类的定义体中。

一个类的说明可分为定义性说明和引用性说明两种，引用性说明仅说明类名。例如：

```
class Location;
```

引用性说明不能用于说明类的变量，但可说明指针。例如：

```
class myClass
{
```

```
    private:
    int i;
    myClass member;           // 错
    myClass  * pointer;       // 对
}
```

在类定义体外定义成员函数时，需在函数名前加上类域标记，因为类的成员变量和成员函数属于所在的类域，在域内使用时，可直接使用成员名字，而在域外使用时，需在成员名外加上类对象的名称。

类成员
访问原则

2.2.3　对象

在概念上，对象是正在开发的系统中任何被观察到的实体。在构造一个系统时，我们将分析问题域，对解决这个问题所需要的组件加以刻画。在一个基于对象的系统中，这些组件被直接以对象来表示。这些对象可以看作一个状态和一系列可被外部调用的操作方法的一个封装体。

对象对应于自然存在的实体，刻画了实体的结构特征和行为特征属性。对象的结构特征是由它的属性表示的，对象的每个操作称为方法，一个对象的方法构成了其他对象可见的接口，一个对象向另一个对象发送消息，以激活它的某个方法，对象的每个方法都对应且仅仅对应一条消息。对象常常隶属于某一特定的类，并通过对象实例化来创建。

对象是从现实世界中抽象出来的物体。类是对具有共同属性与行为对象的描述，是更高级别的抽象。我们可将 OOP 中的对象理解为：①一组相关的代码和数据的组合，用属性表示对象的内容，用方法表示对象的操作；②对象是类的实例，它是“类”类型的变量；③对象之间可以通过发送消息请求而相互联系，共同完成任务；④通过继承、组合或封装等方式产生新的对象，以此构建复杂的对象体系，最大限度地实现代码的复用，并将系统的复杂性隐藏起来；⑤可以将对象分为系统逻辑对象与界面对象两类。

1. 对象的定义格式

定义类对象的格式如下：

```
<类名><对象名表>;
```

其中，<类名>是待定的对象所属的类的名字，即所定义的对象是该类的对象。<对象名表>中可以有一个或多个对象名，多个对象名用逗号分隔。在<对象名表>中，可以是一般的对象名，还可以是指向对象的指针名或引用名，也可以是对象数组名。例如：

```
class Stool                          // Stool 类
{
  public:
    int weight;
    int height;
    int width;
    int length;
};
Stool sa11,Sa2;                      // 定义 2 个对象
```

2. 对象成员的表示方法

一个对象成员就是该对象的类所定义的成员。对象成员有数据成员和成员函数。一般对象

成员表示如下：

```
<对象名>.<成员名>
```

或者

```
<对象名>.<成员名>(<参数表>)
```

前者用于表示数据成员，后者用于表示成员函数。这里的“.”是一个运算符，该运算符的功能是表示对象成员。

指向对象的指针的成员表示如下：

```
<对象指针名>-><成员名>
```

或者

```
<对象指针名>-><成员名>(<参数表>)
```

同样，前者用于表示数据成员，后者用于表示成员函数。这里的“->”是一个表示成员的运算符，它与前面介绍过的“.”运算符的区别是：“->”用来表示指向对象的指针的成员，而“.”用来表示一般的对象成员。

对于数据成员和成员函数，以下两种表示方式是等价的：

```
<对象指针名>-><成员名>
(*<对象指针名>).<成员名>
```

2.2.4 继承

构造函数和析构函数

继承是面向对象程序设计的基本特征之一，是从已有的类基础上建立新类。继承性是面向对象程序设计支持代码重用的重要机制。面向对象程序设计的继承机制提供了无限重复利用程序资源的一种途径。通过 C++语言中的继承机制，一个新类既可以共享另一个类的操作和数据，也可以在新类中定义已有类中没有的成员，这样就能大大的节省程序开发的时间和资源。

1. 基类和派生类

继承是类之间定义的一种重要关系。定义类 B 时，自动得到类 A 的操作和数据属性，使得程序员只需定义类 A 中所没有的新成分就可完成类 B 的定义，这样称类 B 继承了类 A，类 A 派生了类 B，A 是基类（父类），B 是派生类（子类）。这种机制称为继承。

已存在的用来派生新类的类为基类，又称为父类。由已存在的类派生出的新类称为派生类，又称为子类。派生类可以具有基类的特性，共享基类的成员函数，使用基类的数据成员，还可以定义自己的新特性，定义自己的数据成员和成员函数。

在 C++语言中，一个派生类可以从一个基类派生，也可以从多个基类派生。从一个基类派生的继承称为单继承，从多个基类派生的继承称为多继承。

（1）派生类的定义格式　单继承的定义格式如下：

```
class<派生类名>:<继承方式><基类名>
{
    <public:>      //派生类新定义成员
```

```
    members;
    <private:>
    members;
    <protected:>
    members;
};
```

其中，<派生类名>是新定义的类的名字，它是从<基类名>中派生的，并且按指定的<继承方式>派生。<继承方式>常以如下三种关键字表示：

1）public：表示公有继承。

2）private：表示私有继承，可默认声明。

3）protected：表示保护继承。

下面是一个派生类的例子：

```
class firstdlg : public CDialog
{
// Construction
public:
    firstdlg(CWnd * pParent = NULL);                    // standard constructor
    void getSW(ISldWorks * Sw);
// Dialog Data
    //{{AFX_DATA(firstdlg)
    enum { IDD = IDD_DIALOG1 };
    CString m_Edit_TH;
    CString m_Edit_MC;
    CString m_Edit_SJZ;
    CString m_Edit_RQ;
    CString m_Edit_CL;
    //}}AFX_DATA

// Overrides
    // ClassWizard generated virtual function overrides
    //{{AFX_VIRTUAL(firstdlg)
    protected:
    virtual void DoDataExchange(CDataExchange * pDX);    // DDX/DDV support
    //}}AFX_VIRTUAL

// Implementation
protected:
      CComPtr<ISldWorks>m_iSldWorks_dlg;
    // Generated message map functions
    //{{AFX_MSG(firstdlg)
    virtual void OnOK();
    virtual void OnCancel();
    //}}AFX_MSG
  DECLARE_MESSAGE_MAP()
};
```

（2）派生类的三种继承方式　派生类有公有继承（public）、私有继承（private）和保护继承（protected）三种继承方式。三种继承方式的基类特性和派生类特性见表2-1。

表 2-1 三种继承方式的基类特性和派生类特性

继承方式	基类特性	派生类特性
公有继承	public	public
	protected	protected
	private	不可访问
私有继承	public	private
	protected	private
	private	不可访问
保护继承	public	protected
	protected	protected
	private	不可访问

公有继承的特点是基类的公有成员和保护成员作为派生类的成员时，它们都保持原有的状态，而基类的私有成员仍然是私有的。在公有继承时，派生类的对象可以访问基类中的公有成员；派生类的成员函数可以访问基类中的公有成员和保护成员。这里，一定要清楚派生类的对象和派生类中的成员函数对基类的访问是不同的。

私有继承的特点是基类的公有成员和保护成员作为派生类的私有成员，并且不能被这个派生类的子类访问。在私有继承时，基类的成员只能由直接派生类访问，而无法再往下继承。

保护继承的特点是基类的所有公有成员和保护成员都成为派生类的保护成员，并且只能被它的派生类成员函数或友元访问，基类的私有成员仍然是私有的。

保护继承方式与私有继承方式的情况相同，两者的区别仅对派生类的成员而言，对基类成员有不同的可访问性。

对于基类中的私有成员，只能被基类中的成员函数和友元函数所访问，不能被其他的函数访问。

（3）基类与派生类的关系　任何一个类都可以派生出一个新类，派生类也可以再派生出新类，因此，基类和派生类是相对而言的。一个基类可以是另一个基类的派生类，这样便形成了复杂的继承结构，出现了类的层次。一个基类派生出一个派生类，这个派生类又成为另一个派生类的基类，则原来的基类为另一个派生类的间接基类。

1）派生类是基类的具体化。

2）派生类是基类定义的延续。

3）派生类是基类的组合。

派生类将其本身与基类区别开来的方法是添加数据成员和成员函数。因此，继承的机制将使得在创建新类时，只需说明新类与已有类的区别，从而大量原有的程序代码都可以复用。

2. 单继承

单继承是指派生类有且只有一个基类的情况，在单继承中，每个类可以有多个派生类，但是每个派生类只能有一个基类，从而形成树形结构。

（1）构造函数　构造函数不能够被继承，C++提供一种机制，使得在创建派生类对象时，能够调用基类的构造函数来初始化基类数据，即派生类的构造函数必须通过调用基类的构造函数来初始化基类子对象。所以，在定义派生类的构造函数时除了对自己的数据成员进行初始化外，还必须负责调用基类构造函数使基类的数据成员得以初始化。

派生类构造函数的一般格式如下：

```
<派生类名>(<派生类构造函数总参数表>):<基类构造函数>(<参数表1>),
<子对象名>(<参数表2>)
{
    <派生类中数据成员初始化>
};
```

派生类构造函数的调用顺序如下：①调用基类的构造函数，调用顺序按照它们继承时说明的顺序。②调用子对象类的构造函数，调用顺序按照它们在类中说明的顺序。③派生类构造函数体中的内容。

（2）析构函数　由于析构函数也不能被继承，因此在执行派生类的析构函数时，基类的析构函数也将被调用。执行顺序是先执行派生类的析构函数，再执行基类的析构函数，其顺序与执行构造函数时的顺序正好相反。

（3）继承中构造函数的调用顺序　如果派生类和基类都有构造函数，在定义派生类时，系统首先调用基类的构造函数，然后再调用派生类的构造函数。在继承关系下有多个基类时，基类构造函数的调用顺序取决于定义派生类时基类的定义顺序。

在实际应用中，使用派生类构造函数时应注意如下几个问题：①派生类构造函数的定义中可以省略对基类构造函数的调用，其条件是在基类中必须有默认的构造函数或者根本没有定义构造函数。若基类中没有定义构造函数，则派生类不必负责调用基类构造函数。②当基类的构造函数使用一个或多个参数时，则派生类必须定义构造函数，提供将参数传递给基类构造函数的途径。在有些情况下，派生类构造函数体可能为空，仅起到参数传递作用。

3. 多继承

（1）概念　可以为一个派生类指定多个基类，派生类与每个基类之间的关系仍可看作是一个继承的继承结构称为多继承。多继承可以看作是单继承的扩展。多继承下派生类的定义格式如下：

```
class<派生类名>:<继承方式1><基类名1>,<继承方式2><基类名2>,…
{
    <派生类类体>
};
```

其中，<继承方式1>、<继承方式2>、…是三种继承方式：public，private 和 protected 之一。

（2）多继承的构造函数　在多继承的情况下，多个基类构造函数的调用次序是按基类在被继承时所声明的次序从左到右依次调用，与它们在派生类的构造函数实现中的初始化列表出现的次序无关。

派生类的构造函数格式如下：

```
<派生类名>(<总参数表>):<基类名1>(<参数表1>),<基类名2>(<参数表2>),…<子对象名>
(<参数表n+1>),…
{
    <派生类构造函数体>
}
```

其中，<总参数表>中各个参数包含了其后的各个分参数表。

派生类构造函数执行顺序是先执行所有基类的构造函数，再执行派生类本身构造函数。处于同一层次的各基类构造函数的执行顺序取决于定义派生类时所指定的各基类顺序，与派生类构造函数中所定义的成员初始化列表的各项顺序无关。

多继承下派生类的构造函数与单继承下派生类的构造函数相似，它必须同时负责该派生类所有基类构造函数的调用。同时，派生类的参数个数必须包含完成所有基类初始化所需的参数个数。

2.2.5 SOLIDWORKS 类的设计

采用面向对象的程序设计方法，首先必须建立面向对象的模型。模型是为了了解事物做出的一种抽象。抽象是针对目的的，针对不同的目的，同一事物也就可能存在多种不同的抽象。面向对象的模型建造和设计，是一种围绕真实世界的概念来组织模型的思维方式，其基本构造是对象。在系统设计中，对象将数据和行为合并在同一个类中。对象模型描述设计系统的静态结构，它包括对象属性、操作及与其他对象之间的关系描述。

SOLIDWORKS API 通过面向对象的思想组织所有接口对象，如图 1-4 所示，主要可分为以下几大类：

（1）应用程序类　应用程序类包括 SldWorks、ModelDoc2、PartDoc、AssemblyDoc、DrawingDoc 类，如图 2-6 所示。其中每一类的下一级都有多个对象。

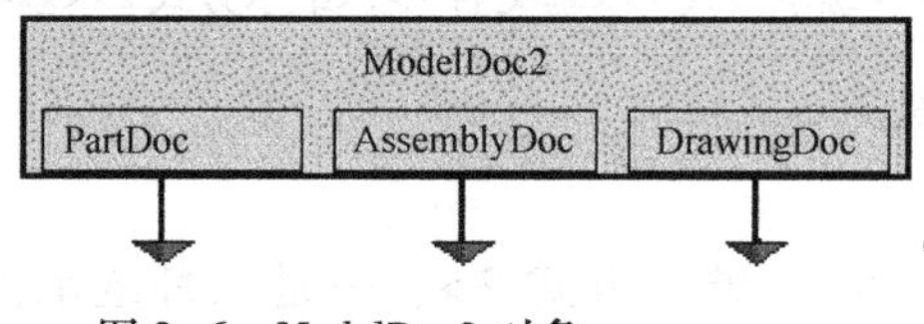

图 2-6　ModelDoc2 对象

ModelDoc2 与 PartDoc、AssemblyDoc、DrawingDoc 的关系是前者包含了后三者，因此，这几个接口之间可以通过 COM 的 QueryInterface 进行查询，其中 PartDoc、AssemblyDoc、DrawingDoc 对象组成如图 2-7～图 2-9 所示。

（2）配置文件类　配置文件类管理零件文档不同模块与装配文档不同零件的状态。在零件文档中，可以将复杂特征设置成压缩状态；在装配文档中，可以将一个或多个零件设置成压缩状态。

（3）事件类　SOLIDWORKS API 中提供了对事件的支持，事件类主要有 AssemblyDoc 事件、DrawingDoc 事件、FeatMgrView 事件、ModelView 事件、PartDoc 事件、SldWorks 事件以及 SWPropertySheet 事件。开发人员可以截获应用程序中的事件并根据需要加入相应的功能。

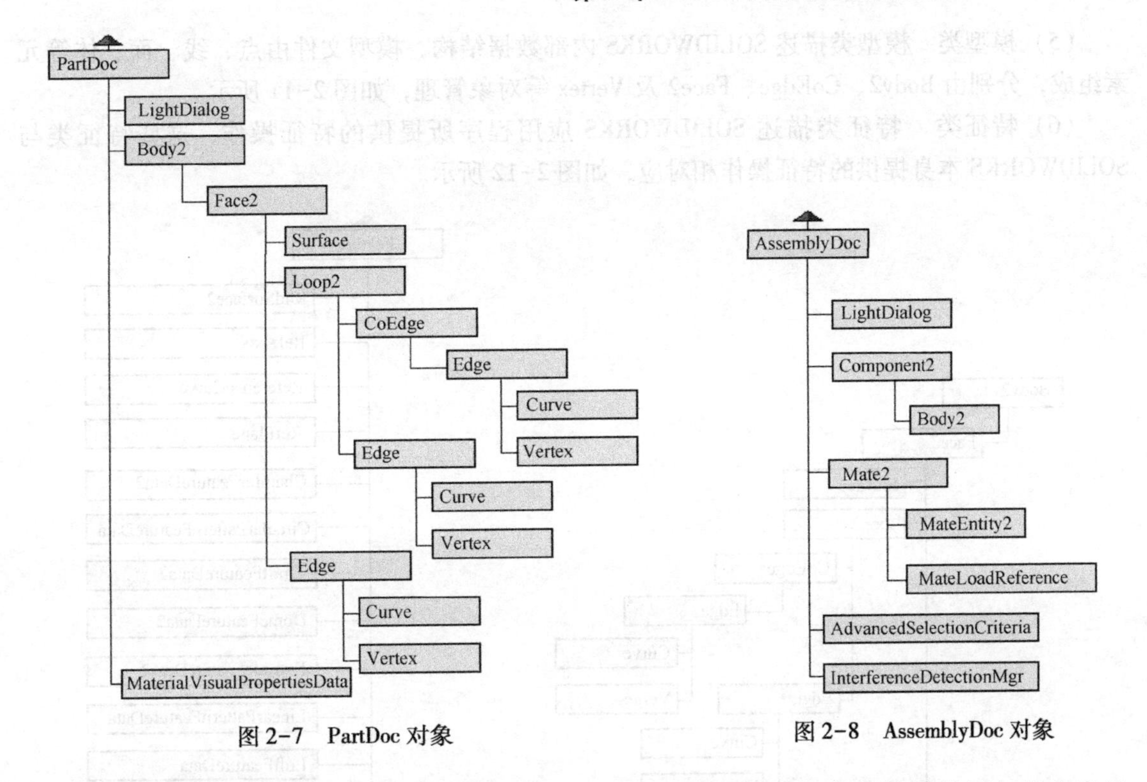

图 2-7　PartDoc 对象　　　图 2-8　AssemblyDoc 对象

(4) 注解类　注解类管理文档注解，如在 SOLIDWORKS 应用程序中给零件添加的文字注释由 Annotation 对象管理，如图 2-10 所示。

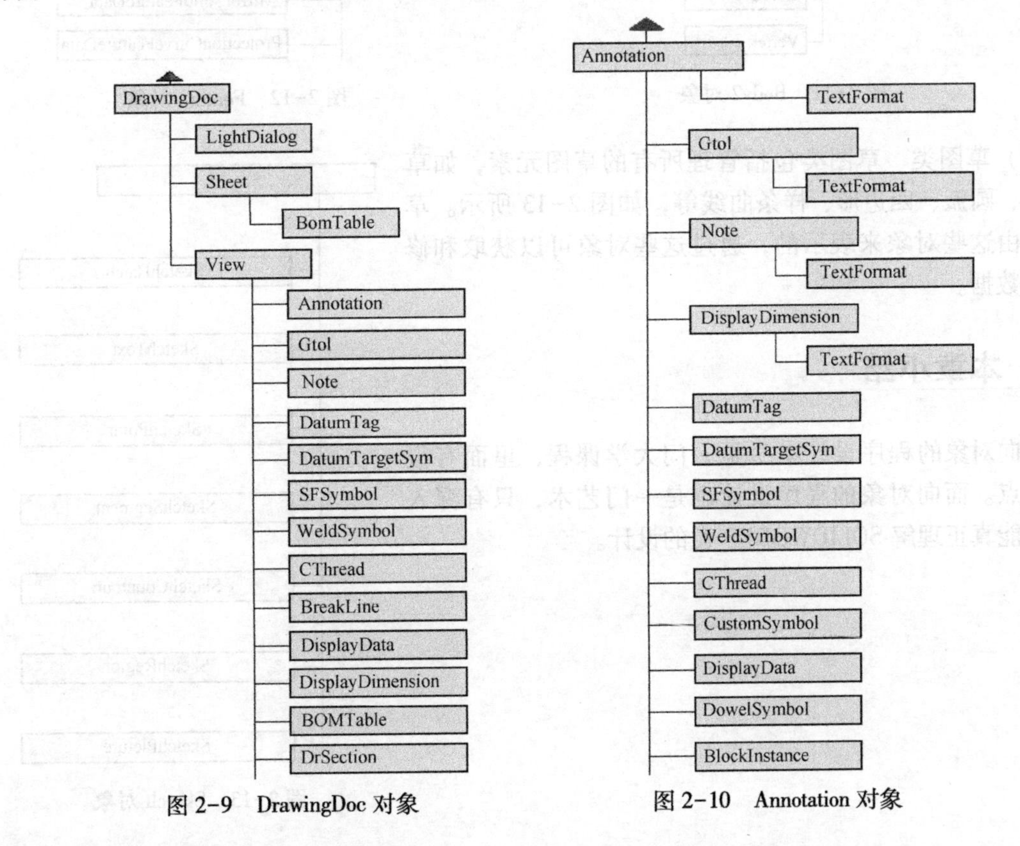

图 2-9　DrawingDoc 对象　　　图 2-10　Annotation 对象

（5）模型类　模型类描述 SOLIDWORKS 内部数据结构，模型文件由点、线、面、体等元素组成，分别由 Body2、CoEdge、Face2 及 Vertex 等对象管理，如图 2-11 所示。

（6）特征类　特征类描述 SOLIDWORKS 应用程序所提供的特征操作，这些特征类与 SOLIDWORKS 本身提供的特征操作相对应，如图 2-12 所示。

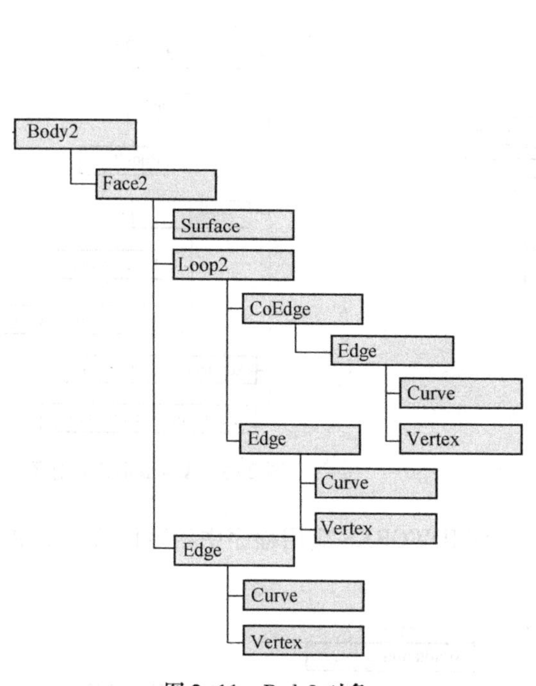

图 2-11　Body2 对象

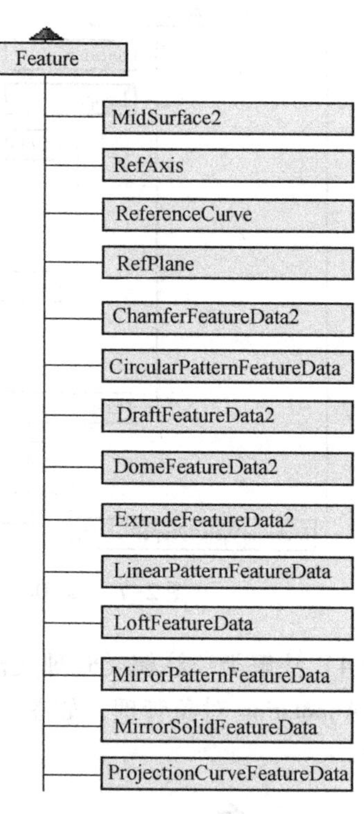

图 2-12　Feature 对象

（7）草图类　草图类包括管理所有的草图元素，如草图直线、圆弧、四边形、样条曲线等，如图 2-13 所示。草图都是由这些对象来表示的，通过这些对象可以获取和修改草图数据。

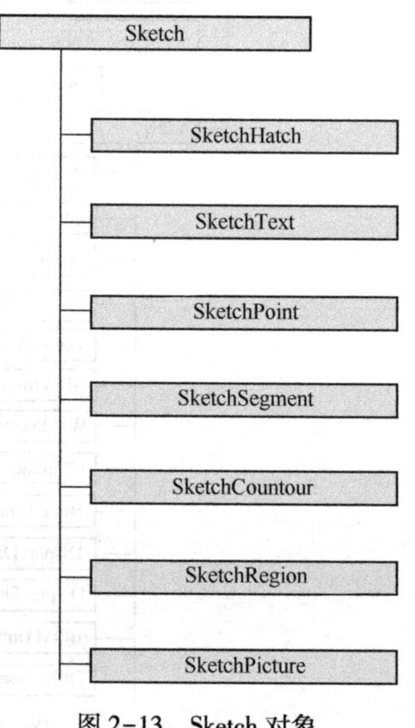

图 2-13　Sketch 对象

2.3 本章小结

面向对象的程序设计本身是一门大学课程，里面有很多知识点。面向对象的程序设计也是一门艺术，只有深入实践才能真正理解 SOLIDWORKS 类的设计。

第3章　MFC与控件

本章内容提要

(1) MFC对话框的创建，包括对话框的创建流程、添加对话框资源和创建对话框类

(2) 非模态对话框与消息对话框，包括非模态对话框的定义、非模态对话框的特点和消息对话框

(3) C++中的消息机制，包括消息的概念与结构、消息的种类、控件通知消息及其格式

(4) 常用控件的使用，包括控件的共有特征、创建、访问与销毁，以及静态控件、按钮控件、编辑框控件、列表框控件与组合框控件

3.1　MFC对话框的创建

3.1.1　对话框的创建流程

对话框的创建流程如图3-1所示，主要分为创建对话框资源和创建对话框类两步。

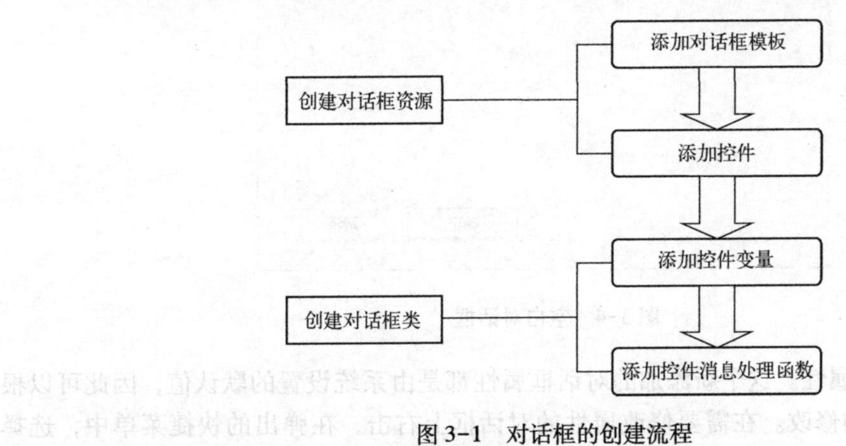

图3-1　对话框的创建流程

创建对话框资源包括添加对话框模板和向对话框中添加控件两步。创建对话框类包括添加控件变量和添加控件消息处理函数这两步。

3.1.2　利用Visual Studio生成对话框的一般步骤

1）启动Visual Studio，选择“资源视图”，右击“Dialog”，弹出快捷菜单，如图3-2

所示。

2）选择“添加资源”后弹出“添加资源”对话框，选择“Dialog”选项，如图 3-3 所示。

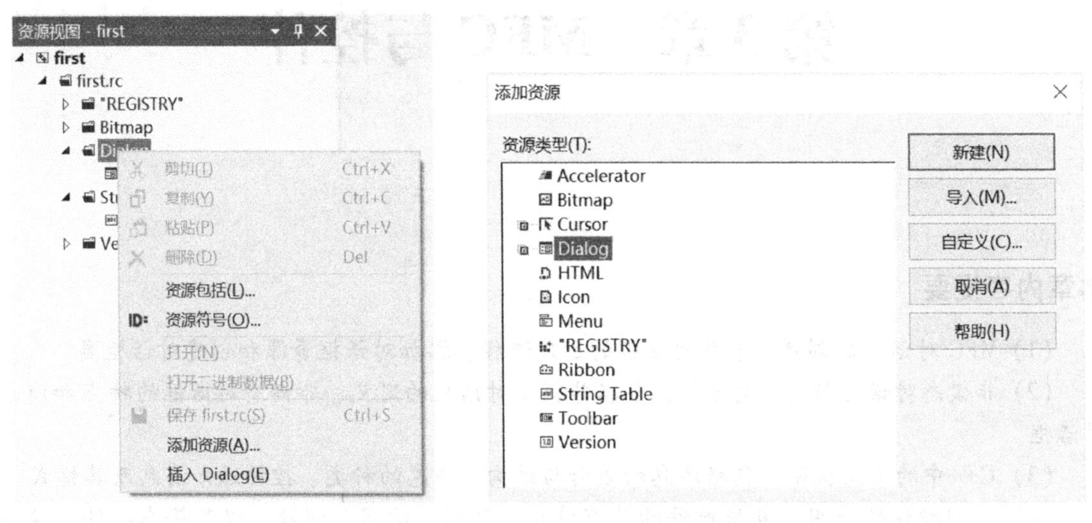

图 3-2　右键快捷菜单　　　　图 3-3　“添加资源”对话框

3）单击“新建”按钮，新建了一个空白对话框文件，如图 3-4 所示。这个空白对话框文件什么功能也没有，只是一个模板，如果想添加功能，需要添加相应的资源。

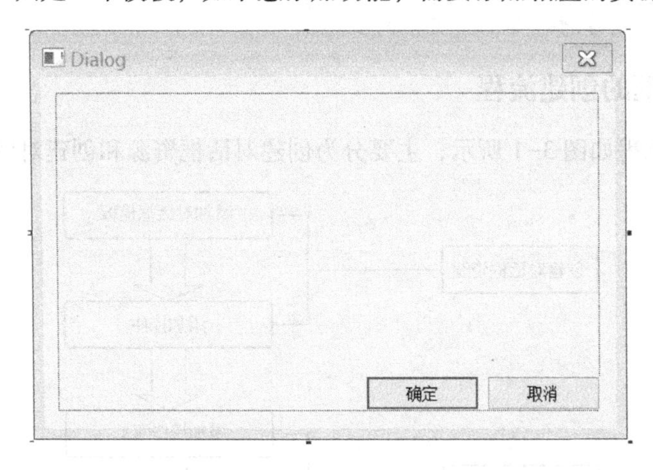

图 3-4　空白对话框

4）修改对话框的属性。这个新添加的对话框属性都是由系统设置的默认值，因此可以根据自己的需要做相应的修改。在需要修改属性的对话框上右击，在弹出的快捷菜单中，选择“属性”，打开“属性”对话框，如图 3-5 所示。只需要在要修改的地方输入相应的内容后关闭即可完成修改。

5）在对话框中添加控件。用户可以修改或者删除属性。如果需要某个控件，可以从右侧的“工具箱”菜单直接将控件拖至对话框中。关于控件的内容，后面还会详解，在此不做过多叙述。

属性

IDD_DIALOG1 (Dialog) IDlgEditor

(Name)	IDD_DIALOG1 (Dialog)
3D Look	False
Absolute Align	False
Accept Files	False
Application Window	False
Border	Dialog Frame
Caption	Dialog
Center	False
Center Mouse	False
Class Name	
Client Edge	False
Clip Children	False
Clip Siblings	False
Context Help	False
Control	False
Control Parent	False
Disabled	False
Font(Size)	MS Shell Dlg(8)
Horizontal Scrollbar	False
ID	IDD_DIALOG1
Layered	False
Layout RTL	False
Left Scrollbar	False
Local Edit	False
Maximize Box	False
Menu	
Minimize Box	False
No Fail Create	False
No Idle Message	False
No Parent Notify	False
NoInheritLayout	False
Overlapped Window	False
Palette Window	False
Right Align Text	False
Right To Left Reading Ord	False
Set Foreground	False
Static Edge	False
Style	Popup

(Name)

图 3-5 “属性”对话框

3.1.3 创建对话框类

每一个对话框必须要和一个对话框类或其派生类相连才能发生作用。创建对话框类，即创建一个 CDialog 类的派生类与新建对话框资源关联。对话框类 CDialog 提供了访问控件属性，以及响应控件和对话框自身消息的功能。

1. 创建对话框类 CDialog

创建关联对话框类的派生类的过程如下：在创建的 MFC 的对话框中右击，选择插入类，弹出“MFC 添加类向导”对话框，如图 3-6 所示。

在“MFC 添加类向导”对话框中为前面创建的对话框创建新的类。在“类名”文本框中输入“firstDlg”，表明新建类的名称为 firstDlg。此时“. cpp 文件”文本框中的内容自动设置为“firstDlg. cpp”，表明类的源文件为 firstDlg. cpp。在“基类”下拉列表中选择“CDialog”，表明 firstDlg 类的基类为 CDialog。单击“完成”按钮，就完成了一个新的类 firstDlg 的创建。MFC 添加类向导自动使类 firstDlg 与 MFC 对话框模板关联。

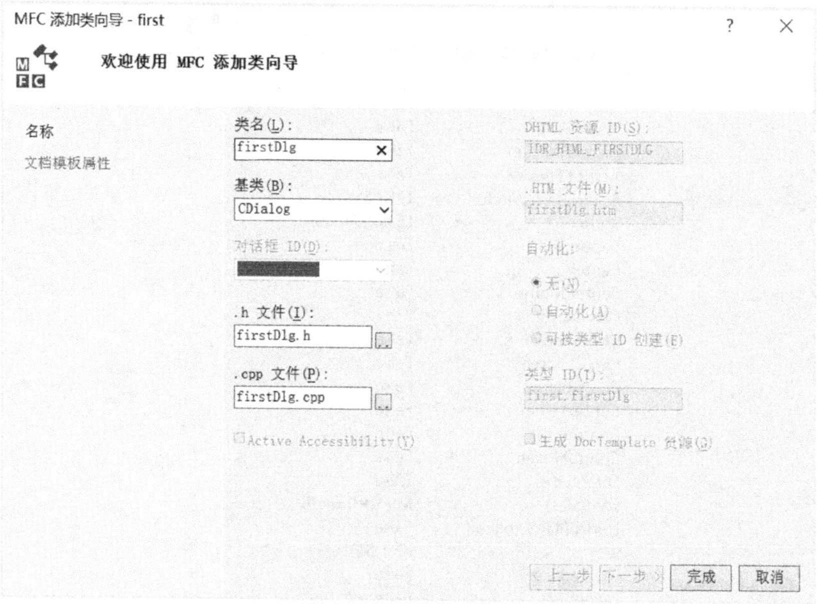

图 3-6 “MFC 添加类向导”对话框

2. 添加控件成员变量

对话框的主要功能是输出和输入数据，表格对话框的任务就是要在程序的开始要求用户输入参数，如果输入错误，则中断程序。对话框需要有一组成员变量来存储数据，而对话框中的控件是用来表示或输入数据的。因此，存储数据的成员变量应该与控件相对应。与控件对应的成员变量既可以是一个数据，也可以是一个控件对象，这将由具体需要来确定。

在 Visual Studio 的对话框中右击，选择“添加变量”，打开“添加成员变量向导”对话框，如图 3-7 所示。将对话框中的变量信息填写完成后，单击“完成”按钮即可完成成员变量的添加。

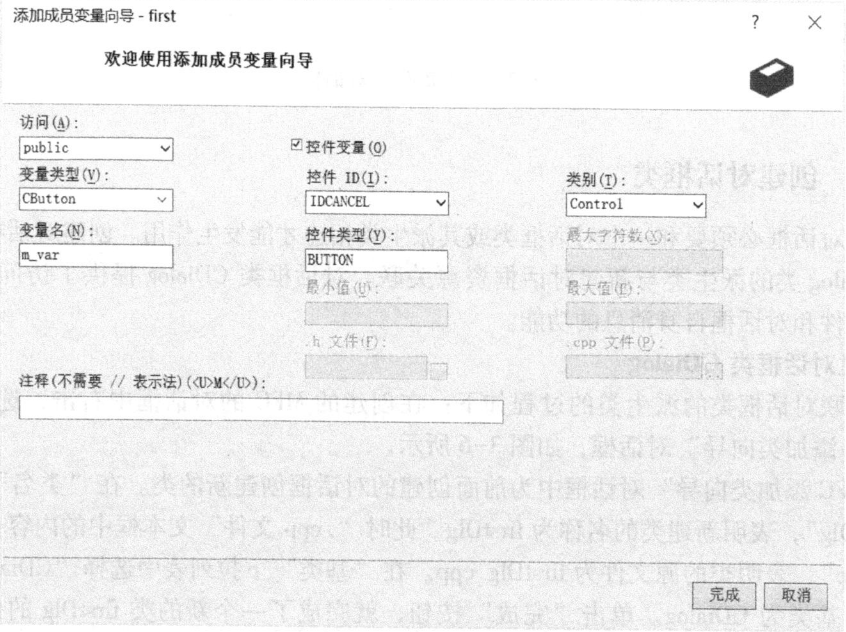

图 3-7 “添加成员变量向导”对话框

3. 添加成员函数

MFC 为对话框和控件定义了许多消息，可以通过“类向导”对话框来查看、新建和删除相应的消息响应函数。在“参数”对话框中添加单击“OK”按钮的消息处理函数，步骤如下。

在 Visual Studio 的对话框中右击，选择“类向导”，打开“类向导”对话框，如图 3-8 所示。在“项目”下拉列表中选择“first”，在“类名”下拉列表中选择“firstDlg”，在“对象 ID”列表框中选择“IDOK”，对应的控件是“OK”按钮。按钮一般有两种通知消息，分别是 BN_CLICKED（按钮被单击）和 BN_DOUBLECLICKED（按钮被双击）。要为对话框添加用户单击“OK”按钮功能，需要添加一个处理 IDOK 的 BN_CLICKED 通知消息成员函数。在“消息”列表框中选择 BN_CLICKED，单击“确定”按钮，就可以创建一个名称为 OnOK 的消息处理函数，并在函数体内为其添加完成某个功能的代码。

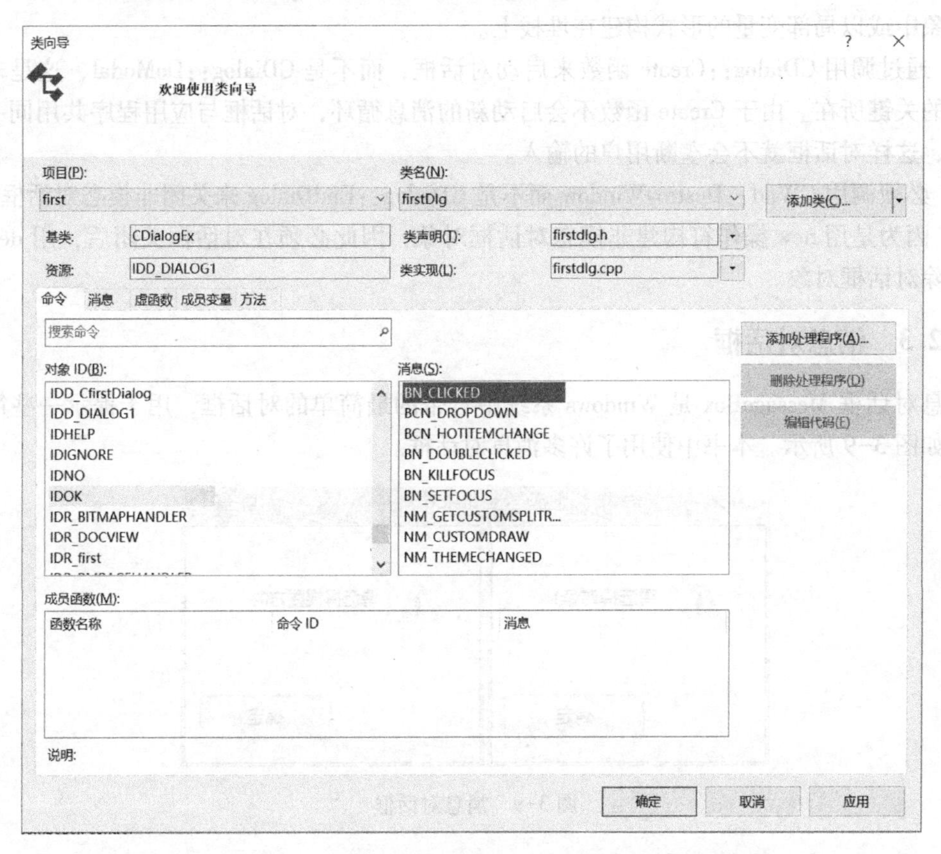

图 3-8 “类向导”对话框

3.2 非模态对话框与消息对话框

3.2.1 非模态对话框

对话框大致可以分为以下两种。

（1）模态对话框　模态对话框弹出后，独占了系统资源，用户只有在关闭该对话框后才可以继续执行，不能在关闭对话框之前执行应用程序其他部分的代码。模态对话框一般要求用户做出某种选择。

（2）非模态对话框　非模态对话框弹出后，程序可以在不关闭该对话框的情况下继续执行，在转入应用程序其他部分的代码时可以不需要用户做出响应。非模态对话框一般用来显示信息，或者实时地进行一些设置。

3.2.2　非模态对话框的特点

在对话框的创建和删除过程中，非模态对话框与模态对话框相比有下列不同之处：

1）非模态对话框的模板必须具有 Visible 风格，否则对话框将不可见，而模态对话框则无须设置该项风格。

2）非模态对话框对象是用 new 操作符在堆中动态创建的，而不是以成员变量的形式嵌入其他对象中或以局部变量的形式构建在堆栈上。

3）通过调用 CDialog::Create 函数来启动对话框，而不是 CDialog::DoModal，这是非模态对话框的关键所在。由于 Create 函数不会启动新的消息循环，对话框与应用程序共用同一个消息循环，这样对话框就不会垄断用户的输入。

4）必须调用 CWnd::DestroyWindow 而不是 CDialog::EndDialog 来关闭非模态对话框。

5）因为是用 new 操作符构建非模态对话框对象，因此必须在对话框关闭后，用 delete 操作符删除对话框对象。

3.2.3　消息对话框

消息对话框 MessageBox 是 Windows 系统中自带的最简单的对话框，用于提示一些简单的信息，如图 3-9 所示。本书中使用了许多消息对话框。

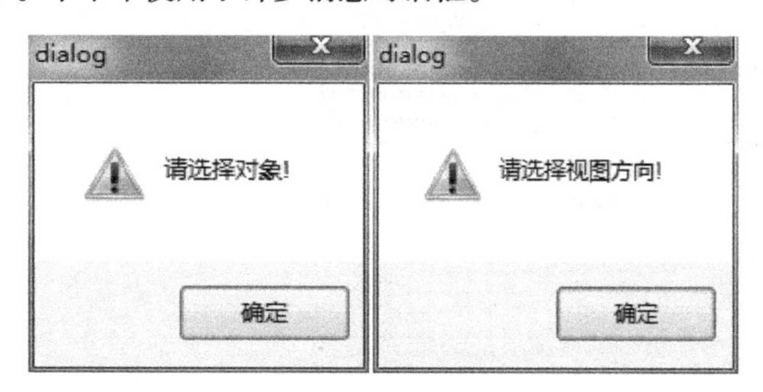

图 3-9　消息对话框

在 MFC 中，消息对话框通过 CWnd::MessageBox()和 AfxMessageBox()两个函数进行调用。前一个函数是 CWnd 的成员函数，而 AfxMessageBox()则是全局函数。两个函数的原型分别如下：

```
int MessageBox(
    LPCTSTR lpszText,
    LPCTSTR lpszCaption = NULL,
    UINT nType = MB_OK
);
int AfxMessageBox(
    LPCTSTR lpszText,
```

```
    UINT nType = MB_OK,
    UINT nIDHelp = 0
);
```

1）lpszText 参数：用于设置对话框的内容。

2）lpszCaption 参数：用于设置对话框的标题。

3）*nType* 参数：设置消息对话框的属性。

4）nIDHelp 参数：用于设置帮助的上下文 ID。

其中 nType 参数取值可为下面列出的按钮标志和图标标志的组合：

指定下列标志中的一个来显示消息框中的按钮，各标志的含义如下。

MB_ABORTRETRYIGNORE：消息框含有 3 个按钮，Abort（终止）、Retry（重试）和 Ignore（忽略）。

MB_OK：消息框含有 1 个按钮，OK（确定）。这是默认值。

MB_OKCANCEL：消息框含有 2 个按钮，OK（确定）和 Cancel（取消）。

MB_RETRYCANCEL：消息框含有 2 个按钮，Retry（重试）和 Cancel（取消）。

MB_YESNO：消息框含有 2 个按钮，Yes（是）和 No（否）。

MB_YESNOCANCEL：消息框含有 3 个按钮，Yes（是）、No（否）和 Cancel（取消）。

指定下列标志中的一个来显示消息框中的图标，各标志的含义如下。

MB_ICONEXCLAMATION 和 MB_ICONWARNING：一个惊叹号出现在消息框。

C++中的消息机制

MB_ICONINFORMATION 和 MB_ICONASTERISK：一个圆圈中小写字母 i 组成的图标出现在消息框。

MB_ICONOUESTION：一个问题标记图标出现在消息框。

MB_ICONSTOP、MB_ICONERROR 和 MB_ICONHAND：一个停止消息图标出现在消息框。

3.3 常用控件的使用

3.3.1 控件的共有特征

控件实际上是子窗口，在应用程序与用户进行交互的过程中，控件是主要角色。不管是什么类型的控件，一般都具有 WS_CHILD 和 WS_VISIBLE 窗口风格。WS_CHILD 指定窗口为子窗口，WS_VISIBLE 使窗口是可见的。

MFC 提供了大量的控件类，它们封装了控件的功能，如图 3-10 所示的控件工具栏。通过这些控件类，程序可以方便地创建控件，对控件进行查询和控制。常用控件主要包括静态文本控件、编辑框控件、普通按钮控件、单选按钮控件、复选框控件、组合框控件等，如图 3-11 所示。

图 3-10 控件工具栏

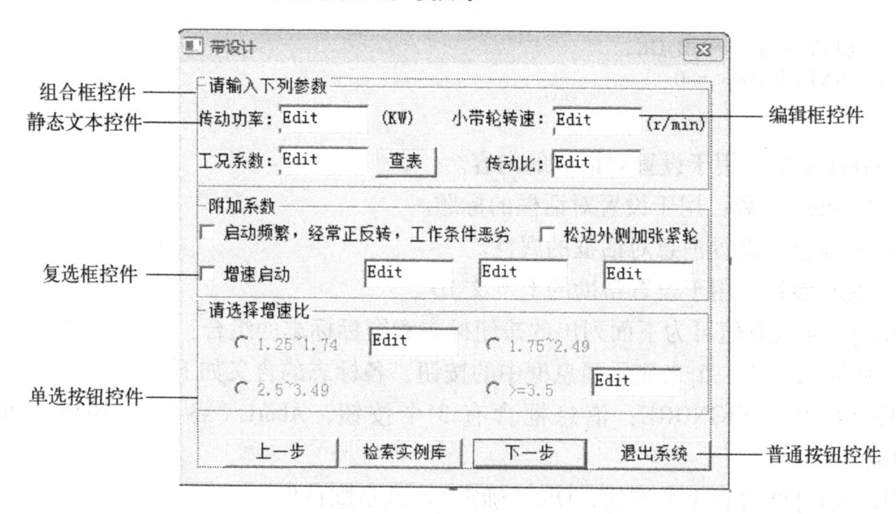

图 3-11　常用控件样式

所有 MFC 的控件类都是基本窗口类 CWnd 的直接或间接派生类，这意味着可以调用 CWnd 类的某些成员函数来查询和设置控件。常用于控件的 CWnd 成员函数见表 3-1，这些函数对所有的控件均适用。

表 3-1　常用于控件的 CWnd 成员函数

函　数　名	用　　途
ShowWindow	调用 ShowWindow(SW_SHOW) 显示窗口，调用 ShowWindow(SW_HIDE) 则隐藏窗口
EnableWindow	调用 EnableWindow(TRUE) 允许窗口，调用 EnableWindow(FALSE) 则禁止窗口。一个禁止的窗口呈灰色显示且不能接收用户输入
DestroyWindow	删除窗口
MoveWindow	改变窗口的位置和尺寸
SetFocus	使窗口具有输入焦点

例如，如果想把一个编辑框控件隐藏起来，可以用下面这行代码完成：

```
m_MyEditBox.ShowWindow(SW_HIDE);
```

3.3.2　控件的创建

控件的创建有自动和手工两种常用方法。控件的自动创建是通过向对话框模板中添加控件实现的。当调用对话框类的 DoModal 和 Create 显示对话框时，框架会根据对话框模板资源提供的控件信息自动地创建控件。这种方法的优点是方便直观，用户可以在对话框模板编辑器的控件面板中选择控件，可以在对话框模板中调整控件的位置和大小，还可以通过属性对话框设置控件的风格。

手工创建控件是一种比较专业的方法，也称为动态创建，包括下面两步：

1）构建一个控件对象。以成员变量的形式定义一个控件对象，用 new 操作符创建控件对象，但要注意 MFC 的控件对象不具有自动清除的功能，因此需要在关闭父窗口时用 delete 操作符删除控件对象。

2）调用控件对象的 Create 成员函数创建控件。一般来说，如果要在对话框中创建控件，那么应该在 OnInitDialog 函数中调用 Create，如果要在非对话框窗口中创建控件，则应该在 On-Create 函数中调用 Create。控件的手工创建是在程序中通过控件对象完成的，与对话框模板无关。在 Create 函数中，需要提供控件的风格、尺寸、位置、ID 等信息。下面是手工创建的程序代码：

```
CButton *m_pButton;
m_pButton=new CButton;
ASSERT_VALID(m_pButton);
m_pButton->Create(_T("动态生成"),WS_CHILD|WS_VISIBLE|BS_PUSHBUTTON,Crect(0,0,100,
24),this,IDC_MYbutton);
```

3.3.3 控件的访问与销毁

控件是一种交互的工具，应用程序需要通过某种方法来访问控件以对其进行查询和设置。访问控件的方法如下。

(1) 利用对话框的数据交换功能访问控件　先用 ClassWizard 为对话框类加入与控件对应的数据成员变量，然后在适当的时候调用 UpdateData，就可以实现对话框和控件的数据交换。这种方法只能交换数据，不能对控件进行全面的查询和设置，而且该方法不是针对某个控件，而是针对所有参与数据交换的控件。另外，对于新型的 Win32 控件，不能用 ClassWizard 创建数据成员变量。因此，该方法有较大的局限性。

(2) 通过控件对象来访问控件　控件对象对控件进行了封装，它拥有功能齐全的成员函数，用来查询和设置控件的各种属性。通过控件对象来访问控件无疑是最能发挥控件功能的一种方法，但这要求程序必须创建控件对象并使该对象与某一控件相连。对于自动创建的控件，可利用 ClassWizard 方便地创建与控件对应的控件对象。对于手工创建的控件，因为控件本身就是通过控件对象创建的，所以不存在这一问题。

(3) 利用 CWnd 类的一些用于管理控件的成员函数来访问控件　只要向这些函数提供控件的 ID，就可以对该控件进行访问。使用这些函数的好处是无须创建控件对象，就可以对控件的某些常用属性进行查询和设置。

用 CWnd::GetDlgItem 访问控件。该函数根据参数说明的控件 ID，返回指定控件的一个 CWnd 型指针，程序可以把该指针强制转换成相应的控件类指针，然后通过该指针来访问控件。该方法对自动和手工创建的控件均适用。

当关闭父窗口时，控件会被自动删除，因此在一般情况下不必操心删除问题。如果由于某种需要想手工删除控件，可以调用 CWnd::DestroyWindow 来完成。

对于控件对象的删除，有两种情况：若控件对象是以成员变量的形式创建的，那么该对象将会随着父窗口对象的删除而被删除，因此在程序中无须操心；若控件对象是用 new 操作符在堆中创建的，则必须在关闭父窗口时用 delete 操作符删除对象，这是因为所有 MFC 的控件类都是非自动清除的。

3.3.4 静态控件

静态控件包括静态文本控件和图片控件。静态文本控件用来显示文本。图片控件可以显示位图、图标、方框和图元文件。

静态控件主要起说明和装饰作用。静态控件的属性及其含义见表 3-2。

表 3-2 静态控件的属性及其含义

属 性	含 义	属 性	含 义
Accept Files	接收文件拖放	Image	图像
Align Text	文本对齐方式	Modal Frame	模态框架
Border	边框样式	No Prefix	不显示前缀符号
Caption	控件标题	No Wrap	不换行显示
Center Image	图片居中显示	Notify	通知
Client Edge	客户区边框	Path Ellipsis	文本路径显示省略号
Color	颜色	Right To Left Reading Order	从右到左的阅读顺序
Disabled	禁用状态	Real Size Image	原始大小图像
End Ellipsis	文本末尾显示省略号	Right Justify	右对齐
Group	分组	Static Edge	静态边缘
Help ID	帮助 ID	Sunken	凹陷效果
ID	控件 ID	Word Ellipsis	文本单词末尾显示省略号

静态控件的属性界面如图 3-12 所示。

IDC_STATIC1 (Text Control) IStatEditor

(Name)	IDC_STATIC1 (Text Control)
Acccept Files	False
Align Text	Left
Border	False
Caption	Static
Center Image	False
Client Edge	False
Disabled	False
End Ellipsis	False
Group	True
Help ID	False
ID	IDC_STATIC
Modal Frame	False
No Prefix	False
No Wrap	False
Notify	False
Path Ellipsis	False
Real Size Control	False
Right Align Text	False
Right To Left Reading Orde	False
Simple	False
Static Edge	False
Sunken	False
Tabstop	False
Transparent	False
Visible	True
Word Ellipsis	False

IDC_STATIC2 (Picture Control) IPictEditor

(Name)	IDC_STATIC2 (Picture Control)
Acccept Files	True
Border	False
Center Image	False
Client Edge	False
Color	Black
Disabled	False
Group	False
Help ID	False
ID	IDC_STATIC
Image	
Modal Frame	False
Notify	False
Real Size Image	False
Right Justify	False
Static Edge	False
Sunken	False
Tabstop	False
Transparent	False
Type	Frame
Visible	True

图 3-12 静态控件的属性界面

MFC 的 CStatic 类封装了静态控件。CStatic 类的主要成员函数见表 3-3。可以利用 CWnd 类的成员函数 GetWindowText、SetWindowText 和 GetWindowTextLength 等来查询和设置静态控件中显示的文本。

在图片控件的属性界面中可以完成许多初始工作，如先将图片存放在资源中，并命名为 IDB_ChiCun，然后在属性栏选择 Image，在 Image 栏选择 IDB_ChiCun 就可以把要显示的图片放入图片控件中，如图 3-13 所示。

表 3-3　CStatic 类的主要成员函数

成员函数声明	用　途
HBITMAP SetBitmap(HBITMAP hBitmap);	指定要显示的位图
HBITMAP GetBitmap() const;	获取由 SetBitmap 指定的位图
HICON SetIcon(HICON hIcon);	指定要显示的图标
HICON GetIcon() const;	获取由 SetIcon 指定的图标
HCURSOR SetCursor(HCURSOR hCursor);	指定要显示的光标图片
HCURSOR GetCursor();	获取由 SetCursor 指定的光标
HENHMETAFILE SetEnhMetaFile(HENHMETAFILE hMetaFile);	指定要显示的增强图元文件
HENHMETAFILE GetEnhMetaFile() const;	获取由 SetEnhMetaFile 指定的图元文件

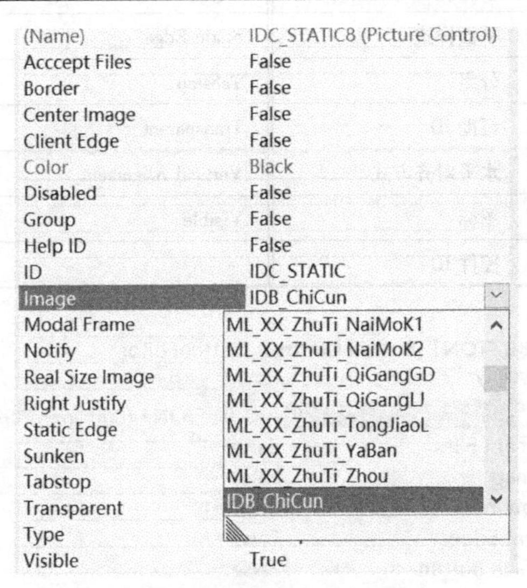

图 3-13　在图片控件属性中添加图片

3.3.5　按钮控件

按钮控件包括普通按钮（button）、复选框（check box）、单选按钮（radio button）、组框（group box）和自绘式按钮（owner-draw button）。普通按钮的作用是对用户的单击做出反应并触发相应的事件，在按钮中既可以显示文本，也可以显示位图。复选框控件可作为一种选择标记，可以有选中、不选中和不确定三种状态。

单选按钮控件一般都是成组出现的，具有互斥的性质，即同组单选按钮中只能有一个被选中。组框用来将相关的一些控件聚成一组。自绘式按钮是指由程序而不是系统负责重绘的按钮。按钮主要是指普通按钮、复选框和单选按钮，组框和自绘式按钮实际上是一种特殊的按钮，它们有选择和未选择状态。按钮控件会向父窗口发出控件通知消息，见表 3-4。

表 3-4　按钮控件的通知消息

通 知 消 息	含　义
BN_CLICKED	用户在按钮上单击
BN_DOUBLECLICKED	用户在按钮上双击

对话框模板编辑器创建的按钮控件,可以根据表 3-5 中列出的按钮属性对按钮的功能及风格进行设定。按钮的属性界面如图 3-14 所示。

表 3-5 按钮的属性及其含义

属 性	含 义	属 性	含 义
Accept Files	接收文件拖放	Modal Frame	模态框架
Bitmap	位图	Multiline	多行文本
Caption	控件标题	Notify	通知
Client Edge	客户区边缘	Owner Draw	自绘
Default Button	默认按钮	Right Align Text	文本右对齐
Disabled	禁用状态	Right To Left Reading Order	从右到左的阅读顺序
Flat	平面样式	Static Edge	静态边缘
Group	分组	Tabstop	Tab 键焦点
Help ID	帮助 ID	Transparent	透明
Horizontal Alignment	水平对齐方式	Vertical Alignment	垂直对齐方式
Icon	图标	Visible	可见性
ID	控件 ID		

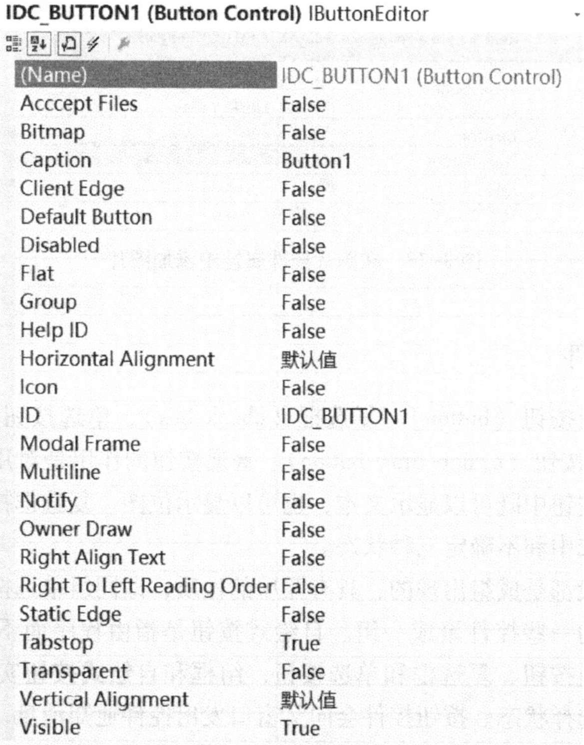

IDC_BUTTON1 (Button Control) IButtonEditor

(Name)	IDC_BUTTON1 (Button Control)
Acccept Files	False
Bitmap	False
Caption	Button1
Client Edge	False
Default Button	False
Disabled	False
Flat	False
Group	False
Help ID	False
Horizontal Alignment	默认值
Icon	False
ID	IDC_BUTTON1
Modal Frame	False
Multiline	False
Notify	False
Owner Draw	False
Right Align Text	False
Right To Left Reading Order	False
Static Edge	False
Tabstop	True
Transparent	False
Vertical Alignment	默认值
Visible	True

图 3-14 按钮的属性界面

MFC 的 CButton 类封装了按钮控件。CButton 类的成员函数 Create 负责创建按钮控件，该函数的声明如下：

```
BOOL Create(LPCTSTR lpszCaption, DWORD dwStyle, const RECT&rect, CWnd * pParentWnd, UINT nID);
```

参数 lpszCaption 指定了按钮显示的文本。dwStyle 指定了按钮的风格，其风格可以是表 3-5 中属性的组合。rect 说明了按钮的位置和尺寸。pParentWnd 指向父窗口，该参数不能为 NULL。nID 是按钮的 ID。如果创建成功，该函数返回 TRUE，否则返回 FALSE。CButton 类的主要成员函数有以下几种。

1. UINT GetState() const;

该函数返回按钮控件的各种状态。可以用下列屏蔽值与函数的返回值相与，以获得各种信息。返回值的状态主要有下面 3 种。

1）0x0003：用来获取复选框或单选按钮的状态。0 表示未选中，1 表示被选中，2 表示不确定状态（仅用于复选框）。

2）0x0004：用来判断按钮是否高亮度显示。非零值意味着按钮高亮度显示。当用户单击了按钮并按住鼠标左键时，按钮会呈高亮度显示。

3）0x0008：非零值表示按钮拥有输入焦点。

2. void SetState(BOOL bHighlight);

当参数 bHeightlight 值为 TRUE 时，该函数将按钮设置为高亮度状态，否则，去除按钮的高亮度状态。

3. int GetCheck() const;

返回复选框或单选按钮的选择状态。返回值 0 表示按钮未被选择，1 表示按钮被选择，2 表示按钮处于不确定状态（仅用于复选框）。

4. void SetCheck(int nCheck);

设置复选框或单选按钮的选择状态。参数 nCheck 值的含义与 GetCheck 返回值相同。

5. UINT GetButtonStyle() const;

获得按钮控件的 BS_XXXX 风格。

6. void SetButtonStyle(UINT nStyle, BOOL bRedraw = TRUE);

设置按钮的风格。参数 nStyle 指定了按钮的风格。bRedraw 为 TRUE 则重绘按钮，否则就不重绘。

7. HBITMAP SetBitmap(HBITMAP hBitmap);

设置按钮显示的位图。参数 hBitmap 指定了位图的句柄。该函数还会返回按钮原来的位图。

8. HBITMAP GetBitmap() const;

返回用 SetBitmap 设置的按钮位图。

9. HICON SetIcon(HICON hIcon);

设置按钮显示的图标。参数 hIcon 指定了图标的句柄。该函数还会返回按钮原来的图标。

10. HICON GetIcon() const;

返回用 SetIcon 设置的按钮图标。

11. HCURSOR SetCursor(HCURSOR hCursor);

设置按钮显示的光标图。参数 hCursor 指定了光标的句柄。该函数还会返回按钮原来的光标。

12. HCURSOR GetCursor();

返回用 GetCursor 设置的光标。

13. 与按钮有关的 CWnd 成员函数

可以使用下列与按钮控件有关的 CWnd 成员函数来设置或查询按钮的状态。用这些函数的好处在于不必构建按钮控件对象，只要知道按钮的 ID，就可以直接设置或查询按钮。

```
void CheckDlgButton(int nIDButton, UINT nCheck);
```

该函数用来设置按钮的选择状态。参数 nIDButton 指定了按钮的 ID。nCheck 的值为 0 表示按钮未被选择，1 表示按钮被选择，2 表示按钮处于不确定状态。

```
void CheckRadioButton(int nIDFirstButton, int nIDLastButton, int nIDCheckButton);
```

该函数用来选择组中的一个单选按钮。参数 nIDFirstButton 指定了组中第一个按钮的 ID，nIDLastButton 指定了组中最后一个按钮的 ID，nIDCheckButton 指定了要选择的按钮的 ID。

```
int GetCheckedRadioButton(int nIDFirstButton, int nIDLastButton);
```

该函数用来获得一组单选按钮中被选中按钮的 ID。参数 nIDFirstButton 说明了组中第一个按钮的 ID，nIDLastButton 说明了组中最后一个按钮的 ID。

```
UINT IsDlgButtonChecked(int nIDButton) const;
```

该函数返回检查框或单选按钮的选择状态。返回值 0 表示按钮未被选择，1 表示按钮被选择，2 表示按钮处于不确定状态（仅用于检查框）。

同时可以调用 CWnd 成员函数 GetWindowText、GetWindowTextLength 和 SetWindowText 来查询或设置按钮中显示的文本。

下面的代码表示如果 IDC_CHECK_XIEJIAOJIANQIE 复选框被选中，则将 IDC_CHECK_ZHIJIAOJIANQIE 复选框置于失效状态。

```
CButton *bt;
bt = (CButton *)GetDlgItem(IDC_CHECK_XIEJIAOJIANQIE);
if(bt->GetCheck())
{
    bt = (CButton *)GetDlgItem(IDC_CHECK_ZHIJIAOJIANQIE);
    bt->SetCheck(FALSE);
}
```

3.3.6 编辑框控件

编辑框（edit box）控件实际上是一个简易的文本编辑器，用户可以在编辑框中输入并编辑文本。编辑框控件会向父窗口发出控件通知消息，见表 3-6。

表 3-6 编辑框控件的通知消息

通知消息	含 义
EN_CHANGE	编辑框的内容被用户改变了。与 EN_UPDATE 不同，该消息是在编辑框显示的文本被刷新后才发出的
EN_ERRSPACE	编辑框控件无法申请足够的动态内存来满足需要
EN_HSCROLL	用户在水平滚动条上单击
EN_KILLFOCUS	编辑框失去输入焦点

（续）

通知消息	含义
EN_MAXTEXT	输入的字符超过了规定的最大字符数。在没有 ES_AUTOHSCROLL 或 ES_AUTOVSCROLL 的编辑框中，当文本超出了编辑框的边框时也会发出该消息
EN_SETFOCUS	编辑框获得输入焦点
EN_UPDATE	在编辑框准备显示改变了的文本时发送该消息
EN_VSCROLL	用户在垂直滚动条上单击

在工具栏中选择编辑框工具，在对话框上拖动光标，绘制出编辑框的大小和位置。右击编辑框，选择“Properties”（属性）来设置编辑框的属性，见表3-7。

表3-7 编辑框的属性及其含义

属性	含义	属性	含义
Accept Files	接收文件拖放	No Hide Selection	不隐藏选择
Align Text	文本对齐方式	Number	数字
Auto HScroll	自动水平滚动	OEM Convert	OEM 转换
Auto VScroll	自动垂直滚动	Password	密码输入
Border	边框样式	Read Only	只读模式
Client Edge	客户区边缘	Right Align Text	文本右对齐
Disabled	禁用状态	Right To Left Reading Order	从右到左的阅读顺序
Group	分组	Static Edge	静态边缘
Help ID	帮助 ID	Tabstop	Tab 键焦点
Horizontal Scroll	水平滚动	Transparent	透明
ID	控件 ID	UpperCase	大写
Left Scrollbar	左侧滚动条	Vertical Scroll	垂直滚动
LowerCase	小写	Visible	可见性
Modal Frame	模态框架	Want Return	返回键动作
Multiline	多行文本		

在属性界面中，可以设置编辑框的ID、文本内容、对齐方式、是否只读等属性，如图3-15所示。

MFC的CEdit类封装了编辑框控件。CEdit类的成员函数Create负责创建控件，该函数的声明如下：

```
BOOL Create(DWORD dwStyle, const RECT&rect, CWnd * pParentWnd, UINT nID);
```

参数dwStyle指定了编辑框控件风格，其风格可以是表3-7中属性的组合。rect指定了编辑框的位置和尺寸。pParentWnd指定了父窗口，不能为NULL。编辑框的ID由nID指定。如果创建成功，该函数返回TRUE，否则返回FALSE。

编辑框支持剪贴板操作。CEdit类提供了一些与剪贴板有关的成员函数，见表3-8。

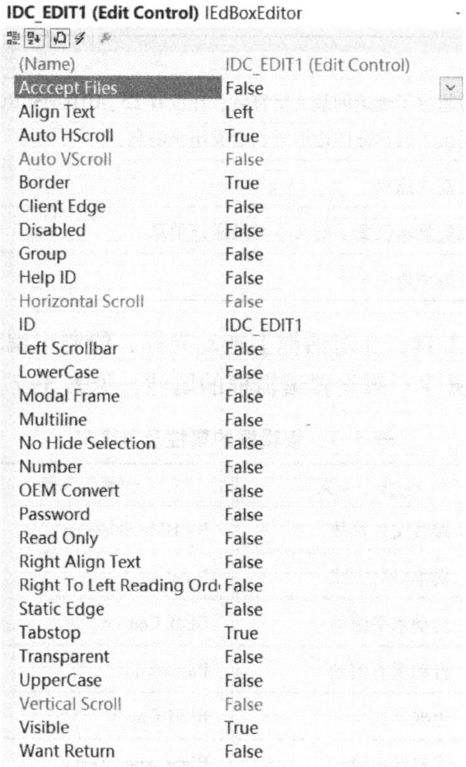

IDC_EDIT1 (Edit Control) IEdBoxEditor

(Name)	IDC_EDIT1 (Edit Control)
Acccept Files	False
Align Text	Left
Auto HScroll	True
Auto VScroll	False
Border	True
Client Edge	False
Disabled	False
Group	False
Help ID	False
Horizontal Scroll	False
ID	IDC_EDIT1
Left Scrollbar	False
LowerCase	False
Modal Frame	False
Multiline	False
No Hide Selection	False
Number	False
OEM Convert	False
Password	False
Read Only	False
Right Align Text	False
Right To Left Reading Ord	False
Static Edge	False
Tabstop	True
Transparent	False
UpperCase	False
Vertical Scroll	False
Visible	True
Want Return	False

图 3-15　编辑框控件的属性界面

表 3-8　与剪贴板有关的 CEdit 成员函数

成员函数声明	用　途
void Clear()	清除编辑框中被选择的文本
void Copy()	把在编辑框中选择的文本拷贝到剪贴板中
void Cut()	清除编辑框中被选择的文本，并把这些文本拷贝到剪贴板中
void Paste()	将剪贴板中的文本插入编辑框的当前插入符处
BOOL Undo()	撤销上一次键入。对于单行编辑框，该函数总返回 TRUE，对于多行编辑框，返回 TRUE 表明操作成功，否则返回 FALSE

可以用下列 CEdit 或 CWnd 类的成员函数来查询编辑框。

1. int GetWindowText(LPTSTR lpszStringBuf, int nMaxCount) const;

void GetWindowText(CString&rString) const;

这两个函数均是 CWnd 类的成员函数，可用来获得窗口的标题或控件中的文本。

2. int GetWindowTextLength() const;

该函数是 CWnd 的成员函数，可用来获得窗口的标题或控件中的文本的长度。

3. DWORD GetSel() const;

void GetSel(int& nStartChar, int& nEndChar) const;

这两个函数都是 CEdit 的成员函数，用来获得所选文本的位置。

4. int LineFromChar(int nIndex = -1) const;

该函数是 CEdit 的成员函数，仅用于多行编辑框，用来返回指定字符索引所在行的行索引。

5. int LineIndex(int nLine = -1) const;

该函数是 CEdit 的成员函数，仅用于多行编辑框，用来获得指定行开头字符的字符索引，如果指定行超过了编辑框中的最大行数，该函数将返回-1。

6. int GetLineCount() const;

该函数是 CEdit 的成员函数，仅用于多行编辑框，用来获得文本的行数。

7. int LineLength(int nLine = -1) const;

该函数是 CEdit 的成员函数，用于获取指定字符索引所在行的字节长度。

8. int GetLine(int nIndex, LPTSTR lpszBuffer) const;

int GetLine(int nIndex, LPTSTR lpszBuffer, int nMaxLength) const;

这两个函数均是 CEdit 的成员函数，仅用于多行编辑框，用来获得指定行的文本。

9. void SetWindowText(LPCTSTR lpszString);

该函数是 CWnd 的成员函数，可用来设置窗口的标题或控件中的文本。

列表框控件、组合框控件

10. void SetSel(DWORD dwSelection, BOOL bNoScroll = FALSE);

void SetSel(int nStartChar, int nEndChar, BOOL bNoScroll = FALSE);

这两个函数均是 CEdit 的成员函数，用来选择编辑框中的文本。

11. void ReplaceSel(LPCTSTR lpszNewText, BOOL bCanUndo = FALSE);

该函数是 CEdit 的成员函数，用来将所选文本替换成指定的文本。

3.4 本章小结

本章讨论了 MFC 对话框的创建、非模态对话框、消息对话框、C++中的消息机制，以及常用控件的使用。基本控件的结构、逻辑关系是进行 Windows 程序设计的重要基础。另外，也可以利用类似 SOLIDWORKS 风格的界面设计。

第4章　SOLIDWORKS应用程序开发基础

本章内容提要

（1）通过对多种开发工具的比较，重点介绍为什么要用C++
（2）开发中的基本术语
（3）SOLIDWORKS开发常用的变量类型
（4）接口的获取方法
（5）接口的返回值

4.1　为什么要用C++

SOLIDWORKS是美国SOLIDWORKS公司开发的运行于Windows平台的机械设计三维CAD系统。SOLIDWORKS为用户提供了一个强有力的二次开发环境。目前，SOLIDWORKS主要支持多种二次开发工具，如Visual Studio、Visual Basic、VBA、Delphi、Visual C++. NET和Visual C#. NET，这6种开发工具的性能特点比较见表4-1。

表4-1　SOLIDWORKS 6种开发工具的性能特点比较

SOLIDWORKS二次开发工具	开发语言	对SOLIDWORKS的控制能力	程序可读性	使用难易度	系统着重点
Visual Studio	C++	深入	较好	难	智能型
Visual Basic	Basic	较深入	好	较易	综合性
VBA	Basic	一般	好	易	易用性
Delphi	Pascal	较深入	较差	较难	数据库
Visual C++. NET	C++	最深入	较好	难	智能型
Visual C#. NET	C#	最深入	较好	较难	智能型

Visual Studio是Microsoft推出的应用非常广泛的可视化编程语言，它提供了功能强大的集成开发环境，用以方便有效的管理。Visual Studio作为一款综合集成的开发平台，除了使用C++语言，还可以使用C#、VB、F#等语言开发。编写、编译C++程序，可大幅减少程序员的工作量，提高程序代码的效率。它提供了一套称为MFC的程序类库，这套类库已成为设计Windows应用程序的“工业标准”。Visual Studio开发环境十分友善，其高度的可视化开发方式和强大的向导工具能够帮助用户轻松开发出多种类型的应用程序。但是，Visual Studio开发也有它自身的缺点：

1）在稳定性方面，由于 Visual Studio 开发的应用程序共享 SOLIDWORKS 的地址空间，所以开发的应用程序一旦发生错误，SOLIDWORKS 也随之崩溃。

2）在技术难度方面，由于使用的是 C++语言，它必须经过严格的控制、编译、链接才能生成应用程序。

综上所述，虽然用 Visual Studio 编程难度大，但是功能出色，能够较深入的对 SOLIDWORKS 进行二次开发。因此，我们选择了 C++作为开发语言，用 Visual Studio 作为开发工具。

4.2 基本术语

SOLIDWORKS SDK API 程序的设计环境，为程序员使用、用户化和扩充 SOLIDWORKS 提供了一个面向对象的 C++应用程序开发接口。SDK API 库包含一系列多功能工具，应用程序开发者利用 SOLIDWORKS 的开放式体系结构，直接访问 SOLIDWORKS 的数据库结构和图形系统，定义本地命令。

4.2.1 OLE 和 COM

对象链接与嵌入（object linking and embedding，OLE）不仅是桌面应用程序集成，而且还定义和实现了一种允许应用程序作为软件“对象”（数据集合和操作数据的函数）彼此进行“链接”的机制，这种链接机制和协议称为组件对象模型（component object model，COM）。OLE 是在客户应用程序间传输和共享信息的一组综合标准，允许创建带有指向应用程序的链接的混合文档，用户修改时不必在应用程序间切换的协议。OLE 基于 COM 并允许开发可在多个应用程序间互操作的可重用即插即用对象。OLE 已广泛用于商业中，电子表格、字处理程序、财务软件包和其他应用程序可以通过客户/服务器体系共享和链接单独的信息。

4.2.2 ATL

ATL 是 ActiveX Template Library 的缩写，它是一套 C++模板库。使用 ATL 能够快速地开发出高效、简洁的代码，同时对 COM 组件的开发提供最大限度的代码自动生成以及可视化支持。为了方便使用，从 Microsoft Visual C++ 5.0 版本开始，Microsoft 把 ATL 集成到 Visual Studio 的 C++开发环境中。目前，ATL 已经成为 Microsoft 标准开发工具中的一个重要成员，日益受到 C++ 开发人员的重视。

在 ATL 产生以前，开发 COM 组件的方法主要有两种：一是使用 COM SDK 直接开发 COM 组件，二是通过 MFC 提供的 COM 支持来实现。直接使用 COM SDK 开发 COM 组件是最基本也是最灵活的方式。但是，这种开发方式的难度和工作量都很大，一方面，要求开发者对于 COM 的技术原理具有比较深入的了解；另一方面，直接使用 COM SDK 要求开发人员自己去实现 COM 应用的每一个细节，完成大量的重复性工作，不仅降低了工作效率，同时也使开发人员不得不把许多精力投入与应用需求本身无关的技术细节中。MFC 对 COM 和 OLE 的支持确实比手工编写 COM 程序有了很大的进步。但是 MFC 对 COM 的支持是不够完善和彻底的，MFC 对 COM 的支持不能很好地满足开发者的要求。

解决 COM 开发方法中的问题正是 ATL 的基本目标。首先，ATL 的基本目标就是使 COM 应用开发尽可能地自动化，这个基本目标就决定了 ATL 只面向 COM 开发提供支持。其次，

ATL 因其采用了特定的基本实现技术，摆脱了大量冗余代码，使用 ATL 开发出来的 COM 应用的代码简练高效。最后，ATL 的各个版本对 Microsoft 的基于 COM 的各种新的组件技术，如 MTS、ASP 等都有很好的支持，ATL 对新技术的反应速度远快于 MFC。ATL 已经成为 Microsoft 支持 COM 应用开发的主要开发工具，因此 COM 技术方面的新进展在很短的时间内都会在 ATL 中得到反映。这使开发者使用 ATL 进行 COM 编程可以得到直接使用 COM SDK 编程同样的灵活性和强大的功能。

4.3 变量类型

下面给出 API 要用到的一些变量类型。

1. HRESULT

该数据类型实质上是个长整型数据，使用 C++ COM，SOLIDWORKS API 函数总有一个返回值 HRESULT。该变量的定义如下：

```
Typedef LONG HRESULT;
```

返回值为 S_OK 表示调用成功，为 S_FALSE 表示调用失败。

2. VARIANT

VARIANT 是一种通用的数据类型，常作为接口参数或接口返回值。VARIANT 数据类型提供了一种非常有效的机制，由于它既包含数据本身，也包含数据的类型，因而可以实现各种不同的自动化数据的传输。VARIANT 的定义如下：

```
typedef struct FARSTRUCT tagVARIANT VARIANT;
typedef struct FARSTRUCT tagVARIANT VARIANTARG;
typedef struct tagVARIANT  {
    VARTYPE vt;
    unsigned short wReserved1;
    unsigned short wReserved2;
    unsigned short wReserved3;
    union {
        Byte            bVal;               // VT_UI1.
        Short           iVal;               // VT_I2.
        long            lVal;               // VT_I4.
        float           fltVal;             // VT_R4.
        double          dblVal;             // VT_R8.
        VARIANT_BOOL    boolVal;            // VT_BOOL.
        SCODE           scode;              // VT_ERROR.
        CY              cyVal;              // VT_CY.
        DATE            date;               // VT_DATE.
        BSTR            bstrVal;            // VT_BSTR.
        DECIMAL         FAR * pdecVal       // VT_BYREF|VT_DECIMAL.
        IUnknown        FAR * punkVal;      // VT_UNKNOWN.
        IDispatch       FAR * pdispVal;     // VT_DISPATCH.
        SAFEARRAY       FAR * parray;       // VT_ARRAY| * .
        Byte            FAR * pbVal;        // VT_BYREF|VT_UI1.
        short           FAR * piVal;        // VT_BYREF|VT_I2.
        long            FAR * plVal;        // VT_BYREF|VT_I4.
```

```
        float              FAR * pfltVal;           // VT_BYREF|VT_R4.
        double             FAR * pdblVal;           // VT_BYREF|VT_R8.
        VARIANT_BOOL       FAR * pboolVal;          // VT_BYREF|VT_BOOL.
        SCODE              FAR * pscode;            // VT_BYREF|VT_ERROR.
        CY                 FAR * pcyVal;            // VT_BYREF|VT_CY.
        DATE               FAR * pdate;             // VT_BYREF|VT_DATE.
        BSTR               FAR * pbstrVal;          // VT_BYREF|VT_BSTR.
        IUnknown           FAR * FAR * ppunkVal;    // VT_BYREF|VT_UNKNOWN.
        IDispatch          FAR * FAR * ppdispVal;   // VT_BYREF|VT_DISPATCH.
        SAFEARRAY          FAR * FAR * pparray;     // VT_ARRAY| *.
        VARIANT            FAR * pvarVal;           // VT_BYREF|VT_VARIANT.
        void               FAR * byref;             // Generic ByRef.
        char               cVal;                    // VT_I1.
        unsigned short     uiVal;                   // VT_UI2.
        unsigned long      ulVal;                   // VT_UI4.
        int                intVal;                  // VT_INT.
        unsigned int       uintVal;                 // VT_UINT.
        char               FAR * pcVal;             // VT_BYREF|VT_I1.
        unsigned short     FAR * puiVal;            // VT_BYREF|VT_UI2.
        unsigned long      FAR * pulVal;            // VT_BYREF|VT_UI4.
        int                FAR * pintVal;           // VT_BYREF|VT_INT.
        unsigned int       FAR * puintVal;          // VT_BYREF|VT_UINT.
    };
};
```

显然，VARIANT类型是一个C结构，它包含了一个类型成员vt，用于表示该VARIANT变量是什么类型；在一个大的union类型中表示该VARIANT变量的值，同时还有一些保留字节没有使用，首先要判断该VARIANT变量的数据类型，然后在union类型中读取对应的值。假设有一个VARIANT变量的vt为VT_I4，那么表示该变量数据是一个long型数据，对应的数据存放在union的lVal中，可以读取lVal值获得该VARIANT变量的数据。同样，当给一个VARIANT变量赋值时，也要先指明其数据类型，其格式如下：

```
VARIANT var;
::VariantInit(&var);          // 初始化
var.vt = VT_I4;               // 指明整型数据
var.lVal = 100;               // 赋值
```

3. SafeArray

所有程序都用到数组，SOLIDWORKS API通过安全数组来传递或接收数据。在许多实例中，用户需要知道接收到的数据的长度，如果SOLIDWORKS API本身不提供一个计数的函数，如Body2::GetSelectedFaceCount，则可以使用SafeArray来确定长度。SafeArray的定义如下：

```
template <class T,int type> class SafeArray
{
public:
    SafeArray(VARIANT * input):
        m_input(input),
        m_access(false),
        m_bCreate(false),
        m_pSafeArray(NULL),
        m_arrayData(NULL),
        m_result(S_OK)
```

```
}
// common array types
typedef SafeArray<VARIANT_BOOL, VT_BOOL>SafeBooleanArray;
typedef SafeArray<double,       VT_R8>        SafeDoubleArray;
typedef SafeArray<long,         VT_I4>        SafeLongArray;
typedef SafeArray<BSTR,         VT_BSTR>      SafeBSTRArray;
typedef SafeArray<LPDISPATCH,   VT_DISPATCH>  SafeDISPATCHArray;
typedef SafeArray<LPVARIANT,    VT_VARIANT>   SafeVARIANTArray;
```

4. OLECHAR

字符串是经常使用的变量，在特定平台表示文本数据。COM 中的文本字符串是以 NULL 字符结尾的 OLECHAR 字符数组，对应的字符串指针是 LPOLESTR 和 LPCOLESTRCOM，接口方法的文本字符串参数应该用 LPOLESTR 或 LPCOLESTR。

5. BSTR

BSTR 是“Basic STRing”的简称，包含长度前缀的 OLECHAR 字符串。BSTR 是个指针类型数据，长度前缀以字节为单位而不是字符，并且不包括 NULL 终止符，其特性如下：

1）它指向字符数组的第一个字符，长度是以整数存储在数组中紧接第一个字符前面的位置。

2）字符数组以 NULL 字符结束。

3）长度以字节为单位，而不是字符，不包括终止字符 NULL。

4）字符数组内部可能包括有效的 NULL 字符。

5）必须使用 SysAllocString 和 SysFreeString 函数进行分配和释放。

6）NULL 的 BSTR 指针表示空字符串。

7）BSTR 是非引用计数，两次引用同一字符串的内容必须指向两个单独的 BSTR，即复制一个 BSTR 意味着字符串的复制操作，而不是简单的指针复制。

BSTR 的定义如下：

```
typedef OLECHAR * BSTR;
```

6. CComBSTR

CComBSTR 是一个 ATL 工具类，它是对 BSTR 的有效封装，在 SOLIDWORKS API 中往往不直接使用 BSTR，而是通过 CComBSTR 来操作字符串数据类型。CComBSTR 是在 SOLIDWORKS 二次开发中经常使用的变量。在文件 atlbase.h 中包含了 CComBSTR 的定义，这个类维护的唯一状态是一个 BSTR 类型的公有成员变量 m_str。该变量的定义格式如下：

```
class CComBSTR
{
public:
    BSTR m_str;
    CComBSTR()
    {
        m_str = NULL;
    }
    /*explicit*/CComBSTR(int nSize)
    {
        m_str = ::SysAllocStringLen(NULL, nSize);
    }
```

```
    /*explicit*/CComBSTR(int nSize, LPCOLESTR sz)
    {
        m_str = ::SysAllocStringLen(sz, nSize);
    }
    /*explicit*/CComBSTR(LPCOLESTR pSrc)
    {
        m_str = ::SysAllocString(pSrc);
    }
    /*explicit*/ CComBSTR(const CComBSTR& src)
    {
        m_str = src.Copy();
    }
    /*explicit*/CComBSTR(REFGUID src)
    {
        LPOLESTR szGuid;
        StringFromCLSID(src, &szGuid);
        m_str = ::SysAllocString(szGuid);
        CoTaskMemFree(szGuid);
    }
    CComBSTR& operator=(const CComBSTR& src)
    {
        if (m_str != src.m_str)
        {
            if (m_str)
                ::SysFreeString(m_str);
            m_str = src.Copy();
        }
        return *this;
    }
    CComBSTR& operator=(LPCOLESTR pSrc)
    {
        ::SysFreeString(m_str);
        m_str = ::SysAllocString(pSrc);
        return *this;
    }
    ~CComBSTR()
    {
        ::SysFreeString(m_str);
    }
   ---
}
```

7. CComPtr

CComPtr是ATL提供的一个智能COM接口指针类，因为在使用COM组件的过程中，需要非常严格、正确的使用AddRef和Release，如果有接口没有释放就会导致COM组件不被释放，占用系统内存。引入智能指针类就是为了避免这些问题。CComPtr的用法和普通COM指针几乎一样，另外使用中有以下几点需要注意：

1）CComPtr已经保证了AddRef和Release的正确调用，所以不需要，也不能够再调用AddRef和Release。

2）如果要释放一个智能指针，直接给它赋NULL值即可。

3）CComPtr本身析构的时候会释放COM指针。

4）当对 CComPtr 使用 & 运算符（取指针地址）的时候，要确保 CComPtr 为 NULL。因为通过 CComPtr 的地址对 CComPtr 赋值时，不会自动调用 AddRef，若不为 NULL，则前面的指针不能释放，CComPtr 会使用 assert 报警。

可以看出，CComPtr 提供了很多接口管理上的功能，我们只需要更多的关注接口的功能，接口引用计数都由 CComPtr 负责，不用再担心因为没有调用接口的 Release 而使组件不能释放。该变量的定义如下：

```
template <class T>
class CComPtr
{
public:
    typedef T _PtrClass;
    CComPtr( )
    {
        p=NULL;
    }
    CComPtr(T * lp)
    {
        if ((p = lp) != NULL)
            p->AddRef( );
    }
    CComPtr(const CComPtr<T>& lp)
    {
        if ((p = lp.p) != NULL)
            p->AddRef( );
    }
    ~CComPtr( )
    {
        if (p)
            p->Release( );
    }
    void Release( )
    {
        IUnknown * pTemp = p;
        if (pTemp)
        {
            p = NULL;
            pTemp->Release( );
        }
    }
    operator T * ( ) const
    {
        return (T * )p;
    }
    T& operator * ( ) const
    {
        ATLASSERT(p!=NULL);
        return * p;
    }
    // The assert on operator& usually indicates a bug. If this is really
    // what is needed, however, take the address of the p member explicitly.
    T * * operator&( )
```

```
    {
        ATLASSERT(p==NULL);
        return &p;
    }
}
```

8. CComQIPtr

SOLIDWORKS 二次开发中要经常用到的智能接口指针类是 CComQIPtr，该类的定义如下：

```
template <class T, const IID * piid = &__uuidof(T)>
class CComQIPtr
{
public:
    typedef T _PtrClass;
    CComQIPtr()
    {
        p=NULL;
    }
    CComQIPtr(T * lp)
    {
        if ((p = lp) != NULL)
            p->AddRef();
    }
    CComQIPtr(const CComQIPtr<T,piid>& lp)
    {
        if ((p = lp.p) != NULL)
            p->AddRef();
    }
    CComQIPtr(IUnknown * lp)
    {
        p=NULL;
        if (lp != NULL)
            lp->QueryInterface( *piid, (void * * )&p);
    }
    ~CComQIPtr()
    {
        if (p)
            p->Release();
    }
    void Release()
    {
        IUnknown * pTemp = p;
        if (pTemp)
        {
            p = NULL;
            pTemp->Release();
        }
    }
    operator T * () const
    {
        return p;
    }
    T& operator * () const
    {
```

```
        ATLASSERT(p!=NULL); return *p;
    }
--
}
```

4.4 接口获取方法

接口获取是二次开发的核心技术之一，通过接口提供的方法来实现目标功能。在 SOLIDWORKS API 对象模型中提供了 3 种接口访问方法：QueryInterface、层级访问、间接访问。其中层级访问是用得最多的一种访问机制。

4.4.1 QueryInterface

QueryInterface 是 IUnKnown 的成员函数，客户可以通过此函数来查询组件是否支持某个特定的接口。QueryInterface 函数返回一个指向组件支持的接口的指针。如果 QueryInterface 函数没有找到组件支持的接口则返回指针是 NULL。QueryInterface 函数可以使用 if…then…else 语句、数组、散列表、树来实现，不能使用 case 语句，因为其返回的是一个 HRESULT 结构而不是一个数。

QueryInterface 也是一种无封装处理组件版本的机制。这种机制使得组件新旧不同的版本可以互操作。IUnKnown 接口的定义代码如下：

```
interface IUnKnown
{
    virtual HRESULT __stdcall QueryInterface(const IID&iid,void **ppv)=0;
    virtual ULONG __stdcall AddRef()=0;
    virtual ULONG __stdcall Release()=0;
}
```

IID 标识了客户所需的接口。每一个接口都有一个唯一的接口标识符，所以某个与 IID 相对应的接口绝对不会发生变化。下面的示例演示了如何使用该函数：

```
LPUNKNOWN iUnk = NULL;
LPFEATURE m_Feature = NULL;
HRESULT hres = S_FALSE;

// 代码
...
// 获取底层对象
hres = m_Feature->IGetSpecificFeature(&iUnk);

LPREFPLANE m_RefPlane = NULL;
hres = iUnk->QueryInterface(IID_IRefPlane, (LPVOID *)&m_RefPlane);

// 如果 Feature 对象是 RefPlane

if (hres == S_OK && m_RefPlane != NULL)
{
    AfxMessageBox(_T("This feature is a reference plane"));
    // 使用 m_RefPlane 对象
```

```
        …
        // 释放 m_RefPlane 对象
        m_RefPlane->Release();
    }
    // 释放 iUnk 对象
    iUnk->Release();
```

4.4.2 层级访问

从 SOLIDWORKS API 类结构图中可以看出，SOLIDWORKS 类对象有着良好的层级关系。因此 SOLIDWORKS API 对象访问也是一个从上到下依次访问的过程，为了访问该接口对象，首先必须获得比它高一级的接口对象。例如，现在需要得到当前活动文档中的选择管理器指针，在 API 类结构图中可以看出，SelectionMgr、ModelDoc 与 SldWorks 三者之间的层级关系是 SldWorks→ModelDoc→SelectionMgr，为了得到 SelectionMgr 指针，必须先获得 ModelDoc 指针，而 ModelDoc 指针又必须从 SldWorks 中获取，因此实现代码如下所示：

```
{
    // 通过 SldWorks 获取当前活动文档的接口 ModelDoc2 对象
    CComPtr<IModelDoc2>pModelDoc;
    status=m_iSldWorks->get_IActiveDoc2(&pModelDoc);
    ASSERT(pModelDoc);
    if(status!=S_OK)
    return;
    // 通过 ModelDoc2 获取 SelectionMgr 对象
    CComPtr<ISelectionMgr>pSelectionMgr;
    status=pModelDoc->get_ISelectionManager (&pSelectionMgr);
    ASSERT(pSelectionMgr);
    if(status!=S_OK)
    return;
}
```

从这段代码中可以看出获取一个接口由上到下依次访问的过程：获得 SOLIDWORKS 应用程序对象 m_iSldWorks（该对象在用户通过调用 SOLIDWORKS 中“工具”→“插件”加载插件时被初始化）；通过 SldWorks 对象中的 get_IActiveDoc2 函数获得当前活动文档的接口 IModelDoc2；在成功获得当前文档活动的接口后，通过 IModelDoc2 接口中的 get_ISelectionManager 函数获得 SelectionMgr 对象指针。

4.4.3 间接访问

在 SOLIDWORKS API 中，还有一部分接口可以通过间接访问的方式获得，如对于用户选择的元素对象，可以先获取 SelectionMgr 对象，然后通过该对象中的 GetSelectedObject 获取被选择的元素，在判断元素类型的基础上，通过引用获得目标对象。例如，获取一个用户选择的面，具体实现代码如下所示：

```
{
    // 通过 SldWorks 获取当前活动文档的接口 ModelDoc2 对象
    CComPtr<IModelDoc2>pModelDoc;
    status=m_iSldWorks->get_IActiveDoc2(&pModelDoc);
    ASSERT(pModelDoc);
    if(status!=S_OK)
```

```
    return;
    // 通过 ModelDoc2 获取 SelectionMgr 对象
    CComPtr<ISelectionMgr>pSelectionMgr;
    status=pModelDoc->get_ISelectionManager (&pSelectionMgr);
    ASSERT(pSelectionMgr);
    if(status!=S_OK)
    return;
}
```

接口返回值

4.5 本章小结

本章介绍了 SOLIDWORKS 应用程序开发中用到的基本概念、变量类型、接口获取方法和接口返回值，这些是应用程序开发的基础。

第 5 章　SOLIDWORKS API 对象模型

本章内容提要

(1) 理解对象的层次结构

(2) 熟悉对象的类型

(3) 掌握主要对象的属性与方法

(4) 掌握不同对象的访问方法

理解 SOLIDWORKS 的类对象模型是对其进行编程的基础，SOLIDWORKS 原始的各项功能也是在类库基础上编程实现的，所以快速掌握这些对象的特点，对提高 SOLIDWORKS 二次开发技术具有非常重要的意义。SOLIDWORKS 的对象模型是一个 C++动态链接库，它主要包含以下一些对象。

SldWorks 对象：应用对象，API 对象体系中的最高层，可以通过它访问其他对象。

AssemblyDoc 对象：访问和实现装配体方法。

DrawingDoc 对象：提供绘制工程图。

ModelDoc 对象：管理各类文档对象的父对象。

PartDoc 对象：访问和操作零件。

Annotation 对象：注释类对象。

Configuration 对象：管理零件和装配体状态。

Enumeration 对象：枚举类对象，包括体、共边、面、尺寸、边、环等。

Feature 对象：访问特征类型、名称、参数及状态。

FeatureManager 对象：创建新特征。

Sketch 对象：访问草图实体信息。

Frame 对象：访问 SOLIDWORKS 的模型窗口、菜单和工具栏。

StatusBarPane 对象：管理用户自定义状态栏窗格。

SWPropertySheet 对象：管理属性页。

ColorTable 对象：管理颜色。

EquationMgr 对象：访问与设置模型中的公式。

SelectionMgr 对象：管理被选择的对象。

TextFormat 对象：访问和控制注释文本的格式。

SwColorContour 对象：使用 SOLIDWORKS 色彩和显示功能。

Vertex 对象：管理边的起点和终点。

5.1 应用对象

应用对象包括 AssemblyDoc、DrawingDoc、ModelDoc2、ModelDocExtension、PartDoc 和 SldWorks 对象。

5.1.1 AssemblyDoc 对象

（1）作用　用于装配操作。AssemblyDoc 对象的 Configuration、Feature、Attribute、RefAxis、RefPlane 和 Body 等子对象与 PartDoc 对象的作用相同，除此外，AssemblyDoc 对象有 Component、Mate、MateEntity 三个特有子对象。Component 对象用于遍历装配体，即从基于当前配置组件方法和属性返回信息，如果用户选择了不同的配置则可能会有较大的变化；Mate 对象用于访问不同的装配配合参数；MateEntity 对象用于访问配合对象和装配配合定义。

（2）主要功能　AssemblyDoc 对象的主要功能见表 5-1。

表 5-1　AssemblyDoc 对象的主要功能

函　数	功　能	函　数	功　能
AddComponent4	添加零部件	InsertNewPart2	插入一个新的零件文件到指定的面或基准面
AddComponentConfiguration	添加一个新配置	InsertWeld	根据指定的焊缝类型和指定的表面插入一个焊缝
AddComponents	添加多个成分到装配单元	IsComponentTreeValid	检查装配图部件树的有效性
AddMate3	添加一个装配关系到选中的实体	IsRouteAssembly	获得当前装配文件是否为布线装配组件
EditMate2	编辑所选装配组件的配合关系	RotateComponent	显示了旋转组件 PropertyManager 页面
EditPart2	编辑装配环境中所选的零件	ShowExploded	为当前的装配构建显示现有的部件分解图
GetAdvancedSelection	获得高级组件选择	GetComponentCount	在装配文档的已激活配置中获得组件数量
GetBox	获取边界框	GetComponents	在装配文档的已激活配置中获得所有组件

（3）主要事件　AssemblyDoc 对象的主要事件见表 5-2。

表 5-2　AssemblyDoc 对象的主要事件

函　数	触发事件功能
ActiveConfigChangeNotify	用户切换到其他配置前
ActiveConfigChangePostNotify	用户切换到其他配置后
AddCustomPropertyNotify	用户追加自定义属性前
ComponentVisibleChangeNotify	装配体组件可见性发生变化后
ComponentVisualPropertiesChangeNotify	装配体可视化属性发生变化后

（4）主要属性　AssemblyDoc 对象的主要属性见表 5-3。

表 5-3 AssemblyDoc 对象的主要属性

函 数	属性功能
EnableAssemblyRebuild	获取或设置是否要暂停重建
EnablePresentation	获取或设置装配是否在演示模式
InterferenceDetectionManager	获取干涉检查管理器

5.1.2 DrawingDoc 对象

（1）作用 由 LightDialog 对象、Sheet 对象及 View 对象及下面的多个对象组成，管理工程图文档的操作（包括生成、对齐、访问工程图视区等）。其中，View 对象用于取得在图纸页面或图纸视图上全部对象的有关信息，如图纸视图的装订、变换等，而 Sheet 对象用于获取或设置图纸页面上的信息并可以访问图纸页面上的对象。

（2）主要功能 DrawingDoc 对象的主要功能见表 5-4。

表 5-4 DrawingDoc 对象的主要功能

函 数	功 能	函 数	功 能
ActivateSheet	激活指定的图纸	FlipSectionLine	翻转选中剖面线的剖面方向
ActivateView	激活指定的工程视图	GenerateViewPaletteViews	将指定文件的预定义图纸视图添加到视图面板
AutoDimension	自动标注指定的工程视图	GetLineFontInfo2	获得指定行字体的具体信息
Create1stAngleViews2	为指定的模型生成标准的三视图（第一视角）	HideEdge	隐藏绘图文档中选定的可见边缘
Create3rdAngleViews2	创建指定模型的标准三视图（第三角投影）	HideShowDimensions	关闭尺寸显示模式
CreateAngDim4	创建非关联的角度标注	HideShowDrawingViews	切换隐藏工程视图的可见性状态
CreateDetailViewAt3	在指定的工程图文档创建局部视图	InsertCenterLine2	在选定的实体上插入中心线

（3）主要事件 DrawingDoc 对象的主要事件见表 5-5。

表 5-5 DrawingDoc 对象的主要事件

函 数	触发事件功能
ActiveConfigChangeNotify	预先通知用户程序时，用户将要切换到不同的配置
ActiveConfigChangePostNotify	当用户已切换到不同配置中的用户程序后通知
AddCustomPropertyNotify	当用户又增加了一个自定义属性的用户程序后通知
AddItemNotify	当用户添加项时触发该事件
ChangeCustomPropertyNotify	当用户已经改变了一个自定义属性后通知用户
ClearSelectionsNotify	使用清除选择清除用户程序后
FeatureManagerTreeRebuildNotify	特征管理树重建时
FileReloadPreNotify	当工程图文档被重新加载前
FileSaveAsNotify2	当文件被另存前触发

（续）

函　　数	触发事件功能
FileSaveNotify	当文件被保存前触发
FileSavePostCancelNotify	如果 FileSavePostNotify 未被触发时触发
FileSavePostNotify	文件被保存后触发
LoadFromStorageNotify	当用户从第三方软件文件加载时触发
LoadFromStorageStoreNotify	当用户从第三方软件文件加载后触发

（4）主要属性　DrawingDoc 对象的主要属性见表 5-6。

表 5-6　DrawingDoc 对象的主要属性

函　　数	属 性 功 能
ActiveDrawingView	返回当前活动工程视图
AutomaticViewUpdate	获取或设置是否更新视图
HiddenViewsVisible	显示或隐藏所有隐藏的工程视图

5.1.3　ModelDoc2 对象

（1）作用　实现视图设置、轮廓线修改、参数控制、对象管理、文档管理、特征修改、实体模型修改等各类操作。

（2）主要功能　该对象实现的方法很多，几乎所有的核心功能都由这些方法实现。ModelDoc2 对象的主要功能见表 5-7。

表 5-7　ModelDoc2 对象的主要功能

函　　数	功　　能	函　　数	功　　能
ActivateSelectedFeature	激活选定的特征	AddConfiguration3	增加新的配置
AddDiameterDimension2	增加直径尺寸	AddDimension2	增加尺寸
AddFeatureMgrView3	将指定的选项卡添到 FeatureManager 设计树视图	AddHorizontalDimension2	在指定位置为当前选定的实体创建水平尺寸
AddIns	显示插件管理器对话框	AddLightSource	增加一种光源
AddLightSourceExtProperty	存储光源对象的浮点、字符串或整数值	AddLightToScene	增加光源到一个场景
AddLoftSection	向混合特征追加一个放样截面	AddPropertyExtension	向模型添加属性扩展
AddRadialDimension2	在选定项目的指定位置添加径向尺寸	AddSceneExtProperty	存储场景对象的浮点、字符串或整数值
ClosePrintPreview	关闭该文档当前显示的打印预览页面	ClosestDistance	计算两个几何物体之间的距离和最近点
CreateArcByCenter	在模型文档中按中心创建一个圆弧	CreateCircularSketchStepAndRepeat	创建圆草图阵列

（3）主要属性　ModelDoc2 对象的主要属性见表 5-8。

表 5-8 ModelDoc2 对象的主要属性

函 数	属性功能
ActiveView	以只读模式返回当前的活动模型视图
ConfigurationManager	获取 IConfigurationManager 对象
Extension	获取 IModelDocExtension 对象
FeatureManager	获取 IFeatureManager 设计树对象
FeatureManagerSplitterPosition	返回或者设置 FeatureManager 分隔面板栏的位置
LargeAssemblyMode	返回或者设置大型装配模式
PageSetup	得到这个文档的页面设置
Printer	获取或设置默认打印机文档
SceneBkgImageFileName	控制图像文件名作为当前的背景图片
SceneName	获取和设置场景的名称
SceneUserName	获取和设置场景的用户名
SelectionManager	用于管理当前选择的对象集合，包括选择的添加、移除和查询等操作
ShowFeatureErrorDialog	返回或者设置是否显示特征错误对话框
SketchManager	获取 ISketchManager 对象创建草图实体
SummaryInfo	返回或者设置 SOLIDWORKS 文件摘要信息文档
Visible	返回或设置活动文档的可见性属性

5.2 注解对象

其他应用对象

5.2.1 概述

管理文档的注解，如在程序中给零件添加文本的注释。IAnnotation 是所有注解对象的最高级，提供了很多通用的注解类型。IAnnotation 不能直接调用底层对象并且 QueryInterface 不能用于下面的对象，但可通过 IAnnotation::GetSpecificAnnotation 获得相应的对象。例如，IModelDoc2 通过 GetFirstAnnotation2 得到 IAnnotation，IModelDocExtension 通过 GetAnnotations 及 InsertAnnotationFavorite 得到 IAnnotation。

5.2.2 Annotation 对象

（1）作用 描述笔记、焊接符号，基准标记，显示尺寸、块、装饰品线程、中心标志和中心线。

（2）主要功能 Annotation 对象的主要功能见表 5-9。

表 5-9 Annotation 对象的主要功能

函 数	功 能	函 数	功 能
CheckSpelling	拼写检查注释中的文本	ConvertToMultiJog	转换一个文本到另一个文本
DeSelect	取消选中该注释	GetArrowHeadStyleAtIndex	在注释上获得一个指定的箭头样式
GetAttachedEntities3	获取附加注释的实体	GetAttachedEntityCount3	获得注释附加实体的数量
GetAttachedEntityTypes	获得与此关联的对象类型注释	GetDashedLeader	获得引线是虚线或实线

（续）

函　　数	功　　能	函　　数	功　　能
GetDisplayData	获得显示的数据	GetLeaderAllAround	设置的符号显示注释
GetLeaderCount	获得注释上的引线数	GetLeaderPerpendicular	获取注释的垂直弯曲引线显示设置
GetLeaderStyle	获得引线的类型	GetName	获得注释的名称
GetNext3	下一个注释	GetPosition	获得注释的相对位置
GetSmartArrowHeadStyle	获取注释的智能箭头样式的设置	GetSpecificAnnotation	获取与注释关联的特定基础对象
GetType	获得注释对象的类型	GetUseDocTextFormat	是否使用文档默认的文本格式设置
GetVisualProperties	获取注释的可视属性	Select3	选择注释并标记
SetLeader3	设置注释的引线特征	SetName	设置注释的名称
SetPosition	设置注释的相对位置	SetTextFormat	设置注释中指定文本的文本格式

（3）主要属性　Annotation 对象的主要属性见表 5-10。

表 5-10　Annotation 对象的主要属性

函　　数	属性功能	函　　数	属性功能
AnnotationView	获得注释视图	Color	返回或设置注释的颜色
Layer	获取或设置注释使用的图层	LayerOverride	返回或者设置注释是否有属性，覆盖默认图层的属性
Owner	获取注释的所有者	OwnerType	获取注释所有者的类型
Style	获取或设置注释行风格	Visible	获取或设置注释的可见性状态

5.2.3 DisplayDimension 对象

（1）作用　表示在图中显示尺寸的实例。

（2）主要功能　DisplayDimension 对象的主要功能见表 5-11。

表 5-11　DisplayDimension 对象的主要功能

函　　数	功　　能	函　　数	功　　能
AddDisplayEnt	覆盖该显示对象的显示图形的尺寸	AddDisplayText	重写这个显示尺寸显示文本
AutoJogOrdinate	对坐标尺寸设置自动拐角	GetAlternatePrecision2	得到该维度双重部分的显示精度
GetAlternateTolPrecision2	得到该尺寸的双公差部分的显示精度	GetAnnotation	获取此特定注释的注释对象
GetArcLengthLeader	得到该弧长尺寸的引线样式	GetArrowHeadStyle2	得到显示尺寸箭头的样式
GetAutoArcLengthLeader	确定该弧长尺寸的引线样式是由用户选择或自动选择	GetNext5	得到下一个显示尺寸
GetOverride	获取是否显示实际的尺寸值或用另一个值覆盖它	GetText	获取显示尺寸中尺寸线上方的文本

(3) 主要属性 DisplayDimension 对象的主要属性见表5-12。

表5-12 DisplayDimension对象的主要属性

函 数	属性功能
ArrowSide	获取或设置尺寸箭头的位置
CenterText	获取或设置此显示维度的文本是否自动居中
ChamferTextStyle	获取或设置倒角尺寸的文本风格
Diametric	获取或设置是否显示直径尺寸或径向尺寸
DimensionToInside	获取或设置是否对弧的大小始终是弧内的
DisplayAsChain	获取或设置是否显示为链式形式
DisplayAsLinear	获取或设置是否显示为线性尺寸
EndSymbol	获取或设置坐标尺寸结束符号
SolidLeader	获取或设置显示尺寸是否显示为圆弧或径向尺寸的实心引线
VerticalJustification	指定尺寸文本垂直对齐

5.2.4 其他

Note 功能：允许获取标准通知信息模型。

5.3 装配对象

5.3.1 Component2 对象

(1) 作用 获取装配体中的部件，使用这个接口可以遍历装配体。如果用户显示不同的配置，根据当前的配置从该对象的方法和属性返回的信息可能会有所不同。使用访问器链接获取列表函数返回这个对象。

(2) 主要功能 Component2 对象的主要功能见表5-13。

表5-13 Component2对象的主要功能

函 数	功 能	函 数	功 能
AddPropertyExtension	追加扩展属性	DeSelect	取消选取
EnumBodies2	枚举体	EnumRelatedBodies	枚举关联体
EnumSectionedBodies	枚举剖视体	FeatureByName	根据名称获取特征
FindAttribute	查找部件上的属性	FirstFeature	获取组件中的第一个特征
GetBodies2	获取部件中的实体	GetBody	获取属于组件的实例主体
GetBox	获取组件对象的边界框	GetChildren	返回子对象
GetConstrainedStatus	获取组件的约束状态	GetCorresponding	获取对象，该对象在组件上下文中对应调度对象
GetDecals	得到组件的贴花图案	GetDecalsCount	获取用于组件的贴花数
GetCorrespondingEntity	获取与组件上下文中的Dispatch指针相对应的实体	GetDrawingComponent	获取组件的绘图组件

（续）

函　　数	功　　能	函　　数	功　　能
GetMaterialUserName	获取组件对象的材质的用户可见名称	GetModelDoc	获取组件的 ModelDoc2 对象
GetParent	获取父组件	GetPathName	获取组件的完整路径名称
GetRenderMaterialsCoun	获取在指定的显示状态下应用于组件的外观数量	GetSectionedBodies	获取指定剖视图剖视体
GetTessTriangles	获取构成组件的阴影图镶嵌的三角形	GetTessTriStripEdges	获取三角形条带的边缘 ID
ISetTransformAndSolve2	设置转换并为组件的匹配项求解	SetVisibility	设置组件的可见状态

（3）主要属性　Component2 对象的主要属性见表 5-14。

表 5-14　Component2 对象的主要属性

函　　数	属性功能
ExcludeFromBOM	获取或设置是否排除元件材料清单
MaterialPropertyValues	获取或设置活动配置中选定组件的材料属性
Name2	获取或设置选定组件的名称
PresentationTransform	获取或设置组件转换，它不会影响图形显示和底层模型几何
ReferencedConfiguration	获取或设置组件使用的活动配置
Solving	提供组件选项（刚性或柔性）的访问
Transform2	获取或设置组件转换，它会影响基本模型的几何形状和组件的显示
UseNamedConfiguration	获取指定的配置或使用/最后一个主动配置的使用
Visible	提供组件的可见性状态的访问

5.3.2 Interference 对象

（1）作用　对组件之间的干涉进行管理，可使用访问器链接列表获取函数返回这个对象。

（2）主要功能　Interference 对象的主要功能见表 5-15。

表 5-15　Interference 对象的主要功能

函　　数	功　　能	函　　数	功　　能
GetComponentCount	获取相互干涉的组件的数目	IGetComponents	获取相互干涉的组件

（3）主要属性　Interference 对象的主要属性见表 5-16。

表 5-16　Interference 对象的主要属性

函　　数	属性功能
Components	获取相互干涉的组件
Ignore	获取或设置是否在随后的干涉计算中忽略此干涉
IsFastener	获取干涉是否包括紧固件
IsPossibleInterference	获取干涉是否为可能的干扰
Volume	获取干涉的体积

5.3.3 Mate2 对象

（1）作用　允许访问各种组件配合参数。

（2）主要功能　Mate2 对象的主要功能见表 5-17。

表 5-17 Mate2 对象的主要功能

函　数	功　能	函　数	功　能
GetMateEntityCount	获取配合的实体数	MateEntity	获取与配合关联的实体

（3）主要属性　Mate2 对象的主要属性见表 5-18。

表 5-18 Mate2 对象的主要属性

函　数	属性功能
Alignment	获取配合的对齐类型
CanBeFlipped	获取是否可以翻转此距离或角度配合
DisplayDimension2	获取配合的指定显示尺寸
Flipped	获取或设置是否翻转配合
MateLoadReference	获取与配合关联的配合载荷引用
MaximumVariation	获取距离或角度配合尺寸的最大变化量（以 m 或 rad 为单位）
MinimumVariation	获取距离或角度配合尺寸的最小变化量（以 m 或 rad 为单位）
Type	得到配合的类型

5.4 工程制图对象

5.4.1 BreakLine 对象

（1）作用　允许查询或修改绘制视图折断线信息。

（2）主要功能　BreakLine 对象的主要功能见表 5-19。

表 5-19 BreakLine 对象的主要功能

函　数	功　能	函　数	功　能
GetPosition	获取视图折断线位置	GetView	绘制视图折断线
Select	选择指定的折断线并标志	SetPosition	在折断线的位置绘制视图

（3）主要属性　BreakLine 对象的主要属性见表 5-20。

表 5-20 BreakLine 对象的主要属性

函　数	属性功能
Layer	获取或设置视图中折断线
Orientation	获取或设置视图中折断线取向
Style	获取或设置视图中折断线风格

5.4.2 DetailCircle 对象

（1）作用　允许访问细节圆。

（2）主要功能　DetailCircle 对象的主要功能见表 5-21。

表 5-21　DetailCircle 对象的主要功能

函　数	功　能	函　数	功　能
GetArrowInfo	获取细节圆的箭头位置	GetConnectingLine	获取细节圆连接线的端点坐标
GetDetailView	获取细节圆的绘制视图	GetDisplay	获取用于创建详细信息的圆或轮廓的类型
GetLabel	获取细节圆的标签	GetLeaderInfo	获取细节圆的引线信息
GetName	获取细节圆的名称	GetProfileItems	获取细节圆轮廓草图的信息
GetProfileItemsCount	获取组成细节圆轮廓线的草图线段的数目	GetStyle	获取细节圆的样式
GetTextFormat	获取细节圆的文本格式	GetUseDocTextFormat	获取 SOLIDWORKS 当前是否使用文本格式的文档默认设置
GetView	获取显示细节圆的绘图视图	HasFullOutline	获取细节圆是否有一个完整的轮廓
Select	选中细节圆	SetDisplay	将细节圆的显示设置为圆或配置文件
SetName	设置细节圆的名称，显示在 FeatureManager 设计树中	SetParameters	设置细节圆的位置和大小
SetStyle	设置细节圆的样式	SetTextFormat	设置细节圆的文本格式

（3）主要属性　DetailCircle 对象的主要属性见表 5-22。

表 5-22　DetailCircle 对象的主要属性

函　数	属性功能
Layer	获取或设置细节圆所在的图层
PinPosition	设置细节圆的接点位置
ScaleHatchPattern	获取或设置是否改变细节圆的剖面线样式

1. BomFeature 对象

（1）作用　允许访问 BOM（物料清单）的特征。

（2）主要功能　BomFeature 对象的主要功能见表 5-23。

表 5-23　BomFeature 对象的主要功能

函　数	功　能	函　数	功　能
GetConfigurationCount	获取 BOM 表中可用或在 BOM 表中使用的配置的数量	GetConfigurations	获取 BOM 表中可用或在 BOM 表中使用的配置
GetFeature	获取 BOM 表的特征对象	GetReferencedModelName	获取 BOM 特征所引用模型的名称
GetTableAnnotationCount	获取 BOM 表注释的数量	SetConfigurations	设置 BOM 表中使用的配置

（3）主要属性 BomFeature 对象的主要属性见表 5-24。

表 5-24 BomFeature 对象的主要属性

函 数	属性功能
Configuration	获取或设置 BOM 表的配置名称
DisplayAsOneItemConfiguration	如果 BOM 表包含的组件有多个配置，那么这个属性返回或者设置所有的配置是否出现同样的项目编号
FollowAssemblyOrder2	获取或设置 BOM 表中产品编号的顺序是否遵循程序集在 FeatureManager 设计树中出现的顺序
KeepCurrentItemNumbers	获取或设置在对 BOM 表的行重新排序时是否保留当前编号
SequenceStartNumber	获取或设置用于开始对 BOM 表进行编号的编号
KeepMissingItems	获取并设置在源文件发生变化后是否保留缺失的项
TableType	获取和设置材料清单的表类型
ZeroQuantityDisplay	获取或设置当 BOM 表中的值为 0 时要显示的字符或值

2. BomTable 对象

（1）作用 允许访问 BOM 表的信息和信息值。

（2）主要功能 BomTable 对象的主要功能见表 5-25。

表 5-25 BomTable 对象的主要功能

函 数	功 能
Attach3	激活 BOM 表（物料清单）
DeSelect	取消选中的 BOM 表
Detach	停用 BOM 表
GetColumnWidth	指定选中列的宽度
GetDisplayData	返回 BOM 表的 DisplayData 对象
GetEntryText	以字符串形式检索指定单元格的内容，而不考虑单元格的数据类型
GetEntryValue	获取指定单元格的内容
GetExtent	在图纸上选择 BOM 表左下角和右上角的区段
GetHeaderText	获取指定列的标题文本
GetRowHeight	获取指定的行高
GetTotalColumnCount	获取 BOM 表的列数
GetTotalRowCount	获取 BOM 表的行数
IsVisible	检查 BOM 表是否可见
Select	选择 BOM 表并标记它

5.5 配置对象

5.5.1 概述

配置对象管理零件中不同模块（零件文档模式）与装配体中不同零件（装配体文档模式）的状态。在零件文档模式下，可将复杂特征设置成压缩模式；在装配体文档模式下，可将其中一个或多个零件设置成压缩模式。在 SOLIDWORKS 中主要有以下配置接口对象：

IConfiguration、IConfigurationManager 与 IDesignTable。

5.5.2 Configuration 对象

（1）作用　允许管理不同部件或装配状态。

（2）主要功能　Configuration 对象的主要功能见表 5-26。

表 5-26　Configuration 对象的主要功能

函　数	功　能	函　数	功　能
AddExplodeStep	为配置增加新的爆炸步骤	GetNumberOfExplodeSteps	返回配置爆炸步骤的数目
ApplyDisplayState	将指定的显示状态应用于配置	GetParameterCount	获取配置参数的数目
CopyDisplayStateFromConfiguration	将指定的显示状态从指定的配置复制到此配置	GetParameters	获取配置的参数
CreateDisplayState	为配置创建一个显示状态	GetParent	得到派生配置的父配置
DeleteDisplayState	从配置中删除指定的显示状态	GetRootComponent	获取装配体配置的根组件，可直接进行访问
DeleteExplodeStep	在配置爆炸步骤序列中删除指定的爆炸步骤	GetStreamName	获取当前配置流的名称
GetChildren	获取派生配置的所有子配置	IGetRootComponent2	获取装配体配置的根组件，无法直接进行访问
GetChildrenCount	获取配置的子配置数量	IsDerived	确定配置是否为派生配置
GetComponentConfigName	返回配置中指定组件的引用配置名称	RenameDisplayState	重命名配置的显示状态
GetComponentSuppressionState	返回配置中指定组件的抑制状态	Select2	选择配置
GetDisplayStates	获取配置显示状态的名称	SetColor	设置配置的颜色

（3）主要属性　Configuration 对象的主要属性见表 5-27。

表 5-27　Configuration 对象的主要属性

函　数	属性功能
AlternateName	获取或设置配置的替换名称（即用户指定名称）
BOMPartNoSource	获取在 BOM 表中使用的部件号的源
Comment	获取或设置配置注释
CustomPropertyManager	获取配置的自定义属性信息
Description	获取或设置配置的说明
HideNewComponentModels	获取或设置新组件是否隐藏在该非活动配置中
Lock	获取或设置配置是否锁定
Name	获取或设置配置名称
ShowChildComponentsInBOM	获取或设置组装文档的物料清单中配置的子组件显示选项
SuppressNewComponentModels	获取或设置是否在配置中抑制新组件
SuppressNewFeatures	获取或设置是否在配置中抑制新功能
UseAlternateNameInBOM	获取或设置是否在配置的物料清单中显示替代名称（即用户指定的名称）

5.5.3 ConfigurationManager对象

（1）作用 允许访问一个模型中的一个配置。

（2）主要功能 ConfigurationManager对象的主要功能见表5-28。

表5-28 ConfigurationManager对象的主要功能

函数	功能	函数	功能
AddConfiguration	创建一个新的配置	GetConfigurationParamsCount	获取配置参数的数目
GetConfigurationParams	获取配置的参数	SetConfigurationParams	设置配置的参数

（3）主要属性 ConfigurationManager对象的主要属性见表5-29。

表5-29 ConfigurationManager对象的主要属性

函数	属性功能
ActiveConfiguration	获取活动配置
Document	获取相关模型文档
EnableConfigurationTree	获取或设置是否更新ConfigurationManager树

5.6 枚举对象

5.6.1 概述

枚举对象管理模型中所有的枚举变量。

5.6.2 EnumBodies2对象

（1）作用 允许访问一个枚举对象，只能在dll进程中使用。

（2）主要功能 EnumBodies2对象的主要功能见表5-30。

表5-30 EnumBodies2对象的主要功能

函数	功能	函数	功能
Clone	复制对象列表	Next	获取下一个对象
Reset	从头重新设置序列	Skip	跳过指定数量的对象

5.7 特征对象

5.7.1 概述

特征对象描述程序提供的特征操作，与相应操作对应。FeatureManger是IModelDoc2的属性，可通过get_FeatureManager()获得，通过它可以创建特征。

5.7.2 Feature 对象

（1）作用 允许访问特征的类型、名称、参数数据，在设计树的特征管理器中访问下一个特征。

（2）主要功能 Feature 对象的主要功能见表 5-31。

表 5-31 Feature 对象的主要功能

函 数	功 能	函 数	功 能
AddComment	添加特征的注释	AddPropertyExtension	向特征添加属性扩展
DeSelect	取消选择的特征	EnumDisplayDimensions	返回特征的显示尺寸枚举
GetAffectedFaceCount	获取被特征修改的面的数量，如特征草图	GetAffectedFaces	获取被特征修改的面
GetBox	获取特征的边界框	GetChildren	获取特征的子特征
GetCreatedVersion	获取特征被创建时的 SOLIDWORKS 版本号	GetDefinition	获取一个特征定义对象，可以使用它来访问定义这一特性的参数
GetErrorCode	获取特征的错误代码	GetFaceCount	获取特征的面的数量
GetFaces	获取特征的面	GetFirstDisplayDimension	提供对属于该特征的尺寸的访问权限，返回与该特征相关联的第一个显示尺寸
GetFirstSubFeature	获取特征的第一个子特征	GetImportedFileName	获取输入特征的文件名
GetNextSubFeature	获取下一个子特征	GetOwnerFeature	获取特征的特征
GetParents	获取特征的父特征	GetPropertyExtension	获取特性的属性扩展名
GetSpecificFeature2	获取指定特征的接口	GetTexture	获取应用于指定特征配置的纹理
GetTypeName2	获取特征的类型	GetUIState	获取特征的用户界面状态
GetUpdateStamp	获取特征的更新标签	IGetChildCount	获取特征子特征的数量
IGetFaces2	获取特征的面	IGetParentCount	获取父特征的数量
IModifyDefinition2	更新特征的定义	IsBase2	确定特征是否是一个基本特征
ISetBody3	替换基本特征的主体	IsRolledBack	获取特征是否回滚
IsSuppressed2	确定特征是否在指定功能下被抑制	ListExternalFileReferences2	获取零件或装配体中特征上外部引用的名称和状态
ListExternalFileReferences-Count	获取模型引用外部文件的数目	MakeSubFeature	使一个特性成为该特性的子特性
ModifyDefinition	更新特征的定义	Parameter	获取特定参数
RemoveMaterialProperty2	删除特征的材料属性	RemoveTexture	删除特征的纹理
ResetPropertyExtension	删除特征的属性扩展	Select2	选择并标记特征
SetBodiesToKeep	为部件和装配件中创建多个主体的特性设置要保留的主体及其配置	SetBody2	替换导入的基本特征
SetImportedFileName	设置导入特征的文件名	SetMaterialIdName	设置特征材料的 ID
SetMaterialPropertyValues2	设置特征材料属性值	SetMaterialUserName	设置特征的材质用户名
SetSuppression2	设置特征的抑制状态	SetTexture	为特征所有配置或指定配置应用纹理
SetUIState	设置特征的用户界面状态	UpdateExternalFileReferences	更新模型引用的外部文件

（3） 主要属性　Feature 对象的主要属性见表 5-32。

表 5-32　Feature 对象的主要属性

函　数	属性功能
CreatedBy	获取特征创建者信息
CustomPropertyManager	获取特征的自定义属性信息
DateCreated	获取特征被创建的日期
DateModified	获取特征被更新的日期
Description	获取或设置特征的描述
Name	获取或设置特征的名称
Visible	获取特征的可见状态

5.8 建模对象

FeatureManager 对象

描述 SOLIDWORKS 内部数据结构，建模对象由点、线、面、体等组成。

5.8.1 体对象

（1） 作用　允许访问体上的面，并能创建缝制到体对象的表面。

（2） 主要功能　体对象的主要功能见表 5-33。

表 5-33　体对象的主要功能

函　数	功　能	函　数	功　能
AddConstantFillets	在体的指定边上创建固定半径的圆角	AddProfileArc	创建一个圆弧轮廓曲线并返回指向该曲线的指针
AddProfileLine	创建一个线轮廓曲线并返回指向该曲线的指针	AddProfileBspline	创建 B 样条轮廓曲线并返回指向该曲线的指针
AddProfileBsplineByPts	添加一个 B 样条轮廓曲线	AddPropertyExtension2	为体添加属性扩展
AddVertexPoint	添加一个顶点	ApplyTransform	将转换应用于此体
Copy2	得到体的一个副本	CreateBaseFeature	为导入的体创建基本特征
CreateBodyFromSurfaces	从裁剪曲面的列表中创建体	CreateBoundedSurface	从一个独立的基面创建有界面
CreateBsplineSurface	创建一个新的 B 样条曲面	CreateExtrusionSurface	创建一个新的挤压表面
CreatePlanarSurface	创建一个新的无限平面	CreatePlanarTrimSurfaceDLL	为体创建平面修剪面
DeleteFacesMakeSheetBodies	从删除的面创建片体	DeSelect	取消选择体
GetEdgeCount	获取体的边数	GetEdges	获得体的边
GetExcessBodyArray	获得缝合后多余的体	GetExtremePoint	计算模型在给定方向的极值点
GetIgesErrorCode	获取当前 IGES 错误代码	GetIgesErrorCount	获取运行一个 IGES 例程时遇到的错误的数量
GetIntersectionEdges	获取两个临时体相交的边	GetMassProperties	获取体的质量属性
GetMaterialIdName2	获取体的材质名称	GetMaterialUserName2	获取体的材质名称，材质名称对用户是可见的
MinimumRadius	得到体的最小半径	GetNextSelectedFace	得到下一个选择的面

（续）

函　数	功　能	函　数	功　能
GetTexture	获取在指定配置中应用于体的纹理	GetType	得到体的种类
GetVertexCount	获取体的顶点数目	GetVertices	获取体的顶点
Hide	使用指定零件的背景隐藏临时体	HideBody	隐藏或显示体
IAddProfileArcDLL	添加一个弧线轮廓	IAddProfileBsplineDLL	添加一个轮廓 B 样条
IAddProfileLineDLL	添加一个轮廓线	ICombineVolumes	将两个体组合在一起
ICreateBsplineSurfaceDLL	在体中创建 B 样条曲面	ICreateExtrusionSurfaceDLL	创建一个拉伸曲面
ICreatePlanarSurfaceDLL	创建一个平面	ICreateBsplineSurfaceDLL	从分段曲面创建 B 曲面
IGetExcessBodyCount	获取多余体的数量	IGetIntersectionEdgeCount	获取体与指定对象之间的相交边数
IsPatternSeed	判断体是否是一个模式化体的种子	IsTemporaryBody	判断体是否是一个临时体
Negate	反转体的方向	OffsetPlanarWireBody	将法线平面中的平面线体偏移指定距离
ResetPropertyExtension2	删除该属性的扩展	Save	保存
Select2	选择实体并对其进行标记	SetCurrentSurface	将现有曲面放置到一个正在构造的临时体中

（3）主要属性　体对象的主要属性见表 5-34。

表 5-34　体对象的主要属性

函　数	属性功能
Check3	判断体是否有效，如果存在任何错误，则返回一个 ifautentity 对象
MaterialPropertyValues2	获取或设置活动配置中基体以外的体的材质属性
Name	获取或设置所选体的名称
Visible	判断体是可见还是隐藏

5.8.2　面对象

1. Face2 对象

（1）作用　允许访问实体或特征的边、环和表面，调整数据。使用访问器链接获取函数可返回这个对象的列表。

（2）主要功能　Face2 对象的主要功能见表 5-35。

表 5-35　Face2 对象的主要功能

函　数	功　能	函　数	功　能
AddPropertyExtension	将属性扩展添加到面	AttachSurface	把一个面附着到一个表面上
CreateSheetBody	从一个面创建片体	CreateSheetBodyByFaceExtension	通过扩展面创建片体
DetachSurface	从一个面中分离出表面	EnumEdges	枚举面中的边
EnumLoops	枚举面中的环	FaceInSurfaceSense	检查面法线是否与下表面方向相反

（续）

函　数	功　能	函　数	功　能
GetAllDecalProperties	获取应用于面的贴花属性	GetArea	获取面的面积
GetBody	获取包含面的体	GetBox	获取面的边界框
GetDecalsCount	获取应用于面的贴花数	GetClosestPointOn	使用 x、y、z 的输入点来确定面上最近的点
GetEdgeCount	获取面的边数	GetEdges	获取面的边
GetFaceId	获取导入体的面 ID	GetFeature	获取拥有面的特征对象
GetFeatureId	获取面所属特征的单号	GetFirstLoop	获取面中的第一个环，它不一定是外部环
GetNextFace	获取体的下一个面	GetPatternSeedFeature	获取图案的种子特征
GetProjectedPointOn	获取将输入点投影到面上的点	GetPropertyExtension	获取面上的属性扩展
GetShellType	获取面的外壳类型	GetSilhoutteEdgesVB	获取轮廓的边
GetSurface	获取面引用的曲面	GetTessNorms	获取构成阴影图细分曲面的每个三角形的法向量
GetTessTriangles	获取构成阴影图细分曲面的三角形	GetTessTriStripEdges	获取构成阴影图细分曲面的三角形中每条边的边 ID
GetTessTriStripNorms	获取构成阴影图细分曲面的每个三角形的法向量	GetTessTriStrips	获取构成的阴影图细分曲面的顶点
GetTessTriStripSize	获取 IFace2::gettesstristrip 和 IFace2::igettesstristrip 所需的数组大小	GetTexture	获取在指定配置中应用于面的纹理
GetTrimCurves2	获取描述修整面的所有实体的定义	GetTrimCurveTopology	获取面的修剪曲线拓扑
GetTrimCurveTopologyCount	获取面的修剪曲线拓扑中的元素数	GetTrimCurveTopologyTypes	获取面的修剪曲线拓扑中的元素类型
GetUVBounds	获取描述面的 U、V 边界的值	Highlight	在一个面中添加突出显示或删除突出显示
ImprintCurve	在选定的面上刻印一条曲线	IsCoincident	获取面与位于不同体上的指定面是否重合
IsSame	获取两个面是否相同	RemoveInnerLoops	如果面来自片体，则删除面上的内环
RemoveMaterialProperty2	移除面的材质属性值	RemoveRedundantTopology	移除面上的冗余拓扑
RemoveTexture	移除指定配置中应用于面的纹理	ResetPropertyExtension	清除存储在属性扩展中的所有值

（3）主要属性　Face2 对象的主要属性见表 5-36。

表 5-36　Face2 对象的主要属性

函　数	属性功能
Check	检查面是否有效，如果无效，则返回错误
MaterialIdName	获取或设置材料名称，用户是不可见的
MaterialPropertyValues	获取或设置活动配置中选定面的材质属性
MaterialUserName	获取或设置材料名称，用户是可见的
Normal	获取任何平面的单位法向量

2. Surface对象

（1）作用　作为底层的定义的面，Surface对象允许获取地表类型和各种表面定义数据以及评估和反向评估表面位置，使用上面的访问器链接获取函数可返回这个对象的列表。

（2）主要功能　Surface对象的主要功能见表5-37。

表5-37　Surface对象的主要功能

函　数	功　能	函　数	功　能
CreateNewCurve	创建一个新的空曲线	CreateTrimmedSheet4	从该表面创建经过修整的片体
Evaluate	给定曲面的U和V参数，对曲面进行计算	EvaluateAtPoint	计算指定x、y、z点处的曲面
GetBSurfParams2	获取B样条曲面的参数化数据	GetClosestPointOn	使用x、y、z的输入点来确定表面上最接近的点
IGetCommandTabs	获取指定文档类型的CommandManager选项卡	GetIntersectSurfaceCount	获取曲面与曲面相交的曲线数
GetIntersectCurveCount2	获取曲面与曲线相交的点数	GetOffsetSurfParams2	获取偏移面的总体偏移距离
GetProfileCurve	获取用于创建旋转曲面或挤压曲面的曲线	GetProjectedPointOn	获取将输入点投影到曲面上的点
GetRevsurfParams	获取曲面的参数	IGetBSurfParams	获取曲面的B样条曲面参数
IGetBSurfParamsSize3	获取在后续调用ISurface::IGetBSurfParams时检索Bsurface参数数据所需的分配大小	IGetMakeIsoCurvesCount	获取表示给定方向的ISO线的曲线数
Identity	获取曲面的类型	IntersectCurve2	获得曲面与曲线的交集
IntersectSurface	获取曲面与曲面的交集	IsBlending	获取曲面是否为混合曲面
IsCone	返回曲面是否为圆锥	IsCylinder	返回曲面是否为圆柱
IsForeign	返回曲面是否为外表面	IsOffset	返回曲面是否为偏移曲面
IsParametric	获取曲面是否为参数（样条类型）曲面	IsPlane	返回曲面是否为平面的表面
IsRevolved	返回曲面是否为旋转曲面	IsSphere	返回曲面是否为球面
IsSwept	返回曲面是否为扫描曲面	IsTorus	返回曲面是否为环面
MakeIsoCurve	使用指定的曲面参数创建未修剪的曲线	MakeIsoCurves	在曲面上创建曲线
Parameterization	获取曲面的参数	ReverseEvaluate	获取指定位置的U、V参数，该位置必须在曲面上

（3）主要属性　Surface对象的主要属性见表5-38。

表5-38　Surface对象的主要属性

函　数	属性功能
ConeParams	获取圆锥曲面的参数
CylinderParams	获取圆柱曲面的参数
PlaneParams	获取平面曲面的参数
SphereParams	获取球面的参数
TorusParams	获取环面的参数

3. MidSurface3 对象

(1) 作用 允许访问 mid-surface 信息。

(2) 主要功能 MidSurface3 对象的主要功能见表 5-39。

表 5-39 MidSurface3 对象的主要功能

函 数	功 能	函 数	功 能
EdgeGetFace	获取指定的中间曲面边所在的体表面	GetFirstFace	获取中间曲面特征中的第一个面和其他三个项
GetFaceCount	获取中间曲面特征中的面数	GetFacePairCount	获取在原始零件体中发现的用于计算中间曲面特征的平行面对的数目
GetFirstFaceArray	获取第一个面和各面之间的厚度	GetFirstFacePair	获取中间曲面特征中的第一对平行面以及这两个面之间的厚度
GetFirstNeutralSheet	获取中间曲面特征中的第一个参考面	GetNeutralSheetCount	获取中间曲面特征中找到的参考面总数
GetNextFace	获取中间曲面特征中的下一个中性面	GetNextFaceArray	从原成对的面中获取下一个面以及这些面之间的厚度
GetNextFacePair	获取中间曲面特征中的下一对平行面以及这两个面之间的厚度	GetNextNeutralSheet	获取中间曲面特征中的下一个参考面

5.9 草图对象

草图对象管理所有草图元素，如圆弧、长方形、样条曲线等。草图都是通过这些对象表示的，通过这些对象可以获取和修改草图数据。

SketchManager 是 IModelDoc2 的属性，可通过 get_SketchManger() 获取。

5.9.1 Sketch 对象

(1) 作用 允许进入草图实体和提取信息的草图、草图的定位等。零件或装配文件中通常使用的草图，以产生一个实体或这样的后续功能，如切割或拉伸。当用户在绘图板或绘图视图中构建单独的线、弧等时，也可使用草图。使用访问器链接列表获取函数返回 Sketch 对象。

(2) 主要功能 Sketch 对象的主要功能见表 5-40。

表 5-40 Sketch 对象的主要功能

函 数	功 能	函 数	功 能
AutoDimension2	自动标注草图尺寸	CheckFeatureUse	检查草图是否适用于创建指定的特征
ConstrainAll	尝试处理草图中所有的明显关系，并返回添加到草图中约束的数量	GetArcCount	获取草图中的弧线数
GetArcs2	获取草图中的所有弧	GetConstrainedStatus	获取草图的当前受约束状态
GetAutomaticSolve	检查修改时是否自动执行求解零件草图几何形状的计算	GetContourEdgeCount	获取草图轮廓的边的数目

(续)

函　数	功　能	函　数	功　能
GetContourEdges	获取草图轮廓的边	GetDetachSegmentOnDrag	获取独立拖动单一草图实体设置
GetEllipseCount	获取草图中椭圆的数量	GetEllipses3	获取草图中所有的椭圆
GetLineCount2	获取草图中包含排除或包括交叉线选项的线数	GetParabolas2	获取草图中所有的抛物线
GetParabolaCount	获取草图中抛物线的数量	GetPolylines	获取草图中的折线
GetReferenceEntity	获取在其上创建草图的实体	GetSketchBlockInstanceCount	获取草图中块实例的数量
GetSketchBlockInstances	获取草图中的块实例	GetSketchHatches	获取草图中存在的草图窗口的数组
GetSketchPathCount	获取草图中的草图路径数	GetSketchPaths	获取草图中的草图路径
GetSketchPictureCount	获取草图上的图片数量	GetSketchPictures	获取草图上的图片
GetSketchPoints2	获取草图中的草图点	GetSketchPointsCount2	获取草图中的草图点数
GetSketchSegments	获取草图中的草图片段，其中包括直线、圆弧、样条、抛物线和椭圆实体	GetSketchTextSegments	获取表示草图中选定文本的草图片段
GetSplineCount	获取草图中的样条数	GetSplineInterpolateCount	获取样条中的点数和草图中的样条数

5.9.2　基本草图图元

1. SketchArc 对象

(1) 作用　允许访问草图实体和提取信息的草图元素、草图方向等。

(2) 主要功能　SketchArc 对象的主要功能见表 5-41。

表 5-41　SketchArc 对象的主要功能

函　数	功　能
GetCenterPoint2	获取弧线中心点的草图点
GetEndPoint2	获取弧线端点的草图点
GetNormalVector	获取弧的法线
GetRadius	获取圆弧的半径
GetRotationDir	获取草图弧旋转方向
GetStartPoint2	获取弧起点的草图点
IsCircle	确定草图圆弧是一个完整的圆或部分弧
SetRadius	设置圆弧的半径

2. SketchLine 对象

(1) 作用　提供用于获取草图线实体。

(2) 主要功能　SketchLine 对象的主要功能见表 5-42。

表 5-42　SketchLine 对象的主要功能

函　数	功　能	函　数	功　能
GetEndPoint2	获取直线端点的草图点	GetStartPoint2	获取直线起点的草图点
MakeInfinite	使线无限长		

（3）主要属性 SketchLine 对象的主要属性见表 5-43。

表 5-43 SketchLine 对象的主要属性

函 数	属性功能
Angle	获取或设置直线的角度
Infinite	获取线是无限的还是有限的

3. SketchPoint 对象

（1）作用 SketchPoint 对象提供草图点，SketchSegment 对象提供草图段，弧线、线条、椭圆、抛物线和样条分别由 SketchArc、SketchLine、SketchEllipse、SketchParabola、SketchSpline 对象提供。使用访问器链接获取函数可返回一个 SketchPoint 对象的列表。

（2）主要功能 SketchPoint 对象的主要功能见表 5-44。

表 5-44 SketchPoint 对象的主要功能

函 数	功 能	函 数	功 能
DeSelect	取消选中草图点对象	GetCoords	获取草图点的 x 坐标
GetID	获取草图点的草图点 ID	GetRelations	获取草图点的草图关系
GetRelationsCount	获取草图点的草图关系的数目	GetSketch	获取草图点的草图
Select4	选择草图点和标志	SetCoords	设置草图点的位置

（3）主要属性 表 5-45 列出了 SketchPoint 对象的主要属性。

表 5-45 SketchPoint 对象的主要属性

函 数	功能属性
Color	返回或设置草图点的颜色
Layer	获取或设置草图的图层
LayerOverride	获取或设置草图点是否具有覆盖层默认属性的属性
Type	获取或设置草图点的类型

4. SketchSpline 对象

（1）作用 提供用于获取草图中的样条实体。

（2）主要功能 SketchSpline 对象的主要功能见表 5-46。

表 5-46 SketchSpline 对象的主要功能

函 数	功 能	函 数	功 能
AddCurvatureControl	向样条曲线添加曲率控制指针	AddTangencyControl	添加一个新句柄以帮助控制样条的切线
DeletePoint	删除样条上的一个点	GetPointCount	获取草图样条曲线中的点数
GetPoints2	获取样条的草图点数组	GetSplineHandleCount	获取样条中的句柄数
GetSplineHandles	获取样条的句柄	IEnumPoints	获取样条草图点的枚举
InsertPoint	在样条的指定坐标上插入一个点	RelaxSpline	通过拖动控制多边形上的节点而更改的样条的形状
ResetAllHandles	将所有句柄重置为初始状态	Simplify	在复杂的样条曲线模型中，减少样条中的点数以提高系统性能

（3）主要属性　SketchSpline 对象的主要属性见表 5-47。

表 5-47　SketchSpline 对象的主要属性

函　数	属性功能
DisplayControlPolygon	返回或者设置是否添加一个控制多边形样条
Proportional	获取或设置在拖拽样条端点时样条是否按比例调整大小
ShowCurvatureCombs	获取或者设置是否显示曲率梳
ShowInflectionPoints	获取或者设置是否显示样条的拐点
ShowMinimumRadius	获取或设置为样条曲线的最小半径
ShowSplineHandles	获取或设置是否显示样条的句柄

5. SketchText 对象

（1）作用　提供获取草图中的文本实体。

（2）主要功能　SketchText 对象的主要功能见表 5-48。

表 5-48　SketchText 对象的主要功能

函　数	功　能	函　数	功　能
EnumEdges	创建草图文本中的边的枚举列表	GetCoordinates	获取草图文本的位置
GetEdges	获取草图文本中的边	GetTextFormat	获取草图文本的文本格式
GetUseDocTextFormat	获取草图文本中是否使用默认模型文本格式	SetCoordinates	设置草图文本的位置

5.10 实用对象

5.10.1 IColorTable 对象

（1）作用　允许访问使用 SOLIDWORKS 的颜色定义。这个 API 使用 COLORREF 值，等同于长类型数据。

（2）主要功能　IColorTable 对象的主要功能见表 5-49。

表 5-49　IColorTable 对象的主要功能

函　数	功　能	函　数	功　能
GetBasicColorCount	获取基本颜色数量	GetBasicColors	获取基本颜色
GetColorRefAtIndex	获取颜色表指定索引位置的颜色参考值	GetCount	获取颜色表中颜色的总数，包括标准颜色和自定义颜色
GetCustomColorCount	获取自定义颜色数量	GetCustomColors	获取自定义颜色
GetNameAtIndex	获取颜色表中指定索引位置的颜色名称	GetStandardCount	获取颜色表中定义的基本或标准颜色的数量
SetColorRefAtIndex	在颜色表中设置指定的颜色值	SetCustomColor	设置自定义颜色

5.10.2 ICustomPropertyManager 对象

（1）作用　允许访问自定义属性。

（2）主要功能　ICustomPropertyManager 对象的主要功能见表 5-50。

表 5-50　ICustomPropertyManager 对象的主要功能

函　　数	功　　能	函　　数	功　　能
Add2	向配置或模型文档添加自定义属性	Delete	删除特定的自定义属性
Get2	获取指定自定义属性的值和已计算的值	GetAll	获取配置中所有的自定义属性
GetNames	获取自定义属性的名称	GetType2	获取配置或模型文档中指定自定义属性的类型

（3）主要属性　ICustomPropertyManager 对象的主要属性见表 5-51。

表 5-51　ICustomPropertyManager 对象的主要属性

函　　数	属性功能
Count	获取自定义属性的数量
Owner	获取自定义属性的所有者

5.11 客户化接口

其他实用对象

5.11.1 SwAddin 对象

（1）作用　与 SOLIDWORKS 的连接与断开。

（2）主要功能　SwAddin 对象的主要功能见表 5-52。

表 5-52　SwAddin 对象的主要功能

函　　数	功　　能	函　　数	功　　能
ConnectToSW	连接到 SOLIDWORKS	DisconnectFromSW	断开与 SOLIDWORKS 的连接

5.11.2 SwAddinBroker 对象

（1）作用　SOLIDWORKS 使用这个接口来获取有关加入的实体，这些实体可以用 SOLIDWORKS 进行信息交互。

（2）主要功能　SwAddinBroker 对象的主要功能见表 5-53。

表 5-53　SwAddinBroker 对象的主要功能

函　　数	功　　能	函　　数	功　　能
GetInferencePoints	从外接程序获取一个或多个推理点	GetSelectedObjectsBBox	从外接程序获取选定的实体边界框

5.11.3 SwColorContour 对象

（1）作用　实现接口使用 SOLIDWORKS 的颜色和显示的功能，类似于 SOLIDWORKS 的曲率显示。

（2）主要功能　SwColorContour 对象的主要功能见表 5-54。

表 5-54 SwColorContour 对象的主要功能

函　数	功　能	函　数	功　能
Color	获取模型上指定位置的颜色	DisplayString	获取模型上的指定位置显示的字符串
NeedsUpdate	指定 SOLIDWORKS 软件是否刷新颜色和显示	Value	获取与模型上的指定位置关联的值

5.12 用户接口对象

5.12.1 Callout 对象

（1）作用　允许插件应用程序操纵单一和多行调用。

（2）主要功能　Callout 对象的主要功能见表 5-55。

表 5-55 Callout 对象的主要功能

函　数	功　能	函　数	功　能
GetTargetPoint	获取标注中指定行的目标点	SetTargetPoint	设置标注中指定行的目标点

（3）主要属性　Callout 对象的主要属性见表 5-56。

表 5-56 Callout 对象的主要属性

函　数	属 性 功 能
Label2	获取或设置标注指定行中标签的文本
MultipleLeaders	获取或设置标注多个引线的显示
OpaqueColor	获取或设置标注标签的不透明（背景）颜色
Position	获取或设置标注的位置
TargetStyle	获取或设置标注目标点处的连接类型
TextBox	获取或者设置调用文本是否封装
TextColor	获取或设置标注中指定行文本的颜色
Value	获取或设置标注中指定行的值
ValueInactive	获取或设置用户是否可以编辑标注中指定行的值

5.12.2 CommandManager 对象

1. CommandGroup 对象

（1）作用　允许插件应用程序创建工具栏和菜单项，包括飞出工具栏和子菜单，并将它们添加到 CommandManager 中。

（2）主要功能　CommandGroup 对象的主要功能见表 5-57。

表 5-57 CommandGroup 对象的主要功能

函　数	功　能	函　数	功　能
Activate	激活命令组	AddCommandItem2	添加组合菜单和工具栏项目到命令组
AddSpacer2	在命令组的项之间添加间隔符	SetToolbarVisibility	设置命令组中工具栏的可见性

（3）主要属性 CommandGroup 对象的主要属性见表5-58。

表5-58 CommandGroup 对象的主要属性

函 数	属性功能
CommandID	获取命令组中指定项的命令 ID
CustomNames	获取或设置命令组中的自定义名称
DockingState	获取或设置命令组中工具栏的停靠状态
HasMenu	获取或设置命令组是否有菜单栏
HasToolbar	获取或设置命令组是否有工具栏
LargeIconList	为命令组获取或设置包含所有大图像按钮和分隔符的位图文件路径
LargeMainIcon	为命令组获取或设置代表所有按钮的大位图路径
MenuPosition	获取或设置指定文档模板的命令组位置
Name	获取命令组的名称
NumberOfGroupItems	获取命令组中的项数
SelectType	获取在上下文相关中选择的对象类型，弹出菜单
ShowInDocumentType	获取或设置显示命令组的文档类型
SmallIconList	为命令组获取或设置包含所有小图像按钮和分隔符的位图文件路径
SmallMainIcon	为命令组获取或设置代表所有按钮的小位图路径
ToolbarId	获取命令组的工具栏 ID

2. CommandManager 对象

（1）作用 允许插件应用程序添加和删除 CommandGroups（菜单和工具栏）到 CommandManager 中。只有一个 CommandManager 可以存在于一个插件应用程序中。

（2）主要功能 CommandManager 对象的主要功能见表5-59。

表5-59 CommandManager 对象的主要功能

函 数	功 能	函 数	功 能
AddCommandTab	为指定的文件类型添加一个选项卡到 CommandManager 中	AddContextMenu	添加一个新的上下文相关菜单到 CommandManager 中
CommandTabs	为指定的文件类型获取所有 CommandManager 选项卡	CreateCommandGroup	在 CommandManager 中创建一个新的 CommandGroup
GetCommandGroup	获取使用指定名称的 CommandGroup	GetCommandTab	为指定文件类型获取指定 CommandManager 选项卡
GetCommandTabCount	为指定文件类型获取 CommandManager 上的选项卡数目	GetGroups	在 CommandManager 上获取 CommandGroups
IGetCommandTabs	为指定文件类型获取 CommandManager 选项卡	RemoveCommandGroup	从 CommandManager 中删除指定 CommandGroup

（3）主要属性 CommandManager 对象的主要属性见表5-60。

表5-60 CommandManager 对象的主要属性

函 数	属性功能
NumberOfGroups	获取 CommandGroups 的数目

5.12.3 FeatMgrView 对象

（1）作用 允许访问创建的 FeatureManager 设计树对象。

（2）主要功能 FeatMgrView 对象的主要功能见表 5-61。

表 5-61 FeatMgrView 对象的主要功能

函 数	功 能	函 数	功 能
ActivateView	激活 FeatureManager 设计树中的选项卡	DeActivateView	使 FeatureManager 设计树中的选项卡失效
DeleteView	从 FeatureManager 设计树中删除选项卡	GetControl	获取与 FeatureManager 设计树视图关联的控件
GetCommandTab	为指定文件类型获取指定 CommandManager 选项卡；可以进行事件访问	IGetCommandTab	为指定文件类型获取指定 CommandManager 选项卡；无法直接进行事件访问

（3）主要事件 FeatMgrView 对象的主要事件见表 5-62。

表 5-62 FeatMgrView 对象的主要事件

名 称	触发事件功能
ActivateNotify	一旦 FeatureManager 设计树视图被激活，则通知用户程序并获取视图句柄
DeactivateNotify	一旦 FeatureManager 设计树视图无效，则通知用户程序并获取视图句柄
DestroyNotify	当 FeatureManager 设计树视图将被破坏时，则通知用户程序并获取视图句柄

1. Frame 对象

（1）作用 允许访问 SOLIDWORKS 框架，包括模式窗口、菜单和工具栏。

（2）主要功能 Frame 对象的主要功能见表 5-63。

表 5-63 Frame 对象的主要功能

函 数	功 能	函 数	功 能
AddMenu	将菜单添加到菜单栏	AddMenuItem2	向现有菜单添加菜单项和位图或分隔符
AddMenuPopupItem	将菜单项或分隔符添加到快捷菜单（右键弹出菜单）	GetHWnd	获取主框架的窗口句柄
GetHWndx64	获取 64 位应用程序中主框架的窗口句柄	GetModelWindowCount	获取框架的子模型窗口数
GetStatusBarPane	获取指向状态栏右侧最多五个窗格之一的指针	GetSubMenuCount	获取框架的子菜单数
GetSubMenus	获取框架的子菜单	IGetModelWindows	获取框架的子模型窗口
RemoveMenu	删除一个菜单项	RenameMenu	重命名一个菜单项
SetStatusBarText	在状态栏左侧的主状态栏区域显示文本字符串	ShowModelWindow	显示客户端模型窗口

（3）主要属性 Frame 对象的主要属性见表 5-64。

表 5-64　Frame 对象的主要属性

函　　数	属 性 功 能
MenuPinned	获取或设置 SOLIDWORKS 主菜单是否固定
ModelWindows	获取框架的客户端模型窗口

2. 其他

（1）ModelView 功能　允许访问模型视图的方向、翻译，以及微软窗口的句柄。

（2）ModelViewManager 功能　允许访问模型视图。

（3）Mouse 功能　允许在模型视图中使用鼠标。

5.13 本章小结

本章介绍了 SOLIDWORKS API 对象一些主要接口的功能和访问方法，并列出了接口的方法、事件和属性，随着版本的升级变化，会追加一些新的对象，并对原来的类进行修改。

第 6 章　交互界面设计

本章内容提要

（1）SOLIDWORKS 应用插件程序的菜单可以引入不同应用程序，实现自定义应用程序的无缝接入

（2）工具栏可以实现应用程序的快速调用，提高应用程序使用的灵活性

（3）MFC 对话框是最重要的应用程序界面，可获取选择信息、输入信息以及应用程序的运行状态

6.1 交互界面概述

在二次开发过程中，交互界面的功能是实现用户与计算机之间的通信，用来控制计算机或将用户和计算机之间的数据传送到系统文件。交互界面设计是以用户为中心的设计过程，其目的是实现软件产品被用户简单使用和愉悦使用，使产品能够被用户接受、使用户方便地操作计算机，是用户与计算机之间进行信息交换的中间媒介。交互界面的设计是软件开发时必须考虑的因素，也是当前软件设计开发工程中评价软件性能好坏的重要方面。交互界面的设计原则一般包括以下三部分。

1. 友好性

友好的交互界面应满足以下几个方面的要求：使用方便、记忆最少、灵活的提示信息、良好的交互方式和良好的出错处理。在直观、友好的操作界面上，用户可方便灵活地使用各个选项按钮和操作菜单，普通用户无须经过特殊培训，只需按屏幕指示便可方便熟练地使用和操作，完成产品设计。如果交互界面不友好，用户易产生厌倦的情绪，不能提高工作的效率，系统软件的功能得不到充分的利用，这样就会直接对整个系统造成不应该有的影响。

2. 一致性

在交互界面设计中应该保持界面的一致性。一致性既包括使用标准的控件，也指使用相同的信息表现方法，如在字体、标签风格、颜色、术语、显示错误信息等方面确保一致。在同一个软件中，这些信息的表现方式不一致，会使得用户分散注意力，影响软件的使用，因此开发者应当注意在同一软件中各个用户界面表现形式的一致性。

3. 容错性

在用户进行系统交互时，用户界面提供帮助功能，用户可以通过帮助菜单或帮助按钮访问帮助信息。出错信息和警告是指出现问题时系统给出的提示性消息，提供如何从错误中恢复的建设性意见，以便用户检查是否出现了这些情况或帮助用户进行改正。这样，应用程序在检测

到错误操作或错误输入的情况下，给出操作者相应错误提示，建议操作者重新选择或忽略错误选择，提高了程序的容错功能。

交互界面主要包括菜单、工具栏以及对话框三类，下面分别对其以及相关函数进行介绍。

6.2 菜单

在SOLIDWORKS的二次开发中，经常要根据实际情况在SOLIDWORKS菜单中添加新的菜单项。本节主要讲述与菜单有关的SOLIDWORKS API方法及相关知识。

6.2.1 与菜单操作相关函数

1. SldWorks::AddMenu

该方法将一个菜单或子菜单项添加到SOLIDWORKS接口（应用于DLL文件）。

1）使用格式为（OLE Automation）：

```
retval = SldWorks.AddMenu ( DocType, Menu, Position )
```

2）使用格式为（COM）：

```
status =SldWorks->AddMenu ( DocType, Menu, Position,&retval )
```

SldWorks::AddMenu使用格式中各项参数的含义见表6-1。

表6-1 SldWorks::AddMenu使用格式中各项参数的含义

参 数	类 型	说 明
(long)DocType	输入	添加菜单项的文档类型，参阅swDocumentTypes_e
(BSTR)Menu	输入	菜单项名称，包括任何父菜单名字，如“subMenuString@MenuString”
(long)Position	输入	指定添加新菜单或子菜单的位置。第一项位置为0；如果位置为-1，将新菜单或子菜单添加到最后
(long)retval	输出	如果成功添加新菜单则为1，否则为0
(HRESULT)status	返回	如果成功返回S_OK

说明：为了保持一致性，应该在现有工具和窗口菜单项之间添加出现在SOLIDWORKS菜单条上的下拉菜单。

用SldWorks::AddMenu方法时，子菜单在创建父菜单之后自动被创建。因此，如果为了用SldWorks::AddMenu有次序创建菜单结构，则所有菜单项的定位是在它们创建的顺序上。

需要在一个现存菜单的指定位置放置一个菜单或子菜单时使用这个方法。例如，应该在现有工具和窗口菜单项之间定位出现在SOLIDWORKS菜单条上的主菜单。因此，应该使用这个方法产生主菜单项。

2. SldWorks::AddMenuItem2

该方法将一个菜单项添加到SOLIDWORKS接口。

1）使用格式为（OLE Automation）：

```
IsMenuItemAdded = SldWorks.AddMenuItem2 ( DocumentType, Cookie, MenuItem, Position, MenuCallback,
MenuEnableMethod, HintString, )
```

2）使用格式为（COM）：

status =SldWorks->AddMenuItem（DocumentType，Cookie，MenuItem，Position，MenuCallback，MenuEnableMethod，HintString，&IsMenuItemAdded）

SldWorks::AddMenuItem2 使用格式中各项参数的含义见表6-2。

表6-2 SldWorks::AddMenuItem2 使用格式中各项参数的含义

参　数	类　型	说　明
(long) DocumentType	输入	添加菜单项的文档类型，参阅 swDocumentTypes_e
(long) Cookie	输入	Add-in ID
(BSTR) MenuItem	输入	菜单项名称，包括任何父菜单名字，如“subMenuString@MenuString”
(long) Position	输入	指定添加新菜单或子菜单的位置。第一项位置为0；如果位置为-1，将新菜单或子菜单添加到最后
(BSTR) MenuCallback	输入	菜单被选择时，功能的响应
(BSTR) MenuEnableMethod	输入	控制菜单状态选项
(BSTR) HintString	输入	光标移动到菜单项显示出的提示
(VARIANT_BOOL) IsMenuItemAdded	输出	弹出是否添加菜单的提示
(HRESULT) status	返回	如果成功返回 S_OK

说明：可以在任何一个SOLIDWORKS文档（主文档、零件文档、装配文档、工程图文档）中添加一个新菜单，通过调用此方法恰当的文档类型参数来实现。例如，希望菜单在激活的零件文档时可以使用，调用此方法并输入第一个参数为swDocPART。添加菜单到零件文档之后，不需要在SOLIDWORKS重新添加。一旦用户激活零件文档，SOLIDWORKS自动显示新菜单选项。

3. SldWorks::RemoveMenu

该方法删除下拉菜单项或特定文档的下拉菜单。

1）使用格式为（OLE Automation）：

retval = SldWorks. RemoveMenu（DocType，MenuItemString，CallbackFcnAndModule）

2）使用格式为（COM）：

status =SldWorks->RemoveMenu（DocType，MenuItemString，CallbackFcnAndModule，&retval）

SldWorks::RemoveMenu 使用格式中各项参数的含义见表6-3。

表6-3 SldWorks::RemoveMenu 使用格式中各项参数的含义

参　数	类　型	说　明
(long) DocType	输入	添加菜单项的文档类型，参阅 swDocumentTypes_e
(BSTR) MenuItemString	输入	菜单项名称，如“subMenuString@MenuString”
(BSTR) CallbackFcnAndModule	输入	在添加菜单项时被指定的回调函数或模块（如果移除的顶层菜单没有回调函数，则输入NULL）
(VARIANT_BOOL) retval	输出	如果成功移除菜单，则为TRUE，否则为FALSE
(HRESULT) status	返回	如果成功返回 S_OK

说明：通过 SldWorks::AddMenuItem2 或 Frame::AddMenu 添加菜单时，指定了菜单添加的文档类型。此方法的文档类型参数必须和创建菜单的一致。

用 swDocNONE 文档类型移除主文档上的菜单。

6.2.2 自定义单级菜单

以第 12 章中液压机的菜单为例，添加自定义单级菜单，如图 6-1 所示。新建一个 DLL，取名为自定义单级菜单。

在命令生成函数 AddMenus( ) 下添加菜单代码，代码如下：

图 6-1 YH30 液压机菜单界面

```
void Cswobj::AddMenus( )
{
    long retval = 0;
    VARIANT_BOOL ok;
    long type;
    long position;
    CComBSTR menu;
    CComBSTR method;
    CComBSTR update;
    CComBSTR hint;
    // Add menu for main frame 主文档
    type =swDocNONE;
    position = 3;
    menu.LoadString(IDS_DIALOG_MENU);
    m_iSldWorks->AddMenu(type, menu, position, &retval);
    position = -1;
    menu.LoadString(IDS_DIALOG_START_NOTEPAD_ITEM);
    method.LoadString(IDS_DIALOG_START_NOTEPAD_METHOD);
    hint.LoadString(IDS_DIALOG_START_NOTEPAD_HINT);
    m_iSldWorks->AddMenuItem2(type, m_swCookie, menu, position, method, update, hint, &ok);
    // Add menu for part frame 零件文档
    type =swDocPART;
    position = 5;
    menu.LoadString(IDS_DIALOG_MENU);
    m_iSldWorks->AddMenu(type, menu, position, &retval);
    position = -1;
    menu.LoadString(IDS_DIALOG_START_NOTEPAD_ITEM);
    method.LoadString(IDS_DIALOG_START_NOTEPAD_METHOD);
    hint.LoadString(IDS_DIALOG_START_NOTEPAD_HINT);
    m_iSldWorks->AddMenuItem2(type, m_swCookie, menu, position, method, update, hint, &ok);
    // Add menu for assembly frame 装配文档
    type =swDocASSEMBLY;
    position = 5;
    menu.LoadString(IDS_DIALOG_MENU);
    m_iSldWorks->AddMenu(type, menu, position, &retval);
    position = -1;
    menu.LoadString(IDS_DIALOG_START_NOTEPAD_ITEM);
    method.LoadString(IDS_DIALOG_START_NOTEPAD_METHOD);
    hint.LoadString(IDS_DIALOG_START_NOTEPAD_HINT);
    m_iSldWorks->AddMenuItem2(type, m_swCookie, menu, position, method, update, hint, &ok);
    // Add menu for drawing frame 工程图文档
```

```
        type =swDocDRAWING;
        position = 5;
        menu.LoadString(IDS_DIALOG_MENU);
        m_iSldWorks->AddMenu(type, menu, position, &retval);
        position = -1;
        menu.LoadString(IDS_DIALOG_START_NOTEPAD_ITEM);
        method.LoadString(IDS_DIALOG_START_NOTEPAD_METHOD);
        hint.LoadString(IDS_DIALOG_START_NOTEPAD_HINT);
        m_iSldWorks->AddMenuItem2(type, m_swCookie, menu, position, method, update, hint, &ok);
    }
```

6.3 工具栏

6.3.1 与工具栏操作相关函数

1. SldWorks::AddToolbar3

该方法创建一个窗口风格、可停靠的包含一组应用程序定义按钮的工具栏。

1）使用格式为（OLE Automation）：

```
NewToolBarID = SldWorks.AddToolbar3 (Cookie, Title, smallBitmapImageID, largeBitmapImageID, MenuPositionForToolbar, DocumentType)
```

2）使用格式为（COM）：

```
status =SldWorks->AddToolbar3(Cookie, Title, smallBitmapImageID, largeBitmapImageID, MenuPositionForToolbar, DocumentType, &NewToolBarID)
```

SldWorks::AddToolbar3 使用格式中各项参数的含义见表 6-4。

表 6-4 SldWorks::AddToolbar3 使用格式中各项参数的含义

参 数	类 型	说 明
(long) Cookie	输入	工具栏的资源 ID；它与 SwAddin::ConnectToSW 中指定的 cookie 相同
(BSTR) Title	输入	工具栏的名称
(BSTR) smallBitmapResourceID	输入	用于小位图工具栏的位图资源 ID（见说明）
(BSTR) largeBitmapResourceID	输入	用于大位图工具栏的位图资源 ID（见说明）
(long) MenuPositionForToolbar	输入	不使用（SOLIDWORKS 总是把工具栏的名字按字母顺序排列）
(long) DocumentType	输入	当工具栏名称被添加到“视图”|“工具栏”菜单时，按位值显示窗口类型，该值在 swDocTemplateTypes_e 中定义
(long) NewToolBarID	输出	工具栏 ID 可供其他方法使用，生成失败时为-1
(HRESULT) status	返回	如果成功返回 S_OK

说明： 用 SwAddin 对象方法的信息，可参考用 SwAddin 创建一个 SOLIDWORKS 插件。当应用程序是作为一个 DLL，而不是 exe 执行的时候才能正常运行。

将工具栏名称添加到“视图”|“工具栏”菜单。

创建工具栏以及给 SOLIDWORKS 中按钮传递位图。添加功能，使用 SldWorks::AddToolbarCommand2。

位图图片应该包含每个按钮的位图以及分割线，在工具栏作为单一的位图。对于小位图，每个按钮的图像必须 16 px×16 px，大位图必须是 24 px×24 px。图片应该用 256 色位图。在位图透明区域使用灰色（RGB192、192、192）。

如果 smallBitmapResourceID 或 largeBitmapResourceID 为 NULL 或空，则提供的图像进行缩放为其他参数建立适当尺寸大小的位图。

注意：当卸载插件时，必须调用 SldWorks::RemoveToolbar2 删除此工具栏。

如果想让工具栏显示在特定的位置，不能使用废弃的 SldWorks::ShowToolbar2 方法。因为如果应用程序使用了该方法，将忽略文档类型的参数。SldWorks::ShowToolbar2 假定应用程序正在控制工具栏的可见状态，而不是用户。这意味着，工具栏在任何文档都可用。

2. SldWorks::AddToolbarCommand2

该方法创建一个窗口风格、可移动的包含一组应用程序定义按钮的工具栏。

1）使用格式为（OLE Automation）：

```
IsToolBarCommandAdded = SldWorks. AddToolbarCommand2 ( Cookie, ToolbarID, ToolbarIndex, ButtonCallback, ButtonEnableMethod, ToolTip, HintString)
```

2）使用格式为（COM）：

```
status = SldWorks->AddToolbarCommand2( Cookie, ToolbarID, ToolbarIndex, ButtonCallback, ButtonEnableMethod, ToolTip, HintString, &IsToolBarCommandAdded)
```

SldWorks::AddToolbarCommand2 使用格式中各项参数的含义见表 6-5。

表 6-5　SldWorks::AddToolbarCommand2 使用格式中各项参数的含义

参　数	类　型	说　明
(long) Cookie	输入	工具栏的资源 ID；它与 SwAddin::ConnectToSW 中指定的 cookie 相同
(long) ToolbarID	输入	来自 SldWorks::AddToolbar3 的工具栏 ID
(long) ToolbarIndex	输入	从 0 开始的位图按钮的索引
(BSTR) ButtonCallback	输入	用户单击按钮时调用的函数
(BSTR) ButtonEnableMethod	输入	用于检查是否启用按钮；通常用于检查所选对象的类型（见说明）
(BSTR) ToolTip	输入	工具栏按钮的提示信息
(BSTR) HintString	输入	当用户移动光标到工具栏按钮上时，在 SOLIDWORKS 中显示状态栏提示信息
(VARIANT_BOOL) IsToolBarCommandAdded	输出	如果成功，则为 TRUE，否则为 FALSE
(HRESULT) status	返回	如果成功返回 S_OK

说明：当按钮被按下，并检查是否启用按钮时，调用该方法来指定被 SOLIDWORKS 软件调用的函数。只有调用这个方法，SOLIDWORKS 软件才能显示按钮。

如果 ButtonEnableMethod 是 0，则在用户界面上按钮为不可用或灰色。

如果 ButtonEnableMethod 是 1，则在用户界面上按钮为启用，这是没有指定更新函数的默认状态。

如果 ButtonEnableMethod 是 2，则在用户界面上按钮为不可用，被压下。

如果 ButtonEnableMethod 是 3，则在用户界面上按钮为可用，被压下。

创建一个分割器，所有方法的字符串参数（ButtonCallback、ButtonEnableMethod、ToolTip以及 HintString）必须是空白字符串。位图按钮仍然必须在插件资源中定义，但不会被使用。

3. SldWorks::RemoveToolbar2

该方法移除用 SldWorks::AddToolbar3 创建的工具栏。

1）使用格式为（OLE Automation）：

```
Status=SldWorks. RemoveToolbar2 (Cookie, ToolbarID)
```

2）使用格式为（COM）：

```
status =SldWorks->RemoveToolbar2(Cookie,ToolbarID,&Status)
```

SldWorks::RemoveToolbar2 使用格式中各项参数的含义见表 6-6。

表 6-6 SldWorks::RemoveToolbar2 使用格式中各项参数的含义

参　数	类　型	说　明
(long) Cookie	输入	工具栏的资源 ID；它与 SwAddin::ConnectToSW 中指定的 cookie 相同
(BSTR) ToolbarID	输入	来自 SldWorks::AddToolbar3 的工具栏 ID
(VARIANT_BOOL) Status	输出	如果成功，则为 TRUE，否则为 FALSE
(HRESULT) status	返回	如果成功返回 S_OK

说明： 如果 SOLIDWORKS 正在退出，而应用程序仍处于加载时，则不能调用此函数。应清除所有项目，如 Cbitmap 对象，可在下次启动 SOLIDWORKS 时，允许工具栏在同一位置加载。

6.3.2 添加自定义工具栏实例

在自定义多级菜单工程下，为菜单添加工具栏按钮。创建工具栏，重要的是理解工具栏位图图片的功能。只有一个菜单时，需要两幅图片用于按钮，小图片必须是 16 px×16 px，大图片必须是 24 px×24 px。

在资源文件 CDobj. cpp 的 AddToolbar()函数下添加菜单代码，其代码如下：

```
void CCDobj::AddToolbar()
{
    VARIANT_BOOL stat = VARIANT_FALSE;
    VARIANT_BOOL ok;
    HRESULT hres;

    CComBSTR title;
    CComBSTR callback;
    CComBSTR update;
    CComBSTR tip;
    CComBSTR hint;
    if (m_lToolbarID == 0)
    {
        title. LoadString(IDS_MY_TOOLBAR_TITLE);
        callback. LoadString(IDS_MY_TOOLBAR_CALLBACK);
        update. LoadString(IDS_MY_TOOLBAR_UPDATE);
        tip. LoadString(IDS_MY_TOOLBAR_TIP);
        hint. LoadString(IDS_MY_TOOLBAR_HINT);
```

```
        hres = m_iSldWorks->AddToolbar3(m_swCookie, title, IDR_TOOLBAR_SMALL, IDR_TOOL-
    BAR_LARGE, -1,swDocTemplateTypeNONE | swDocTemplateTypePART | swDocTemplateTypeASSEMBLY |
    swDocTemplateTypeDRAWING, &m_lToolbarID);
        m_iSldWorks->AddToolbarCommand2(m_swCookie, m_lToolbarID, 0, callback, update, tip,
    hint, &ok);
        m_iSldWorks->AddToolbarCommand2(m_swCookie, m_lToolbarID, 1, callback, update, tip,
    hint, &ok);
        m_iSldWorks->AddToolbarCommand2(m_swCookie, m_lToolbarID, 2, callback, update, tip,
    hint, &ok);
        title.LoadString(IDS_11_TITLE);
        callback.LoadString(IDS_11_CALLBACK);
        update.LoadString(IDS_11_UPDATE);
        tip.LoadString(IDS_11_TIP);
        hint.LoadString(IDS_11_HINT);
        hres = m_iSldWorks->AddToolbar3(m_swCookie, title, IDR_TOOLBAR1, IDR_TOOLBAR2, -1,
    swDocTemplateTypeNONE | swDocTemplateTypePART | swDocTemplateTypeASSEMBLY | swDocTemplate-
    TypeDRAWING, &m_lToolbarID);
        m_iSldWorks->AddToolbarCommand2(m_swCookie, m_lToolbarID, 0, callback, update, tip,
    hint, &ok);
        m_iSldWorks->AddToolbarCommand2(m_swCookie, m_lToolbarID, 1, callback, update, tip,
    hint, &ok);
        m_iSldWorks->AddToolbarCommand2(m_swCookie, m_lToolbarID, 2, callback, update, tip,
    hint, &ok);
      }
    }
```

从上述代码中可以看出，AddToolbar()函数中的 SldWorks::AddToolbar3 和 SldWorks::AddToolbarCommand2 完成工具栏的创建。在示例程序中，通过我们建立好的工具栏位图，就可以调用 SldWorks::AddToolbar3 来创建工具栏，其变量说明如下。

第1个变量是工具栏的资源 ID，也就是在加载插件过程中连接到 SOLIDWORKS 中指定的 cookie 值（SwAddin::ConnectToSW）。

第2个变量是工具栏名称，即在工具栏资源中定义的 IDS_11_TITLE。在 CommandManager 中显示的工具栏名称，如图6-2所示。

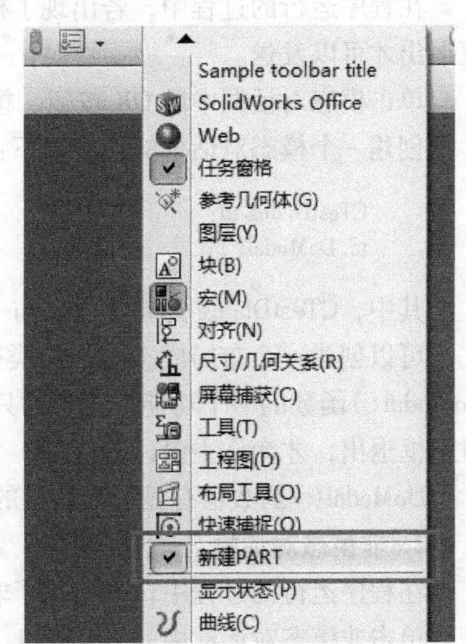

图 6-2　工具栏名称

第3个是小位图的位图资源 ID。

第4个是大位图的位图资源 ID。

第5个变量是从1开始的位图索引值，但是在这里 SOLIDWORKS 总是把工具栏名称按字母顺序排列。

第6个变量是在不同文档类型下工具栏的显示，如设定的无文档、零件文档、装配文档、工程图文档。

第7个变量是输出的工具栏 ID，供其他方法使用。

在工具栏添加完成后，就可以调用 SldWorks::AddToolbarCommand2 来添加命令，也就是工具栏按钮的响应，其变量说明如下。

第1个和第2个变量分别为工具栏的资源 ID（SwAddin::ConnectToSW）和工具栏 ID（SldWorks::AddToolbar3)

第 3 个变量是从 0 开始的位图索引值。

第 4~7 个变量都在工具栏资源中定义。

第 8 个变量用于判断程序命令是否成功。

至此，完成了自定义工具栏的添加，如图 6-3 所示，但是单击时并不响应事件，因为与按钮对应的函数还是空的。

图 6-3　添加的自定义工具栏

6.4 对话框

对话框作为应用程序和用户交流的界面具有重要的作用，本节主要介绍两种不同的交互式对话框，以及它们的创建方法。

6.4.1 两种不同的对话框

在开发过程中，交互式对话框是必不可少的，其主要分为模态对话框（model dialog）和非模态对话框（modeless dialog）两种类型。模态对话框就是创建后，程序的其他窗口便不能进行操作，必须将该窗口关闭后，其他窗口才能进行操作。非模式对话框则无须这样，它不强制要求用户立即反应，而是与其他窗口同时接受用户操作。

1. 模态对话框

在程序运行的过程中，若出现了模态对话框，那么主窗口将无法发送消息，直到模态对话框退出才可以发送。

单击模态对话框中的 OK 按钮，模态对话框会被销毁。

创建一个模态对话框的代码如下：

```
CTestDialog td;
td.DoModal();
```

其中，CTestDialog 为新建的、与一个对话框资源相关联的对话框类。

可以创建一个布局模态对话框类变量，不用担心它会随着所在函数返回而被销毁。因为 DoModal()函数的一个功能是，当前只能运行此模态对话框，且停止主窗口的运行，直到模态对话框退出，才允许主窗口运行。

DoModal()函数也有显示对话框的功能，所以也无须调用其他函数来显示对话框。

2. 非模态对话框

在程序运行的过程中，若出现了非模态对话框，主窗口仍可以发送消息。

单击非模态对话框中的 OK 按钮，非模态对话框没有销毁，只是隐藏了。若想单击 OK 按钮时，销毁非模态对话框，那么 CTestDialog 类必须重载其基类 CDialog 的虚函数 OnOK()，在此函数里调用 DestroyWindow()来完成。

若和上面一样的方式创建一个非模态对话框：

```
CTestDialog td;
td.Create(IDD_DIALOG1);                    // 创建一个非模态对话框
td.ShowWindow(SW_SHOWNORMAL);              // 显示非模态对话框
```

那么，在运行时，会发现此对话框无法显示。这是因为声明的对话框变量 td 是局部变量，当这个函数返回时，td 也被析构了，所以无法显示。

创建非模态对话框，必须声明一个指向 CTestDialog 类的指针变量，且需要调用 ShowWindow()才能将对话框显示出来，有以下两种创建方法：

1）采用局部变量创建一个非模态对话框，代码如下：

```
CTestDialog *pTD = new CTestDialog();
pTD->Create(IDD_DIALOG1);                  // 创建一个非模态对话框
pTD->ShowWindow(SW_SHOWNORMAL);            // 显示非模态对话框
```

因为指针在声明的时候是被放在堆栈中，只有整个应用程序关闭后才会被销毁，所以可以正常显示对话框。

这种方法虽然不影响程序的运行，但是却导致指针 pTD 所指向的内存不可用，这样的编程很不好。

2）采用成员变量创建一个非模态对话框，步骤如下：

① 在编写的类的头文件中声明一个指针变量：

```
private:
    CTestDialog *pTD;
```

② 在相应的 CPP 文件要创建对话框的位置添加如下代码：

```
// 采用成员变量创建一个非模态对话框
pTD = new CTestDialog();                   // 给指针分配内存
pTD->Create(IDD_DIALOG1);                  // 创建一个非模态对话框
pTD->ShowWindow(SW_SHOWNORMAL);            // 显示非模态对话框
```

③ 在所在类的析构函数中收回 pTD 所指向的内存：

```
deletepTD;
```

6.4.2 生成自定义对话框步骤

步骤1：新建一个工程，命名为自定义对话框，具体操作可以参考1.5.2节内容。在资源视图中右击“Dialog”，在弹出的菜单中选择“添加资源”，如图6-4所示。在弹出的“添加资源”对话框中，选择“Dialog”资源后单击“新建”按钮，完成新建对话框，如图6-5所示。

步骤2：新生成对话框的名称为 IDD_DIALOG1，其上包含了“确定”和“取消”两个按钮，如图6-6所示。可以根据自己需要，通过控件工具栏添加所需控件。

步骤3：双击对话框空白处，出现添加新类对话框界面，按默认设置，单击“确定”按钮。在弹出的“MFC 添加类向导”对话框中填写好类名称，其他选项按默认选择，单击“完成”按钮，完成对话框新类的建立，如图6-7所示。在 FileView 界面可以看到自动生成的 BZJ. cpp 源文件和 BZJ. h 头文件。

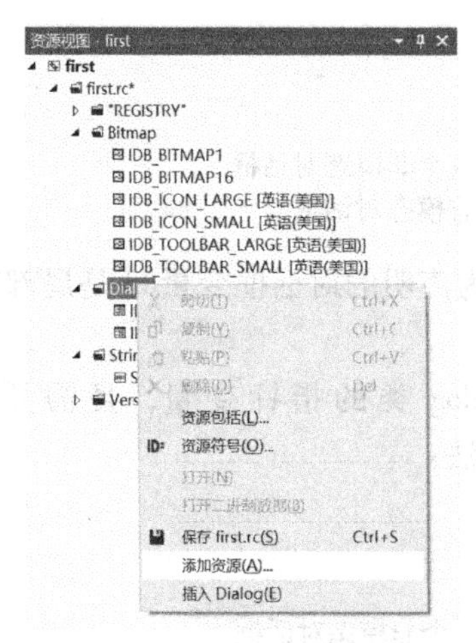

图 6-4 选择“添加资源”

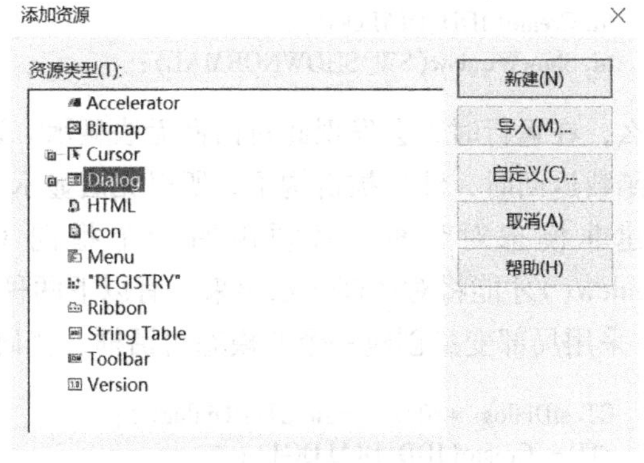

图 6-5 新建对话框

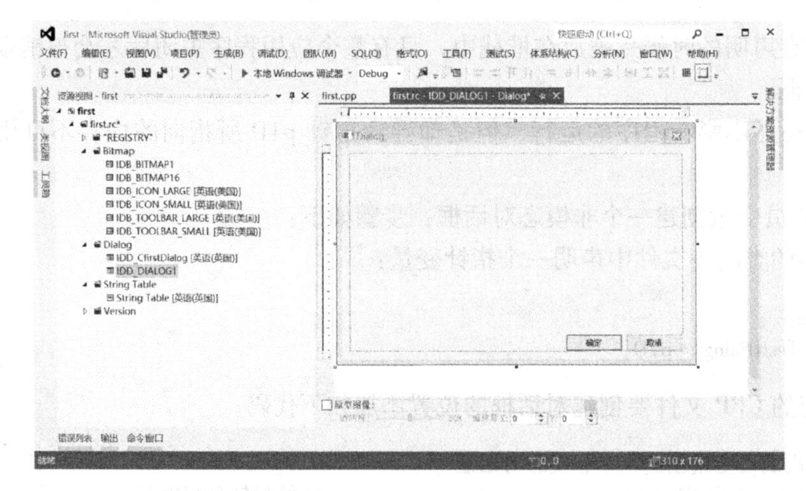

图 6-6 新生成的对话框

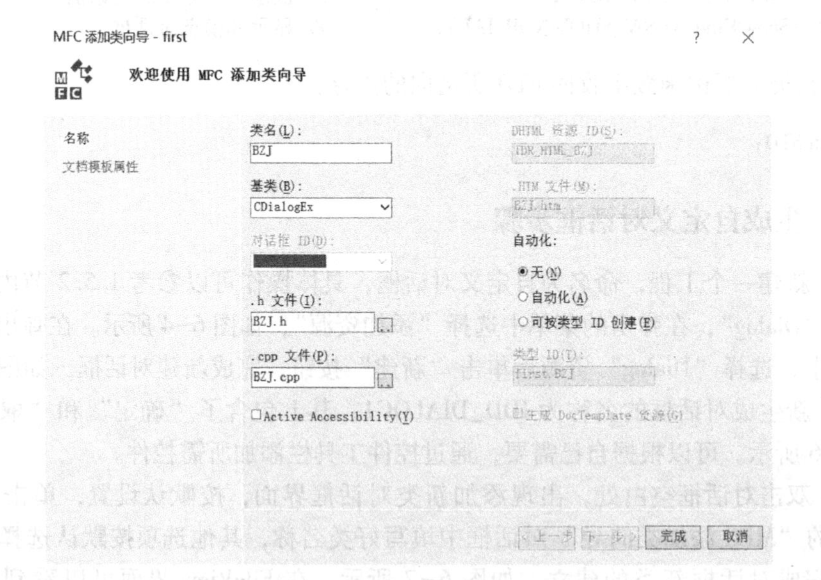

图 6-7 “MFC 添加类向导”对话框

步骤 4：建立非模态对话框，需要在 DHKobj. cpp 文件中添加对话框头文件语句：#include "BZJ. h"，以及对话框初始代码：BZJ bzjdlg=new BZJ(AfxGetMainWnd())，如图 6-8 所示。单击菜单时跳出对话框，须为菜单响应函数添加创建对话框代码：

```
STDMETHODIMP CDHKobj::BZJmethod()
{
    AFX_MANAGE_STATE(AfxGetStaticModuleState())

    // TODO: Add your implementation code here
        if(bzjdlg)
            bzjdlg.SetActiveWindow();
        else
            bzjdlg.Create(IDD_DIALOG1);
        bzjdlg.ShowWindow(SW_SHOW);

    return S_OK;
}
```

完成后进行编译，编译通过，就可以在 SOLIDWORKS 中实现自定义对话框。

```
// first.cpp : Implementation of Cfirst

#include "stdafx.h"
#include "first.h"
#include "SwDocument.h"
#include "CfirstDialog.h"
#include <string>
#include <list>
#include "UserPropertyManagerPage.h"
#include "BitmapHandler.h"
#include "BZJ.h"

BZJ bzjdlg=new BZJ(AfxGetMainWnd());
// Cfirst
void Cfirst::AddCommandManager() { ... }

void Cfirst::RemoveCommandManager() { ... }

bool Cfirst::CompareIDs(long * storedIDs, long storedSize, long * addinIDs, long addinSize)

void Cfirst::AddPMP() { ... }
```

图 6-8　添加对话框头文件语句及初始代码

6.5　本章小结

自定义对话框实例

交互界面设计

菜单、工具栏和对话框是应用程序必须要有的。本章扩展与深度开发的内容包括：

1）如何动态定义菜单？

2）如何定义不同形状的对话框？

3）如何使对话框中的控件能动态加入，而不是定义时创建的。

第7章　零件自动建模

本章内容提要

（1）新建零件文件
（2）草图绘制
（3）添加标注尺寸
（4）特征造型
（5）视角操作
（6）自定义零件属性

7.1　参数化设计技术

随着计算机技术的快速发展，生产过程自动化呈现出加速发展的趋势，而产品设计过程现已被认为是提高生产效率的瓶颈问题，参数化设计以其高效的设计方法越来越受到人们的重视。

参数化设计是将零件模型的形状特征以约束的形式来表达，通过在模型中设置一些主要的形位或装配尺寸作为自定义变量，当这些变量改变时，其他尺寸由一些公式计算得出并自行变动，从而快速地建立一系列结构相似的模型。这种利用主动尺寸进行模型设计的功能，为产品的初始设计与建模提供了有效的手段，能够满足设计具有相同或相似拓扑结构的系列产品及相关工艺装备的需要。

7.1.1　参数化设计方法

利用三维建模软件对零件进行的二次开发主要围绕着动态参数化的设计思想，即根据模型尺寸参数的不同，由计算机自动生成相应的三维模型。在 SOLIDWORKS 中可实现这种思路的方法主要有以下四种。

1. 使用设计表（Excel 表）

在产品的设计、生产过程中，存在数量众多的功能、结构相同或相近，尺寸却不相同的产品，其中最为典型的是标准件和系列件。设计这类产品时，若依据有关设计手册所给的参数和标准逐个设计，会造成人力和时间的浪费，提高产品的成本。针对这种情况，SOLIDWORKS 软件为了方便使用人员对于系列化零件的快速开发，增加了通过 Excel 设计表进行参数化设计的功能，该功能大大减少了重复的设计工作，尤其是对于一些标准件的设计。这种方法的使用要求较为简单，即在计算机上同时安装 SOLIDWORKS 和 Excel 软件，图 7-1 所示为设计表设计流程。

(1) 建立零件模型　在准备使用 Excel 设计表之前，需要建立一个典型零件的三维模型，并修改零件的尺寸名称和特征名称以便在生成系列设计表时，可以读取到设计人员容易辨识的参数化尺寸。

(2) 插入空白零件设计表　在 SOLIDWORKS 运行环境中，单击“插入”→“系列零件设计表”，在“来源”下，单击空白处插入空白系列零件设计表；在“编辑控制”下，阻止将更新系列零件设计表的模型编辑，这样将不被允许更改模型；在“选项”下，清除“新参数”和“新配置”，这样对模型所做的任何修改将不更新至系列零件设计。

(3) 获取需要修改的尺寸和尺寸名称　在系列零件设计表的模式下，双击想要选择的零件尺寸，尺寸的名称和数值就会出现在设计表中。如果在列标题单元格中看到$STATE@ 字样且其后跟有特征名称，说明在图形区域中选择了一个面而没有选择尺寸数值。如果要用尺寸名称来替换特征名称，只需要在工作表中单击此单元格，然后在图形区域中双击正确的尺寸数值即可。

开始
建立零件模型
插入空白零件设计表
获取需要修改的尺寸和尺寸名称
根据系列化要求添加零件
保存查看零件
结束

图 7-1　设计表设计流程

(4) 根据系列化要求添加零件　将同一系列的零件尺寸填入设计表中，如图 7-2 所示。设计表填写完整后，保存零件，在信息框提示是否重建零件时，单击“确定”按钮，即完成设计表的保存。系列零件设计表是以嵌入的方式保存在零件文件中的，用户可以根据实际需要添加、修改或删除系列零件设计表。

	A	B	C	D	E	F	G	H
1	系列零件设计表M5X25内六角圆柱头螺栓							
2		d@草图1	dk@草图2	l@拉伸1	k@拉伸2	s@草图3	t@切除-拉伸1	
3	M5	5	8.5	25	5	4	2.5	
4	m6	6	10	30	6	5	3	
5	M8	8	13	35	8	6	4	
6	m10	10	16	40	10	8	5	
7	m12	12	18	45	12	10	6	
8	m16	16	24	55	16	14	8	
9	m20	20	30	65	20	17	10	
10	m24	24	36	80	24	19	12	
11	m30	30	45	90	30	22	15.5	
12	m36	36	54	110	36	27	19	
13								

Sheet1

图 7-2　系列零件设计表

(5) 保存查看零件　在 FeatureManager 设计树顶部，单击 ConfigurationManager 标签，出现如图 7-3 左边所示的配置清单。双击任何一个配置，零件就会根据所选配置的尺寸重新建模，生成如图 7-3 右边所示的零件模型。

2. 直接修改法

SOLIDWORKS 的参数化特征造型功能非常强大，几乎可以满足造型过程中的全部要求。对于已有的零件模型，可以在 SOLIDWORKS 环境下直接对零件的参数进行修改，修改完成并确定后，零件模型会通过重新建模功能实现模型的重绘，这是一种简单易行的参数化设计实现方法。如图 7-4 所示，在已经完成建模过程的模型中，双击需要修改的尺寸，会弹出尺寸

“修改”对话框，用户只需要在对话框中输入修改后的数据，单击对勾即可完成尺寸修改。随后模型会自动建模，实现模型的重绘，生成符合新的尺寸要求的模型。

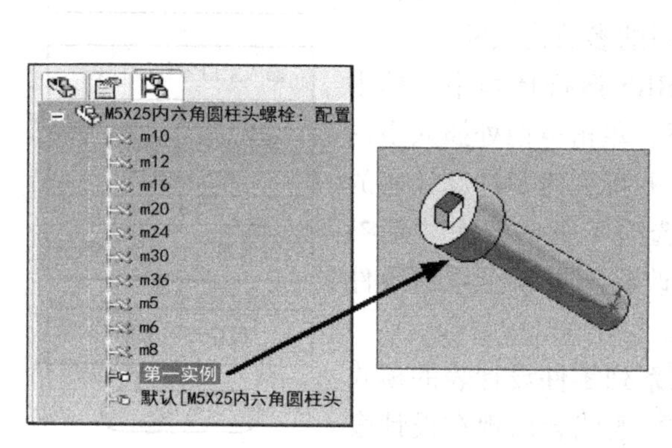

图 7-3　内六角螺钉的参数化结果

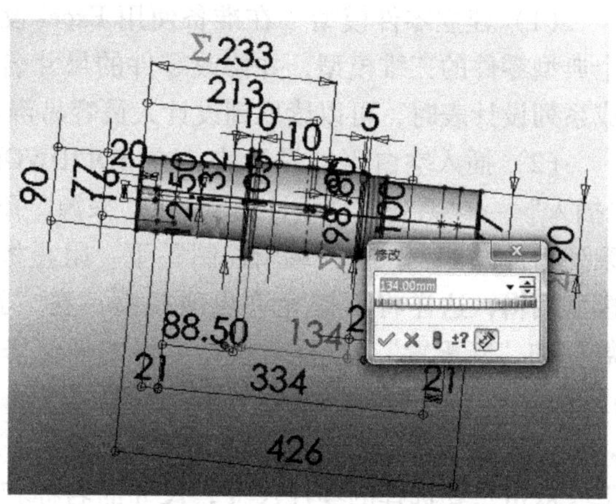

图 7-4　直接修改零件尺寸示意图

3. 编程法

编程法是通过调用 SOLIDWORKS API 中的函数将零件的建模过程程序化，从而实现对 SOLIDWORKS 的二次开发。SOLIDWORKS API 中包含了数以百计的功能函数，用户使用合适的编程工具就可以开发出适合自己设计特点的专用功能模块，实现对某种产品设计全部或部分过程的自动化。

4. 参数修改法

参数修改法是目前最为常用的一种参数化方法，其综合了编程法与直接修改法的优点。参数修改法的原理和直接修改法相同，都是对模型的参数进行修改，不同的是其将修改模型参数过程以代码的形式在 SOLIDWORKS 平台上自动完成，可以实现一次性修改多个参数，提高了修改效率。

综上所述，在 SOLIDWORKS 中进行参数化设计的方法主要有四种：使用设计表、直接修改法、编程法和参数修改法，这四种方法都具有各自的优缺点。

设计表法比较简单，只要认真学习 SOLIDWORKS 的使用外加 Excel 表格的操作就可以实现。设计表法的优点是无须编程，只要将零件的关键尺寸存于 Excel 表中就完成了对标准件的参数化设计；缺点是修改的尺寸必须是个确定值，而不能是范围值或者不确定值，对于数值是一个范围或者离散值时，就不能用这种方法，灵活性很差。

直接修改法的优点是可以在 SOLIDWORKS 环境下直接对模型的参数进行修改，就可得到所需的模型；缺点是只能针对特定的模型进行修改，且要对修改的参数逐一手动修改，效率低。

编程法是将零件的建模过程程序化，并且将建模过程中零件的参数变量化，从而实现对零件模型参数的修改。该方法零件建模过程复杂且耗时较多，对设计人员的编程能力要求高，每次修改参数后整个零件建模程序都要从头至尾的重新运行一遍，运行成本高。编程法的优点也很明显，其完全屏蔽了 SOLIDWORKS 版本对零件模型的影响，通过编程法设计出的零件模型，在任何版本的 SOLIDWORKS 上都是可用的。

参数修改法是调用在 SOLIDWORKS 中已经建立好的零件模型，对模型中的参数通过

SOLIDWORKS API 函数进行一次性修改的方法。其优点是效率高，减少了程序与模型间的耦合性；缺点是开发出来的参数化程序的通用性不高，只能在特定版本或更高版本的 SOLIDWORKS 中使用。

通过以上四种方法的比较，考虑到陶瓷砖模具零件结构的复杂性，决定采用参数修改法作为参数化设计的主要方法。

7.1.2　参数化设计

目前，现有的参数化设计方法主要是针对模型结构不变或相似的情况。模型参数化设计系统中各模块的组成单元分为固定结构零部件和变结构零部件两种，其中固定结构零部件的参数化设计方法使用上文所述的参数修改法。虽然各模块中各组成单元结构各异，但其参数化设计的流程是相同的。

7.2　程序参数化设计

7.2.1　新建零件文件

新建文件包括零件文件、装配文件和工程图文件三种。零件建模通常从新建一个零件文件开始，本节从这一基本操作来说明如何新建一个零件文件。

1. 程序的功能

实现零件文件的创建，运行 SOLIDWORKS，单击“零件自动建模”→“创建零件文件”，如图 7-5 所示。

图 7-5　创建零件文件

2. 程序运行结果

单击“创建零件文件”后，程序的运行结果如图 7-6 所示。

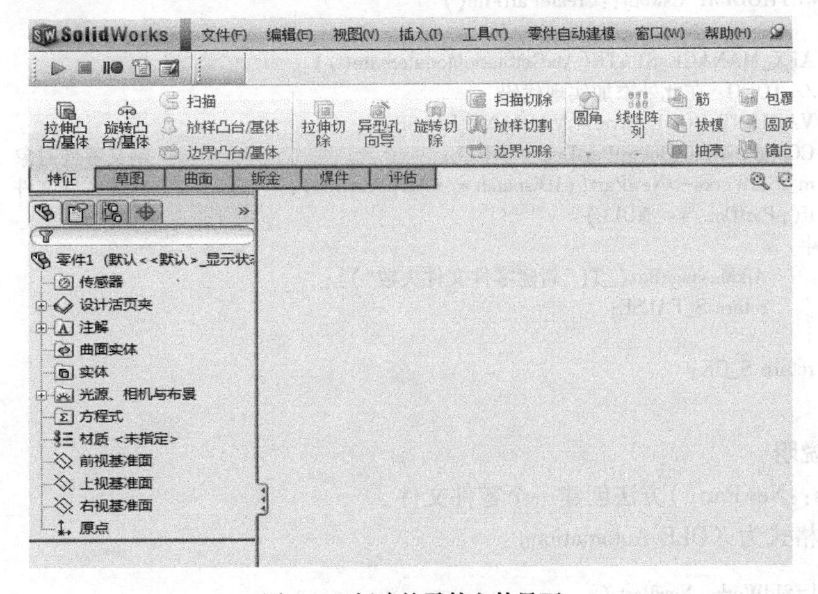

图 7-6　新建的零件文件界面

3. 实现步骤

步骤1：新建一个“ATL COM AppWizard”工程，命名为LJZDJM；添加SOLIDWORKS Addin对象，输入对象名称swobj；为Iswobj类添加自定义方法，方法名称为CreatePartFile。具体步骤可以参考1.5.2第一个应用程序。

步骤2：编辑工程的资源文件String Table，为菜单项添加资源，如图7-7所示。

ID	Value	Caption
IDS_PROJNAME	100	LJZDJM
IDS_LJZDJM_MENU	104	零件自动建模
IDS_LJZDJM_START_NOT	105	Notepad@零件自动建模
IDS_LJZDJM_START_NOT	106	StartNotepad
IDS_LJZDJM_START_NOT	107	StartNotepad
IDS_LJZDJM_TOOLBAR_T	108	Sample toolbar title
IDS_LJZDJM_TOOLBAR_(	109	StartNotepad
IDS_LJZDJM_TOOLBAR_L	110	ToolbarUpdate
IDS_LJZDJM_TOOLBAR_H	111	Toolbar hint text
IDS_LJZDJM_TOOLBAR_T	112	Toolbar tip text
IDS_LJZDJM_ITEM	113	创建零件文件@零件自动建模
IDS_LJZDJM_METHOD	114	CreatePartFile
IDS_LJZDJM_HINT	115	EXAMPLE

图7-7 添加创建零件文件资源

步骤3：编辑AddMenus()函数，在主文档下添加以下程序代码。

```
menu.LoadString(IDS_LJZDJM_ITEM);
method.LoadString(IDS_LJZDJM_METHOD);
hint.LoadString(IDS_LJZDJM_HINT);
m_iSldWorks->AddMenuItem2(type, m_swCookie, menu, position, method, update, hint, &ok);
```

步骤4：编辑CreatePartFile()函数，在函数中添加新建零件菜单代码。

```
STDMETHODIMP Cswobj::CreatePartFile()
{
    AFX_MANAGE_STATE(AfxGetStaticModuleState())
    // TODO: 在此处添加实现代码
    VARIANT_BOOL retval= VARIANT_FALSE;
    CComPtr<IPartDoc>pPartDoc = NULL;                          // 定义零件对象
    m_iSldWorks->NewPart((IDispatch * * )&pPartDoc);          // 新建零件文件
    if(pPartDoc == NULL)
    {
        AfxMessageBox(_T("新建零件文件失败"));
        return S_FALSE;
    }
    return S_OK;
}
```

4. 程序说明

SldWorks::NewPart()方法创建一个零件文件。

1）使用格式为（OLE Automation）：

```
retval=SldWorks.NewPart ()
```

2）使用格式为（COM）：

```
status =SldWorks->NewPart(&retval)
```

SldWorks::NewPart()使用格式中各项参数的含义见表 7-1。

表 7-1　SldWorks::NewPart()使用格式中各项参数的含义

参　数	类　型	说　明
(LPPARTDOC)retval	输出	获得到 PARTDOC 对象指针
(HRESULT)status	返回	如果成功返回 S_OK

7.2.2　草图绘制

草图的绘制是三维绘图的基础和开始，草图是由直线、圆弧、曲线等基本几何元素组成的。本节主要学习利用程序绘制草图轮廓。

1. 程序的功能

运行 SOLIDWORKS，通过单击“零件自动建模”→“创建零件文件”，创建好零件文件后，再单击“零件自动建模”→“创建草图”，如图 7-8 所示。

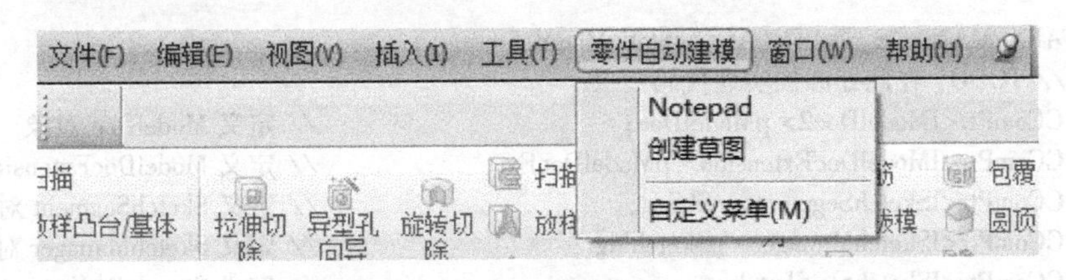

图 7-8　创建草图

2. 程序运行结果

单击“创建草图”后，程序的运行结果如图 7-9 所示。

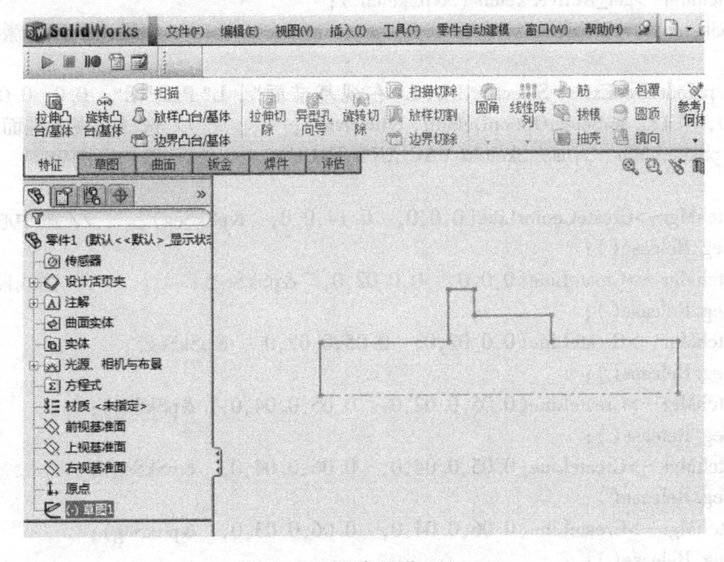

图 7-9　新建的草图界面

3. 实现步骤

步骤 1：在 7.2.1 节新建零件文件的基础上，为 Iswobj 类添加自定义方法，方法名称为

DrawSketch。

步骤 2：编辑工程的资源文件 String Table，为菜单项添加资源，如图 7-10 所示。

IDS_LJZDJM_ITEM2	116	创建草图@零件自动建模
IDS_LJZDJM_METHOD2	117	DrawSketch
IDS_LJZDJM_HINT2	118	EXAMPLE2

图 7-10 添加创建草图资源

步骤 3：编辑 AddMenus()函数，在零件文档下添加以下程序代码。

```
menu.LoadString(IDS_LJZDJM_ITEM2);
method.LoadString(IDS_LJZDJM_METHOD2);
hint.LoadString(IDS_LJZDJM_HINT2);
m_iSldWorks->AddMenuItem2(type, m_swCookie, menu, position, method, update, hint, &ok);
```

步骤 4：编辑 DrawSketch()函数，在函数中添加新建零件菜单代码。

```
STDMETHODIMP Cswobj::DrawSketch()
{
    AFX_MANAGE_STATE(AfxGetStaticModuleState())
    // TODO: 在此处添加实现代码
    CComPtr<IModelDoc2> pModelDoc;                          // 定义 ModelDoc 对象
    CComPtr<IModelDocExtension> pModelDocExt;               // 定义 ModelDocExtension 对象
    CComPtr<ISketchSegment> pSkSeg;                         // 定义 SketchSegment 对象
    CComPtr<ISketchManager> pSketchMgr;                     // 定义 SketchManager 对象
    CComPtr<ISketch> pSketch;                               // 定义 Sketch 对象
    VARIANT_BOOL bRetval = VARIANT_FALSE;
    m_iSldWorks->get_IActiveDoc2(&pModelDoc);               // 获得当前活动文档对象
    pModelDoc->get_Extension(&pModelDocExt);                // 获得当前 ModelDocExtension 对象
    pModelDoc->get_SketchManager(&pSketchMgr);
    pSketchMgr->get_ActiveSketch ( &pSketch );
    if (pSketch == = NULL)                                  // 如果当前没有激活的草图对象
    {
        pModelDocExt->SelectByID2(L"右视基准面", L"PLANE", 0.0, 0.0, 0.0, VARIANT_
FALSE, 0, NULL, swSelectOptionDefault, &bRetval);           // 选择右视基准面
        pSketchMgr ->InsertSketch(VARIANT_TRUE);            // 添加草图
    }
    pSketchMgr->CreateCenterLine(0,0,0,  0.14,0,0,  &pSkSeg);     // 画中心线
    pSkSeg.Release();
    pSketchMgr ->CreateLine(0,0,0,  0,0.02,0,  &pSkSeg);          // 画线段
    pSkSeg.Release();
    pSketchMgr ->CreateLine(0,0.02,0,  0.05,0.02,0,  &pSkSeg);
    pSkSeg.Release();
    pSketchMgr ->CreateLine(0.05,0.02,0,  0.05,0.04,0,  &pSkSeg);
    pSkSeg.Release();
    pSketchMgr ->CreateLine(0.05,0.04,0,  0.06,0.04,0,  &pSkSeg);
    pSkSeg.Release();
    pSketchMgr ->CreateLine(0.06,0.04,0,  0.06,0.03,0,  &pSkSeg);
    pSkSeg.Release();
    pSketchMgr ->CreateLine(0.06,0.03,0,  0.09,0.03,0,  &pSkSeg);
    pSkSeg.Release();
    pSketchMgr ->CreateLine(0.09,0.03,0,  0.09,0.02,0,  &pSkSeg);
    pSkSeg.Release();
```

```
    pSketchMgr ->CreateLine(0.09,0.02,0,   0.14,0.02,0,   &pSkSeg);
    pSkSeg.Release();
    pSketchMgr ->CreateLine(0.14,0.02,0,   0.14,0,0,   &pSkSeg);
    pSkSeg.Release();
    pSketchMgr ->InsertSketch(VARIANT_TRUE);
    return S_OK;
}
```

4. 程序说明

（1）SldWorks::IActiveDoc2()　该属性返回当前激活的文档。如果没有文档被激活，则返回 NULL 值。这是一个只读属性。

1）使用格式为（OLE Automation）：

```
ActiveDoc=SldWorks.ActiveDoc(VB Get property)
ActiveDoc=SldWorks.GetActiveDoc()(C++ Get property)
```

2）使用格式为（COM）：

```
status =SldWorks->get_IActiveDoc2(&retval)
```

SldWorks::IActiveDoc2()使用格式中各项参数的含义见表 7-2。

表 7-2　SldWorks::IActiveDoc2()使用格式中各项参数的含义

参　数	类　型	说　明
(LPMODELDOC2)retval	属性	文档对象的指针
(HRESULT)status	返回	如果成功返回 S_OK

说明：当前激活的文档可能不是用户正在编辑的文档。例如，可以使用上下文编辑来修改装配体部件，当前被激活的文档是装配体文档，但是编辑的目标是装配体部件。对于装配体来说，可以使用 AssemblyDoc::GetEditTarget()方法来确定编辑的对象。

（2）ModelDoc2::Extension()　该属性获得 ModelDocExtension 对象。

1）使用格式为（OLE Automation）：

```
ModelDocExt=ModelDoc2.Extension(VB Get property)
ModelDocExt = ModelDoc2. Extension ()(C++ Get property)
```

2）使用格式为（COM）：

```
status =ModelDoc2->get_Extension(&ModelDocExt)
```

ModelDoc2::Extension()使用格式中各项参数的含义见表 7-3。

表 7-3　ModelDoc2::Extension()使用格式中各项参数的含义

参　数	类　型	说　明
(LPMODELDOCEXTENSION)ModelDocExt	属性	ModelDocExtension 对象的指针
(HRESULT)status	返回	如果成功返回 S_OK

（3）ModelDoc2::SketchManager()　该属性获得用于创建草图的管理器对象。

1）使用格式为（OLE Automation）：

```
pSketchMgr = ModelDoc2.SketchManager (VB Get property)
pSketchMgr = ModelDoc2.GetSketchManager () (C++ Get property)
```

2）使用格式为（COM）：

```
status =ModelDoc2->get_SketchManager ( &pSketchMgr )
```

ModelDoc2::SketchManager()使用格式中各项参数的含义见表 7-4。

表 7-4 ModelDoc2::SketchManager()使用格式中各项参数的含义

参　数	类　型	说　明
(LPSKETCHMANAGER) pSketchMgr	输出	SketchManager 对象的指针
(HRESULT) status	返回	如果成功返回 S_OK

（4）SketchManager::ActiveSketch()　该属性获得激活的草图。

1）使用格式为（OLE Automation）：

```
Retval = SketchManager. ActiveSketch (VB Get property)
Retval = SketchManager. GetActiveSketch ( ) (C++ Get property)
```

2）使用格式为（COM）：

```
status =SketchManager ->get_ActiveSketch (&Retval)
```

SketchManager::ActiveSketch()使用格式中各项参数的含义见表 7-5。

表 7-5 SketchManager::ActiveSketch()使用格式中各项参数的含义

参　数	类　型	说　明
(LPSKETCH) Retval	属性	激活的草图
(HRESULT) status	返回	如果成功返回 S_OK

说明：在使用此方法之前，必须选择激活一个草图。使用 ModelDocExtension::SelectByID2 选择一个草图以及 SketchManager::InsertSketch()激活草图。

（5）ModelDocExtension::SelectByID2()　该方法选择指定的实体。

1）使用格式为（OLE Automation）：

```
retval = ModelDocExtension. SelectByID2 ( Name, Type, x, y, z, Append, Mark, Callout, SelectOption )
```

2）使用格式为（COM）：

```
status =ModelDocExtension->SelectByID2 ( Name, Type, x, y, z, Append, Mark, Callout, SelectOption,
retval )
```

ModelDocExtension::SelectByID2()使用格式中各项参数的含义见表 7-6。

表 7-6 ModelDocExtension::SelectByID2()使用格式中各项参数的含义

参　数	类　型	说　明
(BSTR) Name	输入	被选择对象的名称或者为空字符串
(BSTR) Type	输入	在 swSelectType_e 定义的对象类型（大写）或者为空字符串
(double) x	输入	x 轴坐标或者为 0
(double) y	输入	y 轴坐标或者为 0
(double) z	输入	z 轴坐标或者为 0

（续）

参　　数	类　型	说　　明
(VARIANT_BOOL) Append	输入	如果为 TRUE 且实体没有被选择，那么实体被附加到当前的选择列表； 如果为 TRUE 且实体被选择，那么实体从当前的选择列表中被移除； 如果为 FALSE 且实体没有被选择，那么当前的选择列表被清空，然后把实体添加到列表中； 如果为 FALSE 且实体被选择，那么当前的选择列表中保留原来的实体
(long) Mark	输入	作为一个标志的使用值；该值用于需要有序选择的函数
(LPCALLOUT) Callout	输入	相关 callout 对象的指针
(long) SelectOption	输入	在 swSelectOption_e 定义的选择项（参考说明）
(VARIANT_BOOL) retval	输出	如果成功选择，则输出为 TRUE，否则为 FALSE
(HRESULT) status	返回	如果成功返回 S_OK

说明： 使用这个方法而不用 Annotation、Component2、Feature、FeatureManager、SketchHatch、SketchPoint、SketchSegment、SketchSpline 这些对象的选择方法。

在属性页处于打开状态或者一个命令正在运行时，先前列出的对象选择方法不可用。ModelDocExtension::SelectByID2 方法无论一个命令是否正在运行都可正确处理选择。

如果应用程序已经拥有一个对象的句柄（如面对象），可通过直接使用该对象的句柄的适当方法选择对象。

为了过滤由这个方法选择的对象，可设置对象类型参数。如果不需要过滤，则为这个类型参数传递一个空的字符串。

例如，选择对象类型为 swSelDIMENSIONS，应当选择注释栏中的“DIMENSION”字符串为对象类型参数。对象类型参数随着程序状态而改变。例如，如果想选择当前被激活草图中已创建的一个点，需要设置对象类型参数“SKETCHPOINT”，如果没有被激活的草图，或者要选择的点不在当前被激活的草图上时，那么应当设置对象类型参数为“EXTSKETCHPOINT”。

若定义了对象类型参数，而没有找到匹配的对象，则返回 FALSE。

在选择面、边缘等对象时不指定对象名称参数。该参数是一个区分大小写的字符串。用于在实体创建过程中由 SOLIDWORKS 命名的对象，如尺寸、视图等。该方法试图寻找和选择与对象名称匹配的对象，但只有在匹配精确的情况下该函数才会返回 TRUE 值。

例如，如果传递的字符串和对象名称匹配，但不是完全匹配，该函数返回 FALSE 值；选择尺寸对象时，名称参数必须被完全定义；定义“D1@Sketch2@Part1. SLDPRT”，而不是简单的定义“D1@Sketch2”，否则该函数返回 FALSE 值。如果不知道对象的名称，或者没有被 SOLIDWORKS 自动命名，可以传递一个空的字符串给该参数。

如果使用对象名称参数，x、y、z 坐标值应当按照该对象创建的上下文给定。例如，通过名称参数（如“POINT1”）来选择草图中的一个点，还要定义该点 x、y、z 的坐标值。即使草图没有被激活，在使用对象名称参数时，以草图空间定义 x、y、z 的坐标值。在某些情况下，也可以传递 x、y、z 的坐标值为(0,0,0)。例如，选择一个特征显示在特征管理设计树，不必定义 x、y、z 的坐标值。然而，记录面对象以及需要一个点的位置，就必须定义 x、y、z 的坐标值。如果不使用名称参数作为过滤器，需要定义模型空间 x、y、z 的坐标值。

如果不知道对象的名称或者对象的类型，给名称和类型的参数传递空的字符串，选择程序尽量选择一个正确的对象。

用 PartDoc::GetEntityByName()通过名称可以获得面、边、点对象。

对于 SelectOption 参数，定义 swSelectOptionDefault 表明在选择时 Shift 键是不可以用的；定义 swSelectOptionExtensive 表明在选择时 Shift 键是可以使用的。

ModelDoc2 对象用于调用此方法必须有一个打开的可见的文档。例如，不用装配体部件返回的 ModelDoc2 对象（Component2::GetModelDoc），除非部件部分或者次级装配体处于打开和可见。在这种情况下，用完整的名称（如“Plane4@Part1-1@Assem1”）来选择对象。

在选择面对象时，此方法用定义点的坐标值作为输入到正常用户选择程序，以射线方向进行追踪。因此，视图从原始记录的大小或方向进行改变，那么同一个面对象下一次可能不被选择。如果应用程序选择了指向面对象的指针，就可以直接调用 Entity::Select4()方法，否则，调用 ModelDoc2::SelectByRay()方法。调用 ModelDoc2::SelectByRay()接受更严格控制搜索的起始点和方向。

（6）SketchManager::InsertSketch()　该方法在当前的零件或者装配体文档插入一个新草图。

1）使用格式为（OLE Automation）：

```
void = SketchManager. InsertSketch (UpdateEditRebuild)
```

2）使用格式为（COM）：

```
status =SketchManager -> InsertSketch (UpdateEditRebuild)
```

SketchManager::InsertSketch()使用格式中各项参数的含义见表 7-7。

表 7-7　SketchManager::InsertSketch()使用格式中各项参数的含义

参　数	类　型	说　明
(VARIANT_BOOL) UpdateEditRebuild	输入	如果为 TRUE，则重建有任意更改的草图零件，退出草图编辑模式；如果为 FALSE，则反之
(HRESULT) status	返回	如果成功返回 S_OK

说明：此方法不支持工程图文档。如果用于工程图文档，则返回为 NULL。

（7）SketchManager::CreateCenterLine()　该方法在指定的点之间创建一条中心线。

1）使用格式为（OLE Automation）：

```
Retval = SketchManager. CreateCenterLine (x1, y1, z1, x2, y2, z2)
```

2）使用格式为（COM）：

```
status =SketchManager ->CreateCenterLine (x1, y1, z1, x2, y2, z2,& Retval)
```

SketchManager::CreateCenterLine()使用格式中各项参数的含义见表 7-8。

表 7-8　SketchManager::CreateCenterLine()使用格式中各项参数的含义

参　数	类　型	说　明
(double) x1	输入	第一个点的 x 坐标值，单位为 m
(double) y1	输入	第一个点的 y 坐标值，单位为 m
(double) z1	输入	第一个点的 z 坐标值，单位为 m
(double) x2	输入	第二个点的 x 坐标值，单位为 m
(double) y2	输入	第二个点的 y 坐标值，单位为 m
(double) z2	输入	第二个点的 z 坐标值，单位为 m
(LPSKETCHSEGMENT) Retval	输出	新建草图对象的指针
(HRESULT) status	返回	如果成功返回 S_OK

说明：可以通过使用 SketchManager::CreateLine( )和 SketchSegment::ConstructionGeometry( )方法来创建中心线结构几何体。

(8) SketchManager::CreateLine( ) 该方法在当前激活的2D或者3D草图中创建一条直线。

1) 使用格式为 (OLE Automation)：

```
Retval = SketchManager. CreateLine (x1, y1, z1, x2, y2, z2)
```

2) 使用格式为 (COM)：

```
status =SketchManager -> CreateLine (x1, y1, z1, x2, y2, z2,& Retval)
```

SketchManager::CreateLine( )使用格式中各项参数的含义见表7-9。

表7-9 SketchManager::CreateLine( )使用格式中各项参数的含义

参 数	类 型	说 明
(double) x1	输入	直线起点的 x 坐标值
(double) y1	输入	直线起点的 y 坐标值
(double) z1	输入	直线起点的 z 坐标值
(double) x2	输入	直线终点的 x 坐标值
(double) y2	输入	直线终点的 y 坐标值
(double) z2	输入	直线终点的 z 坐标值
(LPSKETCHSEGMENT) Retval	输出	新建草图对象的指针
(HRESULT) status	返回	如果成功返回 S_OK

说明：如果没有激活的草图，就不能创建直线，返回NULL。可以使用 SketchManager::ActiveSketch( )函数来检查激活的草图。

对于COM应用程序，底层SketchLine对象可以通过SketchSegment对象采用QueryInterface( )方法获得。C++指针应用程序能定义新的SketchLine和SketchSegment对象来用这个指针。VB应用程序自动释放指针，所以可以使用返回的对象来调用SketchLine( )和SketchSegment( )函数。

在实体创建期间，SketchManager::AddToDB( )和SketchManager::DisplayWhenAdded( )通过直接添加实体到SOLIDWORKS数据库来提高性能。SketchManager::AddToDB( )同时避免了推理。

当此方法用于工程图文档时，可以创建用DrawingDoc::ActiveDrawingView( )激活的工程视图相关的直线。

7.2.3 添加标注尺寸

使用SOLIDWORKS API创建任何对象时，该对象都会被自动选中。因此，在为直线添加标注时就不需要加入选取代码，这对于特征创建同样成立。关于选取API的细节详见第10章。

1. 程序的功能

运行SOLIDWORKS，通过单击“零件自动建模”→“创建零件文件”，创建好零件文件后，再单击“零件自动建模”→“创建标注矩形”，如图7-11所示。

2. 程序运行结果

单击“创建标注矩形”后，程序的运行结果如图7-12所示。

3. 实现步骤

步骤1：在7.2.1节新建零件文件的基础上，为Iswobj类添加自定义方法，方法名称为

AddDimension()。

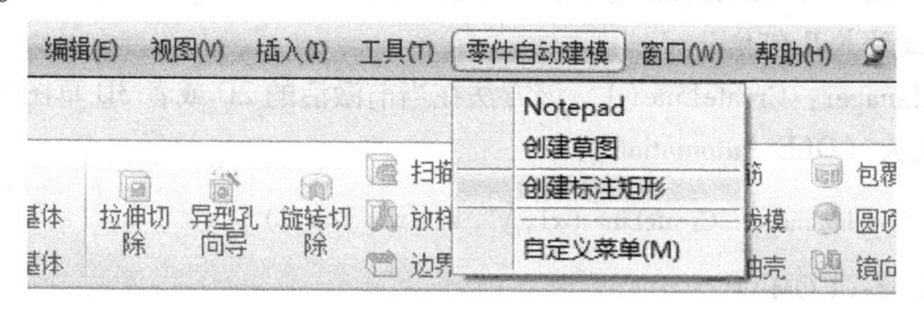

图 7-11 创建标注矩形

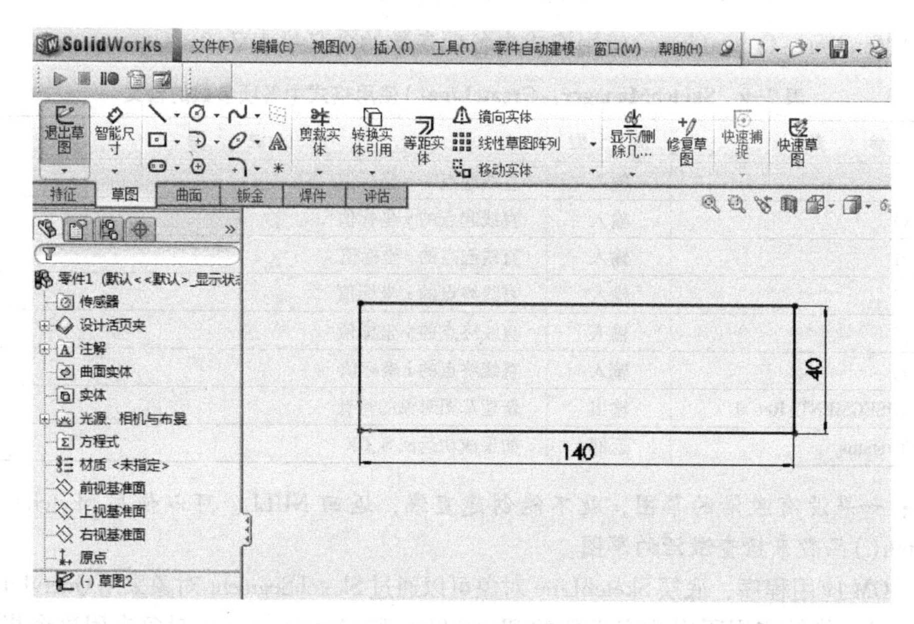

图 7-12 新建的标注矩形界面

步骤 2：编辑工程的资源文件 String Table，为菜单项添加资源，如图 7-13 所示。

IDS_LJZDJM_ITEM3	119	创建标注矩形@零件自动建模
IDS_LJZDJM_METHOD3	120	AddDimension
IDS_LJZDJM_HINT3	121	EXAMPLE3

图 7-13 添加创建标注矩形资源

步骤 3：编辑 AddMenus()函数，在零件文档下添加以下程序代码。

```
menu. LoadString(IDS_LJZDJM_ITEM3);
method. LoadString(IDS_LJZDJM_METHOD3);
hint. LoadString(IDS_LJZDJM_HINT3);
m_iSldWorks->AddMenuItem2(type, m_swCookie, menu, position, method, update, hint, &ok);
```

步骤 4：编辑 DrawSketch()函数，在函数中添加新建零件菜单代码。

```
STDMETHODIMP Cswobj:: AddDimension ()
{
    AFX_MANAGE_STATE(AfxGetStaticModuleState())
    // TODO：在此处添加实现代码
    CComPtr<IModelDoc2> pModelDoc;                // 定义 ModelDoc 对象
```

```
    CComPtr<IModelDocExtension> pModelDocExt;           // 定义 ModelDocExtension 对象
    CComPtr<ISketchSegment> pSkSeg;                     // 定义 SketchSegment 对象
    CComPtr<ISketchManager> pSketchMgr;                 // 定义 SketchManager 对象
    CComPtr<ISketch> pSketch;                           // 定义 Sketch 对象
    CComPtr<IDisplayDimension>pDisplayDimension;
    VARIANT_BOOLbRetval = VARIANT_FALSE;
    m_iSldWorks->get_IActiveDoc2(&pModelDoc);           // 获得当前活动文档对象
    pModelDoc->get_Extension(&pModelDocExt);            // 获得当前 ModelDocExtension 对象
    pModelDoc->get_SketchManager(&pSketchMgr);
    pSketchMgr->get_ActiveSketch ( &pSketch );
    if (pSketch == NULL)                                // 如果当前没有激活的草图对象
    {
        pModelDocExt->SelectByID2(L"前视基准面", L"PLANE", 0.0, 0.0, 0.0, VARIANT_
FALSE, 0, NULL, swSelectOptionDefault, &bRetval);      // 选择右视基准面
        pSketchMgr->InsertSketch(VARIANT_TRUE);         // 添加草图
    }
    m_iSldWorks->SetUserPreferenceToggle(swInputDimValOnCreate, VARIANT_FALSE);
                                                        // 设置用户选项,设置尺寸对话框
    pSketchMgr->CreateLine(0,0,0, 0.14,0,0, &pSkSeg);   // 画线段
    pModelDoc->IAddDimension2(0.07,-0.01,0,&pDisplayDimension);  // 标注尺寸
    pDisplayDimension.Release();
    pSkSeg.Release();
    pSketchMgr->CreateLine(0.14,0,0,  0.14,0.04,0,  &pSkSeg);    // 画线段
    pModelDoc->IAddDimension2(0.15,0.02,0,&pDisplayDimension);   // 标注尺寸
    pDisplayDimension.Release();
    pSkSeg.Release();
    pSketchMgr->CreateLine(0.14,0.04,0,  0,0.04,0,  &pSkSeg);
    pSkSeg.Release();
    pSketchMgr->CreateLine(0,0.04,0,  0,0,0,  &pSkSeg);
    pSkSeg.Release();
    return S_OK;
}
```

4. 程序说明

（1）SldWorks::SetUserPreferenceToggle（） 该方法设置系统默认的用户选项值，用于用户选项的切换。

1）使用格式为（OLE Automation）：

```
void = SldWorks.SetUserPreferenceToggle (usePreferenceValue, onFlag)
```

2）使用格式为（COM）：

```
status =SldWorks ->SetUserPreferenceToggle (usePreferenceValue, onFlag)
```

SldWorks::SetUserPreferenceToggle( )使用格式中各项参数的含义见表7-10。

表7-10 SldWorks::SetUserPreferenceToggle( )使用格式中各项参数的含义

参 数	类 型	说 明
(long) usePreferenceValue	输入	在 swUserPreferenceToggle_e 定义的用户选项的切换
(VARIANT_BOOL) onFlag	输入	如果为 TRUE，则切换用户选项为勾选状态；如果为 FALSE，则反之
(HRESULT) status	返回	如果成功返回 S_OK

说明：这个方法相当于交互的设置 SOLIDWORKS 软件的系统选项。

使用这个方法从 swUserPreferenceToggle 集合中选择一个可用的选项。通过设置参数为 TRUE 勾选选项，FALSE 则取消勾选。

例如，下面的命令要求 SOLIDWORKS 应用程序加载时使用搜索文件夹：

```
swapp.SetUserPreferenceToggle swUseFolderSearchRules, TRUE
```

（2）ModelDoc2::IAddDimension2（） 该方法为当前选择的实体在指定的位置创建尺寸。

1）使用格式为（OLE Automation）：

```
retval = ModelDoc2.IAddDimension2 (x, y,z)
```

2）使用格式为（COM）：

```
status =ModelDoc2->IAddDimension2 (x, y,z,& retval)
```

ModelDoc2::IAddDimension2（）使用格式中各项参数的含义见表 7-11。

表 7-11 ModelDoc2::IAddDimension2（）使用格式中各项参数的含义

参数	类型	说明
(double) x	输入	尺寸位置，单位为 m
(double) y	输入	尺寸位置，单位为 m
(double) z	输入	尺寸位置，单位为 m
(LPDISPLAYDIMENSION) retval	输出	新建尺寸对象的指针
(HRESULT) status	返回	如果成功返回 S_OK

说明：此方法只适用于可见文档。在使用这个方法之前，可以通过 SldWorks::Visible 方法来检查文档是否可见。

尺寸是根据选择的位置创建的。例如，在两条直线之间创建一个角度尺寸，由于直线最后端点选择的不同，会得到不同的结果。因此，如果使用 ModelDocExtension::SelectByID2（）去选择实体进行尺寸标注，需要指定 x、y、z 的坐标值，同时也必须让对象名称参数为空。

因为当对象名称被传递时，坐标就会被忽略，所以尺寸标注程序就不能为尺寸使用指定的选择位置。这将导致在尺寸标注中产生不可预期的结果，因为不能确定哪条直线的末端被 ModelDocExtension::SelectByID2（）选择。

使用此方法，还可以用 SldWorks::SetUserPreferenceToggle（）中的 swInputDimValOnCreate 参数来抑制用户输入尺寸的对话框。

7.3 特征造型

特征是一个综合概念，是产品信息的集合。它作为产品开发过程中各种信息的载体，除了包含零件的几何拓扑信息外，还包含了设计制造等过程所需要的一些非几何信息，如材料、尺寸、形状公差、热处理及表面粗糙度和刀具信息等。因此，特征的引用直接体现了设计意图，使得建立的产品模型更容易为人理解和组织生产。特征在广义上可分为造型特征和面向过程的特征，如图 7-14 所示。造型特征（又称为形状特征）是指那些实际构造出零件的特征，而面向过程的特征并不实际参与零件几何形状的构造。面向过程的特征可细分为精度特征、技术要求特征、材料特征和装配特征等。其中，造型特征是所有特征里最重要的特征，其直接构造了实体模型，描述了实体的几何形状，是实体模型最基本的单元。造型特征由主特征和辅助特征组成。其中，主特征用于构造零件的主体形状（如拉伸、切除等），辅助特征用于对主特征的局部修饰（如倒角、圆角等）。辅助特征附加于主特征之上，任何实体均由主特征和辅助特征组合而成。

草图的绘制是建立三维几何模型的基础，但还属于二维设计范畴。二维草图通过特征造型生成三维实体。下面进行空心圆柱拉伸特征造型。

1. 程序的功能

运行 SOLIDWORKS，通过单击“零件自动建模”→“创建零件文件”，创建好零件文件后，再单击“零件自动建模”→“特征造型”→“拉伸”，如图 7-15 所示。

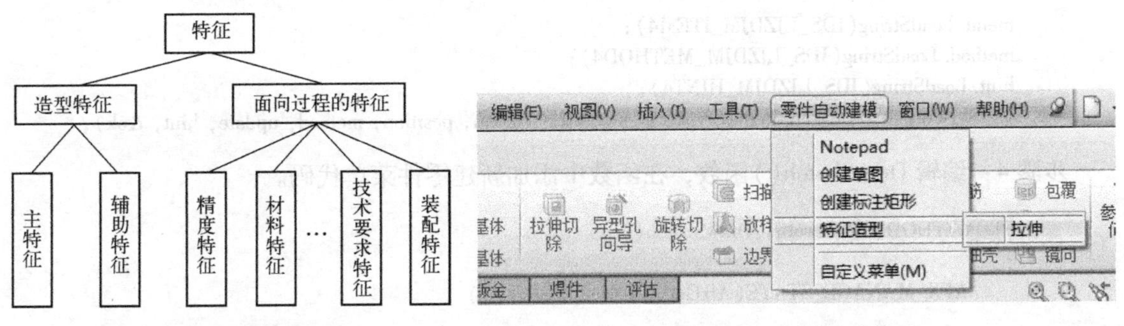

图 7-14 特征的分类 图 7-15 创建拉伸特征

2. 程序运行结果

单击“拉伸”后，程序的运行结果如图 7-16 所示。

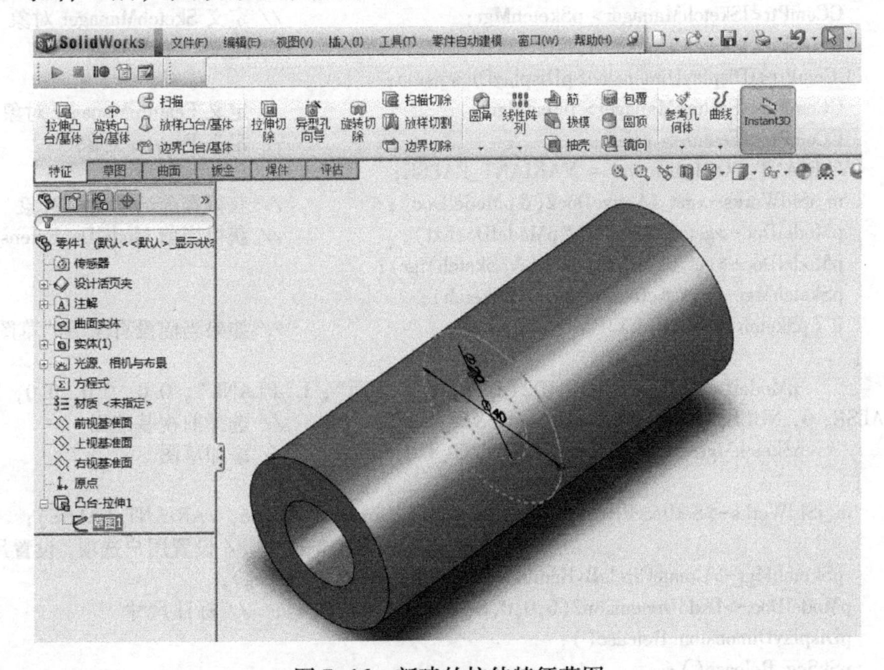

图 7-16 新建的拉伸特征草图

3. 实现步骤

步骤 1：在 7.2.1 节新建零件文件的基础上，为 Iswobj 类添加自定义方法，方法名称为 Extrusion。

步骤 2：编辑工程的资源文件 String Table，为菜单项添加资源，如图 7-17 所示。

IDS_LJZDJM_ITEM4	122	拉伸@特征造型@零件自动建模
IDS_LJZDJM_METHOD4	123	Extrusion
IDS_LJZDJM_HINT4	124	EXAMPLE4

图 7-17 添加拉伸资源

步骤 3：编辑 AddMenus( )函数，在零件文档下添加以下程序代码。

```
menu. LoadString( IDS_LJZDJM_ITEM4) ;
method. LoadString( IDS_LJZDJM_METHOD4) ;
hint. LoadString( IDS_LJZDJM_HINT4) ;
m_iSldWorks->AddMenuItem2( type, m_swCookie, menu, position, method, update, hint, &ok) ;
```

步骤 4：编辑 DrawSketch( )函数，在函数中添加新建零件菜单代码。

```
STDMETHODIMP Cswobj::DrawSketch( )
{
    AFX_MANAGE_STATE( AfxGetStaticModuleState( ) )

    // TODO: 在此处添加实现代码
     CComPtr<IModelDoc2> pModelDoc;                          // 定义 ModelDoc 对象
     CComPtr<IModelDocExtension> pModelDocExt;               // 定义 ModelDocExtension 对象
     CComPtr<ISketchSegment> pSkSeg;                         // 定义 SketchSegment 对象
     CComPtr<ISketchManager> pSketchMgr;                     // 定义 SketchManager 对象
     CComPtr<ISketch> pSketch;                               // 定义 Sketch 对象
    CComPtr<IDisplayDimension>pDisplayDimension;
     CComPtr<IFeatureManager> pFeatMgr;                      // 定义 FeatureManager 对象
     CComPtr<IFeature> pFeat;                                // 定义 Feature 对象
    VARIANT_BOOL bRetval = VARIANT_FALSE;
     m_iSldWorks->get_IActiveDoc2( &pModelDoc) ;              // 获得当前活动文档对象
     pModelDoc->get_Extension( &pModelDocExt) ;              // 获得当前 ModelDocExtension 对象
     pModelDoc->get_SketchManager( &pSketchMgr) ;
     pSketchMgr->get_ActiveSketch ( &pSketch) ;
     if (pSketch == NULL)                                    // 如果当前没有激活的草图对象
    {
         pModelDocExt->SelectByID2( L"前视基准面", L"PLANE", 0.0, 0.0, 0.0, VARIANT_
FALSE, 0, NULL, swSelectOptionDefault, &bRetval) ;         // 选择前视基准面
        pSketchMgr->InsertSketch( VARIANT_TRUE) ;           // 添加草图
    }
    m_iSldWorks->SetUserPreferenceToggle( swInputDimValOnCreate, VARIANT_FALSE) ;
                                                             // 设置用户选项, 设置尺寸对话框
     pSketchMgr->CreateCircleByRadius ( 0, 0, 0, 0.02, &pSkSeg) ;
    pModelDoc->IAddDimension2(0,0,0,&pDisplayDimension) ;  // 标注尺寸
    pDisplayDimension. Release( ) ;
    pSkSeg. Release( ) ;
     pSketchMgr->CreateCircleByRadius ( 0, 0, 0, 0.01, &pSkSeg) ;
    pModelDoc->IAddDimension2(0,0,0,&pDisplayDimension) ;  // 标注尺寸
    pDisplayDimension. Release( ) ;
```

```
    pSkSeg. Release( );
  pModelDoc->get_FeatureManager( &pFeatMgr);                    // 获得当前特征管理器对象
                                                                // 创建拉伸特征
  pFeatMgr->FeatureExtrusion2( VARIANT_FALSE, VARIANT_FALSE, VARIANT_FALSE ,0, 0, 0.05,
  0.05, VARIANT_FALSE, VARIANT_FALSE, VARIANT_FALSE, VARIANT_FALSE, 0.0, 0.0,
  VARIANT_FALSE, VARIANT_FALSE, VARIANT_FALSE,VARIANT_FALSE,VARIANT_TRUE, VARI-
  ANT_FALSE, VARIANT_TRUE, 0, 0.0,VARIANT_FALSE, &pFeat);
    return S_OK;
  }
```

4. 程序说明

(1) ModelDoc2::FeatureManager 该属性获得特征管理设计树对象。

1) 使用格式为 (OLE Automation):

pFeatMgr = ModelDoc2. FeatureManager (VB Get property)
pFeatMgr = ModelDoc2. GetFeatureManager( ) (C++ Get property)

2) 使用格式为 (COM):

status =ModelDoc2->get_FeatureManager (&pFeatMgr)

ModelDoc2::FeatureManager 使用格式中各项参数的含义见表 7-12。

表 7-12 ModelDoc2::FeatureManager 使用格式中各项参数的含义

参数	类型	说明
(LPFEATUREMANAGER) pFeatMgr	属性	特征管理设计树对象
(HRESULT) status	返回	如果成功返回 S_OK

(2) FeatureManager::FeatureExtrusion2( ) 该方法创建一个拉伸特征。

1) 使用格式为 (OLE Automation):

pFeat = FeatureManager. FeatureExtrusion2 (sd, flip, dir, t1, t2, d1, d2, dchk1, dchk2, ddir1, ddir2, dang1, dang2, offsetReverse1, offsetReverse2, translateSurface1, translateSurface2, merge, useFeatScope, useAutoSelect, t0, startOffset, flipStartOffset)

2) 使用格式为 (COM):

status =FeatureManager ->FeatureExtrusion2 (sd, flip, dir, t1, t2, d1, d2, dchk1, dchk2, ddir1, ddir2, dang1, dang2, offsetReverse1, offsetReverse2, translateSurface1, translateSurface2, merge, useFeatScope, useAutoSelect, t0, startOffset, flipStartOffset,&pFeat)

FeatureManager::FeatureExtrusion2( )使用格式中各项参数的含义见表 7-13。

表 7-13 FeatureManager::FeatureExtrusion2( )使用格式中各项参数的含义

参数	类型	说明
(VARIANT_BOOL) sd	输入	TRUE 则单侧终止; FALSE 则两侧终止
(VARIANT_BOOL) flip	输入	TRUE 则反向切除
(VARIANT_BOOL) dir	输入	TRUE 则反向拉伸
(long) t1	输入	在 swEndConditions 定义的方向 1 终止类型
(long) t2	输入	在 swEndConditions 定义的方向 2 终止类型

（续）

参　数	类　型	说　明
(double) d1	输入	方向 1 拉伸深度，单位 m
(double) d2	输入	方向 2 拉伸深度，单位 m
(VARIANT_BOOL) dchk1	输入	方向 1 上的拔模角度，如果为 TRUE 则有拔模角度；如果为 FALSE 则无拔模角度
(VARIANT_BOOL) dchk2	输入	方向 2 上的拔模角度，如果为 TRUE 则有拔模角度；如果为 FALSE 则无拔模角度
(VARIANT_ BOOL) ddir1	输入	方向 1 拔模方向，如果为 TRUE 则是向内；FALSE 向外
(VARIANT_BOOL) ddir2	输入	方向 2 拔模方向，如果为 TRUE 则是向内；FALSE 向外
(double) dang1	输入	方向 1 的拔模角度值
(double) dang2	输入	方向 2 的拔模角度值
(VARIANT_BOOL) offsetReverse1	输入	如果选择方向 1 终止条件为从某个平面或表面偏置，若为 TRUE 则远离该面；FALSE 则朝向该面
(VARIANT_BOOL) offsetReverse2	输入	如果选择方向 2 终止条件为从某个平面或表面偏置，若为 TRUE 则远离该面；FALSE 则朝向该面
(VARIANT_BOOL) translateSurface1	输入	如果选择方向 1 终止类型为 swEndCondOffsetFromSurface，若为 TRUE 则拉伸终止端为参考平面的平移；FALSE 则为使用偏置
(VARIANT_BOOL) translateSurface2	输入	如果选择方向 2 终止类型为 swEndCondOffsetFromSurface，若为 TRUE 则拉伸终止端为参考平面的平移；FALSE 则为使用偏置
(VARIANT_BOOL) merge	输入	如果为 TRUE 则形成一个多实体零件
(VARIANT_BOOL) useFeatScope	输入	如果为 TRUE 则影响选择所有实体；FALSE 则影响所有实体
(VARIANT_BOOL) useAutoSelect	输入	如果为 TRUE 则自动选择所有实体；FALSE 则选择该特征影响的实体（详见说明）
(long) t0	输入	在 swStartConditions_e 中定义的初始条件
(double) startOffset	输入	如果初始条件设置为 swStartOffset，指定偏移量
(VARIANT_BOOL) flipStartOffset	输入	如果初始条件设置为 swStartOffset，TRUE 则反转方向，FALSE 则不反转
(LPFEATURE) pFeat	输出	拉伸特征的指针
(HRESULT) status	返回	如果成功返回 S_OK

说明：切除操作的默认方向与草图的法线方向相反。拉伸的默认方向与草图的法线方向一致。设置 dir 参数为 TRUE，则默认方向相反。对于两侧拉伸，方向 2 总是和方向 1 相反。

默认草图法线方向与草图所在面或平面的法线方向相同。分别参阅 Face2::Normal 和 RefPlane::Transform 可以确定法线矢量。

当 useAutoSelect 参数为 FALSE，则用户必须选择一个受特征影响的实体。

当使用切除或拔模特征生成多个实体时，不能保留一个或多个被选实体。

拉伸一个 3D 草图，选择标记为 0 的 3D 草图，选择标记为 16 的拉伸方向的边。

7.4 视角操作

物体在安置后不动，观察者在任意方向上观看物体，即所谓的假想物体安置在球的中心点，人可以在球面上任意处观察球中心的物体。

球中心坐标为(0,0,0)，观察者坐标为(x,y,z)，此时观察者与球心的坐标连线就视为视角。随着观察者坐标(x,y,z)的改变，就可以捕捉到物体的大部分外形特征，基本满足自动化设计需求。

上述所说的视角为人动物不动，而 SOLIDWORKS 则是采用的物动人不动的观察视角方式。依据 SOLIDWORKS 的实际情况，其视角可以分为基本观察视角与任意观察视角。基本观察视角主要有正视、前视、后视、左视、右视、上视、下视、等轴测、上下二等角轴测、左右二等角轴测等。

1. 程序的功能

运行 SOLIDWORKS，通过单击“零件自动建模”→“创建零件文件”，创建好零件文件后，单击“零件自动建模”→“特征造型”→“拉伸”，再单击“零件自动建模”→“视角操作”→“前视”，如图 7-18 所示。

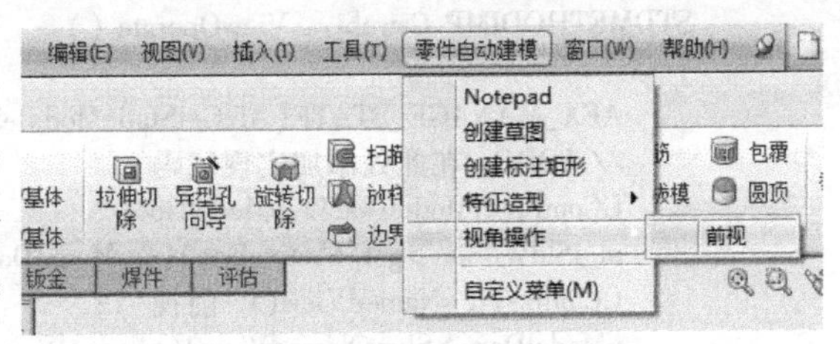

图 7-18　前视视角操作

2. 程序运行结果

单击“前视”后，程序的运行结果如图 7-19 所示。

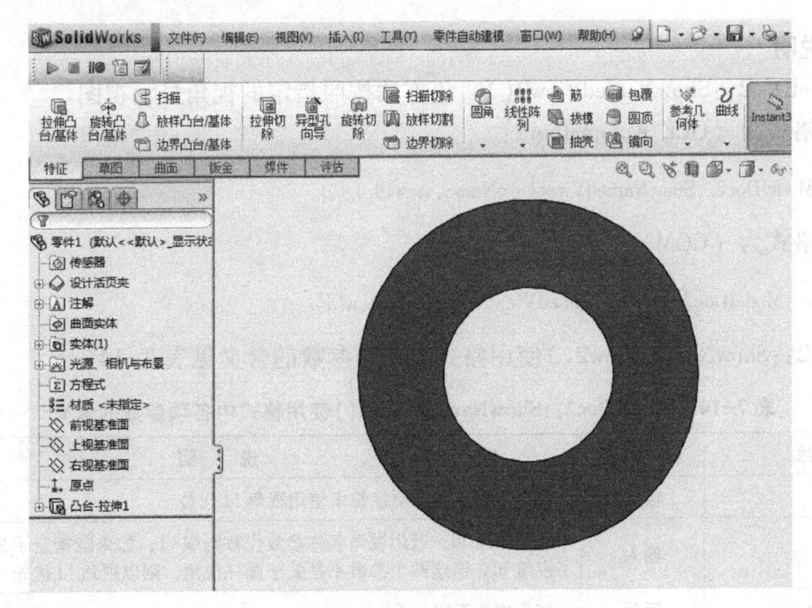

图 7-19　前视视图

3. 实现步骤

步骤 1：在 7.2.1 节新建零件文件的基础上，为 Iswobj 类添加自定义方法，方法名称为 ViewOperate。

步骤 2：编辑工程的资源文件 String Table，为菜单项添加资源，如图 7-20 所示。

IDS_LJZDJM_ITEM5	125	前视@视角操作@零件自动建模
IDS_LJZDJM_METHOD5	126	ViewOperate
IDS_LJZDJM_HINT5	127	EXAMPLE5

图 7-20　添加前视资源

步骤 3：编辑 AddMenus( ) 函数，在零件文档下添加以下程序代码。

```
menu.LoadString(IDS_LJZDJM_ITEM5);
method.LoadString(IDS_LJZDJM_METHOD5);
hint.LoadString(IDS_LJZDJM_HINT5);
m_iSldWorks->AddMenuItem2(type, m_swCookie, menu, position, method, update, hint, &ok);
```

步骤 4：编辑 DrawSketch()函数，在函数中添加新建零件菜单代码。

```
STDMETHODIMP Cswobj:: ViewOperate ()
{
    AFX_MANAGE_STATE(AfxGetStaticModuleState())
    // TODO：在此处添加实现代码
    CComPtr<IModelDoc2> pModelDoc;                    // 定义 ModelDoc 对象
    m_iSldWorks->get_IActiveDoc2(&pModelDoc);         // 获得当前活动文档对象
    CComBSTR sNamedView(L"前视");
    pModelDoc->ShowNamedView2(sNamedView,1);
    pModelDoc->ViewZoomtofit2();
    return S_OK;
}
```

4. 程序说明

(1) ModelDoc2::ShowNamedView2()　该方法按照指定的视角显示视图。

1) 使用格式为（OLE Automation）：

```
void ModelDoc2. ShowNamedView2 (vName,viewId )
```

2) 使用格式为（COM）：

```
status =ModelDoc2-> ShowNamedView2 (vName,viewId)
```

ModelDoc2::ShowNamedView2()使用格式中各项参数的含义见表 7-14。

表 7-14　ModelDoc2::ShowNamedView2()使用格式中各项参数的含义

参　数	类　型	说　明
(BSTR) vName	输入	视角名称或一个空字符串使用视角 Id 代替
(long) viewId	输入	显示视角 Id，若用视角名称参数代替则取-1；如果既指定了视角名称又指定了视角 Id，但这两个参数不是关于同一视角，则以视角 Id 优先
(HRESULT) status	返回	如果成功返回 S_OK

说明： 设置命名的视角成为工程图中激活的视图，包含命名视角的工程图必须被选择。

" * 正视于", 0;" * 前视", 1;" * 后视", 2;" * 左视", 3;" * 右视", 4;" * 上视", 5;" * 下视", 6;" * 等轴测", 7;" * 上下二等角轴测", 8;" * 左右二等角轴测", 9。

(2) ModelDoc2::ViewZoomtofit2()　该方法缩放当前激活的视角以适应屏幕大小。

1) 使用格式为（OLE Automation）：

```
void ModelDoc2. ViewZoomtofit2 ( )
```

2) 使用格式为（COM）：

```
status =ModelDoc2->. ViewZoomtofit2 ( )
```

ModelDoc2::ViewZoomtofit2()使用格式中各项参数的含义见表 7-15。

表7-15 ModelDoc2::ViewZoomtofit2()使用格式中各项参数的含义

参数	类型	说明
(HRESULT)status	返回	如果成功返回S_OK

说明：这个方法不同于ModelDoc2::ViewZoomtofit()，它的缩放接近几何体，并且边界更少。

7.5 模型参数化设计

7.5.1 参数化建模

参数化是参数化设计的主体思想，是用几何约束、工程方程与关系来说明产品模型的形状特征，即在特征上添加约束关系，从而实现设计在形状或功能上具有相似性的方案。目前，能处理的几何约束类型基本上是组成产品形体的几何实体公称尺寸关系和尺寸之间的工程关系，因此参数化造型技术又称尺寸驱动几何技术，尺寸驱动方法必须满足模型已经存在和模型尺寸已经完全约束这两个前提条件。如图7-21所示，尺寸驱动参数化造型，当修改H_1、H_2以及L_2的尺寸时，系统自动找到这3个尺寸在尺寸链中的位置，以及线段的起始位置和终止位置，让它们根据新的尺寸进行合适的调整进而使新的模型得以生成。

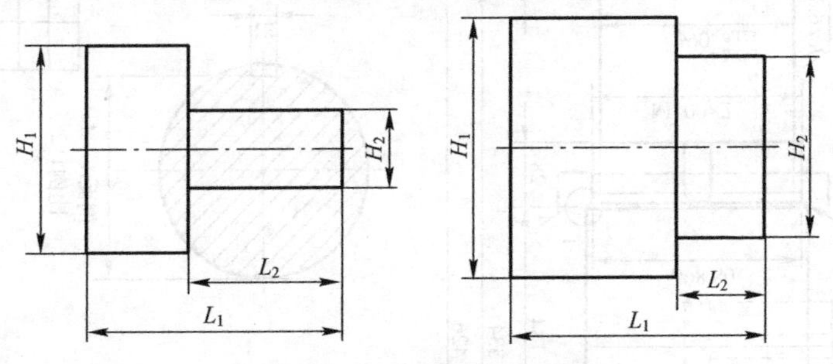

图7-21 尺寸驱动参数化造型

7.5.2 建立库文件

1. 建立参数化模型

参数化模型的建立是参数化设计过程中第一步也是最重要的一步工作。建模前，设计人员要对陶瓷砖模具企业所提供的主要以图样形式存在的设计信息深入学习，并且通过与企业的一线设计人员频繁交换意见后，才能较为全面地获取企业设计知识和经验。其目的是确定模型中的哪些参数是主动尺寸，哪些参数是被动尺寸，明确主动尺寸与被动尺寸间的关系。建立尺寸间的关系主要有两种方法：使用方程式确定数值关系和使用约束确定形位关系。建模过程中一定要保证所绘制的草图完全约束，否则当主动尺寸改变时模型会出现不可预测的变形情况。

2. 绘制工程图模板

目前，国内的大多数企业实际生产中仍以工程图作为产品生产的指导性材料，这就需要将三维模型的设计信息转化到二维工程图中，以适应当前企业的生产状况。SOLIDWORKS采用的是三维模型和工程图全相关技术，即三维模型做出修改，与之相对应的工程图也会发生改变。

由于SOLIDWORKS自带的工程图样式不符合国内企业的设计要求，所以要结合国标和企业标准制定工程图模板，如图7-22所示，所要完成的工作有：

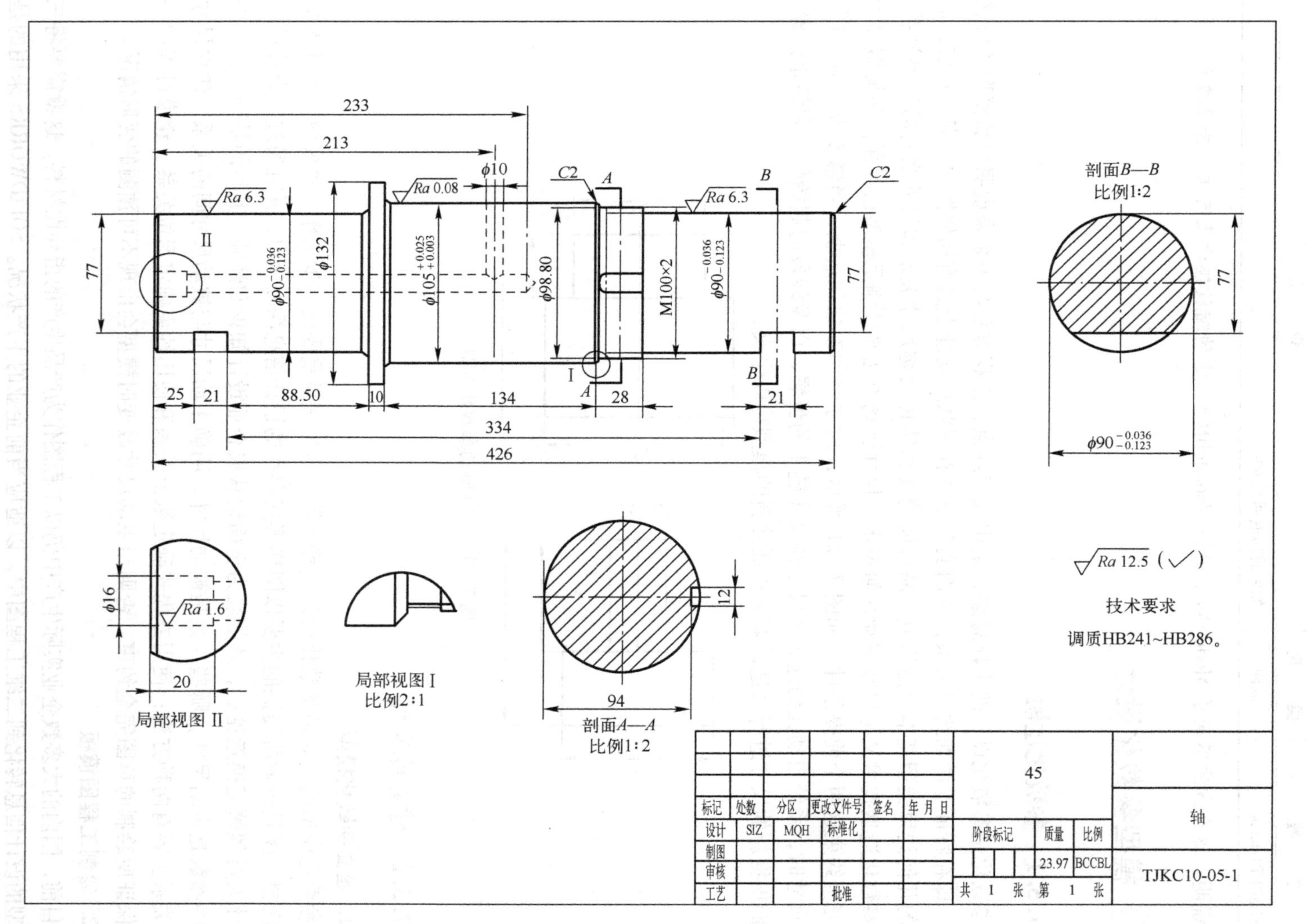

233
213
ϕ10
Ra 6.3
Ra 0.08
C2
A
B
Ra 6.3
C2
II
77
ϕ90−0.036 −0.123
ϕ132
ϕ105+0.025 +0.003
ϕ98.80
M100×2
ϕ90−0.036 −0.123
77
I
A
B
25
21
88.50
10
134
28
21
334
426
剖面B—B
比例1:2
77
ϕ90−0.036 −0.123
ϕ16
Ra 1.6
20
局部视图 II
局部视图 I
比例2:1
12
94
剖面A—A
比例1:2
Ra 12.5（√）
技术要求
调质HB241~HB286。
45
轴
标记
处数
分区
更改文件号
签名
年 月 日
设计
SJZ
MQH
标准化
制图
审核
工艺
批准
阶段标记
质量
比例
23.97
BCCBL
共 1 张 第 1 张
TJKC10-05-1

图 7-22　工程图模板

1）建立符合企业标准的图版，包括图幅的大小、边框的绘制、标题栏块的建立。

2）将三维模型的三视图插入图版中，针对企业的出图习惯进行具体修改，包括图线的选择性显示与隐藏，关键位置局部视图的绘制。

3）进行符合企业标注习惯的标注工作，以便于零件加工人员与设计人员的沟通。

4）将建好的工程图模板进行保存，用于在参数化设计系统中的调用。

7.6 自定义零件属性

SOLIDWORKS 中的属性下有摘要、自定义以及配置特定，可以直接通过“文件”“属性”进行访问，它可以直接添加到每个文件上面（自定义），也可以添加到每个配置上面（配置特定），当然也可以添加到摘要上面（摘要），这里我们主要用自定义属性。要充分考虑用户需求，设置符合规范的自定义属性。最后，利用程序修改自定义属性特征，为实现标题栏的填写和明细表的自动生成做准备工作。

1. 程序的功能

运行 SOLIDWORKS，通过单击“零件自动建模”→“创建零件文件”，创建好零件文件后，单击“零件自动建模”→“特征造型”→“拉伸”，再单击“零件自动建模”→“自定义零件属性”，如图 7-23 所示。

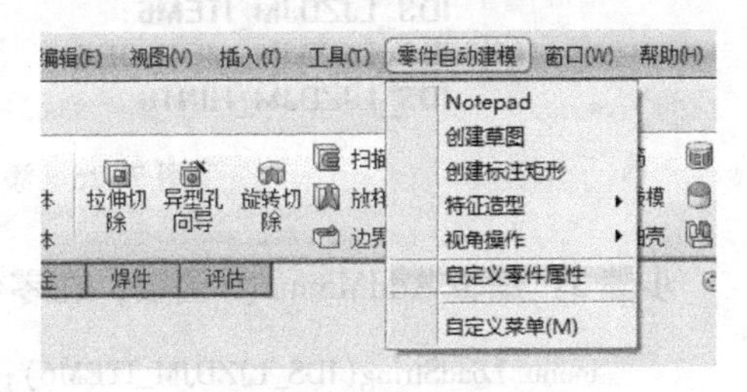

图 7-23 自定义零件属性

2. 程序运行结果

单击“自定义零件属性”后，程序的运行结果如图 7-24 所示。

按照要求输入相关信息后，单击“OK”完成零件属性定义，如图 7-25 所示。

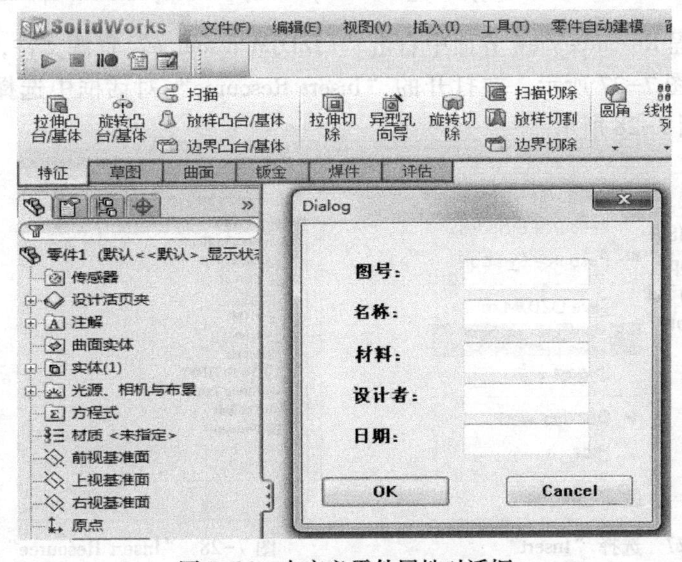

图 7-24 自定义零件属性对话框

3. 实现步骤

步骤 1：在 7.2.1 节新建零件文件的基础上，为 Iswobj 类添加自定义方法，方法名称为

AutoProperty()。

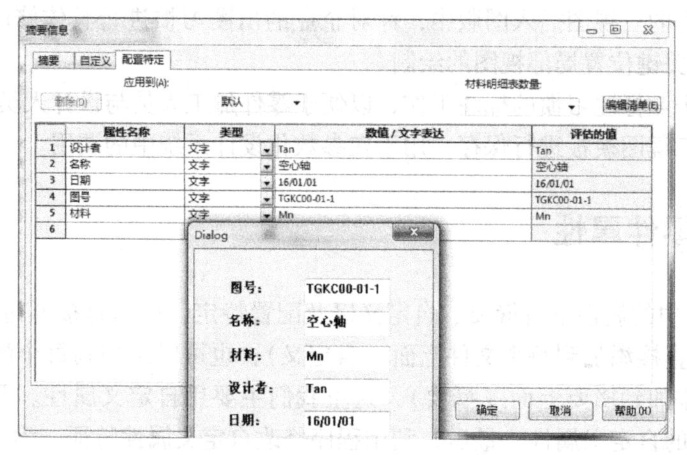

图 7-25　完成零件属性定义

步骤 2：编辑工程的资源文件 String Table，为菜单项添加资源，如图 7-26 所示。

IDS_LJZDJM_ITEM6	128	自定义零件属性@零件自动建模
IDS_LJZDJM_METHOD6	129	AutoProperty
IDS_LJZDJM_HINT6	130	EXAMPLE6

图 7-26　添加自定义零件属性资源

步骤 3：编辑 AddMenus()函数，在零件文档下添加以下程序代码。

```
menu. LoadString(IDS_LJZDJM_ITEM6);
method. LoadString(IDS_LJZDJM_METHOD6);
hint. LoadString(IDS_LJZDJM_HINT6);
m_iSldWorks->AddMenuItem2(type, m_swCookie, menu, position, method, update, hint, &ok);
```

步骤 4：在工程 ResourceView 界面中右击“LJZDJM resource”资源文件，在弹出的菜单中选择“Insert”，如图 7-27 所示。在打开的“Insert Resource”对话框中选择“Dialog”，单击“New”按钮，如图 7-28 所示。

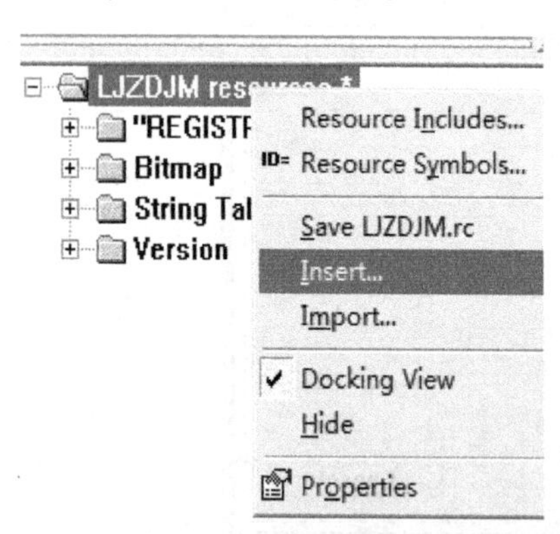

图 7-27　选择“Insert”

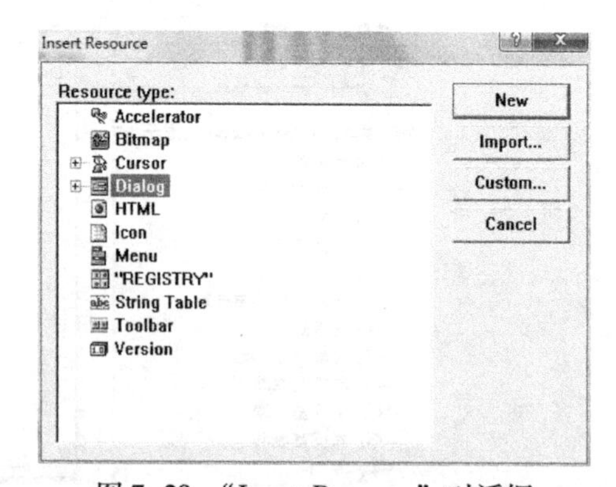

图 7-28　“Insert Resource”对话框

在出现的一个包含“OK”和“Cancel”按钮的对话框上双击空白处，出现如图 7-29 所示的“Adding a Class”（添加新类）对话框，按默认选项设置后单击“OK”按钮。

在出现的“New Class”（新类）对话框中填写类信息中的名称，其他选项按默认设置，单击“OK”按钮，如图 7-30 所示。再单击“MFC ClassWizard”对话框中的“OK”按钮，完成新类对话框的建立。在工程文件视图中生成了相应的 firstdlg. cpp 和 firstdlg. h 文件。

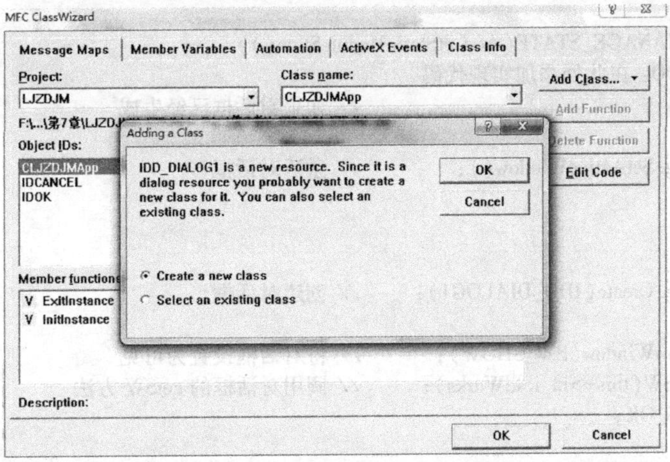

MFC ClassWizard
Message Maps | Member Variables | Automation | ActiveX Events | Class Info
Project: LJZDJM
Class name: CLJZDJMApp
Add Class...
Add Function
Delete Function
Edit Code
Object IDs: CLJZDJMApp IDCANCEL IDOK
Member functions: V ExitInstance V InitInstance
Description:
OK Cancel

Adding a Class
IDD_DIALOG1 is a new resource. Since it is a dialog resource you probably want to create a new class for it. You can also select an existing class.
OK
Cancel
Create a new class
Select an existing class

图 7-29　“Adding a Class”对话框

New Class
Class information
Name: firstdlg
File name: firstdlg.cpp
Change...
Base class: CDialog
Dialog ID: IDD_DIALOG1
OK
Cancel
Automation
None
Automation
Createable by type ID: LJZDJM.firstdlg

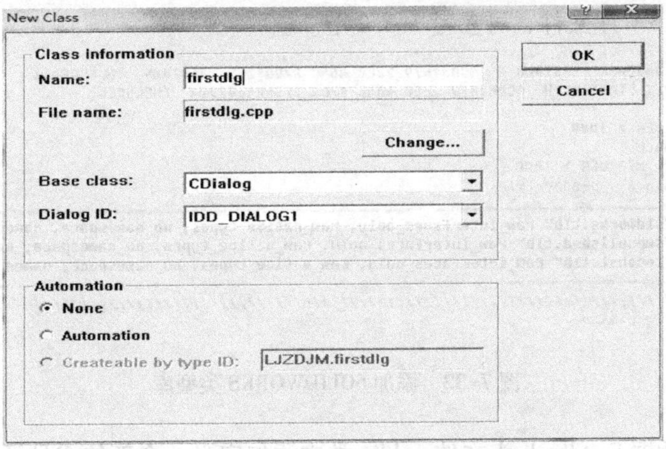

图 7-30　在“New Class”对话框中添加类名称

步骤 5：在 swobj. cpp 文件中添加对话框头文件的语句#include "firstdlg. h"，并添加如下非模态对话框初始代码：

```
firstdlg dlg=new firstdlg(AfxGetMainWnd());
```

添加代码后如图 7-31 所示。

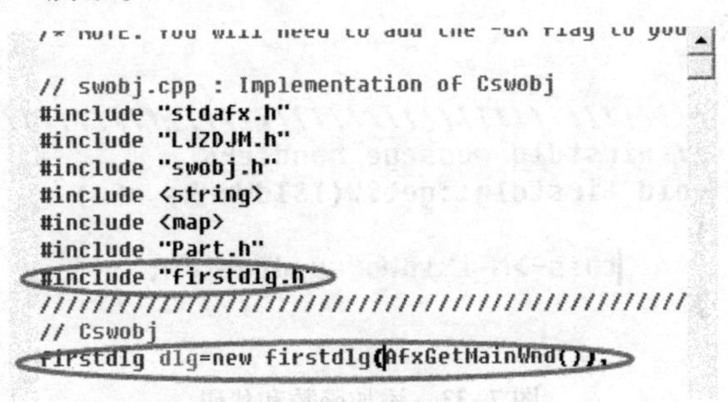

图 7-31　对话框初始代码

步骤 6：编辑 AutoProperty( )函数，在函数中添加新建零件菜单代码。

```
STDMETHODIMP Cswobj::AutoProperty ( )
{
    AFX_MANAGE_STATE(AfxGetStaticModuleState( ))
    // TODO：在此处添加实现代码
    if (dlg)                              // 如果对话框已经生成
    {
        dlg.SetActiveWindow( );           // 激活对话框
    }
    else
    {
        dlg.Create(IDD_DIALOG1);          // 创建对话框
    }
    dlg.ShowWindow(SW_SHOW);              // 将对话框设置为可见
    dlg.getSW(this->m_iSldWorks);         // 调用对话框的 getSW 方法
    return S_OK;
}
```

步骤 7：在对话框 firstdlg. h 头文件中添加 SOLIDWORKS 类型库，如图 7-32 所示。注意，SOLIDWORKS 添加 SW 库文件，可参考 1.5.2 节。

```
#if !defined(AFX_FIRSTDLG_H__ACDB1B79_2EEC_464C_A7D8_2F54F4692904__INCLUDED_)
#define AFX_FIRSTDLG_H__ACDB1B79_2EEC_464C_A7D8_2F54F4692904__INCLUDED_

#if _MSC_VER > 1000
#pragma once
#endif // _MSC_VER > 1000
// firstdlg.h : header file
//
#import "sldworks.tlb" raw_interfaces_only, raw_native_types, no_namespace, named_guids
#import "swpublished.tlb" raw_interfaces_only, raw_native_types, no_namespace, named_guids
#import "swconst.tlb" raw_interfaces_only, raw_native_types, no_namespace, named_guids

/////////////////////////////////////////////////////////////////////////////
// firstdlg dialog
```

图 7-32　添加 SOLIDWORKS 类型库

步骤 8：在对话框 firstdlg. h 头文件 public 类中添加定义一个新的成员函数，代码如下。

```
void getSW(ISldWorks * Sw);
```

在对话框 firstdlg. h 头文件 private 类中添加定义一个新的数据成员，代码如下。

```
CComPtr<ISldWorks>m_iSldWorks_dlg;
```

步骤 9：在对话框 firstdlg. cpp 文件中添加函数和代码，实现对话框与 SOLIDWORKS 对象的连接，如图 7-33 所示。

```
///////////////////////////////////////////////
// firstdlg message handlers
void firstdlg::getSW(ISldWorks *Sw)
{
    this->m_iSldWorks_dlg= Sw;
}
```

图 7-33　添加函数和代码

步骤10：在对话框中放置5个静态文本框和5个编辑框，同时将5个静态文本框的标题修改为各自的名称，如图7-34所示。

分别为5个编辑框各添加1个字符串变量，如图7-35所示，完成字符串变量的添加，如图7-36所示。

图7-34 添加控件

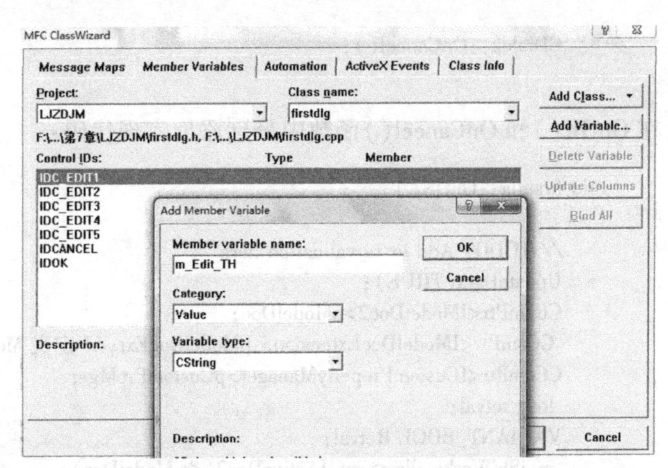

图7-35 添加字符串变量

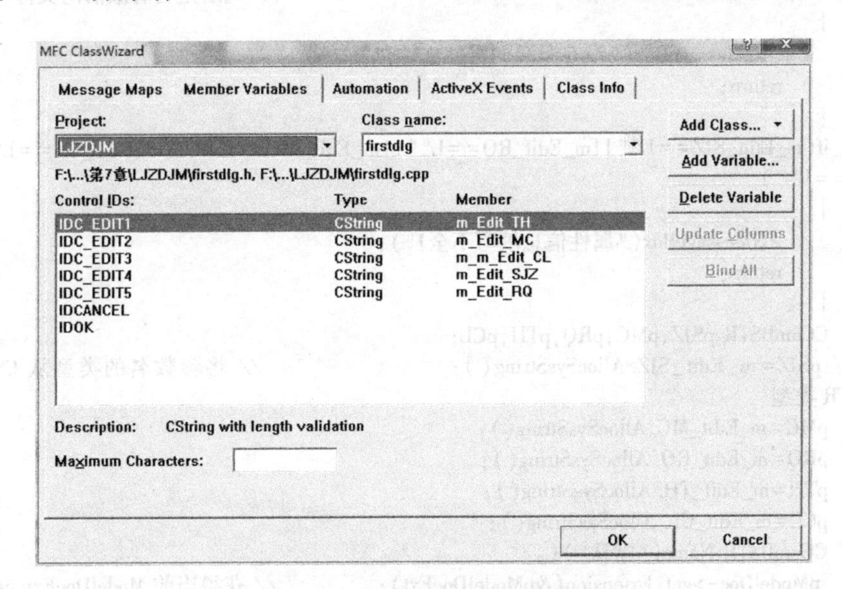

图7-36 完成字符串变量的添加

步骤11：添加“OK”和“Cancel”按钮响应函数，如图7-37所示，按函数名默认设置，单击“OK”按钮完成添加。同理，添加“Cancel”单击响应函数。

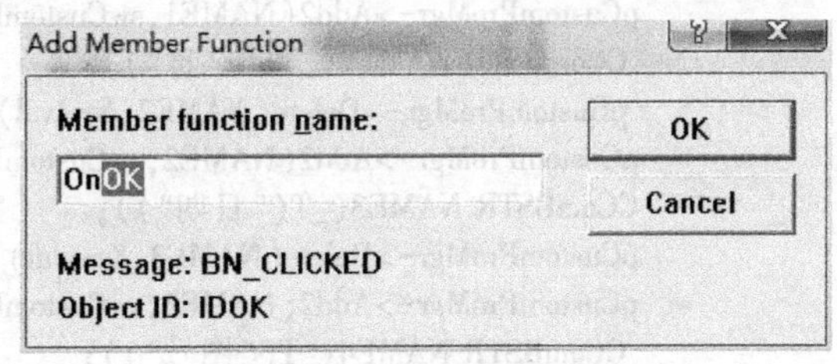

图7-37 添加单击响应函数

在文件中自动生成如下代码：

```
void firstdlg::OnOK()
{
    // TODO: Add extra validation here

    CDialog::OnOK();
```

```
}

void firstdlg::OnCancel()
{
    // TODO: Add extra cleanup here

    CDialog::OnCancel();
}
```

在 OnOK()和 OnCancel()函数中分别添加实现代码:

```
void firstdlg::OnOK()
{
    // TODO: Add extra validation here
    UpdateData(TRUE);
    CComPtr<IModelDoc2>pModelDoc;
    CComPtr<IModelDocExtension> pModelDocExt;// 定义 ModelDocExtension 对象
    CComPtr<ICustomPropertyManager>pCustomProMgr;
    long retval;
    VARIANT_BOOL Retval;
    m_iSldWorks_dlg->get_IActiveDoc2(&pModelDoc);     // 获得当前活动文档对象
    if (pModelDoc==NULL)                              // 判断是否有激活的文件
    {
        AfxMessageBox("没有激活的零件文件!");
        return;
    }
    if(m_Edit_SJZ==L""||m_Edit_RQ==L""||m_Edit_MC==L""||m_Edit_TH==L""||m_Edit_
CL==L"")
    {
        AfxMessageBox("属性信息填写不全!");
        return;
    }
    CComBSTR pSJZ,pMC,pRQ,pTH,pCL;
    pSJZ=m_Edit_SJZ.AllocSysString();                 // 将参数名的类型从 CString 转换为
BSTR 类型
    pMC=m_Edit_MC.AllocSysString();
    pRQ=m_Edit_RQ.AllocSysString();
    pTH=m_Edit_TH.AllocSysString();
    pCL=m_Edit_CL.AllocSysString();
    CComBSTR Name("默认");
    pModelDoc->get_Extension(&pModelDocExt);          // 获得当前 ModelDocExtension 对象
    pModelDocExt->get_CustomPropertyManager(Name,&pCustomProMgr);
    CComBSTR NAME1(_T("设计者"));
    pCustomProMgr->Delete (NAME1,&retval);            // 删除原来内容
    pCustomProMgr->Add2(NAME1,swCustomInfoText,pSJZ,&retval);  // 添加新内容
    CComBSTR NAME2(_T("名称"));
    pCustomProMgr->Delete(NAME2,&retval);
    pCustomProMgr->Add2(NAME2,swCustomInfoText,pMC,&retval);
    CComBSTR NAME3(_T("日期"));
    pCustomProMgr->Delete(NAME3,&retval);
    pCustomProMgr->Add2(NAME3,swCustomInfoText,pRQ,&retval);
    CComBSTR NAME4(_T("图号"));
    pCustomProMgr->Delete(NAME4,&retval);
    pCustomProMgr->Add2(NAME4,swCustomInfoText,pTH,&retval);
```

```
        CComBSTR NAME5(_T("材料"));
        pCustomProMgr->Delete(NAME5,&retval);
        pCustomProMgr->Add2(NAME5,swCustomInfoText,pCL,&retval);
        pModelDoc->EditRebuild3(&Retval);                    // 重新建模
        pModelDoc->ViewZoomtofit2();
        pModelDoc=NULL;                                      // 释放内存
        CDialog::OnOK();
    }
    void firstdlg::OnCancel()
    {
        // TODO: Add extra cleanup here
        if(IDYES==AfxMessageBox(_T("是否退出属性信息填写?"),MB_YESNO))
        CDialog::OnCancel();
    }
```

4. 程序说明

（1） ModelDocExtension::CustomPropertyManager()　该方法获得自定义属性管理器。

1） 使用格式为（OLE Automation）：

retval= ModelDocExtension. CustomPropertyManager（Configuration）(VB Get property)
retval= ModelDocExtension. GetCustomPropertyManager（Configuration）(C++ Get property)

2） 使用格式为（COM）：

status =ModelDocExtension ->get_CustomPropertyManager(Configuration,&Retval)

ModelDocExtension::CustomPropertyManager()使用格式中各项参数的含义见表 7-16。

表 7-16　ModelDocExtension::CustomPropertyManager()使用格式中各项参数的含义

参　　数	类　型	说　　明
(BSTR)Configuration	输入	配置名称
(LPCUSTOMPROPERTYMANAGER)retval	输出	CustomPropertyManager 对象指针
(HRESULT)status	返回	如果成功返回 S_OK

（2） CustomPropertyManager::Delete()　该方法删除指定自定义属性。

1） 使用格式为（OLE Automation）：

retval= CustomPropertyManager. Delete（FieldName）

2） 使用格式为（COM）：

status = CustomPropertyManager -> Delete(FieldName,&retval)

CustomPropertyManager::Delete()使用格式中各项参数的含义见表 7-17。

表 7-17　CustomPropertyManager::Delete()使用格式中各项参数的含义

参　　数	类　型	说　　明
(BSTR) FieldName	输入	要删除的自定义属性的名称
(long)retval	输出	如果成功删除，则输出为 0，否则为 1
(HRESULT)status	返回	如果成功返回 S_OK

（3）CustomPropertyManager::Add2（） 该方法添加一个自定义属性到配置或模型文档。

1）使用格式为（OLE Automation）：

```
retval= CustomPropertyManager. Add2 (FieldName,FieldType,FieldValue)
```

2）使用格式为（COM）：

```
status = CustomPropertyManager -> Add2(FieldName,FieldType,FieldValue,&Retval)
```

CustomPropertyManager::Add2()使用格式中各项参数的含义见表7-18。

表7-18 CustomPropertyManager::Add2()使用格式中各项参数的含义

参　数	类　型	说　明
(BSTR) FieldName	输入	自定义属性的名称
(long) FieldType	输入	在swCustomInfoType_e定义的自定义属性类型
(BSTR) FieldValue	输入	自定义属性值
(long) retval	输出	如果成功添加，则输出为1，否则为0
(HRESULT) status	返回	如果成功返回S_OK

（4）ModelDoc2::EditRebuild3（） 该方法对那些需要重建的特征进行重建。

1）使用格式为（OLE Automation）：

```
retval=ModelDoc2. EditRebuild3 ()
```

2）使用格式为（COM）：

```
status =ModelDoc2->EditRebuild3 (&retval)
```

ModelDoc2::EditRebuild3()使用格式中各项参数的含义见表7-19。

表7-19 ModelDoc2::EditRebuild3()使用格式中各项参数的含义

参　数	类　型	说　明
(RARIANT_BOOL) retval	输出	如果成功添加，则输出为TRUE，否则为FALSE
(HRESULT) status	返回	如果成功返回S_OK

说明： 此方法仅在激活的文档中适用。

7.7 本章小结

零件自动建模

零件参数化设计非常重要，是机械设计的一项关键内容。本章零件自动建模还没有讨论的问题有：

1）设计知识如何引入参数化过程中，如各种优化方法。

2）面向特定的产品，如何分阶段引导用户设计？

3）零件参数化与后面的装配参数化如何结合。

第 8 章　装配体自动操作

本章内容提要

（1）SOLIDWORKS 配合的概念、装配的步骤、建立装配菜单和装配对话框以及新建装配文件的方法

（2）零件插入装配体，包括模型调入内存、插入零件

（3）添加装配关系，包括一般配合步骤、变换矩阵、建立选择集以及建立配合关系

（4）干涉检查的基本问题等

8.1　SOLIDWORKS 装配

SOLIDWORKS 具有装配功能。它可以在建立装配文件以后，将装配体的各个零件加载进来，通过手工移动零部件的方式完成装配，最终得到装配体。

SOLIDWORKS 通过手工的拖、拉，以及采用“配合”命令找到临时轴的方式来进行装配，过程较为复杂。如果能够采用二次开发，实现装配体各个部件的自动装配，可以极大提高装配的效率，为进一步进行干涉检查和有限元分析准备条件。

8.1.1　配合的概念

自动装配，其原理和开发快速设计系统一样，调用 SOLIDWORKS API 的相关函数，把一个零件或部件自动放入装配体中，并对加入的零件进行自动定位、配合，遍历面、创建选择集及安全实体等。

在 SOLIDWORKS 中，通常一个装配体由数个零件组成，这些零件被赋予了一定的约束关系，这样的约束关系在 SOLIDWORKS 中被称为配合关系。使用配合关系，可以相对于其他零部件来精确地定位某个零部件，还可以定义零部件如何相对于其他的零部件移动和旋转，在这里主要对零件配合时的定位关系进行研究。

零部件相互配合时，因定位所建立的配合关系（如共点、垂直、相切等）只对于特定的几何实体组合有效。SOLIDWORKS 把这些几何实体的组合分成了 10 类（凸轮、圆锥、圆柱、拉伸、直线、基准面、点、球面、圆形或圆弧边线、曲线）。这 10 类几何实体的相互组合所产生的有效配合类型有 8 种（角度、平行、重合、垂直、同心、对称、距离、相切），分别用以对 10 类几何实体中的有效组合类型产生约束。

在 SOLIDWORKS API 中可以使用的配合类型有 8 种，在 swconst. h 和 swconst. bas 中定义的 swMateType_e 列表中定义了以下 8 种配合类型，分别是 swMateCOINCIDENT（重合）、swMate-

CONCENTRIC（同心）、swMatePERPENDICDLAR（垂直）、swMatePARALLEL（平行）、swMateTANGENT（相切）、swMateDISTANCE（距离）、swMateANGLE（角度）、swMateUNKNOWN（未知情况）。

零件配合时还有3种对齐类型，swconst. h和swconst. bas中定义的swMateAlign_e列表中定义了这3种对齐类型，分别是aswMateAlignLIGNED（同向对齐）、swMateAlign_ALIGNED（反向对齐）、swMateAlignCLOSEST（最近处对齐）。

实体配合方式通常可以转化为基准面与基准面、基准轴与基准轴之间的装配类型，设计零件的时候应该考虑该零件与其他零件之间的配合关系，并在零件的绘制过程中适当地加入基准面和基准轴用于后期的装配。采用这种设计方法有两个优点：一是避免了装配时可能发生的无法正确选取到所需要配合面的情况，二是避免了程序执行中发生SOLIDWORKS异常终止的错误情况。

8.1.2 装配的步骤

SOLIDWORKS本身提供了很好的虚拟装配功能，用户可以通过装配功能实现机械产品的自顶向下设计，也可以先设计每个零件，然后进行自底向上的设计。无论哪种设计方法，SOLIDWORKS都可以实现虚拟装配，在计算机上模拟出机械产品的实际结构，其他的三维机械设计软件也支持这样的功能。一般将一个零件或部件加入装配体中，并且在这些零部件之间添加装配关系，完成装配图后，对装配体进行干涉检查。自动虚拟装配本质上和虚拟装配的过程差不多，其二次开发生成装配体的一般步骤如图8-1所示。

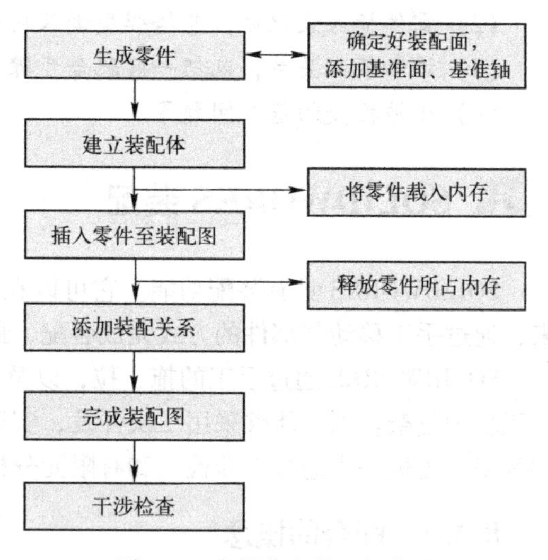

图8-1 虚拟装配的一般步骤

8.1.3 建立装配菜单

步骤1：新建一个“ATL COM AppWizard”工程，命名为ZPTZDCZ；添加SOLIDWORKS Addin对象，输入对象名称swobj；为Iswobj类添加自定义方法，方法名称为ZPTZDCZ。具体步骤可以参考1.5.2节。

步骤2：编辑工程的资源文件String Table，为菜单项添加装配资源，如图8-2所示。

ID	Value	Caption
IDS_PROJNAME	100	ZPTZDCZ
IDS_ZPTZDCZ_MENU	104	装配
IDS_ZPTZDCZ_START_NC	105	Notepad@装配
IDS_ZPTZDCZ_START_NC	106	StartNotepad
IDS_ZPTZDCZ_START_NC	107	StartNotepad
IDS_ZPTZDCZ_TOOLBAR_	108	Sample toolbar title
IDS_ZPTZDCZ_TOOLBAR_	109	StartNotepad
IDS_ZPTZDCZ_TOOLBAR_	110	ToolbarUpdate
IDS_ZPTZDCZ_TOOLBAR_	111	Toolbar hint text
IDS_ZPTZDCZ_TOOLBAR_	112	Toolbar tip text
IDS_ZPTZDCZ_ITEM	113	装配体自动操作@装配
IDS_ZPTZDCZ_METHOD	114	ZPTZDCZ
IDS_ZPTZDCZ_HINT	115	EXAMPLE

图8-2 添加装配资源

步骤 3：编辑 AddMenus( ) 函数，在主文档和装配体文档中都添加以下程序代码。

```
menu. LoadString( IDS_ZPTZDCZ_ITEM) ;
method. LoadString( IDS_ ZPTZDCZ _METHOD) ;
hint. LoadString( IDS_ ZPTZDCZ _HINT) ;
m_iSldWorks->AddMenuItem2( type, m_swCookie, menu, position, method, update, hint, &ok) ;
```

运行 SOLIDWORKS，通过单击“装配”→“装配体自动操作”，实现装配文件的创建，如图 8-3 所示。

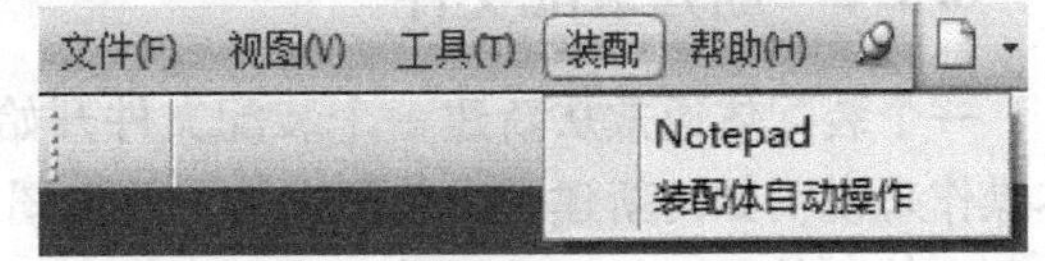

图 8-3　装配体自动操作

8.1.4　建立装配对话框

步骤 1：使用 7.6 节介绍的方法，在工程的资源文件中添加 1 个对话框，并为其添加 5 个按钮，如图 8-4 所示。

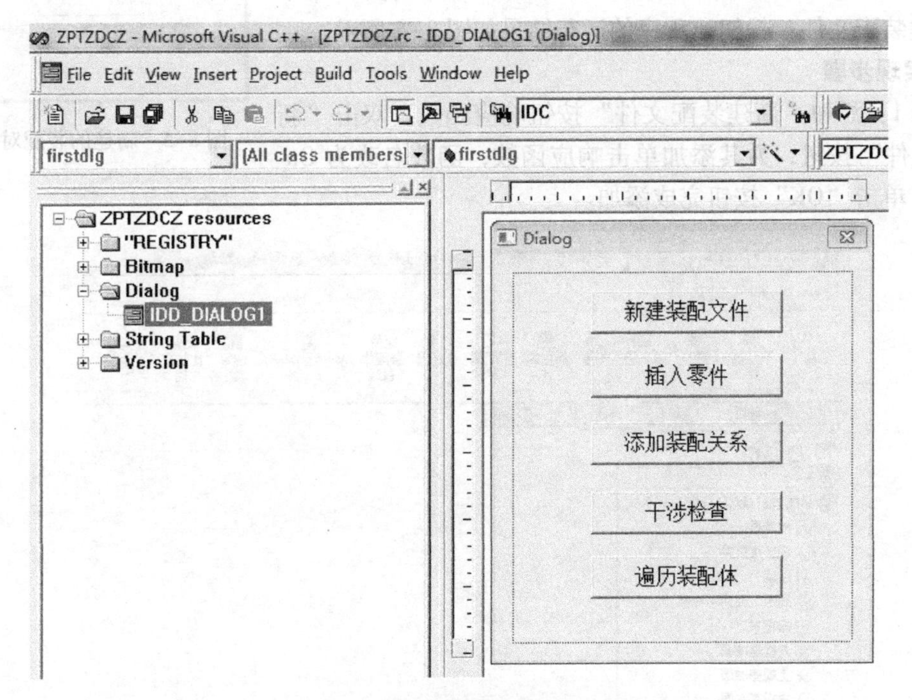

图 8-4　添加的对话框

步骤 2：编辑 ZPTZDCZ( ) 函数，在函数中添加新建零件菜单代码。

```
STDMETHODIMP Cswobj: : ZPTZDCZ ( )
{
    AFX_MANAGE_STATE( AfxGetStaticModuleState( ) )
    // TODO：在此处添加实现代码
  if (dlg)                              // 如果对话框已经生成
    {
        dlg. SetActiveWindow( ) ;       // 激活对话框
    }
    else
    {
        dlg. Create( IDD_DIALOG1) ;     // 创建对话框
```

```
    }
    dlg.ShowWindow(SW_SHOW);            // 将对话框设置为可见
    dlg.getSW(this->m_iSldWorks);       // 调用对话框的 getSW 方法
    return S_OK;
}
```

单击“装配体自动操作”后，程序的运行结果如图 8-5 所示。

8.1.5 新建装配文件

一个装配体通常从新建一个装配文件开始，本节从这一基本操作来说明如何新建一个装配文件。单击图 8-5 中的“新建装配文件”按钮，就可以新建一个空白的装配体文档。

1. 程序的功能

实现装配文件的创建，运行 SOLIDWORKS，单击图 8-5 中的“新建装配文件”按钮，程序的运行结果如图 8-6 所示。

2. 实现步骤

步骤 1：添加“新建装配文件”按钮响应函数。双击“新建装配文件”按钮，为其添加单击响应函数，函数名改为 OnNewAss，单击“OK”按钮完成添加。

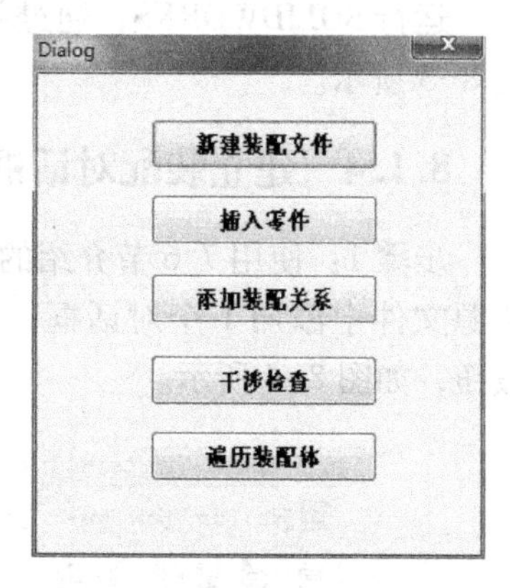

图 8-5　新建的装配对话框

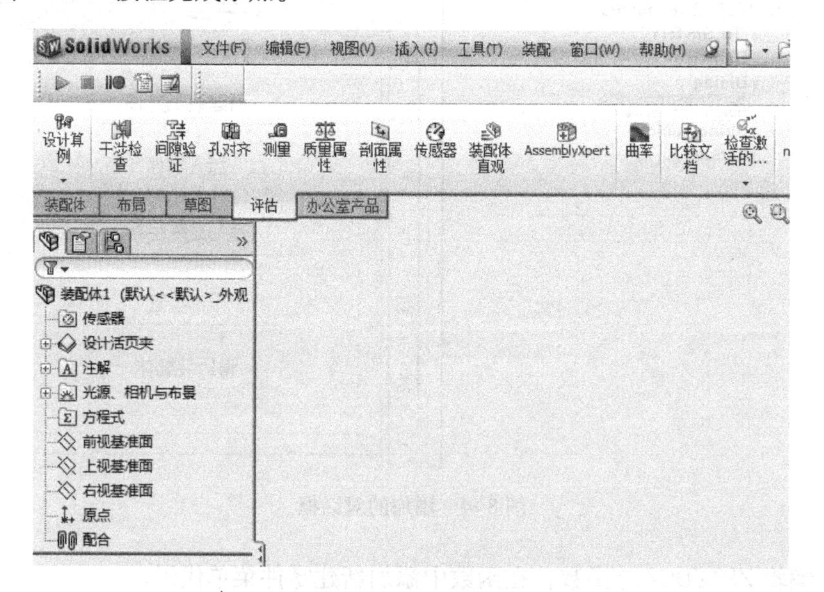

图 8-6　新建一个装配文件

步骤 2：在生成的 OnNewAss( )中添加如下实现函数代码。

```
void firstdlg::OnNewAss()
{
    // TODO: 在此处添加控件通知处理程序代码
    VARIANT_BOOL retval= VARIANT_FALSE;
    CComPtr<IPartDoc>pPartDoc = NULL;                                   // 定义零件对象
    CComPtr<IAssemblyDoc>pAssemblyDoc= NULL;                            // 定义零件对象
    m_iSldWorks_dlg->NewAssembly((IDispatch * * )&pAssemblyDoc);        // 新建装配体
    if(pAssemblyDoc = = NULL)
```

```
{
    AfxMessageBox(_T("新建装配文件失败"));
    return;
}
}
```

3. 程序说明

SldWorks::NewAssembly() 该方法创建一个零件文件。

1）使用格式为（OLE Automation）：

```
retval=SldWorks. NewAssembly ()
```

2）使用格式为（COM）：

```
status =SldWorks->NewAssembly (&retval)
```

SldWorks::NewAssembly()使用格式中各项参数的含义见表8-1。

表8-1 SldWorks::NewAssembly()使用格式中各项参数的含义

参 数	类 型	说 明
(LPASSEMBLY) retval	输出	获得ASSEMBLY对象指针
(HRESULT) status	返回	如果成功则返回S_OK

8.2 插入零件到装配体

在往装配体中插入零部件时使用AssemblyDoc::AddComponent()函数。如果需要选定零部件的配置，则需要使用AssemblyDoc::AddComponent4()函数。值得注意的是，在使用AssemblyDoc::AddComponent4()函数时，需要使得待添加零件已在内存中，否则零件将无法被正确加入装配图中。

8.2.1 装入内存

为了实现将零部件插入装配体中，首先必须打开一个零件，并且将零件属性设置为不可见。将零件装入内存可先使用函数OpenDoc6()打开一个文档，使用格式如下：

```
retval=SldWorks. OpenDoc6(filename,type,options,configuration,&errors,&Warings)
```

各项参数的含义如下：

（1）输入

1）filename——文档名称，如果不在当前路径，则应该包含路径名称以及扩展名。

2）type——文档类型，在swDocumentType_e中定义。其中，0表示swDocNONE（不是SW文件）；1表示swDocPART（零件）；2表示swDocASSEMBLY（装配体）；3表示swDocDRAWING（工程图）。

3）options——打开文档的模式，一般选择swOpenDocOptions_Silent，当然还有只读、只看等选项。其含义在swOpenDocOptions_e中定义。

① swOpenDocOptions_Silent：表示不需要对话框打开文档。

② swOpenDocOptions_ReadOnly：表示以只读方式打开文档。

③ swOpenDocOptions_ViewOnly：表示以只看方式打开文档。

④ swOpenDocOptions_RapidDraft：表示转换文档为快速绘图格式。

4）configuration——打开文档所使用的模型配置，应用到零件和装配体，不应用到工程图，一般置空。

5）errors——用来显示错误打开时的提示，在 swFileLoadError_e 中定义。

6）Warings——用来显示错误打开时的提示，在 swFileLoadWarning_e 中定义。

（2）输出

retval——函数返回一个指向打开文件的指针，打开失败则指针为空。

使用 SldWorks::DocumentVisible 方法使该零件为不可见，待零件加入装配图之后，使用 SldWorks::CloseDoc 方法关闭该零件图从而回收内存空间。这种方式可以使得要添加的零件被装入内存，从而正确地被添加装配关系。

8.2.2 插入零件

在限定零件之间的配合关系之前要将待配合零件添加到装配图中，使用 AssemblyDoc::AddComponent4()方法可实现将指定零件插入装配图中，使用格式如下：

```
retval = AssemblyDoc. AddComponent4( compName, configName, x, y, z)
```

各项参数的含义如下：

（1）输入

1）compName——添加零件的路径名称。

2）configName——加入组件的配置名称。

3）x——组件中心的 x 坐标。

4）y——组件中心的 y 坐标。

5）z——组件中心的 z 坐标。

（2）输出

retval——指向 Component2 对象的指针。

调用 SOLIDWORKS 的 ActivateDoc2 方法来激活已经加载的组件，这个组件激活后通过此方法返回一个活动文档对象，其使用格式如下：

```
status =SldWorks->IActivateDoc2 ( name, silent, &errors, &retval )
```

各项参数的含义如下：

1）name——要激活的组件名称。

2）silent——对话框或警告信息是否显示，为 True 则不显示，否则显示。

3）errors——文档激活状态，如果没有错误和警告发生，则其值为 0。

4）retval——指向文档模型指针。

因此，向装配体中插入一个零部件的操作步骤如下：

1）得到装配体。

2）使用 OpenDoc6()打开需要插入的零件。

3）使用 AddComponent4()插入零件到装配体。

4）使用 ActivateDoc2()激活文档。

1. 程序的功能

要实现零件的装配，必须把需要装配的零部件插入装配文件中，单击图 8-5 中的“插入零件”按钮。程序的运行结果如图 8-7 所示。在打开的 Windows 对话框中选择零件文件，单击“打开”按钮，将其插入装配文件中。

图 8-7　选择零件文件

2. 实现步骤

步骤 1：添加“插入零件”按钮响应函数。双击“插入零件”按钮，为其添加单击事件响应函数，函数名改为 OnInsertPart，单击“OK”按钮完成添加。

步骤 2：因为用到了 CFileDialog 类，在 StdAfx. h 中添加如下头文件代码。

```
#include <afxdlgs. h>
```

步骤 3：在生成的 OnInsertPart( ) 中添加如下实现函数代码。

```
void firstdlg::OnInsertPart()
{
    // TODO：在此处添加控件通知处理程序代码
    CComPtr<IModelDoc2>pModelDoc;
    CComPtr<IPartDoc>pPartDoc = NULL;// 定义零件对象
    CComPtr<IAssemblyDoc>pAssemblyDoc= NULL;// 定义零件对象
    HRESULT retval;
    m_iSldWorks_dlg->NewAssembly((IDispatch * * )&pAssemblyDoc);// 新建装配体
    if(pAssemblyDoc == NULL)
    {
        AfxMessageBox(_T("新建装配文件失败"));
        return;
    }
    retval = m_iSldWorks_dlg->get_IActiveDoc2(&pModelDoc);
    if(pModelDoc == NULL)
    {
```

```
        AfxMessageBox(_T("获取活动文档失败"));
        return;
    }
    // 得到指向当前装配体文档的接口指针
    CComPtr<IAssemblyDoc>pAssmDoc;
    retval = pModelDoc->QueryInterface(IID_IAssemblyDoc, (LPVOID *)&pAssmDoc);
    if(pAssmDoc == NULL)
    {
        AfxMessageBox(_T("获取指向当前活动装配体文档接口指针失败"));
        return;
    }
    // 添加一个已有零件
    CFileDialog dlg(TRUE, NULL, NULL, NULL, NULL, NULL);// 打开 Windows 对话框
    if(dlg.DoModal() != IDOK)
    return;
    CString filePath = dlg.GetPathName();
    CComBSTR compName(filePath);
    CComPtr<IDispatch>pPartDisp;
    m_iSldWorks_dlg->OpenDoc(compName, swDocPART, &pPartDisp);// 打开零件，为了将零件装
入内存
    CComPtr<IComponent2>pCompDisp;
    pAssmDoc->AddComponent4(compName, NULL,0,0,0, &pCompDisp);// 增加一个部件到装配
文件
    m_iSldWorks_dlg->CloseDoc(compName);// 关闭零件释放内存
    if(pCompDisp == NULL)
    {
        AfxMessageBox(_T("添加部件失败"));
        return;
    }
    return;
}
```

3. 程序说明

（1）AssemblyDoc::AddComponent4()　该方法添加一个特定配置的零部件到装配体。

1）使用格式为（OLE Automation）：

```
retval = AssemblyDoc.AddComponent4 (compName,configName,x,y,z)
```

2）使用格式为（COM）：

```
status = AssemblyDoc ->AddComponent4(compName,configName,x,y,z,&retval)
```

说明： 指定的文件必须载入内存中。当在 SOLIDWORKS 中（用 SldWorks::OpenDoc7）载入文件或打开一个已经包含文件的装配体，文件就能载入内存中。

如果配置名称为空或指定的配置不存在，那就使用当前配置。

如果想要添加的部件相对于装配体在某个位置，在使用这个方法后，立刻用 Component2::Transform2()重置部件位置；或者在插入一个部件时使用 AssemblyDoc::AddComponent2()指定位置，插入需要的零件数目，通过转换矩阵进行旋转和缩放。

重要提示：此方法中，x、y、z 参数与部件的包络盒有关，故只能大致地对部件定位。需要精确定位要使用 Component2::Transform2()方法。

（2）SldWorks::CloseDoc()　该方法可关闭指定文件。

1）使用格式为（OLE Automation）：

```
voidSldWorks. CloseDoc (Name)
```

2）使用格式为（COM）：

```
status =SldWorks ->CloseDoc (Name)
```

SldWorks::CloseDoc()使用格式中各项参数的含义见表 8-2。

表 8-2　SldWorks::CloseDoc()使用格式中各项参数的含义

参　数	类　型	说　明
(BSTR) Name	输入	文档名称
(HRESULT) status	返回	如果成功则返回 S_OK

说明：如果在 SOLIDWORKS 程序中只关闭打开的文档，SOLIDWORKS 程序作为后台程序可以使用 SldWorks::QuitDoc()关闭文档。

当 SOLIDWORKS 程序开始运行，SOLIDWORKS 后台程序就被创建了，后台程序不被用户所控制（UserControl = FALSE）。

为了使 SOLIDWORKS 后台程序对用户开放，设置 SldWorks::UserControl 为 TRUE，使后台程序可得到，或者在执行程序末端关闭文档。

8.3 添加装配关系

8.3.1 一般配合步骤

添加装配关系的一般步骤如图 8-8 所示，在附加工作台上添加最后一个零件与其余部件的

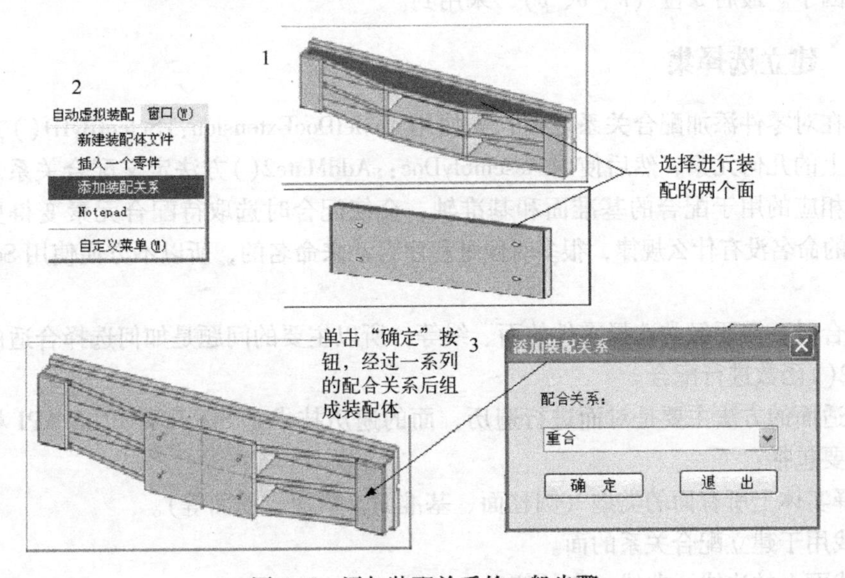

图 8-8　添加装配关系的一般步骤

配合关系，先选中要配合的面，然后选中“添加配合关系”，在弹出的对话框中，选择“重合”配合类型，单击“确定”按钮就完成了两个面之间的重合配合，可以根据实际情况选择其他配合类型。经过一系列的配合，最后完成装配图。

8.3.2 变换矩阵

在装配环境下进行编程操作时，经常要用到矩阵转换。在装配的过程中，我们需要理解装配空间和零件空间的概念，在 SOLIDWORKS 中，对于每一个装配体，系统都会提供一个整体（装配体）坐标系 $Oxyz$，对于装配体中的每一个零件来说，又有一个局部（零件）坐标系 $O'x'y'z'$，如图 8-9 所示。所有的装配体都有一个原点（0,0,0），当增加一个零件到装配体环境中，它有可能加到装配中的任一位置。如果放置零件的原点到装配体的原点上，零件空间和装配体空间是一致的，否则要对零件空间进行矩阵转换。

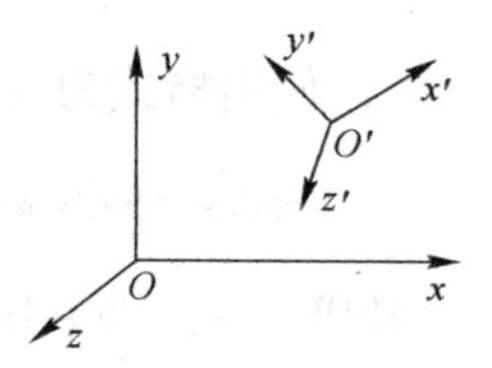

图 8-9　装配体坐标系与零件坐标系

在 SOLIDWORKS API 中，向装配体中添加零部件是通过 AssemblyDoc 对象的 AddComponent2( ) 函数实现的，如果零部件的原点不是装配体的原点，则 AddComponent2( ) 函数中的 xyz 参数必须进行矩阵转换。

零部件的位姿（包括零件的位置坐标和沿 3 个坐标轴的旋转）是由一个表示两坐标系相对系的 4×4 位姿矩阵规定的，通过 Components 对象的 GetXform( ) 函数可返回位姿矩阵中的元素值。然后可以调用 MathUtility 对象的 CreateTransform 来创建一个矩阵，完成矩阵转换，矩阵格式如下：

$$\begin{bmatrix} a & b & c & n \\ d & e & f & o \\ g & h & i & p \\ j & k & l & m \end{bmatrix}$$

其中，前 9 位（a~i）是一个 3×3 的旋转矩阵。10~12 位（j~l）定义转换点。13 位（m）是一个比例因子。最后 3 位（n、o、p），未用到。

8.3.3 建立选择集

通常，在对零件添加配合关系之前，先使用 ModelDocExtension::SelectByID( ) 方法选中待配合的零件上的几何元素，然后使用 AssemblyDoc::AddMate2( ) 方法定义配合关系。如果之前已经定义过相应的用于配合的基准面和基准轴，会使配合时选取待配合元素变得更容易。然而，由于面的命名没有什么规律，很多时候是程序自动来命名的，所以不方便使用 SelectByID( ) 来选择。

在做配合时，需要经常选择零件的面、线等，所以主要的问题是如何选择合适的面，然后用 AddMate2( ) 函数进行配合。

选择合适面的方法主要是对面进行遍历，面的遍历技术是 SOLIDWORKS API 相当重要的功能，其主要包括：

1）选择实体上所有面的类型（圆柱面、基准面、平面、曲面等）。

2）查找用于建立配合关系的面。

3）查找面上的边线、曲线、点的信息。

4）自动配合面的修改。

5）给面增加信息（加工信息）。

在得到一个组件或者一个特征时，可以用 Igetfaces( )、Igetfirstface( )、Igetnextface( )等函数遍历组件或特征上的各个面，以达到选择面的目的。

当一个零件或部件装入装配体之后，如果之前选择装配面并存储一个装配体的 SOLIDWORKS->Face2 的指针，则这个指针是无效的，这时，SOLIDWORKS 会返回一个错误并告知对象没有连接。因为当增加一个新的零件或部件到一个装配中，这个零件或部件的许多面在装配体空间里被统一管理，在装配体中重新建立新的几何关系并重新存储这些面的指针，使其原来选择的面的指针无效。为了解决这个问题，SOLIDWORKS API 提供了一个称为安全实体的对象（Entity->GetSafeEntity），在向装配体中装入零件或部件时，为了能确定目标装配体的配合面被选择，就应该建立一个安全实体的选择集。

8.3.4 建立配合关系

AddMate3( )是给组件间配合的函数，其格式如下：

pMateObjOut = AssemblyDoc. AddMate3 (mateTypeFromEnum, alignFromEnum, flip, distance, distAbsUpperLimit, distAbsLowerLimit, gearRatioNumerator, gearRatioDenominator, angle, angleAbsUpperLimit, angleAbsLowerLimit, ForPositioningOnly, errorStatus)

各项参数的含义如下：

1）mateTypeFormEnum——配合类型，在 swMateType_e 中定义。

2）alignFormEnum——对齐类型，在 swMateAlign_e 中定义。

3）flip——部件是否翻转，Ture 代表翻转，False 代表不翻转。

4）distance——配合的距离，在组件配合的时候要指定。

5）distAbsUpperLimit——最大距离。指定一个没有限制的距离，设置距离限制的最大值、最小值和距离值相等。

6）distAbsLowerLimit——最小距离。

7）gearRatioNumerator——齿轮配合的分子值。

8）gearRatioDenominator——齿轮配合的分母值。

9）angle——配合的角度。

10）angleAbsUpperLimit——最大角度。

11）angleAbsLowerLimit——最小角度。如果是距离或角度配合，配合将从符合条件的最近端进行配合，设定 flip 为 True，可以改变配合至另一个合适的位置。

12）ForPositioningOnly——TRUE 获取配合关系的组件的位置，但配合关系不会创建和返回，FALSE 则不。

13）errorStatus——错误报告。

14）pMateObjOut——获得的 MATE2 对象指针。

1. 程序的功能

一般按照下面的次序来进行装配关系的添加：

1）使用 ModelDoc2::ClearSelection2( )函数取消所有选择。

2）选择需要配合的实体（entity）。

3）使用 AddMate3( )函数来进行装配。

4）再次使用 ModelDoc2::ClearSelection2( )函数取消所有选择。

运行 SOLIDWORKS，对零件添加装配关系，单击图 8-5 中的“添加装配关系”按钮，程序运行前后的结果如图 8-10 和图 8-11 所示。

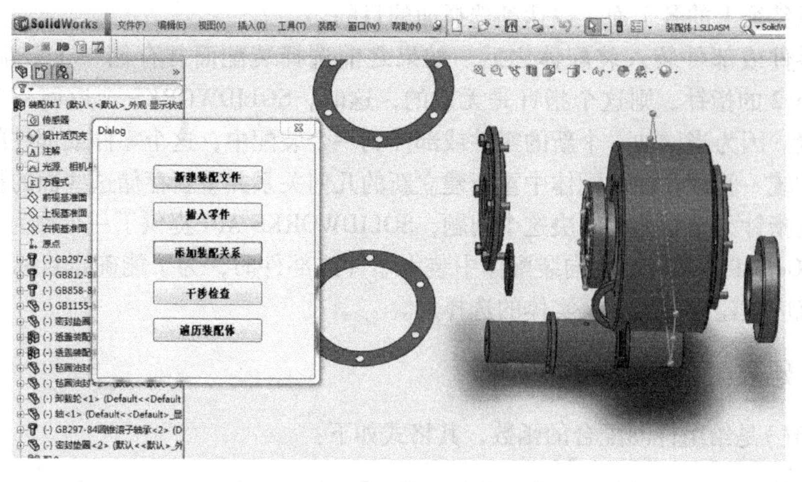

图 8-10　未添加装配关系

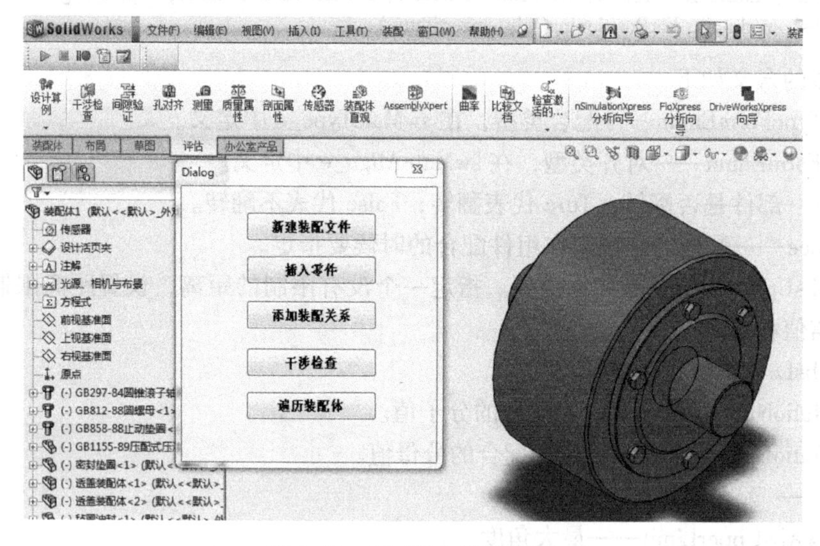

图 8-11　完成添加装配关系

2. 实现步骤

步骤 1：添加“添加装配关系”按钮响应函数。双击“添加装配关系”按钮，为其添加单击事件响应函数，函数名改为 OnAutoAssemble，单击“OK”按钮完成添加。

步骤 2：在生成的 OnAutoAssemble( )中添加如下实现函数代码。

```
void firstdlg::OnAutoAssemble()
{
    // TODO：在此处添加控件通知处理程序代码
    UpdateData(TRUE);
    CComPtr<IModelDoc2>swModel;// 定义 ModelDoc 对象
    CComPtr<IModelDocExtension>swDocExt;// 定义 ModelDocExtension 对象
    CComQIPtr<IAssemblyDoc>swAssy;// 定义装配件对象
    CComPtr<IComponent2>swComponent;// 定义组件对象
```

```
    CComQIPtr<IFeature>mateFeature;                          // 定义特征对象
    CComPtr<IModelDoc2>tmpObj;                               // 定义 ModelDoc 对象
    CComPtr<IMate2>swMate;                                   // 定义配合对象
    long lErrors;
    long lWarnings;
    long lMateError;                                         // 定义 MateError 对象
    VARIANT_BOOL retVal = VARIANT_FALSE;
    HRESULT retval;
    CComBSTR sAssemblyName(L"F:\\项目\\SOLIDWORKS 出书\\章节安排\\第8章\\ZPTZDCZ\\
xiezailun\\装配体1.SLDASM");                                  // 定义装配件名称
    CComBSTR sDefaultConfiguration(L"Default");              // 定义默认配置名
    // 打开装配体
    m_iSldWorks_dlg->OpenDoc6(sAssemblyName, swDocASSEMBLY, swOpenDocOptions_Silent, sDe-
faultConfiguration, &lErrors, &lWarnings, &swModel);
    swModel=NULL;
    m_iSldWorks_dlg->get_IActiveDoc2(&swModel);              // 激活当前文件
    if(swModel == NULL)
    {
        AfxMessageBox(_T("获取活动文档失败"));
        return;
    }
    retval = swModel->QueryInterface(IID_IAssemblyDoc, (LPVOID *)&swAssy);// 得到指向当前
装配体文档的接口指针
    if(swAssy == NULL)
    {
        AfxMessageBox(_T("获取指向当前活动装配体文档接口指针失败"));
        return;
    }
    CComPtr<IComponent2>pComp;
    long compNum = 0;
    retval = swAssy->GetComponentCount(VARIANT_TRUE, &compNum);
    CComBSTR sAssemblyname(L"");
    swModel->GetTitle(&sAssemblyname);
    swModel->get_Extension(&swDocExt);                       // 获得 ModelDocExtension 对象
///////////////////////////////////////// 配合1   轴承->卸载轮
    CComBSTR sFirstSelection(L"基准轴1@卸载轮-1@装配体1");// 定义第一选择名
    CComBSTR sSecondSelection(L"基准轴1@GB 297—2015 圆锥滚子轴承-1@装配体1");// 定义第二
选择名
    CComBSTR sAXIS(L"AXIS");                                 // 定义选项类型
    swModel->ClearSelection2(true);                          // 清除选项
    swDocExt->SelectByID2(sFirstSelection, sAXIS, 0, 0, 0, true, 1, NULL, swSelectOptionDefault,
&retVal);
    swDocExt->SelectByID2(sSecondSelection, sAXIS, 0, 0, 0, true, 1, NULL, swSelectOptionDefault,
&retVal);
    swAssy->AddMate3(swMateCOINCIDENT, swMateAlignALIGNED, false, 0, 0, 0, 0, 0, 0, 0, 0, false,
&lMateError, &swMate);                                       // 添加配合
    CComBSTR sFullCompMateName (L"轴重合");
    mateFeature = swMate;
    mateFeature->put_Name(sFullCompMateName);                // 设置配合名
///////////////////////////////////////////////// 配合2   轴承->卸载轮
    CComBSTR sFirstSelection2(L"右内面@卸载轮-1@装配体1"); // 定义第一选择名
    CComBSTR sSecondSelection2(L"内面@GB 297—2015 圆锥滚子轴承-1@装配体1");// 定义第二选择名
    CComBSTR sPlane(L"PLANE");// 定义选项类型
```

```
CComPtr<IMate2>swMate2;// 定义配合对象
long lMateError2;// 定义 MateError 对象
swModel->ClearSelection2(true);// 清除选项
swDocExt->SelectByID2(sFirstSelection2, sPlane, 0, 0, 0, true, 1, NULL, swSelectOptionDefault,
&retVal);
swDocExt->SelectByID2(sSecondSelection2, sPlane, 0, 0, 0, true, 1, NULL, swSelectOptionDefault,
&retVal);
swAssy->AddMate3(swMateCOINCIDENT, swMateAlignALIGNED, false, 0, 0, 0, 0, 0, 0, 0, 0, false,
&lMateError2, &swMate2);// 添加配合
CComBSTR sFullCompMateName2 (L"面重合 2");
mateFeature = swMate2;
mateFeature->put_Name(sFullCompMateName2);// 设置配合名
```

3. 程序说明

AssemblyDoc::AddMate3()　该方法为选择的实体添加配合关系。

1）使用格式为（OLE Automation）：

```
pMateObjOut=AssemblyDoc.AddMate3 (mateTypeFromEnum, alignFromEnum, flip, distance, distAbsUp-
perLimit, distAbsLowerLimit, gearRatioNumerator, gearRatioDenominator, angle, angleAbsUpperLimit, an-
gleAbsLowerLimit, ForPositioningOnly, errorStatus)
```

2）使用格式为（COM）：

```
status = AssemblyDoc ->AddMate3(mateTypeFromEnum, alignFromEnum, flip, distance, distAbsUpper-
Limit, distAbsLowerLimit, gearRatioNumerator, gearRatioDenominator, angle, angleAbsUpperLimit, an-
gleAbsLowerLimit, ForPositioningOnly, errorStatus,&pMateObjOut)
```

说明：指定一个没有限制的距离，设定距离限制的最大值、最小值和距离值相同。

如果是距离或角度配合，配合将从符合条件的最近端进行配合，可以设定 flip 为 TRUE，改变配合至另一个合适的位置。

使用：

在选择实体进行配合前使用 ModelDoc2::ClearSelection2(VARIANT_TRUE)。

选择实体进行配合时使用 ModelDocExtension::SelectByID2()中 Mark 参数为 1。

在配合创建后使用 ModelDoc2::ClearSelection2(VARIANT_TRUE)。

如果是凸轮配合，为凸轮面使用选择 Mark 标记为 8；如果是宽度配合类型，用 Tab 进行选择，选择 Mark 标记为 16；如果没有预选，则失败类型是 swAddMateError_IncorrectSeletions，pMateObjOut 输出值为 NULL。

指定 swMateType_e 的值代表配合的含义见表 8-3。

表 8-3　指定 swMateType_e 的值代表配合的含义

swMateType_e 值	swMateType_e 配合类型	配合名称
0	swMateCOINCIDENT	重合
1	swMateCONCENTRIC	同心
2	swMatePERPENDICULAR	垂直
3	swMatePARALLEL	平行
4	swMateTANGENT	相切
5	swMateDISTANCE	距离

（续）

swMateType_e 值	swMateType_e 配合类型	配合名称
6	swMateANGLE	角度
7	swMateUNKNOWN	未知
8	swMateSYMMETRIC	对称
9	swMateCAMFOLLOWER	凸轮
10	swMateGEAR	齿轮
11	swMateWIDTH	宽度
12	swMateLOCKTOSKETCH	锁定到草图
13	swMateRACKPINION	齿条齿轮
14	swMateMAXMATES	最大配合
15	swMatePATH	路径
16	swMateLOCK	锁定
17	swMateSCREW	螺旋
18	swMateLINEARCOUPLER	线性耦合
19	swMateUNIVERSALJOINT	万向节
20	swMateCOORDINATE	位置

8.4 干涉检查

8.4.1 关于干涉

在投产之前使用 SOLIDWORKS 3D CAD 软件验证零件和装配体是否可以正确配合、装配和操作。干涉检查与 CAD 完全集成，可以在设计时使用该工具加快产品开发过程，节省时间和开发成本，并提高生产效率。零部件干涉、未对齐和不匹配的孔和扣件，以及制造的零件的公差不正确，这些都是造成装配车间高返工率和高废品成本的主要原因。若仅使用 2D CAD 工具，在投产之前发现这些问题非常困难。SOLIDWORKS 可在制造任何零件之前帮助验证用户的设计是否能够正确配合、装配和操作。干涉检查可以在设计阶段及早发现问题，从而赢得更多时间执行代价较少的修复。

8.4.2 干涉检查

用视觉检查复杂装配体中各零部件的干涉很困难，SOLIDWORKS 软件就提供了一个自动检查装配体干涉的功能，使零部件的干涉检查变得很简单。自动虚拟装配好的零部件也需要进行干涉检查，SOLIDWORKS API 中也提供了对装配体进行干涉检查的函数。

首先使用 SelectionMgr. GetSelectedObjectsComponent3（Index，Mark）方法获取所选对象的零部件，然后使用 AssemblyDoc::ToolsCheckInterference()方法检查装配体中零件间是否干涉。

GetSelectedObjectsComponent3()函数用来选取装配环境下的组件对象。

Component = SelectionMgr. GetSelectedObjectsComponent3（Index，Mark）中各项参数的含义如下：

1）Index——当前选择零件的指针索引，其范围是从 1 到获取的组件的数量。

2）Mark——“-1”表示选择所有的零部件；“0”表示选择没有标记的组件；“其他值”表示选择带有标记的组件。

3）Component——返回一个组件指针。

void AssemblyDoc. ToolsCheckInterference2（numComponents，lpComponents，coincidentInterference，&pComp，&pFace）中各项参数的含义如下：

1）numComponents——需要进行干涉检查的零部件的数目。

2）lpComponents——需要进行干涉检查的具体零件的名称。

3）coincidentInterference——选择“ture”开始检查，“false”则不检查。

4）&pComp——检查零件间干涉情况的返回数组。

5）&pFace——检查零部件面间的干涉情况的返回数组。

调用 SOLIDWORKS 的 ActivateDoc2 方法来激活已经加载的组件，这个组件激活后通过此方法返回一个活动文档对象。

status = SldWorks->IActivateDoc2（name，silent，&errors，&retval）中各项参数的含义如下：

name——要激活的组件名称。

silent——为 true 则对话框或警告信息不显示，否则显示。

errors——文档激活状态，如果没有错误和警告发生，则其值为 0。

retval——指向文档模型指针。

1. 程序的功能

运行 SOLIDWORKS，对装配体进行干涉检查，单击图 8-5 中的“干涉检查”按钮，系统界面左侧弹出自带的“干涉检查”对话框，单击“计算”按钮可进行干涉检查，结果如图 8-12 所示。

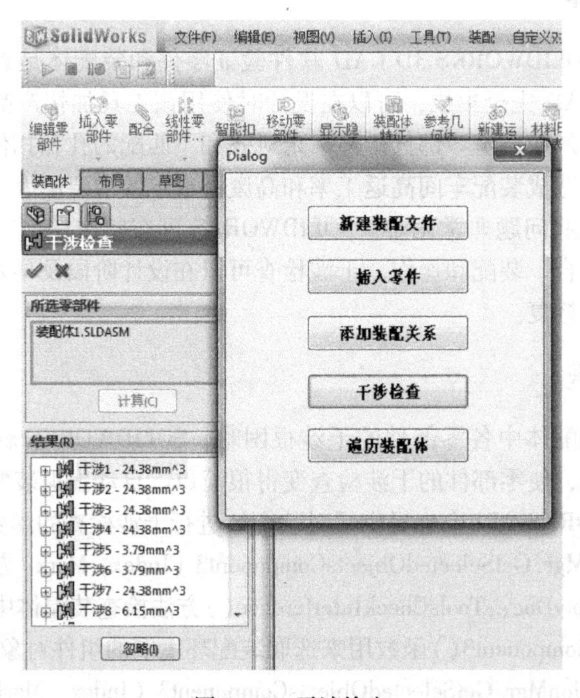

图 8-12　干涉检查

2. 实现步骤

步骤 1：添加“干涉检查”按钮响应函数。双击“干涉检查”按钮，为其添加单击事件响应函数，函数名改为 OnCheck，单击“OK”按钮完成添加。

步骤 2：在生成的 OnCheck ( ) 中添加如下实现函数代码。

```
void firstdlg::OnCheck()
{
    // TODO: 在此处添加控件通知处理程序代码
    CComPtr<IModelDoc2>pModelDoc;
    CComPtr<IAssemblyDoc>pAssmDoc;
    m_iSldWorks_dlg->get_IActiveDoc2(&pModelDoc);// 激活当前文件
    if(pModelDoc == NULL)
    {
        AfxMessageBox(_T("获取活动文档失败"));
    }
    // 得到指向当前装配体文档的接口指针
    pModelDoc->QueryInterface(IID_IAssemblyDoc,(LPVOID *)&pAssmDoc);
    if(pAssmDoc == NULL)
    {
        AfxMessageBox(_T("获取指向当前活动装配体文档接口指针失败"));
    }
    pAssmDoc->ToolsCheckInterference();
    pModelDoc=NULL;
    pAssmDoc=NULL;
    return;
}
```

3. 程序说明

AssemblyDoc::ToolsCheckInterference( )　该方法检查干涉。

1）使用格式为（OLE Automation）：

```
retval = AssemblyDoc.ToolsCheckInterference ()
```

2）使用格式为（COM）：

```
status = AssemblyDoc ->ToolsCheckInterference ()
```

8.5 本章小结

装配体自动操作

如何快速装配是设计师非常关心的问题，本章讨论了装配操作中的基本问题。我们认为与装配操作有关的深层次问题有：

1）如何从一个装配体快速复制出另一个装配体？

2）在装配体中如何自动更换零件或部件？

3）如何导出相互干涉的零件及干涉的体积？如何高亮显示干涉的零部件？

4）装配体中的部分零件如何有选择地轻量化表示？

5）装配体中的零件如何自动着色？

第 9 章　工程图的程序生成

本章内容提要

（1）自动创建工程图
（2）创建基于配置的多图纸工程图
（3）为工程图每张图纸插入工程图视图
（4）工程图自动调整

9.1 概述

尽管无纸化生产已经出现在一些发达国家的某些工业领域，但由于经济与技术水平以及协作需要等方面的原因，在设计生产制造的不同阶段，工程图仍是生产制造的主要依据，常被称为工程界的语言。在完成零件或产品的设计之后，需要创建相应的零件或装配的二维图，一幅合格的工程图应该包括零件的图形化表示、尺寸标注、物料说明、注释等详细表达设计意图与技术要求的信息。

SOLIDWORKS 的制图模块为用户提供了利用已有模型生成各类视图的功能。制图模块所生成的工程图与模型相关联。SOLIDWORKS API 提供了相应的函数用于实现制图模块的各项功能，借助计算机辅助设计技术实现工程图的智能化。因此，本章主要介绍与之相关的各种方法和属性。

9.1.1 视图变换原理

在 SOLIDWORKS 零件图中，存在相对坐标和绝对坐标，相对坐标是对于用户坐标而言的，绝对坐标是基于模型原点的坐标。在工程图中，存在着图纸坐标，图纸坐标就是基于图纸原点的坐标。

工程视图主要由三维模型从不同方向的投影得到的，包括正面投影、水平投影、侧面投影等。空间图形上的每个点可以用唯一坐标（x,y,z）表示，用齐次坐标表示为一个四维向量（$x,y,z,1$）。

1. 正面投影（主视图）

点 P 向 V 面（xOz 面）投影，x、z 坐标不变，y 等于 0。

$$\text{变换矩阵 } \boldsymbol{T}_V=\begin{pmatrix}1&0&0&0\\0&0&0&0\\0&0&1&0\\0&0&0&1\end{pmatrix},\ \boldsymbol{P}_1=\boldsymbol{PT}_V=(x,y,z,1)\begin{pmatrix}1&0&0&0\\0&0&0&0\\0&0&1&0\\0&0&0&1\end{pmatrix}=(x,0,z,1)$$

2. 水平投影（俯视图）

点 P 向 H 面（xOy 面）投影，x、y 坐标不变，z 等于0，再将所得到的投影绕 x 轴旋转 $-90°$（按右手定理），然后沿 z 轴平移一段距离。

$$\text{变换矩阵 } \boldsymbol{T}_H=\begin{pmatrix}1&0&0&0\\0&1&0&0\\0&0&0&0\\0&0&0&1\end{pmatrix}\begin{pmatrix}1&0&0&0\\0&0&-1&0\\0&1&0&0\\0&0&0&1\end{pmatrix}\begin{pmatrix}1&0&0&0\\0&1&0&0\\0&0&1&0\\0&0&-l&1\end{pmatrix}=\begin{pmatrix}1&0&0&0\\0&0&-1&0\\0&0&0&0\\0&0&-l&1\end{pmatrix},$$

$$\boldsymbol{P}_2=\boldsymbol{PT}_H=(x,y,z,1)\begin{pmatrix}1&0&0&0\\0&0&-1&0\\0&0&0&0\\0&0&-l&1\end{pmatrix}=(x,0,-z-l,1)$$

3. 侧面投影（侧视图）

点 P 向 W 面（yOz 面）投影，y、z 坐标不变，x 等于0，再将所得到的投影绕 z 轴旋转 $90°$（按右手定理），然后沿 z 轴平移一段距离。

$$\text{变换矩阵 } \boldsymbol{T}_W=\begin{pmatrix}0&0&0&0\\0&1&0&0\\0&0&1&0\\0&0&0&1\end{pmatrix}\begin{pmatrix}0&1&0&0\\-1&0&0&0\\0&0&1&0\\0&0&0&1\end{pmatrix}\begin{pmatrix}1&0&0&0\\0&1&0&0\\0&0&1&0\\-j&0&0&1\end{pmatrix}=\begin{pmatrix}0&0&0&0\\-1&0&0&0\\0&0&1&0\\-j&0&0&1\end{pmatrix},$$

$$\boldsymbol{P}_3=\boldsymbol{PT}_W=(x,y,z,1)\begin{pmatrix}0&0&0&0\\-1&0&0&0\\0&0&1&0\\-j&0&0&1\end{pmatrix}=(-y-j,0,z,1)$$

i 是某一个投影平面，n 是 i 平面的法向量，P 是平面外一点，P_i 是它在平面上的投影点。PP_i 的方向向量为 PP_i，向量 PP_i 平行与法向量 n，那么 P_i 就是 P 在平面 i 上的正投影。P 的坐标为（x,y,z），可用齐次坐标表示为一四维向量（$x,y,z,1$），即 $\boldsymbol{P}=(x,y,z,1)$。当 i 平面与 xOz 面平行时，点 P 投影到 i 平面，$\boldsymbol{P}=(x,y,z,1)\Rightarrow\boldsymbol{P}_i=(x,-i,z,1)$。当 $-i=0$ 时，i 平面与 xOz 平面重合。

9.1.2 生成工程图的步骤

工程图生成步骤如图9-1所示。

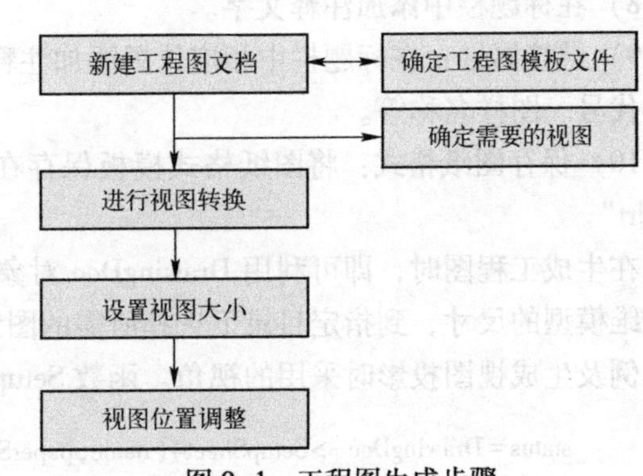

图9-1 工程图生成步骤

9.2 工程图内容

针对二维工程视图组成特点，将工程图的内容划分为图9-2所示的几个模块。利用图纸模板定制模块，可针对不同企业建立相应的图纸模板。通过视图创建模块可以对已有三维实体模型建立前视、左视、俯视，以及其他辅助视图。

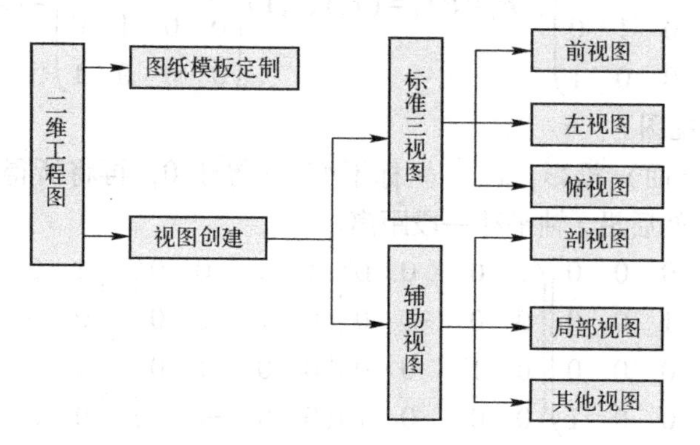

图 9-2　工程图内容划分

1. 图纸模板定制

图纸格式包括图幅和图框、标题栏、注释、材料明细表的定位点、预定义视图。图纸格式应根据企业标准的格式来定制，而且要符合国家标准。通常设计人员在一段时间内，使用的图纸格式都是相对固定的，为了避免重复绘制图纸模板，提高制图效率，可利用 SOLIDWORKS 提供的保存图纸格式功能，将绘制好的常用工程图模板保存到指定文件夹下。下面以创建一个 A3 横向的图纸格式为例，介绍建立工程图图纸格式模板的基本方法和步骤。

1）新建工程图：使用默认的工程图模板建立一个无图纸格式“A3-横向”的空白图纸。

2）编辑图纸格式：在图纸中右击，从快捷菜单中选择“编辑图纸格式”命令，切换到编辑图纸格式模式。

3）新建图层：用图层来管理不同的线型。外框是细实线，内框是粗实线，尺寸是单独的线型。

4）绘制图纸内、外边框。

5）设定外框左下角端点坐标参数：将外框左下角端点坐标参数设为(0,0)，添加“固定”几何关系。

6）绘制标题栏，标注尺寸。

7）隐藏尺寸：在出工程图时，这些尺寸是不需要显示出来的。在“视图”下拉菜单中选择“隐藏\ 显示注解”，将所有标注的尺寸都隐藏。

8）在标题栏中添加注释文字。

9）链接属性：在标题栏中相应位置添加注释，然后链接到属性的注释：材料、公司名称、图样代号、图样名称等。

10）保存图纸格式：将图纸格式模板保存在专门存放模板的文件夹里，命名为“A3-横. slddrt”。

在生成工程图时，即可利用 DrawingDoc 对象的 SetupSheet4( ) 函数根据需要生成工程图视图三维模型的尺寸，到指定目录下选择所需的图纸模板，同时还可以根据需要，设定合适的图纸比例及生成视图投影时采用的视角。函数 SetupSheet4( ) 的具体格式如下：

```
status = DrawingDoc->SetupSheet4( name, paperSize, templateIn, scale1, scale2, first Angle, templateName, width, height, propertyViewName, &retval)
```

图纸模板选择完成后，需要设置显示图纸格式，因为软件自动投影出来的图纸默认是不显示图纸格式的，其显示的效果没有图框。为此，可以通过获取需要设置的图纸，使用Sheet对象的SheetFormatVisible()函数将参数设置为true，即可实现设置显示图纸格式的功能。

在开始绘制工程图前，对于图纸中箭头大小、尺寸标注类型、标注字体及大小等是没有明确指定的。因此，需对图纸环境配置进行设置来完成上述项目的设定，可通过IModelDocExtension对象的SetUserPreferenceDoubleValue()函数根据用户需要设置箭头、注释、线条等的尺寸和类型，应用SetUserPreferenceTextFormat()函数修改标注文字字体大小及样式，SOLIDWORKS系统选项中的内容可通过SetUserPreferenceToggle()函数进行设置。图纸模板的准备工作完成后，即可打开需要生成工程图的三维模型，激活三维模型后便可以进行视图的生成工作。

2. 标准三视图的生成

在机械制图中共有六个视图，分别为：前视图、后视图、俯视图、仰视图、左视图、右视图。常需要采用两个或两个以上视图，来完整表示一个物体的形状。视图生成方法均采用我国国家标准中规定的第一视角投影法。SOLIDWORKS中生成视图有两种方式：第一种先插入视图在指定模型，利用DrawingDoc对象中的CreateIstAngleViews()函数，通过指定要生成工程图的三维模型，即可直接生成指定零部件的标准三视图（第一视角）；当所需工程视图包含基本的标准三视图时，可应用此方法一次生成零部件或装配体的标准三视图。第二种是选择零件后指定要生成三视图的方向，这种方式是利用DrawingDoc对象中的CreateDrawViewFromModelView2()函数，通过指定所要投影视图的模型路径、所生成视图的名称（如“*前视”）来生成三视图。同时还可以通过设定x、y、z的坐标来指定视图在图纸模板上的位置。当工程视图中需要标准三视图中的某一个或某几个时，可利用此法生成指定视图方向的标准视图。

3. 辅助视图的生成

由于实际生产中的机械零部件结构相对复杂，仅凭三视图有时不能完整表达出零部件的全部结构信息，因此需要添加其他辅助视图（如剖视图、局部视图等），来说明零部件内部、局部等细节部位的结构信息。

全剖视图、半剖视图在SOLIDWORKS软件中可应用剖面视图命令建立。剖视图是通过获取指定边线两端点坐标后，计算剖切线位置，然后通过ModelDoc2对象的CreateLine2()函数（输入参数为剖切线两端点的x和y坐标）绘制剖切线段，再应用DrawingDoc对象的CreateSectionViewAt4()函数创建，输入参数为视图位置坐标、视图标记、细节详细值等。

局部放大图主要用于机件上有某些细小的结构在已有的视图中不能清楚表达或尺寸标注不便等情况。在SOLIDWORKS中，可用局部视图命令生成局部放大图，其创建的准备工作与剖视图基本相同，获取指定边线在图纸空间中两端点坐标后，绘制放大区域范围草图，然后应用DrawingDoc对象的CreateDetailViewAt3()函数创建局部视图，输入参数为局部放大图在图纸中的位置坐标、放大比例、视图标记、显示类型、轮廓显示样式等。

其他的视图可根据需要，查看API帮助文件。

9.3 创建工程图

9.3.1 建立工程图菜单

步骤1：新建一个“ATL COM AppWizard”工程，命名为GCTZDCZ；添加SOLIDWORKS

Addin 对象，输入对象名称 swobj；为 Iswobj 类添加自定义方法，方法名称为 ZPTZDCZ。具体步骤可以参考 1. 5. 2 第一个应用程序。

步骤 2：编辑工程图的资源文件 String Table，为菜单项添加资源，如图 9-3 所示。

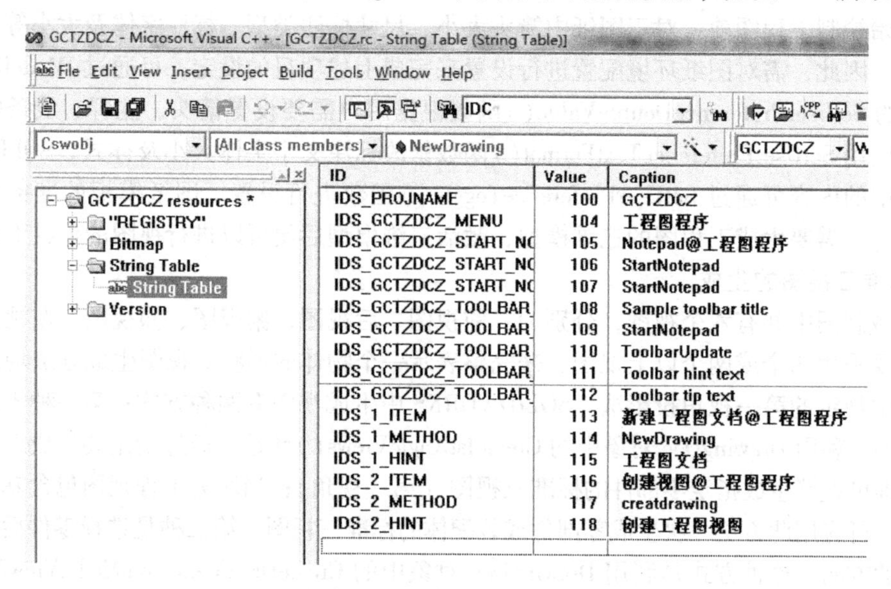

图 9-3　添加工程图资源

步骤 3：编辑 AddMenus( ) 函数，分别在无文档和工程图文档下添加程序代码。

在无文档模式下添加关于新建工程图菜单代码：

```
menu.LoadString(IDS_1_ITEM);
method.LoadString(IDS_1_METHOD);
hint.LoadString(IDS_1_HINT);
m_iSldWorks->AddMenuItem2(type, m_swCookie, menu, position, method, update, hint, &ok);
```

当程序被加载后，在无文档模式下单击“工程图程序”，菜单结果如图 9-4 所示。

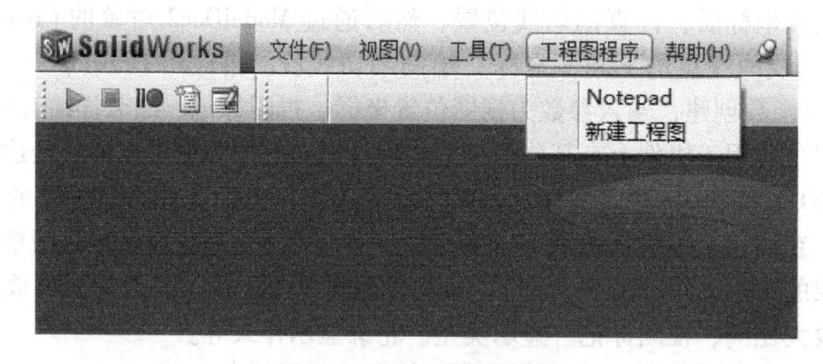

图 9-4　新建工程图菜单

在工程图文档下添加创建视图菜单代码：

```
menu.LoadString(IDS_2_ITEM);
method.LoadString(IDS_2_METHOD);
hint.LoadString(IDS_2_HINT);
m_iSldWorks->AddMenuItem2(type, m_swCookie, menu, position, method, update, hint, &ok);
```

实现新建工程图后，在工程图文档模式下单击“工程图程序”，菜单结果如图9-5所示。

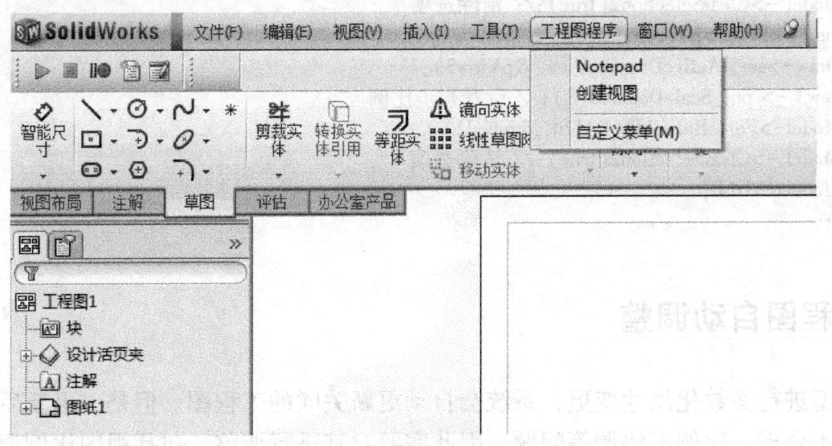

图9-5　创建视图菜单

9.3.2　新建工程图

新建工程图的实现代码如下：

```
// 新建工程图图纸和标准三视图
CComBSTR retval;
m_iSldWorks_dlg->GetUserPreferenceStringValue (swDefaultTemplateDrawing, &retval);// 得到系统默认的用户首选项的值，本方法适用于用户首选项类型的字符串
m_iSldWorks_dlg->INewDocument2(TemPlateName,swDwgPaperA3size, 0, 0, &swModel);
swModel->ClearSelection2(true);// 清除选项
swModel->QueryInterface(IID_IDrawingDoc, (LPVOID * )&swDraw);
VARIANT_BOOL retval1;
CComPtr<ISelectionMgr>pSelectionManager;
swModel->get_ISelectionManager(&pSelectionManager);
swDraw->Create1stAngleViews2(TemPlateName1, &retval1);// 创建视图
```

9.3.3　程序实现过程

主要程序如下：

```
……
CComBSTR retval;
// 得到系统默认的用户首选项的值，本方法适用于用户首选项类型的字符串
m_iSldWorks_dlg-> GetUserPreferenceStringValue (swDefaultTemplateDrawing, &retval);
m_iSldWorks_dlg->INewDocument2(TemPlateName,swDwgPaperA3size, 0, 0, &swModel);
swModel ->ClearSelection2(true);// 清除选项
swModel->QueryInterface(IID_IDrawingDoc, (LPVOID * )&swDraw);
VARIANT_BOOL retval1
CComPtr<ISelectionMgr>pSelectionManager;
swModel->get_ISelectionManager(&pSelectionManager);
swDraw->Create1stAngleViews2(TemPlateName1, &retval1);
CComPtr<IModelDocExtension>swDocExt;
swModel -> get_Extension(&swDocExt);// 获得 ModelDocExtension 对象
swDocExt ->SelectByID2(L"工程视图 1", L"DRAWINGVIEW", 0, 0, 0, false, 0, NULL, 0, &retval1);
```

```
swDraw ->ActivateView (L"工程视图 1",&retval1);
swModel ->ClearSelection2(true);// 清除选项
CComPtr<IView>pView3;
swDraw->get_IActiveDrawingView(&pView3);
pView3 -> put_ScaleDecimal(1);// 设置初步比例
swModel->ForceRebuild3(FALSE,&retval1);
swModel ->ClearSelection2(true);// 清除选项
swModel=NULL;
……
```

9.4 工程图自动调整

三维模型进行参数化尺寸变更，系统会自动更新关联的工程图。但是，更新后的工程图视图存在布局不合理、比例不协调等问题，因此需要对其进行调整，包括视图比例调整和视图位置调整。图纸中每个视图都有一个视图区，称为包络框，如图 9-6 所示。在视图调整过程中，可以利用遍历技术遍历工程视图，遍历得到的第一个视图是当前图纸，然后依次得到工程视图，视图编号记为 nView（0、1、2……）。再利用 API 接口函数，得到图纸和所有视图包络框副对角线两端点坐标，通过坐标计算来调整视图比例和视图位置。

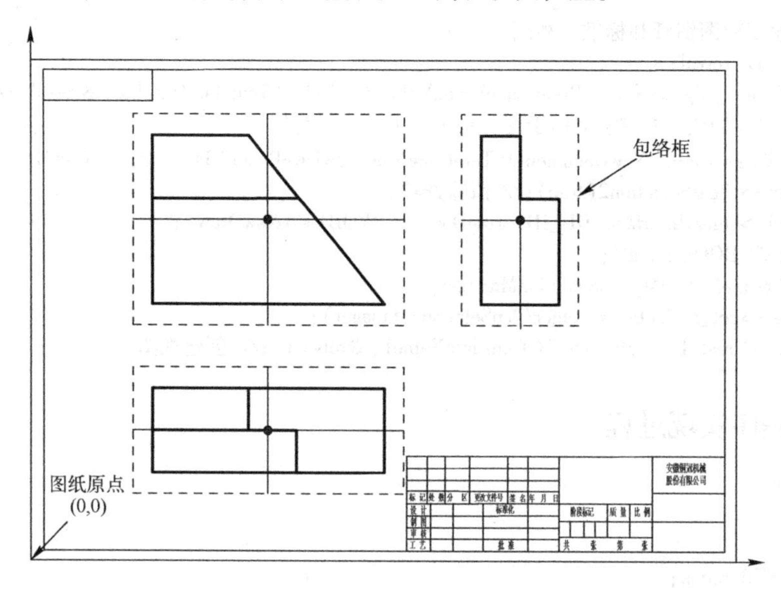

图 9-6　包络框

9.4.1 视图比例调整

零部件参数化设计时，尺寸随机变化，需要根据视图大小来调整视图比例，分别计算出宽度、高度方向的比例，取其小值作为调整比例，再用 ScaleDecimal 方法设置视图比例，其中计算公式如下：

$$\frac{\text{AWScale}}{\text{BScale}} \times \sum_{i=1}^{k} \text{WDim}_i + \sum_{j=2}^{m} \text{WSpace}_j = \text{TWidth}$$

$$\frac{AHScale}{BScale} \times \sum_{i=1}^{l} HDim_i + \sum_{j=2}^{n} HSpace_j = THeight$$

$$AScale = \min(AWScale, AHScale)$$

式中，AWScale 为在 x 方向视图比例；AHScale 为在 y 方向视图比例；AScale 为调整后视图比例；BScale 为调整前视图比例；$WDim_i$为在 x 方向包络框尺寸；$HDim_i$为在 y 方向包络框尺寸；$WSpace_j$为在 x 方向包络框之间或包络框与图框之间的空白区域尺寸；$HSpace_j$为在 y 方向包络框之间或包络框与图框之间的空白区域尺寸；TWidth 为图幅的宽；THeight 为图幅的高；k 为在 x 方向视图的数量；l 为在 y 方向视图的数量；m 为在 x 方向空白区域的个数；n 为在 y 方向空白区域的个数。

部分程序如下：

```
pDrawingDoc->get_IActiveDrawingView(&pView);       // 获得激活的工程图
pView->put_ScaleDecimal(AScale);                   // 设置视图比例
……
```

9.4.2　视图位置调整

视图比例调整后，需对视图位置进行调整，避免存在视图重叠或偏离。程序根据遍历参数计算出视图定位点，位置调整用到 Position 方法。视图位置调整时，先调整获得的第一视图（nView=1）位置，利用视图间的对齐关系，依次调整视图之间的间距，就可以对所有视图位置进行调整。第一次遍历实现第一视图位置的确定，而视图间距则是第一视图的间距，所以必须进行第二次遍历，实现调整好的第一视图和其他视图之间的间距，最后用 GraphicsRedraw2 重绘整个 SOLIDWORKS 图形窗口，视图位置调整算法流程如图 9-7 所示，视图位置调整过程如图 9-8 所示。

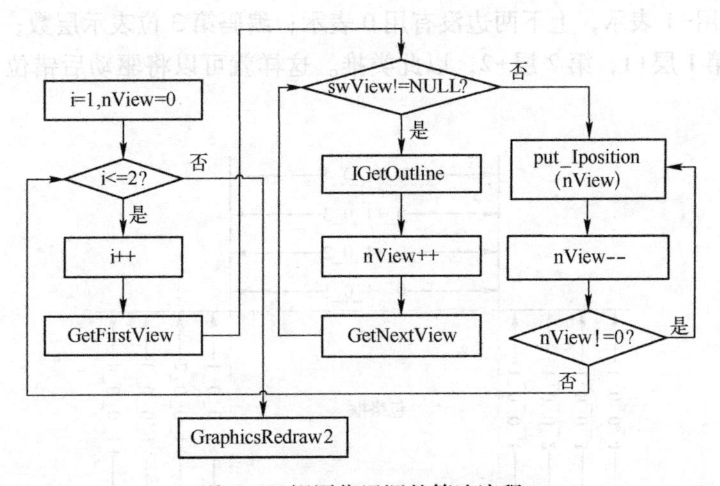

图 9-7　视图位置调整算法流程

主要程序如下：

```
nView = 0;
status =pDrawingDoc ->IGetFirstView(&pFirstView);      // 得到第一个视图(图纸)
while (pFirstView! =NULL)                              // 遍历视图
{
```

```
        pFirstView ->IGetOutline(vOutline[nNumView]);      // 数组指针指向包络框两端点坐标
        nView = nView + 1;
        pFirstView ->IGetNextView(&pNextView);             // 得到下一个视图
        pNextView ->put_IPosition(vPos[nView]);            // 调整 nView 视图位置
        pFirstView = pNextView;
        pNextView = NULL;
    }
    pModelDoc2->GraphicsRedraw2();                         // 重绘整个窗口
    ……
```

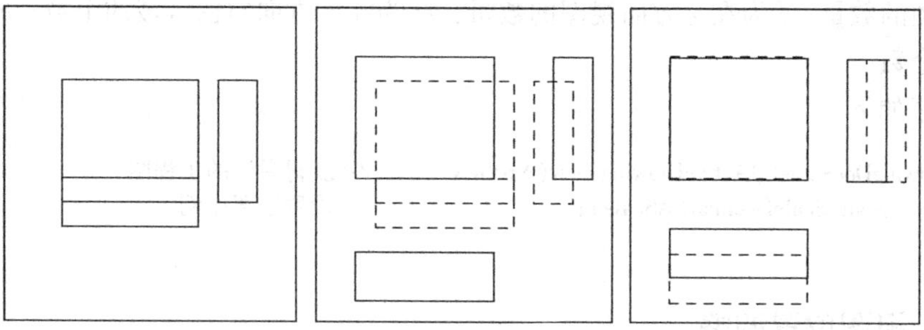

图 9-8　视图位置调整过程

9.4.3　尺寸位置调整

视图尺寸可以分为外部尺寸和内部尺寸，底侧卸式矿车产品工程视图中尺寸绝大部分属于外部尺寸。因此，我们只考虑调整视图的外部尺寸，从视图包络框逐层向外递增。包络框外的每一层都包含了所有的外部尺寸，再定义每一层之间的距离，如图 9-9 所示。包络框右边尺寸编码第 1 位用+1 表示，左边用-1 表示，左右两边没有用 0 表示；包络框上边尺寸编码第 2 位用+1 表示，下边用-1 表示，上下两边没有用 0 表示；编码第 3 位表示层数；第 4 位表示层数依次向外增加，第 1 层+1，第 2 层+2，以此类推。这样就可以将驱动后错位的尺寸调整到合适的位置。

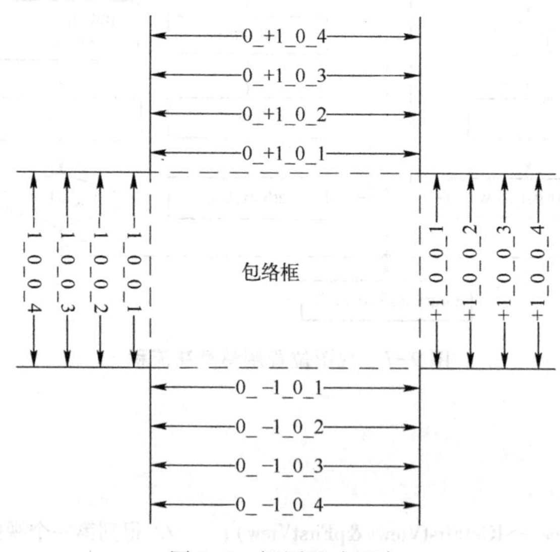

图 9-9　视图尺寸层次

以底侧卸式矿车转向架部件为例，转向架直接与轨道接触，根据我国窄轨铁路规定，铁路的中心距有 600 mm、762 mm、900 mm 三种。图 9-10 所示为卸载轮三维模型自动生成的二维工程图，图中视图布局存在问题，需要对其进行调整。利用遍历技术，遍历工程视图，定义两个 double 类型的二维数组 vOutline[nView][4]和 vPos[nView][2]用来存放坐标，IGetOutline()得到所有视图包络框副对角线端点坐标，数据存放于 vOutline[nView][4]，put_IPosition()设置包络框中心点坐标，数据存放于 vPos[nView][2]，i 控制遍历次数，调整后的工程图如图 9-11 所示。

主要程序如下：

```
pFirstView ->GetFirstDisplayDimension5 (&swFirstDispDim);       // 得到第一个尺寸对象
while (swFirstDispDim! =NULL)                                   // 遍历获得每层尺寸
{
    swFirstDispDim ->IGetAnnotation (&swAnn);                   // 获得注释对象
    swAnn ->SetPosition (posx, posy, posz, &retval);            // 设置注释对象的位置
    swFirstDispDim ->GetNext5 (&swNextDispDim);                 // 得到下一个尺寸对象
    swFirstDispDim=swNextDispDim;
    swNextDispDim=NULL;
}
```

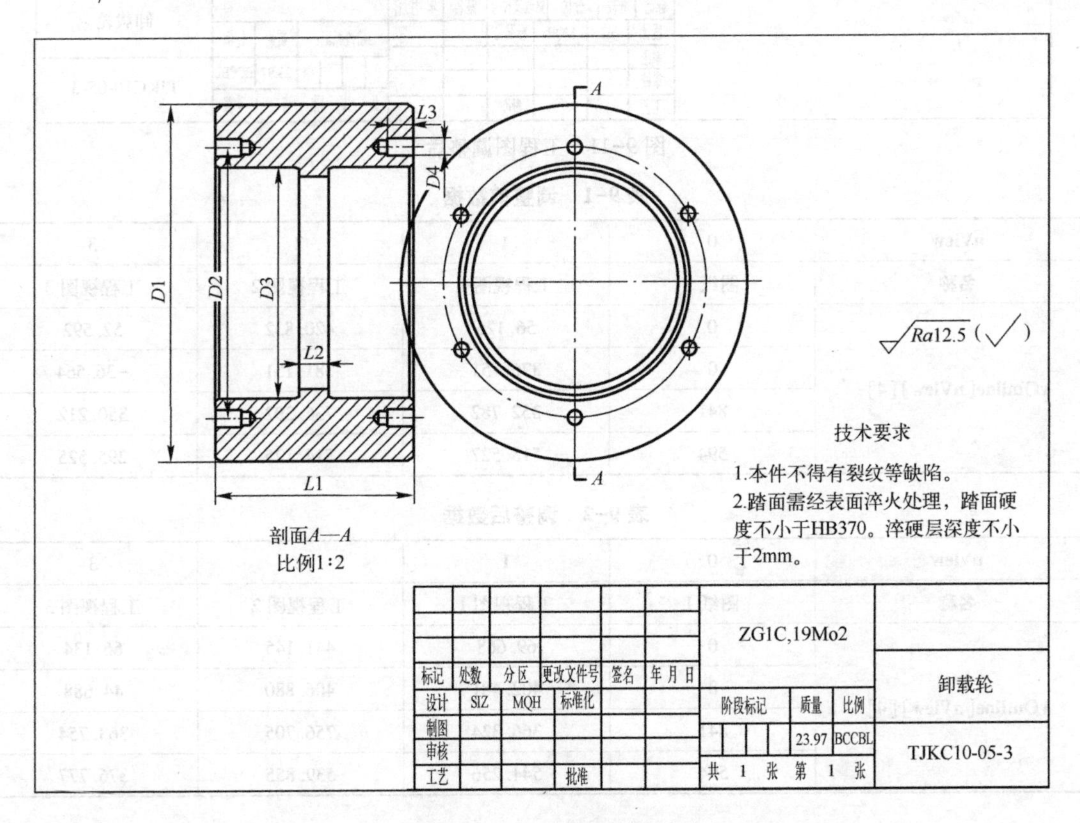

图 9-10 工程图调整前

调整前后遍历得到数据对比，见表 9-1 和表 9-2。

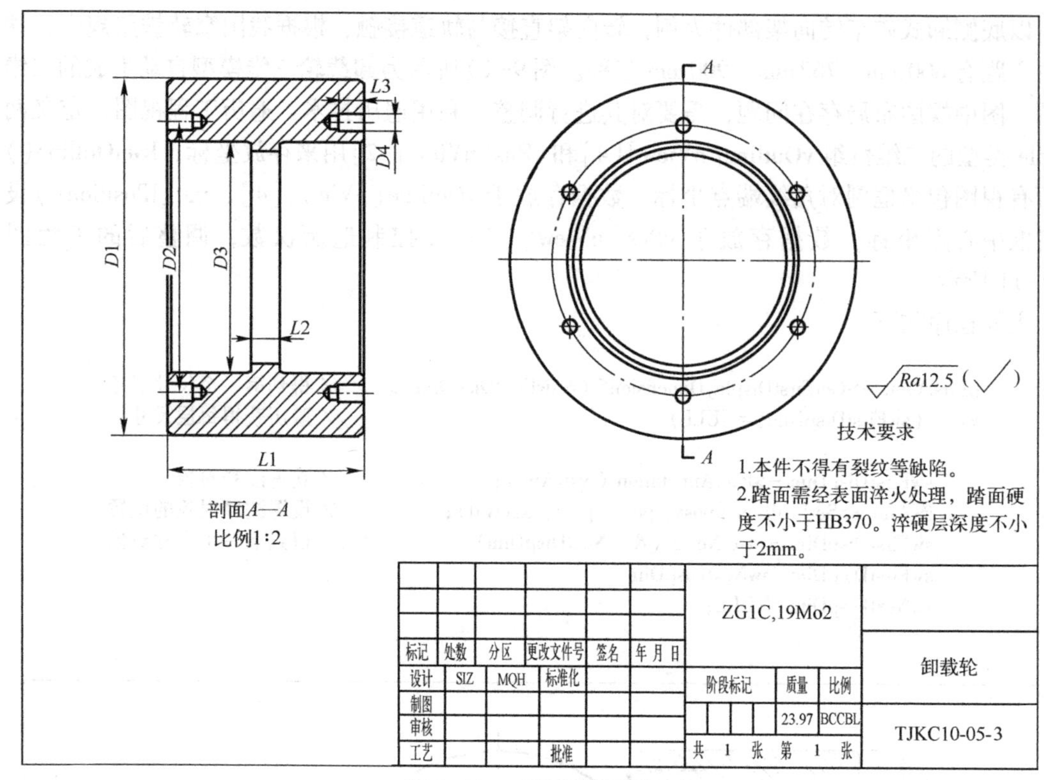

图 9-11　工程图调整后

表 9-1　调整前数据

nView	0	1	2	3
名称	图纸 1	工程视图 1	工程视图 2	工程视图 3
vOutline[nView][4]	0	56.126	420.832	52.592
	0	376.751	381.151	-36.564
	841	352.782	736.392	350.212
	594	518.527	514.125	295.525

表 9-2　调整后数据

nView	0	1	2	3
名称	图纸 1	工程视图 1	工程视图 2	工程视图 3
vOutline[nView][4]	0	69.668	441.145	66.134
	0	402.481	406.880	44.688
	841	366.324	756.705	363.754
	594	544.256	539.855	376.777

9.4.4　程序实现过程

工程图自动调整主要程序：

```
……
m_iSldWorks_dlg->get_IActiveDoc2(&swModel);
```

```
for (int i=1;i<=2;i++)// 控制调整次数
{
    nNumView=0;
    status =swDraw->IGetFirstView(&swView);

    while (swView!=NULL)
    {
    swView ->IGetOutline(vOutline[nNumView]);// 得到 double 的数组指针, double[4]
    swView -> get_IPosition(vPos[nNumView]);// 得到 double
    nNumView = nNumView + 1;
    status =swView->IGetNextView(&swView1);
    swView=NULL;
    swView=swView1;
    swView1=NULL;
    }
    if (nNumView==4)
    {
    vPos[1][0] = A/1000.0 + ((vOutline[1][2] - vOutline[1][0]) / 2);
     vPos[1][1] = vOutline[0][3] - B/1000.0 - ((vOutline[1][3] - vOutline[1][1]) / 2);
     status =swDraw->IGetFirstView(&swView);// 得到图纸 1
     status =swView->IGetNextView(&swView1);// 得到工程视图 1(主视图)
     status =swView1->put_IPosition(vPos[1]);
     swView=NULL;
     swView=swView1;
     swView1=NULL;
     vPos[2][1] = vOutline[1][1]-D/1000.0 -((vOutline[2][3]-vOutline[2][1])/2);
     status =swView->IGetNextView(&swView1);// 得到工程视图 2(俯视图)
     status =swView1->put_IPosition(vPos[2]);
     swView=NULL;
     swView=swView1;
     swView1=NULL;
     vPos[3][0] = vOutline[1][2]+C/1000.0 +((vOutline[3][2]-vOutline[3][0])/2);
     status =swView->IGetNextView(&swView1);// 得到工程视图 3(左视图)
status =swView1->put_IPosition(vPos[3]);
......
      }
```

9.5　本章小结

本章详细介绍了如何创建工程图和实现工程图的自动调整，并给出了相应代码示例。

本章延伸性问题有：

1）对某一系列产品如何批量出工程图，提高出图的效率？

2）对一些特定的工程图，如何自动标注各类尺寸？

3）各类公差如何自动标注？

第10章　选择和遍历技术

本章内容提要

（1）选择对象的实现
（2）SOLIDWORKS BREP 模型
（3）几何与拓扑遍历
（4）遍历特征管理器
（5）遍历零件和装配体

10.1　选择对象

10.1.1　选择管理器

SelectionManager 是 SOLIDWORKS 用户界面中一个专注于管理被选中对象的对象接口。SOLIDWORKS 中每个创建的文件都有各自的 SelectionManager 属性，使用 API 函数可以访问这些属性。文件中任意一个被选中的对象都会暂时存放在 SelectionManager 中，直到取消选中或者重建。SelectionManager 是从 1 开始的集合，它的第一个索引是 1 而不是 0。SelectionManager 允许程序员随机访问任意序号对象的方法和属性，返回指定序号的对象指针并调用该对象的方法和属性。

1）要获得指向 SelectionManager 对象的接口指针，需要使用 ModelDoc2 对象的属性来获取选择集对象，使用格式为

```
SelectionManager = ModelDoc2. SelectionManager (VB Get property)
SelectionManager = ModelDoc2. GetSelectionManager ( ) (C++ Get property)
```

参数的含义如下。

输出：

SelectionManager——当前活动文档的选择集对象。

2）为了判断用户的选择集是否有效或者说选择集对象是否不为空，可以通过 SelectionMgr 对象的 GetSelectedObjectCount2( ) 方法来实现，使用格式为

```
Retval = SelectionMgr. GetSelectedObjectCount2 (Mark)
```

各项参数的含义如下。

输入：

Mark——标号值。

Mark 为-1：表示选择不管标号值的所有对象。

Mark 为 0：表示选择没有标号值的对象。

Mark 为其他数值：表示选择标号值的对象。

返回：

Retval——当前被选中对象的数目。

3）要获得当前选中对象的接口指针，可以使用 SelectionMgr::GetSelectedObject6()方法来确定选择对象，使用格式为：

```
Retval = SelectionMgr. GetSelectedObject6 (Index, Mark)
```

各项参数的含义如下。

输入：

① Index——当前选中对象列表的索引位置，范围从 1 到 SelectionMgr::GetSelectedObjectCount2

② Mark——标号值。

Mark 为-1：表示选择不管标号值的所有对象。

Mark 为 0：表示选择没有标号值的对象。

Mark 为其他数值：表示选择标号值的对象。

输出：

Retval——指向 dispatch 对象的指针。

10.1.2 对象选择方法

除了使用选择管理器获取手动选中的对象外，SOLIDWORKS 二次开发中还可以通过对象的名称选择对象，可以使用的方法有 SelectByID2()、FeatureByName()、GetEntityByName()、GetObjectByPersisReference3()等。

1）SelectByID2()一般用于选择指定的实体，通过 ModelDocExtension 对象调用，使用格式为：

```
Retval= ModelDocExtension. SelectByID2 (Name, Type, X, Y, Z, Append, Mark, Callout,SelectOption)
```

各项参数的含义如下。

输入：

① Name——要选择的对象名称或空字符串。

② Type——要选择的对象类型。

③ X——x 轴选择位置。

④ Y——y 轴选择位置。

⑤ Z——z 轴选择位置。

⑥ Append——取 true 或 false，表示当对象已选中时，取消选中或保持选中。

⑦ Mark——要用作标记的值，该值被其他需要有序选择的函数使用。

⑧ Callout——指向关联标注的指针。

⑨ SelectOption——swSelectOption_e 中定义的选择选项。

输出：

Retval——如果对象选择成功，则为 true，否则为 false。

2）FeatureByName( )一般根据对象的名称选择特征树中的特征，PartDoc、AssemblyDoc、DrawinDoc、Component2 和 Feature 对象都有该方法，使用格式为

```
Feature = PartDoc. FeatureByName( Name)
```

各项参数的含义如下。

输入：

Name——特征的名称。

输出：

Feature——Feature 对象指针。

3）GetEntityByName( )一般用于已知名称的线或面实体的选择，主要通过 PartDoc 调用，使用格式为

```
Entity = PartDoc. FeatureByName( Name, Type)
```

各项参数的含义如下。

输入：

① Name——特征的名称。

② Type——要选择的对象类型。

输出：

Entity——Entity 对象指针。

4）GetObjectByPersisReference3( )通过对象的永久引用 ID 获取对象。在 SOLIDWORKS 中，每个能够被选中的对象都有一个永久引用 ID，对象的改变不会引起 ID 的变化，可以使用 GetPersistReference3( )方法获取该 ID 值，使用格式为

```
varPersist = ModelDocExtension. GetPersistReference3( Dispatch)
```

各项参数的含义如下。

输入：

Dispatch——对象指针。

输出：

varPersist——对象的永久引用 ID 数组。

通过永久引用 ID 获取固定对象，使用格式为

```
Dispatch = ModelDocExtension. GetObjectByPersisReference3 ( PersistId, ErrorCode)
```

各项参数的含义如下。

输入：

① PersistId——特征的名称。

② ErrorCode——要选择的对象类型。

输出：

Dispatch——Dispatch 对象指针。

10.2 遍历技术

10.2.1 SOLIDWORKS BREP 模型

为了能遍历 SOLIDWORKS 中的几何体，程序员必须理解 SOLIDWORKS 使用的边界表示（BREP）模型以及 API 如何表示这些对象。SOLIDWORKS API 使用了两种队形类型来表示 BREP 模型，如图 10-1 所示。

拓扑对象暴露的方法用于操作模型中所有几何体边界。几何对象暴露的方法则用于操作拓扑包围的几何形体的实际数据。

Face2 对象是一个拓扑对象。所有 Face2 对象的成员都返回关于该对象的拓扑数据，而没有任何关于该面包围曲面的实际大小信息。要获得面的实际几何数据，需要调用访问器 Face2::GetSurface()返回指向潜在的曲面的指针。然后，可以使用如 Surface::GetBSurfParams2()或 Surface::EvaluateAtPoint()的方法来观察这个几何对象的实际形状。

BREP 模型中列出了必须连接的对象，以方便操作。在连接一个 Face 指针前，必须先连接一个 Body 指针，通过 Body::GetFirstFace()方法返回一个 Face 指针，指向体中第一个遇到的面，通过 Face 对象的 GetNextFace()的方法，返回下一个体中的面指针。将上述方法综合用在一个循环体结构中，就可以遍历体中所有的面。同理，此方法适用于其他的 BREP 对象，具体访问层次如图 10-2 所示。

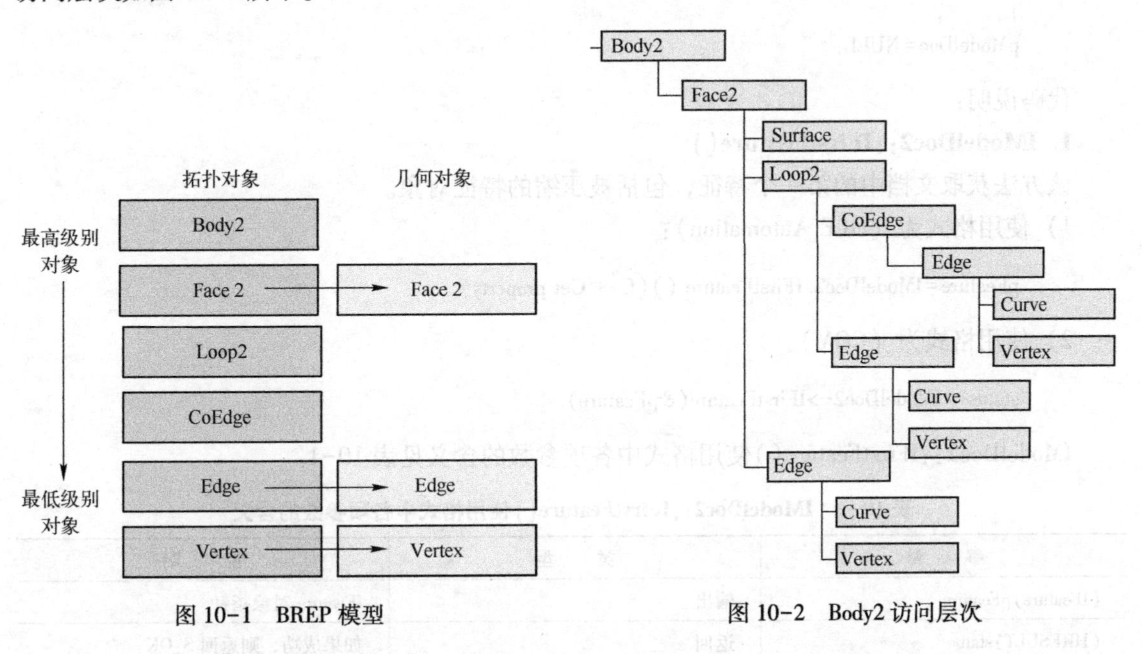

图 10-1 BREP 模型

图 10-2 Body2 访问层次

10.2.2 遍历特征管理器

SOLIDWORKS 模型的所有特征对象都显示在特征管理器中，通过 IModelDoc2 对象的 IFirstFeature()方法获取模型对象的第一个特征对象，再使用特征对象 IFeature 的 IGetNextFeature()方法，逐一枚举后续特征对象，最终完成所有特征的遍历，代码示例如下：

```
UpdateData(TRUE);
 CComPtr<IModelDoc2>pModelDoc;
CComPtr<IModelDocExtension>m_ModelDocExtension;
CComPtr<ISelectionMgr>SelectionManager;
VARIANT myFeature;
CComPtr<IDimension>pDimension;
 hres= m_iSldWorks_dlg->get_IActiveDoc2(&pModelDoc);
pModelDoc->get_Extension(&m_ModelDocExtension);
BSTR btitle;
 hres= pModelDoc->GetTitle (&btitle);
CString ctitle(btitle);
 CComPtr<IFeature>pFeature;
 pModelDoc->IFirstFeature(&pFeature);
 while (pFeature)
{
      BSTR bFeatName;
      hres= pFeature->get_Name(&bFeatName);
      CString FeatName(bFeatName);
      BSTR bFeatureTypeName;
      hres= pFeature->GetTypeName(&bFeatureTypeName);
      CString FeatureTypeName(bFeatureTypeName);
    CComPtr<IFeature>pNextFeature;
      hres = pFeature->IGetNextFeature(&pNextFeature);
      pFeature=NULL;
      pFeature = pNextFeature;
}
pModelDoc=NULL;
```

代码说明：

1. IModelDoc2::IFirstFeature()

该方法获取文档中的第一个特征，包括被压缩的特征对象。

1）使用格式为（OLE Automation）：

```
pFeature=IModelDoc2. IFirstFeature ()(C++ Get property)
```

2）使用格式为（COM）：

```
status =IModelDoc2->IFirstFeature(&pFeature)
```

IModelDoc2::IFirstFeature()使用格式中各项参数的含义见表 10-1。

表 10-1 IModelDoc2::IFirstFeature()使用格式中各项参数的含义

参数	类型	说明
(IFeature) pFeature	输出	IFeature 对象指针
(HRESULT) status	返回	如果成功，则返回 S_OK

2. IFeature::IGetNextFeature()

该方法获取下一个特征对象。

1）使用格式为（OLE Automation）：

```
pNextFeature=IFeature. IGetNextFeature()
```

2）使用格式为（COM）：

```
status = IFeature->IGetNextFeature(&pNextFeature)
```

IFeature::IGetNextFeature()使用格式中的各项参数的含义见表 10-2。

表 10-2　IFeature::IGetNextFeature()使用格式中各项参数的含义

参　数	类　型	说　明
(IFeature) pNextFeature	输出	IFeature 对象指针
(HRESULT) status	返回	如果成功，则返回 S_OK

10.2.3　遍历零件

SOLIDWORKS 对零件的特征进行遍历，首先使用零件 IPartDoc 对象的 IFirstFeature()方法获取第一个特征，接着使用 IFeature 对象的 IGetFirstSubFeature()和 IGetNextSubFeature()方法遍历该特征的所有子特征，然后使用 IGetNextFeature()方法遍历零件的下一个特征，直至遍历零件所有特征，代码示例如下：

```
HRESULT retval;
CComPtr<IModelDoc2>pModel;
retval = m_iSldWorks->get_IActiveDoc2(&pModel);
if(pModel == NULL)
{
AfxMessageBox(_T("获取活动文档失败"));
    return;
}
CComPtr<IPartDoc>pPart;
pModel->QueryInterface(IID_IPartDoc,(LPVOID *)&pPart);
CComPtr<IFeature>pFeature;
pPart->IFirstFeature(&pFeature);
while (pFeature!=NULL)
{
CComPtr<IFeature>pSubFeature;
    pFeature->IGetFirstSubFeature(&pSubFeature);
    while(pSubFeature!=NULL)
    {
        CComBSTR bFeatureType;
        pSubFeature->GetTypeName(&bFeatureType);
        CString FeatureType (bFeatureType);
        if (FeatureType=="ProfileFeature")
        {
            CComPtr<IDispatch>pDisp;
pSubFeature->GetSpecificFeature2(&pDisp);
            CComPtr<ISketch>pSketch;
        pDisp->QueryInterface(IID_ISketch,(LPVOID *)&pSketch);
            if (pSketch!=NULL)
            {
                CComBSTR bSubFeatureName;
                pSubFeature->get_Name(&bSubFeatureName);
                CString SubFeatureName(bSubFeatureName);
                AfxMessageBox(SubFeatureName);
            }
pSketch.Release();
```

```
            }
            CComBSTR bSubFeatName;
            pSubFeature->get_Name(&bSubFeatName);
            CString SubFeatName (bSubFeatName);
            AfxMessageBox(SubFeatName);
            CComPtr<IFeature>pNextSubFeat;
            pFeature->IGetNextSubFeature(&pNextSubFeat);
            pSubFeature=pNextSubFeat;
        }
    CComBSTR featureName;
    pFeature->get_Name(&featureName);
    CString message(featureName);
    TRACE1("%s",message);
    AfxMessageBox(message);
    CComPtr<IFeature>pNextFeat;
    pFeature->IGetNextFeature(&pNextFeat);
    pFeature=pNextFeat;
    }
```

代码说明:

1. IPartDoc2::IFirstFeature()

该方法获取 Part 当前顺序中的第一个特征。

1) 使用格式为 (OLE Automation):

```
pFeature =IPartDoc. IFirstFeature ()(C++ Get property)
```

2) 使用格式为 (COM):

```
status =IPartDoc ->IFirstFeature(&pFeature)
```

IPartDoc2::IFirstFeature()使用格式中的各项参数的含义见表 10-3。

表 10-3 IPartDoc2::IFirstFeature()使用格式中各项参数的含义

参数	类型	说明
(IFeature) pFeature	输出	IFeature 对象指针
(HRESULT) status	返回	如果成功，则返回 S_OK

2. IFeature::IGetFirstSubFeature()

该方法获取特征对象的第一个子特征。

1) 使用格式为 (OLE Automation):

```
pSubFeature=IFeature. IGetFirstSubFeature ()
```

2) 使用格式为 (COM):

```
status =IFeature ->IGetFirstSubFeature (&pSubFeature)
```

IFeature::IGetFirstSubFeature()使用格式中的各项参数的含义见表 10-4。

表 10-4 IFeature::IGetFirstSubFeature()使用格式中各项参数的含义

参数	类型	说明
(IFeature) pSubFeature	输出	IFeature 对象指针
(HRESULT) status	返回	如果成功，则返回 S_OK

3. IFeature::IGetNextSubFeature()

该方法获取特征对象的下一个子特征。

1）使用格式为（OLE Automation）：

```
pNextSubFeat=IFeature.IGetNextSubFeature()
```

2）使用格式为（COM）：

```
status =IFeature ->IGetNextSubFeature(&pNextSubFeat)
```

IFeature::IGetNextSubFeature()使用格式中各项参数的含义见表10-5。

表10-5　IFeature::IGetNextSubFeature()使用格式中各项参数的含义

参　数	类　型	说　明
(IFeature)pNextSubFeat	输出	IFeature对象指针
(HRESULT)status	返回	如果成功，则返回S_OK

10.2.4　遍历装配体

SOLIDWORKS中装配体的遍历，首先使用IConfiguration对象的IGetRootComponent()方法获取装配体的根IComponent对象，接着使用IComponent对象的GetChildren()方法获取该对象的所有子对象，对所有子对象重复遍历过程，最终完成所有零件的遍历，代码示例如下：

```
    HRESULT retval;
    CString myString;
    CComPtr<IModelDoc2>pModel;
    retval = m_iSldWorks->get_IActiveDoc2(&pModel);
    if(pModel == NULL)
    {
   AfxMessageBox(_T("获取活动文档失败"));
        return;
    }
    CComBSTR title;
    pModel->GetTitle(&title);
    CString temp(title);
    myString=myString+temp+"/r/n";
    CComPtr<IConfiguration>pConfig;
    pModel->IGetActiveConfiguration(&pConfig);
    ASSERT(pConfig);
    CComPtr<IComponent>pRoofComp;
    pConfig->IGetRootComponent(&pRoofComp);
    int componentCout;
    pRoofComp->IGetChildrenCount(&componentCout);
    VARIANT vChildComp;
    pRoofComp->GetChildren(&vChildComp);
  SAFEARRAY *safeComp;
  safeComp=V_ARRAY(&vChildComp);
  LPDISPATCH *safeArraycomp;
  SafeArrayAccessData(safeComp,(void **)&safeArraycomp);
  for (int i=0;i<componentCout;i++)
    {
```

```
CComQIPtr<IComponent2>pChildComp;
    pChildComp=safeArraycomp[i];
CComBSTR comName;
    pChildComp->get_Name(&comName);
CString childTemp (comName);
 myString=myString+childTemp+"/r/n";
 }
 AfxMessageBox(myString);
```

代码说明：

1. IConfiguration::IGetRootComponent()

该方法获取装配体的根组件。

1）使用格式为（OLE Automation）：

```
pRoofComp=IConfiguration. IGetRootComponent()(C++ Get property)
```

2）使用格式为（COM）：

```
status =IConfiguration->IGetRootComponent(&pRoofComp)
```

IConfiguration::IGetRootComponent()使用格式中各项参数的含义见表 10-6。

表 10-6　IConfiguration::IGetRootComponent()使用格式中各项参数的含义

参　数	类　型	说　明
(IComponent) pRoofComp	输出	IComponent 对象指针
(HRESULT) status	返回	如果成功，则返回 S_OK

2. IComponent::GetChildren()

该方法获取组件的所有子组件。

1）使用格式为（OLE Automation）：

```
vChildComp=IComponent. GetChildren()
```

2）使用格式为（COM）：

```
status =IComponent->GetChildren(&vChildComp)
```

IComponent::GetChildren()使用格式中各项参数的含义见表 10-7。

表 10-7　IComponent::GetChildren()使用格式中各项参数的含义

参　数	类　型	说　明
(VARIANT) vChildComp	输出	IComponent 对象指针的数组
(HRESULT) status	返回	如果成功，则返回 S_OK

10.3 本章小结

SOLIDWORKS 二次开发中模型对象的选中与获取是对其进行后续其他操作的必要步骤，本章内容包括：①模型对象的手动选择与按名称获取方法；②模型对象的遍历获取方法。

第 11 章　二次开发实例——标准件

本章内容提要

(1) 标准件库开发方案，包括设计目标、设计思想与设计过程

(2) 标准件库实现技术，包括事物特性表、数据库管理、参数化与用户界面技术

(3) 标准件库的建立，包括数据库的建立、对话框的设计等

在利用 SOLIDWORKS 绘制机械设计图时，经常要绘制大量的螺母、螺栓、螺钉、齿轮、弹簧、轴承等一些常用件和标准件的零件图和装配图。在视图中，这些零件具有相同的形状，差别仅在于各部分的尺寸大小。如果在 AutoCAD 中按线逐条绘制，则需要查表确定这些结构相应各部分的尺寸，绘制比较繁杂，效率也低。因而，建立科学实用的标准件库或提供开发标准件的工具是 CAD 系统必不可少的组成部分，也是评价 CAD 系统的一个重要指标。

11.1 标准件库开发方案

11.1.1 设计目标

系统是采用人机交互设计开发出来的软件。在一些需要人为干预的地方，系统能对用户进行提示，允许用户进行人为干预设计。用户能脱离设计资料、设计手册等，在计算机上完成全部的设计工作。根据系统开发的特点，确定其设计目标如下：

1）提供的用户接口以方便用户使用为原则，用户无须做过多的专门训练工作就可以自如地使用该软件。

2）系统具有良好的交互方式。

3）系统运行时，能给出简单易懂的图示信息，使用户的工作能顺利地进行。

4）系统可直接输出计算结果、生成比例图及输出产品图。

5）能够按照给定的基本外形参数或型号进行标准轴承的查询设计。

6）能够对非标准轴承进行校核设计计算。

7）具有数据库管理功能，对所有的标准轴承和设计过的非标准轴承参数进行维护。

11.1.2 设计思想

只有当系统产品系列的构成是建立在以模块（通用部件）组合为主的基础上时，CAD 系统才可能充分发挥出优势，达到提高新产品设计质量，缩短设计、研制周期的目的。建立企业的模块化产品系统，是充分发挥 CAD 效能的基础，是二次开发的主要内容之一。因此，采用

模块化思想来设计系统，其系统可分成 3 个模块：数据库模块、设计计算模块、参数化绘图模块。系统模块结构如图 11-1 所示。

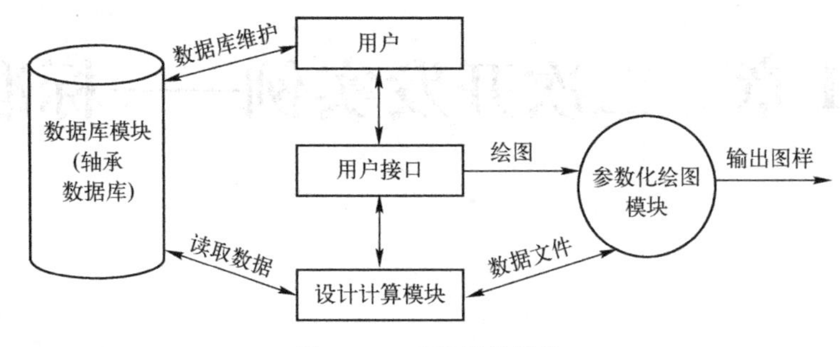

图 11-1　系统模块结构

（1）数据库模块　该模块是以 SQL Server 2000 为开发环境而设计的数据库表，该数据库表存储机械设计手册中有关标准件的类型、型号、几何尺寸、性能指标等信息，并建立相应的数据库维护，从而方便对数据库进行各种操作。

（2）设计计算模块　该模块是以 ADO 技术为数据库主要参数接口，对从轴承数据库检索的主要参数进行优化设计计算，并根据优化得出的各参数来选取对应的尺寸公差和形位公差等辅助参数。

（3）参数化绘图模块　读取轴承主要参数优化计算模块计算出的参数，利用 SOLIDWORKS SDK 开发工具的绘图类绘制零件图和装配图。

11.2 标准件库实现技术

11.2.1 事物特性表

作者开发的标准件库是基于事物特性表的原理设计的。事物特性表对所涉及的领域提供共同的描述深度。按 GB/T 10091 系列标准编制的事物特性表，其主要用途是对标准和非标准的零件和原材料进行比较、选择和采用。事物特性表必须覆盖相当数量的近似对象，其选择和描述深度应能满足预先规定的要求。

事物特性表是一种面向字符的 ASCII 文件，是将所描述的事物的特性按一定的格式组织起来的图表。它一共有五行，每行表示的内容如下。

第一行表示某具体对象的事物特性的标准号（可以是国标、厂标）。

等二行表示事物特性的字母代码，用 A~J 表示，可以根据实际需要空缺或扩展。

第三行表示事物的特性名称。

第四行为有关说明，表示规定的事物特性规格、数据、代号、符号的说明。

第五行表示事物特性规格、数量的计量单位。

标准件库建立过程中，必须建立相应的数据库。数据库文件分两类：①针对每一国标号所对应的数据建立对应的数据文件，原则上应以国标号作为数据库文件名，便于识记，但有些国标号如 GB 31.1 不能作为数据文件名，为形式上的统一和便于管理，这里设计了文件名系列，与国标号一一对应；②对每类标准件建立事物特性表数据文件。以上数据库文件不随绘图操作平台的改变而改变。

该标准件库是自行开发的 CAD 系统的一部分，首先，在标准件库用户界面上选国标号（零件图形和列表框两种方式表达），根据国标与数据文件的对应关系，进行第一次数据库查询，并将数据库内容显示于用户界面上，同时显示已选用标准件详细的结构图形。然后，根据认定和输入的公称尺寸进行第二次数据库查询，由事物特性表确定特性值，特性值决定了参数化绘图采用的是哪一类构件，从而进行参数化绘图，最终生成标准件。

为了给用户提供高效而方便的可操作性，借助事物特性表将标准件数据库与参数化绘图联系在一起，并设计了良好的用户界面。

11.2.2　用户界面技术

标准件库的建立除了供设计者选用外，它还为绘制装配图服务，标准件无须绘制零件图。在装配图中绘制标准件时，若需修改某标准件所在的位置、大小或涉及裁剪等问题时，必须将标准件作为整体处理，即图形屏幕上选中该标准件的任一个图素，则选中整个构件，实现对零件图形的整体识别。该功能通过扩展实体代码实现。

下拉菜单与对话框相结合，下拉菜单负责选择标准件类，如螺栓类、螺钉类等，并负责装载、执行、卸载应用程序。执行应用程序时，系统调用选择国标功能对话框。

在如图 11-2a 所示的对话框中，左侧的列表框和右侧的按钮是一一对应的，选择列表框中的某项，相应的按钮被选中；反之，选中某一按钮，则相应的列表框中的该项被选中。选中“深沟球轴承按钮”后，单击“下一步”按钮，则弹出“深沟球轴承设计”对话框，如图 11-2b 所示。在该对话框中可浏览数据库，通过对数据库的查询，使用水平及上下滚动条浏览数据，单击即可选中整行数据，系统自动将数据分送给中间变量。绘制标准件其参数由系统查询数据库完成，可大幅缩短输入参数的时间，不但提高了设计效率，而且克服了交互输入参数容易带来的枯燥性及高出错率。

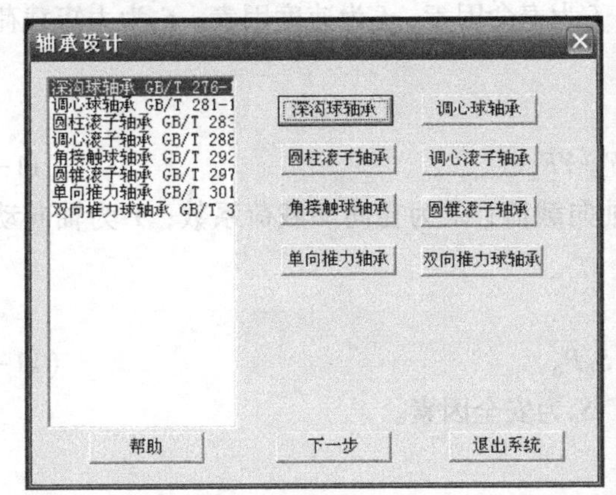

a）“轴承设计”对话框

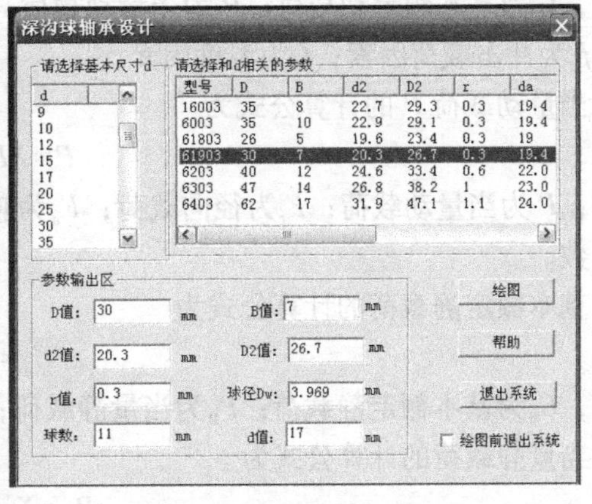

b）“深沟球轴承设计”对话框

图 11-2　轴承设计相关对话框

11.2.3　滚动轴承的校核

数据库管理

对于滚动轴承的校核计算分为两种形式：轴承的选型和寿命验证。

1. 轴承的选型

轴承的选型一般根据机械的类型、工作条件、可靠性要求及轴承的工作转速 n，预先确定一个适当的使用寿命，再进行额定动载荷和额定静载荷的计算。轴承选型流程如图 11-3 所示。

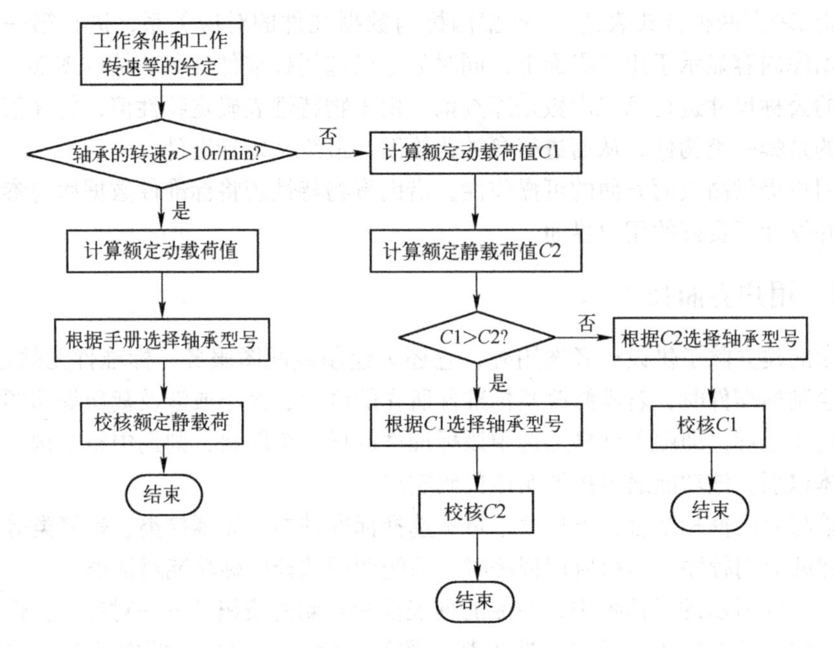

图 11-3　轴承选型流程

具体的计算公式如下。

计算额定动载荷的计算公式为

$$C=\frac{f_h f_m f_d}{f_n f_T}P \tag{11-1}$$

式中，C 为基本额定动载荷；P 为当量动载荷；f_h为寿命因素；f_n为速度因素；f_m为力矩载荷因素；f_d为冲击载荷因素；f_T为温度因素。

当量动载荷 P 的计算公式为

$$P=XF_r+YF_a \tag{11-2}$$

式中，P 为当量动载荷；F_r为径向载荷；F_a为轴向载荷；X 为径向动载荷系数；Y 为轴向动载荷系数。

基本额定静载荷的计算公式为

$$C_0=S_0P_0 \tag{11-3}$$

式中，C_0为基本额定静载荷；P_0为当量静载荷；S_0为安全因素。

当量静载荷的计算公式为

$$P_0=X_0F_r+Y_0F_a \tag{11-4}$$

式中，X_0及 Y_0分别为当量静载荷的径向载荷系数和轴向载荷系数。

在校核额定静载荷时，必须满足

$$C_0=S_0P_0<C_{0r} \tag{11-5}$$

式中，C_{0r}为轴承尺寸及性能表中所列径向基本额定静载荷。

在校核额定动载荷时，必须满足

$$C=\frac{f_h f_m f_d}{f_n f_T}P<C_r \tag{11-6}$$

式中，C_r为轴承尺寸及性能表中所列径向基本额定动载荷。

2. 寿命验证

寿命验证的过程一般是先给定轴承的型号和一些工作参数，然后给定轴承的预期计算寿命，通过计算得出轴承的实际寿命，验证寿命是否满足要求（如果实际寿命大于预期寿命，则满足；否则寿命验证不成功，轴承型号选择错误）。

计算轴承寿命的公式为

$$L_h=\frac{10^6}{60n}\left(\frac{C}{P}\right)^{\varepsilon} \tag{11-7}$$

式中，C为基本额定动载荷；P为当量动载荷；n为轴承转速；ε为寿命指数。

在设计计算的过程中，有很多的参数要进行处理，中间需要查询很多的图和表，在本系统的开发过程中，主要采用了三种方式来解决一些图表的查询问题。

1）直接存入数据库：对于一些比较简单的图表，如轴承的绘图参数表等，是采用SQL 2000创建数据库来存储的。

2）插值法：对于一些比较复杂而又有规律可循的图表，如温度因素表等，就采用插值法，这样结果比较精确，而且也减少了用户的查表时间。

3）交互查表法：对于特别复杂而又没有规律的图表，如径向动载荷系数表等，就直接在应用程序的框架界面上把相关的图表显示出来让用户自己进行选择，这样提高了程序和用户的交互性。

11.2.4　参数化技术

参数化（parametric）技术一般是指设计对象的结构形状比较定型，可以用一组参数来约定尺寸的关系，参数与设计对象的控制尺寸有显示的对应。设计结果的修改受到尺寸驱动，所以也称参数化尺寸驱动。参数化设计技术以强有力的草图设计、尺寸驱动修改图形的功能，成为初始设计、产品建模及修改、系列化设计、多方案比较和动态设计的有效手段。利用参数化设计技术可以极大地提高只有几何尺寸发生变化的一簇零件的设计效率，避免设计人员烦琐的重复性工作，是提高设计效率和自动化程度的重要手段。

在二维CAD系统中，系统参数化技术分为参数化设计（parametric design）和参数化绘图（parametric drawing）两种。两种技术所代表的设计思路不同，即参数化设计以设定驱动参数和尺寸驱动为主要技术原理，而参数化绘图则以计算机高级语言编程使具体图形实现参数化为主要技术原理。

1. 参数化设计

参数化设计的主体思想是用几何约束、工程方程与关系来说明产品模型的形状特征，从而达到设计一簇在形状或功能上具有相似性的设计方案。目前，能处理的几何约束类型基本上是组成产品形体的几何实体公称尺寸关系和尺寸之间的工程关系，因此，参数化造型技术又称初次驱动几何技术。参数化实体造型中的关键是几何约束关系的提取和表达、几何约束的求解以及参数化几何模型的构造。

2. 参数化绘图

虽然，带有参数化设计功能的CAD系统在设计绘图上有某些显著特点，如不需要编程就可实现图形的参数化、修改图形极其方便、工作量小，且可由草图生成正式图。但是，当零件结构非常复杂及形状极不规则时，参数化设计就显得力不从心。为了区别于参数化设计，把应用高级语言编程使具体图形实现参数化称为参数化绘图。在参数化绘图中，是将图形的尺寸与一定的设计条件（或约束条件）相关联，即将图形的尺寸看成是“设计条件”的函数，当设计条件发生变化时，图形尺寸便会随之得到相应更新。

参数化绘图是通过编程实现具体图形参数化的，因此要求设计者具备编程能力，存在工作量大、修改图形不方便等问题。但它应用灵活、适应面广，对某些应用参数化设计系统解决不了的问题，通常可采用参数化绘图的方法加以解决。例如，本章开发的滚动轴承CAD系统，要求设计、计算、查表、绘图一体化时，显然适合采用参数化绘图的方法加以解决。

通过编程实现参数化绘图，其程序设计的总体思路是：将设计计算的关系式融入程序中，在程序的控制下，执行计算及交互输入主要参数，程序应能对参数输入进行有效性检验，根据用户的交互输入完成视图的绘制，其工作原理如图11-4所示。

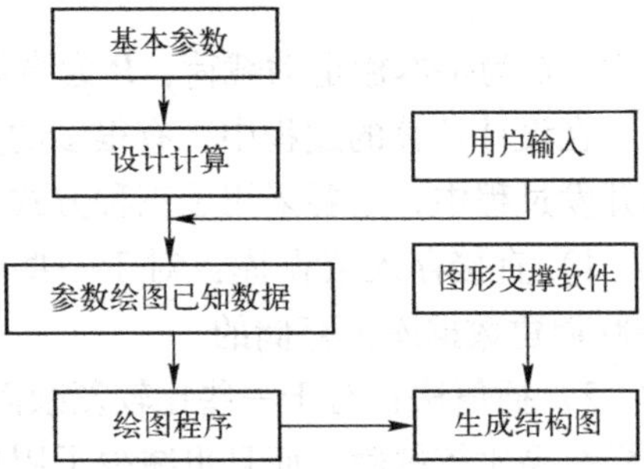

基本参数
设计计算
用户输入
参数绘图已知数据
图形支撑软件
绘图程序
生成结构图

图11-4　参数化绘图工作原理

11.3 标准件库的建立

11.3.1 齿轮设计计算

1. 齿轮类型的选择

在“齿轮设计”对话框中，选择设计计算所需要的齿轮类型，单击“下一步”按钮进入选定齿轮的强度校核和绘图，如图11-5所示。

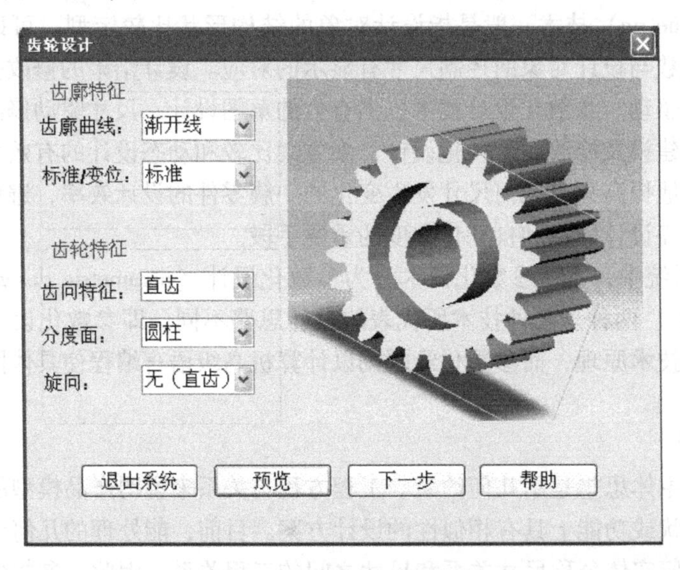

图11-5　齿轮类型的选择

2. 渐开线圆柱直齿齿轮设计计算

“渐开线圆柱直齿齿轮设计计算”程序基于一般设计手册推荐的计算方法，用于渐开线圆柱外啮合、直齿及变位齿轮的设计计算。计算过程分为以下几个步骤。

1）初始条件：①设计参数输入；②确定布置与结构；③材料及热处理选择；④精度等级确定。

2）接触疲劳强度校核：①基本参数输入；②接触疲劳强度校核。

3）弯曲疲劳强度校核。

11.3.2 初始条件

进入齿轮设计主界面，用户要进行齿轮强度校核，首先必须要输入初始条件。进入“初始条件”对话框，需要输入以下四部分内容。

1. 设计参数输入

1）输入传递功率或传递转矩，用户可以从中选择一个，另一个参数程序将自动根据小齿轮当前数值进行计算。

2）输入转速和传动比，用户应先确定齿轮 1 的转速，若输入齿轮 2 的转速，程序将自动计算传动比；若输入传动比，程序将自动计算齿轮 2 的转速。

3）选定载荷特性，载荷特性分原动机和工作机，用户可根据设计要求从列出的选项中选定。

4）输入预定寿命。

2. 确定布置与结构

需要选定两部分内容：

1）布置形式，用户根据设计要求分别选定齿轮 1 和齿轮 2 的布置形式。

2）结构形式，从开式或闭式中选择一个。

3. 材料及热处理选择

“材料及热处理”是用来选定齿轮材料及热处理内容的。工作齿面硬度的选择将影响到材料及热处理可选的内容。若选定软齿面，齿轮 1 和齿轮 2 均为软齿面材料及热处理方法；若选定软硬齿面，则齿轮 1 为硬齿面材料及热处理方法，而齿轮 2 为软齿面材料及热处理方法；若选定硬齿面，则两齿轮均为硬齿面材料及热处理方法。

材料及热处理选择时，即使是同一种材料，热处理方法不同，则硬度也不同，所以材料及热处理方法要同时选定。每一种材料及热处理方法对应的硬度是一个范围，为以后计算方便，用户应确定采用的硬度值，通过滚动条的位置，可知硬度值在取值范围中所处的位置。缺省为中间位置。

4. 精度等级确定

在如图 11-6 所示的对话框中，用户先选择一些材料，然后依次选择原动机和载荷状态，再输入功率、小齿轮转速、传动比、工作寿命、小齿轮齿数等，完成直齿齿轮初始条件设置，单击“进入校核”按钮进入校核。

11.3.3 接触疲劳强度校核

初始条件设置完成后，根据工作条件的不同，即开式齿轮传动和闭式齿轮传动的不同，进行齿轮强度校核。在闭式齿轮传动中，通常以保证齿面接触疲劳强度为主；在开式（半开式）齿轮传动中，应根据齿面抗磨损及齿根抗折断能力来进行计算。

“齿面接触疲劳校核”对话框如图 11-7 所示，用户需在参数输入区输入校核所需要的参数（载荷系数、齿宽系数和安全系数），然后依次进行中间“校核中间结果”部分的计算——计算小齿轮传递转矩、查表获得接触疲劳极限、计算应力循环次数等，最后单击“计算”按钮，获得分度圆直径和模数。单击“齿根弯曲校核”按钮就可进行齿根弯曲疲劳校核。

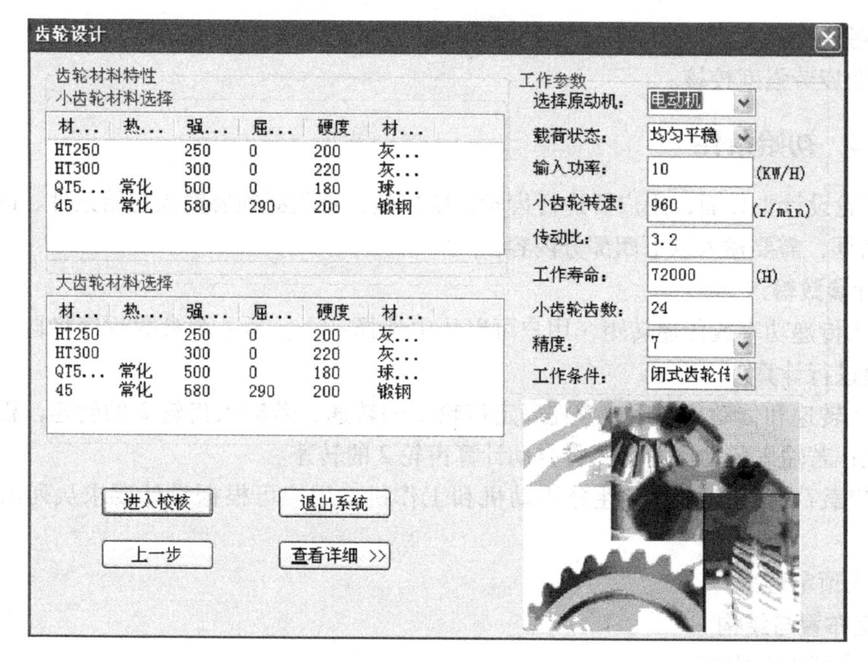

图 11-6　直齿齿轮初始条件

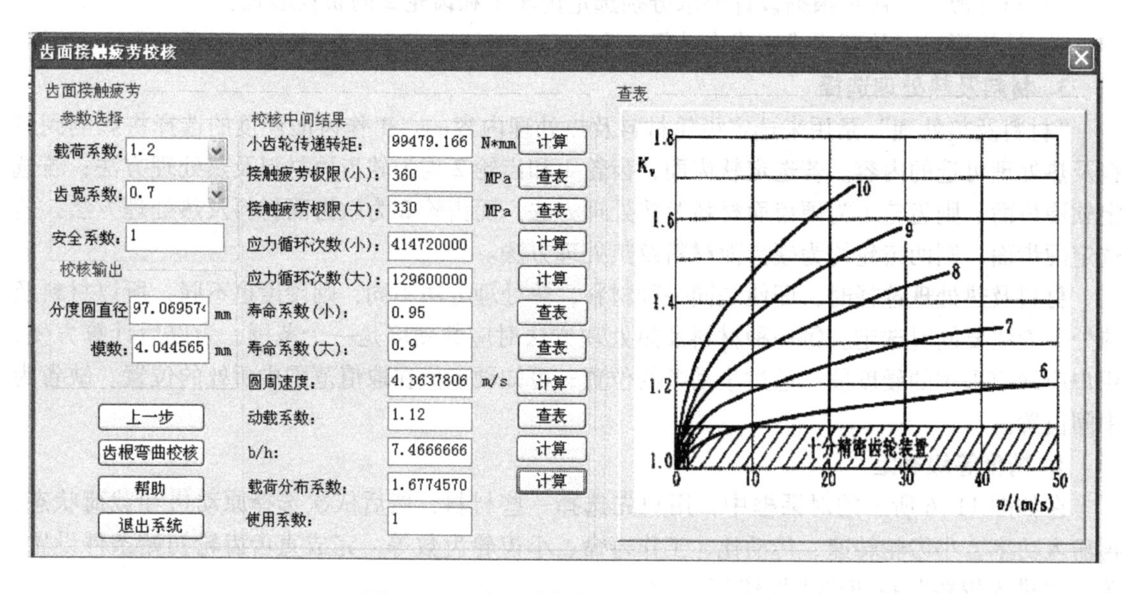

图 11-7　“齿面接触疲劳校核”对话框

11.3.4　弯曲疲劳强度校核

“齿根弯曲疲劳校核”对话框，如图 11-8 所示，按提示输入所有弯曲疲劳强度校核参数，算出校核后的模数，并圆整为标准系列模数。用户可以自己选择模数系列，同时根据齿面接触疲劳强度校核所获得的分度圆直径，算出大小齿轮的齿数，进行取整，再进行几何尺寸的计算，算出中心距。齿轮的各个参数，最后一定要进行验算，如果不满足条件则全部清零，重新选择。

齿根弯曲疲劳校核

齿根弯曲疲劳

参数选择

安全系数：1

变位系数：0

输出模数：3.2169537

选择模数：3 mm

绘制选择

○绘制主动轮

○绘制从动轮

□绘图前退出系统

校核中间结果

弯曲疲劳极限(小)：180 MPa 查表

弯曲疲劳极限(大)：120 MPa 查表

弯曲寿命系数(小)：0.85 查表

弯曲寿命系数(大)：0.88 查表

齿向载荷分布系数：1.35 查表

齿形系数(小)：2.65 查表

齿形系数(大)：2.226 查表

应力校正系数(小)：1.58 查表

应力校正系数(大)：1.764 查表

查表

表 10-5　齿形系数 Y_{Fa} 及应力校正系数 Y_{Sa}

$z(z_v)$	17	18	19	20	21	22	23	24	25	26	27	28	29
Y_{Fa}	2.97	2.91	2.85	2.80	2.76	2.72	2.69	2.65	2.62	2.60	2.57	2.55	2.53
Y_{Sa}	1.52	1.53	1.54	1.55	1.56	1.57	1.575	1.58	1.59	1.595	1.60	1.61	1.62
$z(z_v)$	30	35	40	45	50	60	70	80	90	100	150	200	∞
Y_{Fa}	2.52	2.45	2.40	2.35	2.32	2.28	2.24	2.22	2.20	2.18	2.14	2.12	2.06
Y_{Sa}	1.625	1.65	1.67	1.68	1.70	1.73	1.75	1.77	1.78	1.79	1.83	1.865	1.97

示意图

绘图参数输出区

分度圆直径：0 mm　顶隙：0 mm

齿形角：20 度　全齿高：0 mm

齿顶高：0 mm　齿距：0 mm

工作高度：0 mm　齿根圆直径：0 mm

齿顶圆直径：0 mm　毂高：0 mm

键宽：0 mm　齿数：0

齿宽：0 mm

上一步　帮助　绘图　退出系统　计算　验算

图 11-8 “齿根弯曲疲劳校核”对话框

11.3.5　齿轮建模参数及其绘制

如果满足条件则进入三维图的绘制，单击“绘图”按钮，整个校核过程全部结束。直齿轮三维模型如图 11-9 所示。

图 11-9　直齿轮三维模型

11.4 渐开线圆柱斜齿齿轮设计计算

“渐开线圆柱斜齿齿轮设计计算”程序基于一般设计手册推荐的计算方法，用于渐开线圆柱外啮合、斜齿及变位齿轮设计计算。计算过程分为以下几个步骤：

1）设计参数输入。

2）接触疲劳强度校核。

3）弯曲疲劳强度校核。

4）模型的建立。

11.4.1 设计参数

在如图 11-10 所示的对话框中，需要输入以下六部分内容：

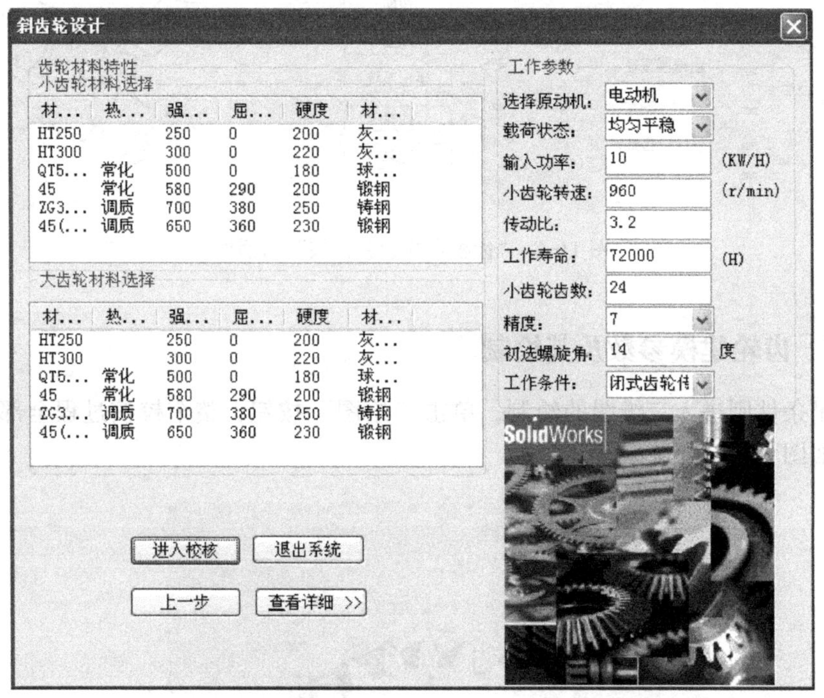

图 11-10 渐开线圆柱斜齿齿轮初始条件

1）选择起始的材料和一些热处理的特性。

2）输入传递功率或传递转矩，用户可以从中选择一个，另一个参数程序将自动根据小齿轮当前数值进行计算。

3）输入转速和传动比，用户应先确定齿轮 1 的转速，若输入齿轮 2 的转速，程序将自动计算传动比；若输入传动比，程序将自动计算齿轮 2 的转速。

4）选定载荷特性，载荷特性分原动机和工作机，用户可根据设计要求从列出的选项中选定。

5）输入预定工作寿命。

6）输入初始的小齿轮齿数和螺旋角。

当用户输入完毕后，单击“进入校核”按钮，系统进入接触疲劳强度校核。

11.4.2　接触疲劳强度校核

在进行齿轮接触疲劳强度计算前，应对影响齿轮接触疲劳强度计算系数的要求和工况进行设定，“斜齿轮接触疲劳强度设计”对话框就是为此而设计的。它共分四部分内容，每部分内容的修改都将影响该系数，用户应根据要求或工况进行选择。

“斜齿轮接触疲劳强度设计”对话框如图 11-11 所示，可显示齿轮的接触疲劳强度校核结果。用户在使用时，首先在“参数选择”区进行载荷系数、齿宽系数和安全系数的选择，然后在“校核中间结果”区按照顺序依次进行运算和查表——区域系数、端面重合度（主）、端面重合度（从）等，最后系统算出分度圆直径和模数。此时，用户只需要单击“齿根弯曲校核”按钮，就可以打开如图 11-12 所示的“齿根弯曲疲劳校核”对话框。

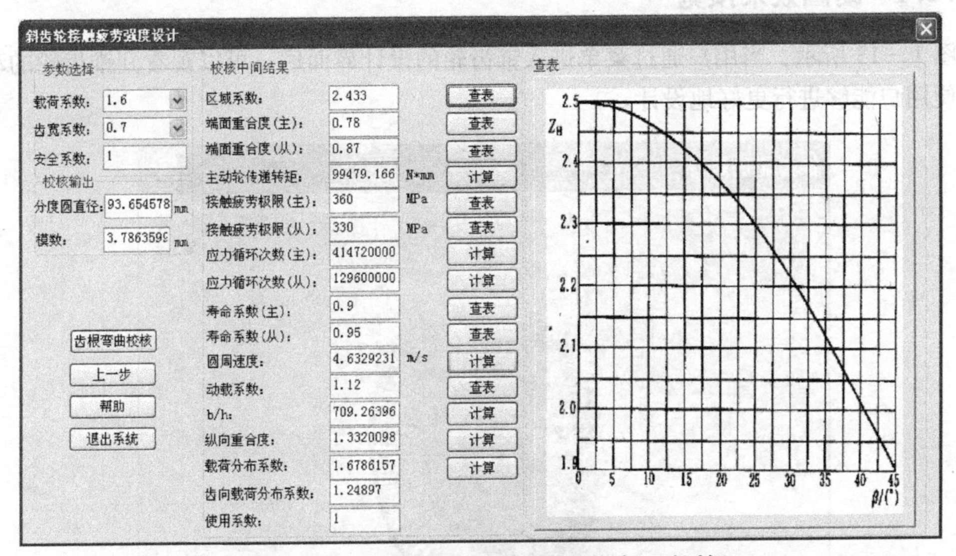

图 11-11　“斜齿轮接触疲劳强度设计”对话框

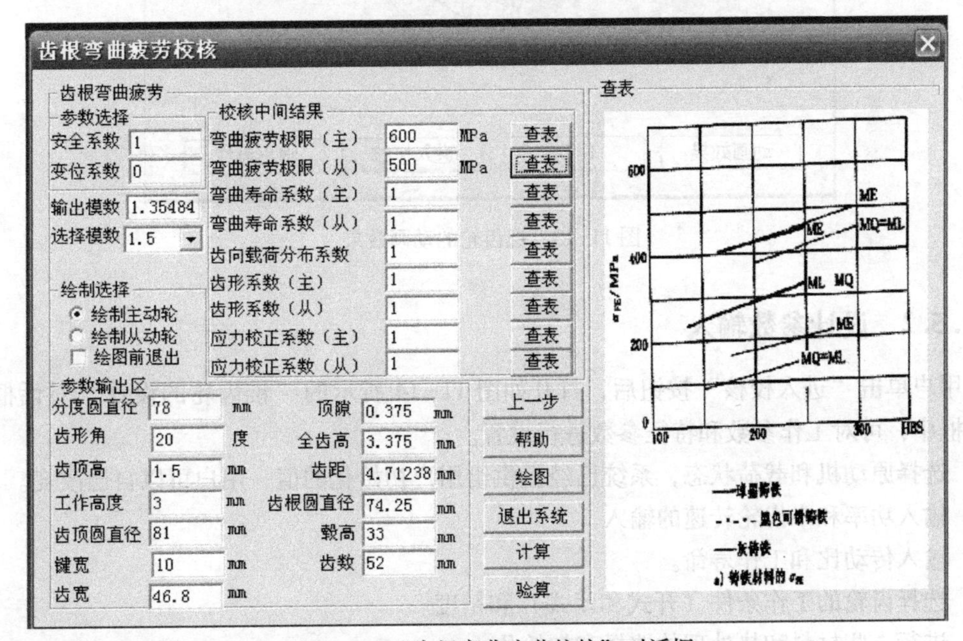

图 11-12　“齿根弯曲疲劳校核”对话框

11.5 锥齿轮传动设计

“锥齿轮传动设计”模块基于一般设计手册推荐的计算方法，用于直齿、斜齿及变位锥齿轮传动设计。计算过程分为以下几个步骤：

1）动画效果预览。

2）设计参数输入。

3）锥齿轮的设计和校核。

4）锥齿轮模型的绘制。

11.5.1 动画效果预览

如图 11-13 所示，当用户通过菜单进入锥齿轮的设计界面后，可以观看到锥齿轮的动画效果，以便用户能够进行更好地设计。

图 11-13 锥齿轮的动画效果

11.5.2 设计参数输入

当用户单击“进入校核”按钮后，打开如图 11-14 所示的“锥齿轮的设计”对话框。在该对话框中，可对工作参数和特征参数进行设置。

1）选择原动机和载荷状态，系统已经提供给用户初始化的值，用户可以自己改变。

2）输入功率和小齿轮转速的输入。

3）输入传动比和工作寿命。

4）选择齿轮的工作条件（开式和闭式）和精度。

5）进行一些材料和热处理的选择和初始化。

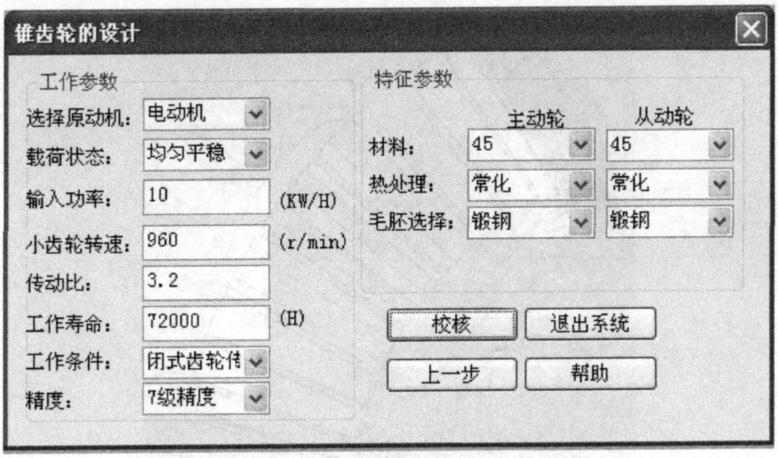

锥齿轮的设计

工作参数

选择原动机：	电动机	
载荷状态：	均匀平稳	
输入功率：	10	(KW/H)
小齿轮转速：	960	(r/min)
传动比：	3.2	
工作寿命：	72000	(H)
工作条件：	闭式齿轮传	
精度：	7级精度	

特征参数

	主动轮	从动轮
材料：	45	45
热处理：	常化	常化
毛胚选择：	锻钢	锻钢

校核　退出系统　上一步　帮助

图 11-14　锥齿轮的初始设计参数

当用户已经完成以上的输入和选择后，那么就可以单击“校核”按钮，打开如图 11-15 所示的“锥齿轮设计”对话框。

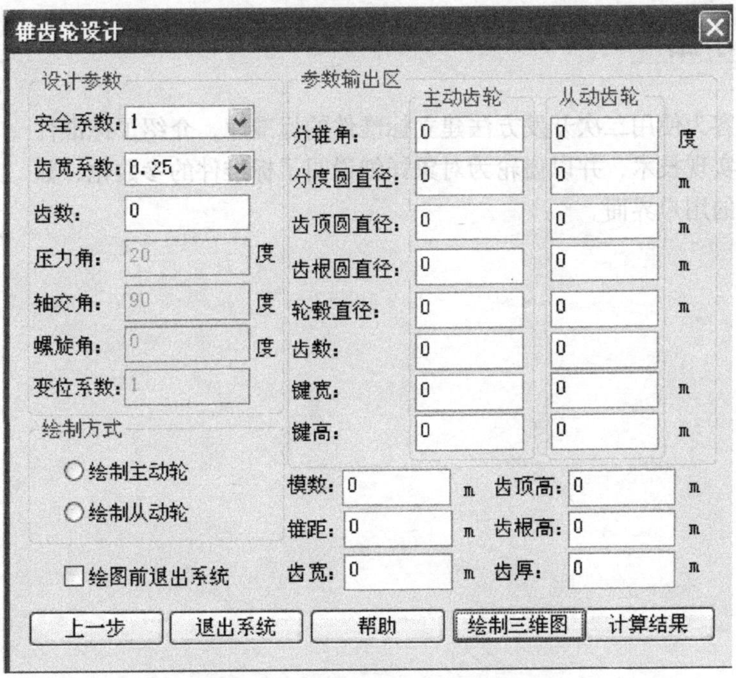

锥齿轮设计

设计参数

安全系数：	1	
齿宽系数：	0.25	
齿数：	0	
压力角：	20	度
轴交角：	90	度
螺旋角：	0	度
变位系数：	1	

绘制方式

○绘制主动轮
○绘制从动轮
□绘图前退出系统

参数输出区

	主动齿轮	从动齿轮	单位
分锥角：	0	0	度
分度圆直径：	0	0	m
齿顶圆直径：	0	0	m
齿根圆直径：	0	0	m
轮毂直径：	0	0	m
齿数：	0	0	
键宽：	0	0	m
键高：	0	0	m

模数：	0	m	齿顶高：	0	m
锥距：	0	m	齿根高：	0	m
齿宽：	0	m	齿厚：	0	m

上一步　退出系统　帮助　绘制三维图　计算结果

图 11-15　“锥齿轮设计”对话框

11.5.3　锥齿轮的设计和校核

如图 11-15 所示，选择相关的安全系数和齿宽系数，并且输入一个初始的小齿轮的齿数值，然后确定绘制方式是绘制主动轮还是绘制从动轮，并且可以通过勾选“绘图前退出系统”复选框，使得系统在绘制三维模型时，退出设计的对话框。当选择完毕后，单击“计算结果”按钮，就可以查看一些计算出的参数值，如分锥角等。单击“绘制三维图”按钮，就可以查看系统按照条件绘制出的锥齿轮三维模型，如图 11-16 所示。

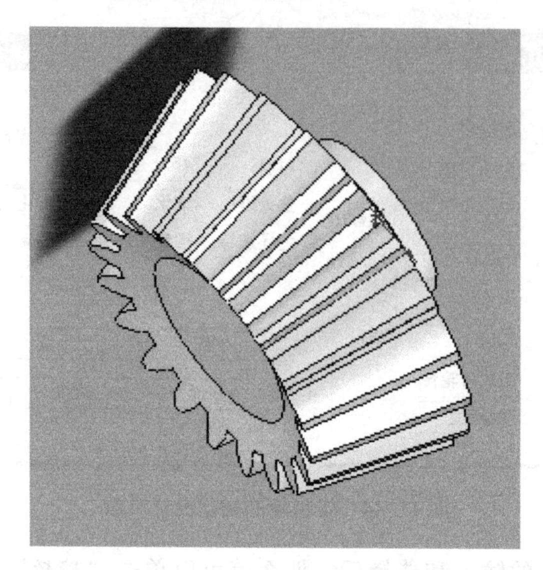

图 11-16　锥齿轮三维模型

11.6　本章小结

本章主要内容为使用二次开发方法建立标准件的标准库，介绍了标准件库的开发方案和实现技术，并以齿轮为对象详细说明了标准件的参数化、数据管理以及相关的用户界面。

第 12 章 二次开发实例——YH 型液压机

本章内容提要

(1) 液压机设计基本知识
(2) 单柱式结构设计
(3) 强度和刚度计算
(4) 设计程序

前面的章节已经详细地介绍了有关 SOLIDWORKS 二次开发技术所涉及的各方面知识点，在本章中，我们将结合中小型（Y41 系列型）液压机设计这个实际的应用案例，讲述二次开发程序在实际工业生产中的应用情况。充分展现如何使用 SOLIDWORKS 二次开发技术对液压机设计计算进行参数化与程序化设计，进而提高企业的生产效率。

下面将从液压机设计基础知识开始，选择所需要的开发环境配置，并以 Y41-160 型单柱校正压装液压机的初始化数值为例，讲解液压机设计的程序化应用。通过实例程序，让大家更形象直观地认识和更熟练地掌握 CAD 二次开发技术。

12.1 液压机设计基础知识

对液压机设计计算进行程序化，就必须先了解液压机设计的相关过程，并对液压机计算所需要的初始参数和结果需求参数有明确得了解。下面对液压机设计相关知识进行简单介绍。

12.1.1 液压机简介

液压机是利用液压传动技术进行压力加工的设备，它具有压力和速度可以在广泛的范围内无级调整、可在任意位置输出全部功率和保持所需压力、结构布局灵活、各执行机构动作可很方便地达到所希望的配合关系等许多优点。因此，液压机在我国国民经济各部门得到了日益广泛的应用。

液压机设计和其他任何机械设计一样，是由加工对象——工件的工艺要求决定的。因此，在整个设计过程中，首先应详细分析压制工件对各执行机构的动作（包括压力、速度、相对位置关系和运动精度），工作空间和装卸料要求等。根据加工的实际条件，参考液压机设计的一些典型结构和对搜集的同类产品结构性能等参考资料进行分析比较，确定总体设计方案。然后对主要零部件和液压系统、电气系统等设计提出具体的要求，进行详细核算，并在此基础上制作全部工作图和制造验收技术条件等全部技术文件。

至此可知，在液压机设计过程中，需要研究解决的问题有如下几点：

1）分析压制工艺过程对设计机器的要求，确定主要技术规格和动作线图。

2）总体设计方案的确定。

3）主要零部件强度和刚度计算。

4）液压系统设计。

5）电气系统设计。

12.1.2 Y41 系列单柱校正压装液压机

目前，液压机设计制造的品种、规格日益增多，在生产过程中由于工艺的改进，要求有关零部件做相应改进，液压元件、电气元件等的发展和更替，需要对产品图样进行再版。

一般来说，液压机主要规格是其主导工艺动作中的主要执行机构可能输出的最大压力，对 6.3~20000 MPa 的各种液压机，其公称压力应按 JB 611—78 标准规定执行。

我们设计的单柱校正压装液压机系列有上滑块公称压力为 2.5 MPa、10 MPa、25 MPa、63 MPa、160 MPa 五种规格。Y41 系列单柱校正压装液压机如图 12-1 所示，它们属于中小型液压机，机身结构为整体结构，液压系统布置于机身内，适应校正压装工艺要求，上滑块上限位和下限位均为可预选调整行程限位的位置，系统具有恒功率特性，手动操作手柄释放后滑块自动回程至调定的上限位置。

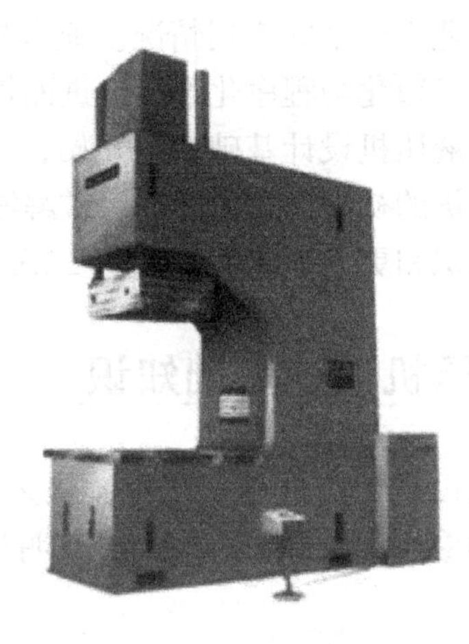

图 12-1　Y41 系列单柱校正压装液压机

Y41 系列产品主要适用于轴类零件的校正和压装等工艺，也可适用于要求不高的粉末、塑料等压制工艺。Y41-160 就是其中的一种，其公称压力为 160 MPa。

在本实例中，只讲解单柱式液压机，对其主机部分和总体设计的主要程序以及设计计算进行参数程序化，其他类型的液压机设计与此类同。

12.2 液压机 CAD 总体设计

12.2.1 设计目标

基于知识驱动的液压机产品结构设计系统是针对液压机生产企业在产品设计中存在的一些

问题，即传统的二维设计手段和串行产品开发模式不能快速响应市场需求，阻碍了产品投放市场的进程。因此，本书结合生产企业的产品设计流程和设计经验来构建液压机设计系统，能够提高企业设计资源的共享性，完善企业的设计体系，通过对设计资源更全面、更及时、更有效的运用，为产品的设计、销售提供保障，增强企业的竞争能力。

本节结合企业的生产实际情况，先从产品零部件模块入手，对企业自行生产的零部件进行模块划分并建立三维模型实例库，提高企业对零部件以及设计图样的管理能力；然后结合设计流程开发了液压机设计计算软件，实现对设计任务的初步计算校核；最后针对企业生产的零部件进行实例推理和参数化设计、工程图样的设计，完成与生产制造的对接。

系统应用效果如下：

1）引入先进的产品设计模式和产品开发理论，提高了企业设计人员的素质与能力，以及企业设计部门的产品研究水平。

2）加强了设计部门对企业原有产品模型的管理，使设计人员能够快速有效地对历史模型进行重用，减轻了设计负担，能够应用现有的产品模型快速地设计新产品并达到创新设计的目的。

3）提高了产品模型的共享性，设计人员可以不再进行单兵作战，而是利用现有设计资源，与其他人员协同设计完成最终的产品。

4）缩短了产品设计周期，减少了设计中的失误，从而降低了企业成本。

12.2.2　系统体系结构

液压机设计系统体系结构如图 12-2 所示，共包括 4 个层次：用户层、功能模块层、支撑层以及数据层。

1. 用户层

用户层主要是用户进入系统界面和液压机设计计算、液压机参数化设计平台界面，用户进入这些设计平台之后便可根据设计任务需求输入参数，进行产品定制设计。

2. 功能模块层

功能模块层主要是展现给用户的功能实现模块，它是液压机设计平台的核心，用户进入各个设计模块即可进行产品的详细设计。如图 12-2 所示，功能模块层主要由液压机设计计算校核与液压机参数化设计组成，其中液压机设计计算校核包括单柱液压机设计计算、四柱液压机设计计算以及校直力计算，该计算校核模块涵盖了公司生产的主要产品型号；液压机参数化设计则由机身模块设计、管路模块设计、油箱模块设计以及工程图样设计四大模块组成，以机身模块设计为例，用户可以完成组成机身的各零部件详细设计和机身装配体模型的建立，并且能够快速出图。

3. 支撑层

由图 12-2 可以看出，支撑层包括工具软件和技术支撑两部分，它是功能模块层和数据层之间的桥梁和纽带，主要是为实现功能模块层中的各项功能提供各种工具以及理论技术支持。在支撑层中，所用到的工具软件主要有 SOLIDWORKS 2007 软件（包括 SOLIDWORKS API）、程序设计编译软件 Visual C++、有限元分析软件 COSMOSWorks、运动仿真分析软件等；研究中所用到的技术理论则包括了模块划分技术、实例推理方法、相似性设计理论、SOLIDWORKS 二次开发技术以及数据库管理与应用技术等。这些软件组成了整个系统的“躯干”，而所用到的理论技术则是系统的“血肉”，它们成功支撑了整个系统的正常运行。

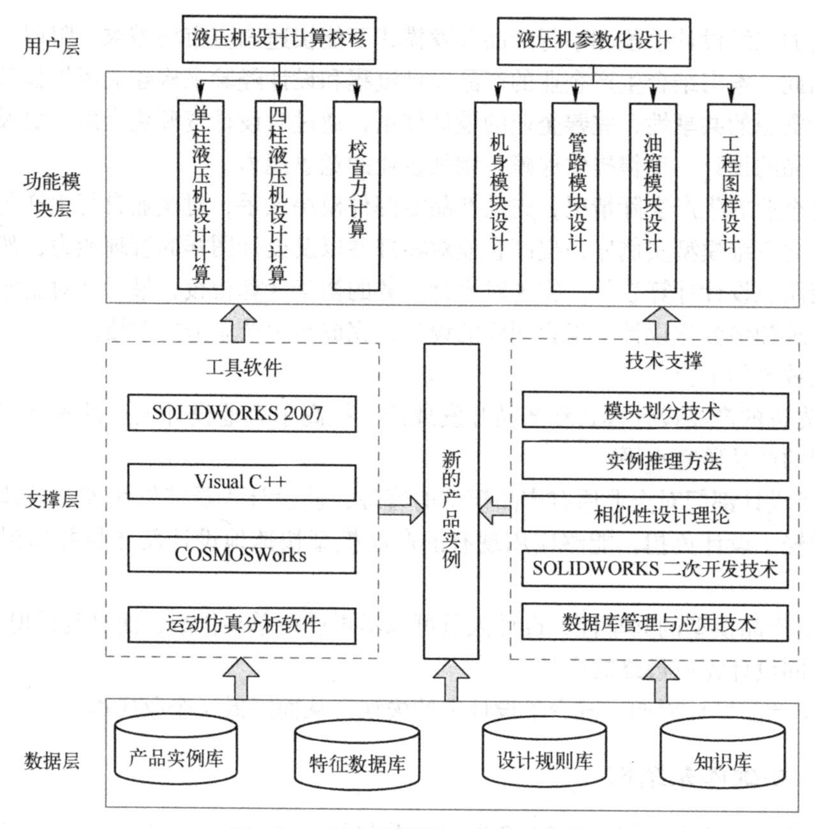

图 12-2　液压机设计系统体系结构

4. 数据层

数据层是整个设计系统的基石，只有具备了较完备的数据层，才能保证其他几层的实现，同时也是企业设计资源的核心内容。它主要包括产品实例库、特征数据库、设计规则库和知识库。产品实例库中存储有企业积累的成熟产品实例模型和工程图样；特征数据库则保存了产品实例的特征数据，它们都是产品实例检索、数据查询以及调用的基础；设计规则库则包含了产品设计时所遵循的规则以及注意事项；知识库则收录了各领域专家的设计知识、经验与教训。

12.3 程序设计总体实现

12.3.1 设计计算程序

液压机设计计算软件主要面向合肥压力机械有限责任公司生产的中小型液压机的设计。程序以液压机的设计计算为主，计算结果作为中小型液压机设计的参考。程序主要包括以下三个部分：单柱液压机计算、四柱液压机计算和校直力计算。程序主界面如图 12-3 所示。

以单柱液压机计算为例，其包括三部分：强度计算、刚度计算和单柱校正工作台计算，其中强度计算分为上梁/支柱强度计算和下横梁强度计算。

单击程序顶端的菜单项“单柱液压机计算”，选择“强度计算”→“上梁/支柱强度计算”，如图 12-4 所示。在打开的如图 12-5 所示的“单柱液压机—强度计算”界面中，输入各种参数，可计算上梁和支柱的强度。

液压机设计计算程序
单柱液压机计算 | 四柱液压机计算 | 校直力计算 | 帮助文档 | 关于YCount | 退出程序
合肥压力机械有限责任公司
HEFEI PRESSURE MACHINERY CO.,LTD

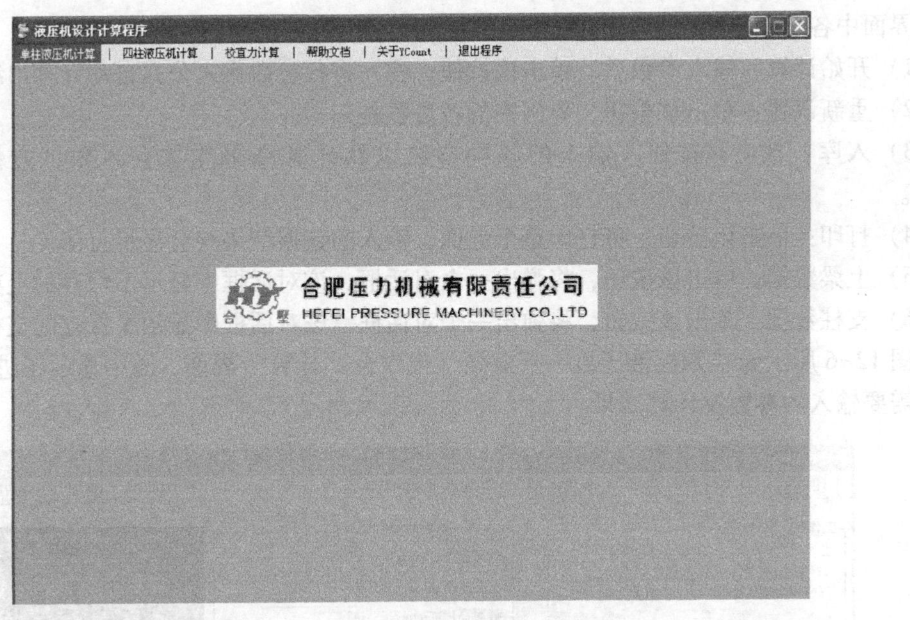

图 12-3 “液压机设计计算程序”主界面

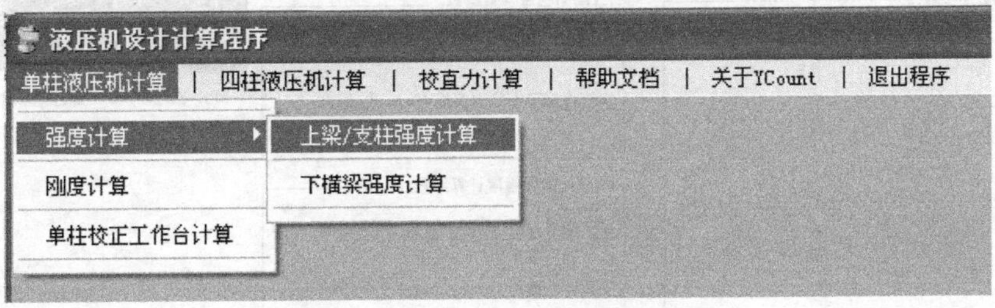

液压机设计计算程序
单柱液压机计算 | 四柱液压机计算 | 校直力计算 | 帮助文档 | 关于YCount | 退出程序
强度计算
上梁/支柱强度计算
下横梁强度计算
刚度计算
单柱校正工作台计算

图 12-4 选择“上梁/支柱强度计算”

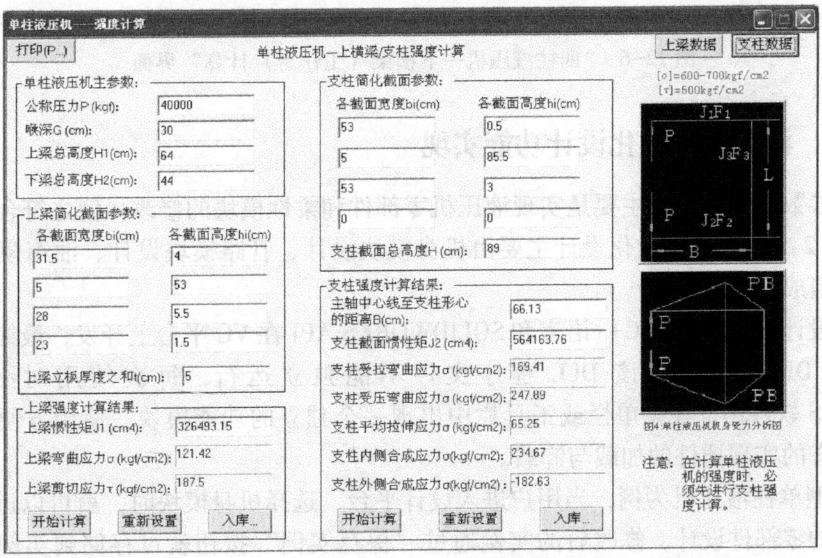

单柱液压机——强度计算
打印(P...)
单柱液压机—上横梁/支柱强度计算
上梁数据
支柱数据
单柱液压机主参数:
公称压力P(kgf): 40000
喉深G (cm): 30
上梁总高度H1(cm): 64
下梁总高度H2(cm): 44
上梁简化截面参数:
各截面宽度bi(cm)
各截面高度hi(cm)
31.5
4
5
53
28
5.5
23
1.5
上梁立板厚度之和t(cm): 5
上梁强度计算结果:
上梁惯性矩J1 (cm4): 326493.15
上梁弯曲应力σ (kgf/cm2): 121.42
上梁剪切应力τ (kgf/cm2): 187.5
开始计算
重新设置
入库...
支柱简化截面参数:
各截面宽度bi(cm)
各截面高度hi(cm)
53
0.5
5
85.5
53
3
0
0
支柱截面总高度H (cm): 89
支柱强度计算结果:
主轴中心线至支柱形心的距离B(cm): 66.13
支柱截面惯性矩J2 (cm4): 564163.76
支柱受拉弯曲应力σ (kgf/cm2): 169.41
支柱受压弯曲应力σ (kgf/cm2): 247.89
支柱平均拉伸应力σ (kgf/cm2): 65.25
支柱内侧合成应力σ(kgf/cm2): 234.67
支柱外侧合成应力σ(kgf/cm2): -182.63
开始计算
重新设置
入库...
[σ]=600-700kgf/cm2
[τ]=500kgf/cm2
J1F1
P
J3F3
L
P
J2F2
B
PB
P
P
PB
图4 单柱液压机机身受力分析图
注意: 在计算单柱液压机的强度时，必须先进行支柱强度计算。

图 12-5 “单柱液压机—强度计算”界面

界面中各个按钮的功能如下：

1）开始计算：输入参数后，单击该按钮，程序将各参数代入公式自动计算出结果。

2）重新设置：单击该按钮，界面中的各参数将归零。

3）入库：单击该按钮，输入的各种参数以及计算结果均保存入库，方便以后查看调用。

4）打印：单击该按钮，将打印整个界面，输入的数据结果均会显示打印。

5）上梁数据：单击该按钮，将弹出一个对话框，该对话框中显示了保存的上梁数据。

6）支柱数据：单击该按钮，将弹出一个对话框，该对话框中显示了保存的支柱数据。

图 12-6 所示为“四柱液压机—下横梁（工作台）计算”界面，图中显示了进行下横梁计算所需要输入的参数及计算结果。

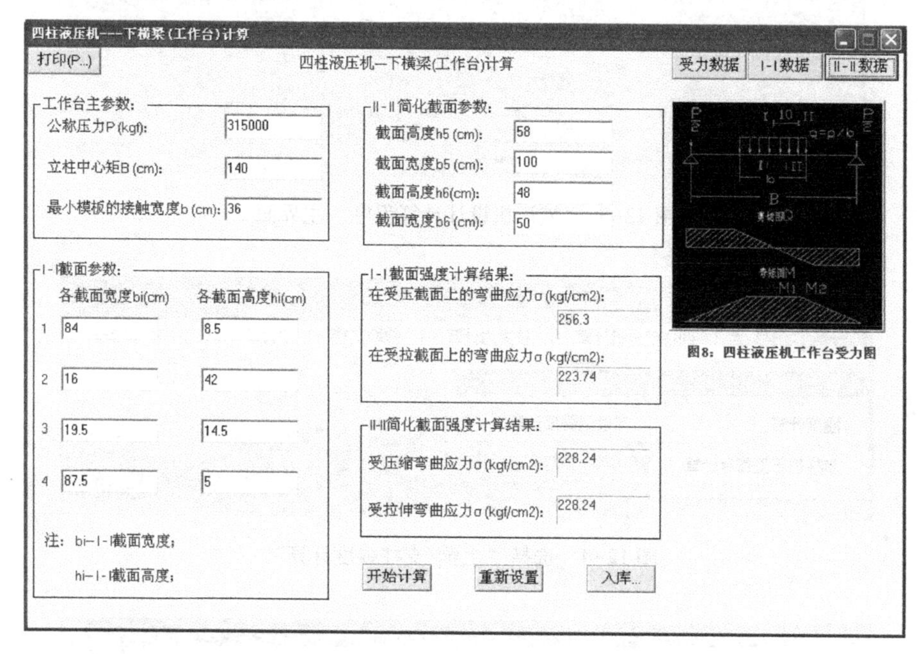

图 12-6 “四柱液压机—下横梁（工作台）计算”界面

12.3.2 液压机参数化设计功能实现

液压机参数化设计功能主要是实现液压机零部件和柔性模块的修改，使之符合设计任务要求。由 12.2.2 节可知，参数化设计主要由机身模块设计、管路模块设计、油箱模块设计和工程图样设计组成。

液压机设计系统是利用 C++语言和 SOLIDWORKS API 在 VC 平台上开发，最终形成一个动态链接库（DLL）文件。该 DLL 程序文件不能独立运行，每次使用时必须加载到 SOLIDWORKS 软件中，在菜单栏或工具栏中出现一个独立的功能模块，使用方便，可以根据用户需求动态的实现插件的加载与卸载。

以 Y30 型单柱液压机为例，当用户进入设计平台，选择机身模块时，就可以进行机身模块和组成机身的零部件设计，修改后的实例通过“保存实例”按钮就可存储到实例库中，以便下次重用。图 12-7 所示为 Y30 型液压机机身模块设计的实现过程，其中包括了机身装配体的建立、组成零件的修改设计以及工程图的绘制。

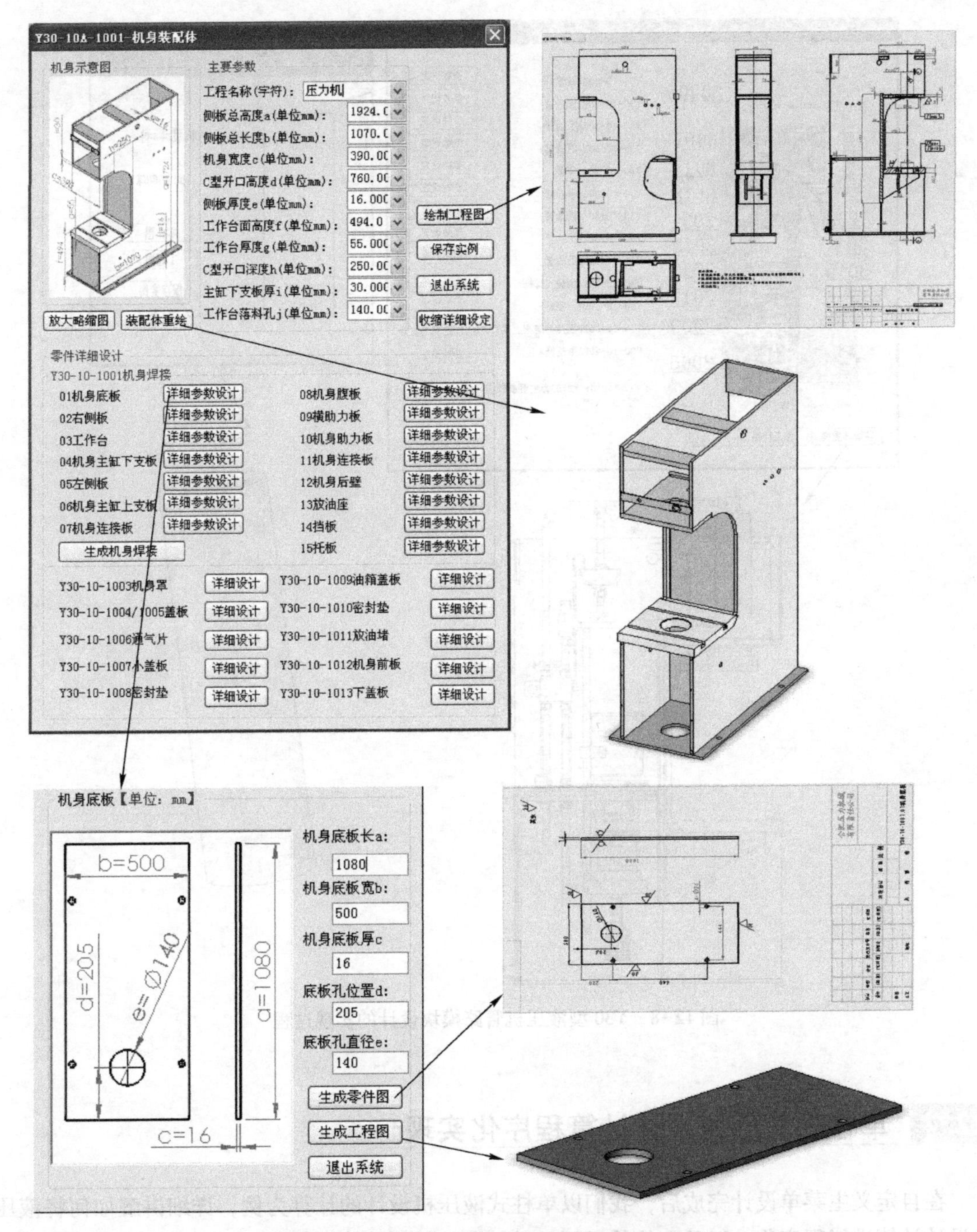

图 12-7　Y30 型液压机机身模块设计的实现过程

管路是液压机上液压机中泵和油缸之间供油的通道，是液压机的重要组成部分。Y30 型液压机管路模块设计的实现过程如图 12-8 所示，单击“装配体重构”按钮就会自动生成液压机管路系统的装配模型，选择其中的零件，就会出现零件的参数化设计界面，在该界面可完成零件的参数修改与保存。

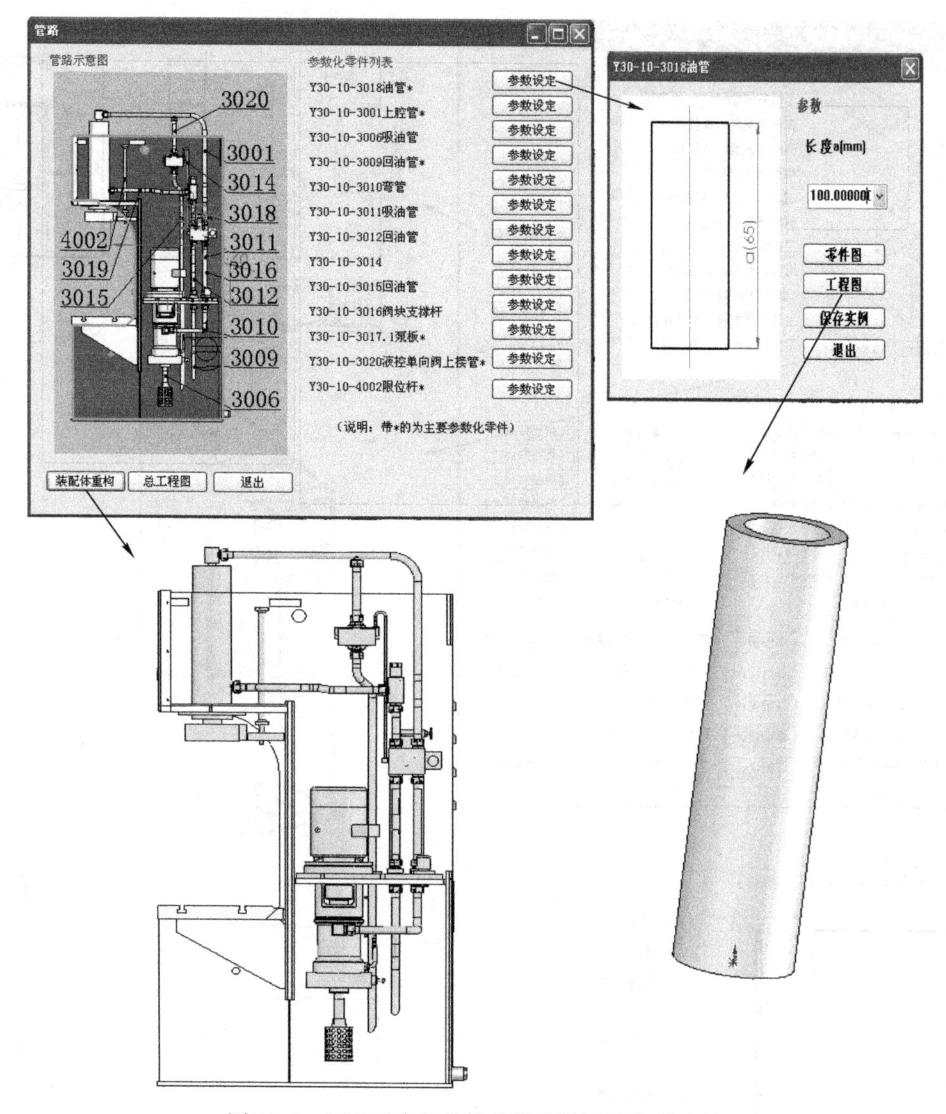

图 12-8 Y30 型液压机管路模块设计的实现过程

12.4 单柱式液压机设计计算程序化实现

在自定义主菜单设计完成后，我们以单柱式液压机设计的计算为例，详细讲解如何将液压机设计计算进行程序化，以及在软件界面上进行设计时的计算操作。

12.4.1 单柱式结构设计

1. 单柱式结构

单柱式结构又称 C 形结构或开式结构。单柱式液压机最突出的优点是操作方便、可三面接近工件、装卸模具和工件均很方便，特别是轴类零件校直和板材弯曲成形等工艺应用这一结构形式十分方便。单柱式液压机一般分为组合式（图 12-9a）和整体式（图 12-9b），其机身结构如图 12-9 所示。

但是，单柱式液压机最大的缺点是机身悬臂受力，且受力后变形不对称，使主缸中心线与工作台的垂直度产生角位移。这样将使模具间隙偏于一侧，一定程度上影响工件压制质量。此外，在一般简单的单柱式液压机设计中，滑块大多没有导轨，完全靠活塞与缸的导向面配合导向，因此，机身变形后将使活塞承受相当大的弯曲应力。为了使最大变形在允许范围内，设计时许用应力均取得较低。

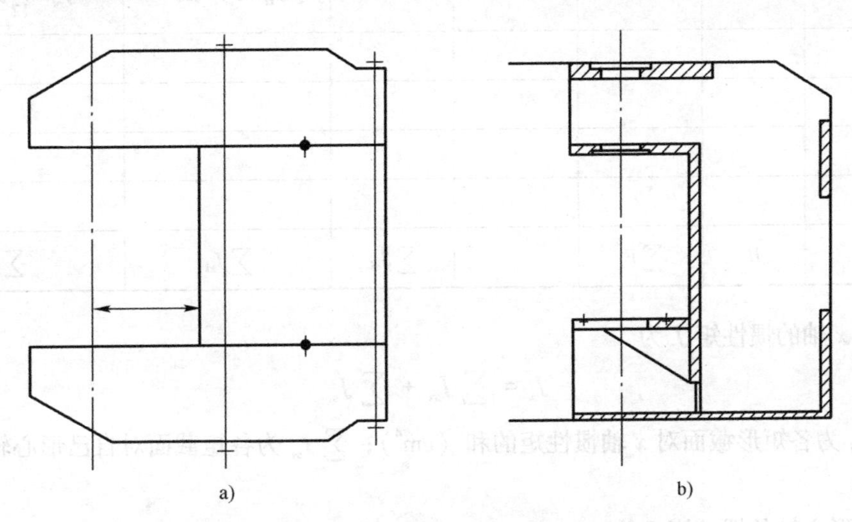

图 12-9 组合式与整体式单柱式液压机机身结构

单柱式液压机通常由机身、主缸、滑块和限程装置、校正工作台、液压系统和电气系统所组成。其中，机身和校正工作台为单柱式液压机结构设计中的关键零件。下面重点讨论整体式结构单柱液压机的机身和校正工作台等设计计算方法及其程序化。

2. 截面惯性矩计算

在这里单独介绍液压机截面惯性矩的计算，是因为这是整个设计计算过程中的核心，是进一步计算其他特性的必须参数，也是主要的难点。

应用材料力学的方法，我们可以求出各截面的面积 F、惯性矩 J 和形心位置。若截面可以简化为矩形截面，则有

$$F=bh$$

$$J=\frac{1}{12}bh^3$$

$$h_1=\frac{1}{2}h$$

式中，b 为截面宽（cm）；h 为截面高（cm）。

若计算截面为 π 字形、箱形或任意形状，则首先将截面形状简化成计算截面，并求出计算截面中个小块矩形截面的高度 h_i、宽度 b_i 和各矩形截面形心的高度 y_i，这样就将一个复杂的截面简化成了若干个矩形截面，就可以根据表 12-1 来进行计算。

其中，截面形心轴的位置 H_1 为

$$H_1=\frac{\Sigma S_i}{\Sigma F_i}$$

式中，H_1为截面形心轴对 x 轴的距离（cm）；ΣS_i为各矩形截面对 x 轴的静力矩（cm^3）；ΣF_i为截面的总面积（cm^2）。

表 12-1 截面惯性矩计算表

序号	宽 b_i/cm	高 h_i/cm	面积 $F_i=b_ih_i/cm^2$	形心矩 y_i/cm^3	静力矩 $S_i=F_iy_i/cm^3$	各矩形截面对 x 轴惯性矩 $J_{xi}=S_iy_i/cm^4$	各矩形截面对自己形心轴的惯性矩 $J_{oi}=\frac{1}{12}b_ih_i^3/cm^4$
1							
2							
…							
…							
合计		H	$\sum F_i$		$\sum S_{xi}$	$\sum J_{xi}$	$\sum J_{oi}$

截面对 x 轴的惯性矩 J_x为

$$J_x = \sum J_{xi} + \sum J_{oi}$$

式中，$\sum J_{xi}$ 为各矩形截面对 x 轴惯性矩的和（cm^4）；$\sum J_{oi}$ 为各矩截面对自己形心轴的惯性矩之和（cm^4）。

截面对形心轴的惯性矩 J_o为

$$J_o = J_x - H_1^2 \sum F_i$$

式中，J_x为截面对 x 轴的惯性矩（cm^4）；H_1为截面形心轴对 x 轴的距离（cm）（计算时均取机身内侧平面）；$\sum F_i$ 为截面的总面积（cm^2）。

12.4.2 强度和刚度计算

图 12-10 所示为 Y41-160B 单柱液压机的机身结构，本节根据该图给出的数据设置程序界面上控件的初始缺省数据，讲述如何将单柱液压机设计进行程序化。

1. 整体单柱式机身强度计算

具体的计算步骤如下：

1）将初步设计的机身上下梁和支柱简化为计算截面，然后利用表 12-1 方法计算出各截面的特性数据和形心位置。

2）根据形心位置作机身受力简图，一般均假定上下梁承受集中载荷，力作用线与主缸中心线重合。

3）计算并求出机身各部弯矩图。

4）强度计算。

从图 12-10 和图 12-11 可以发现，上下梁承受弯曲和剪切，支柱则承受拉伸和弯曲，因此强度计算涉及的公式如下：

1）最大弯矩在转角处，其值为

$$M=PB$$

式中，P 为公称压力（kgf）；B 为主缸中心线至支柱形心的距离（cm）。

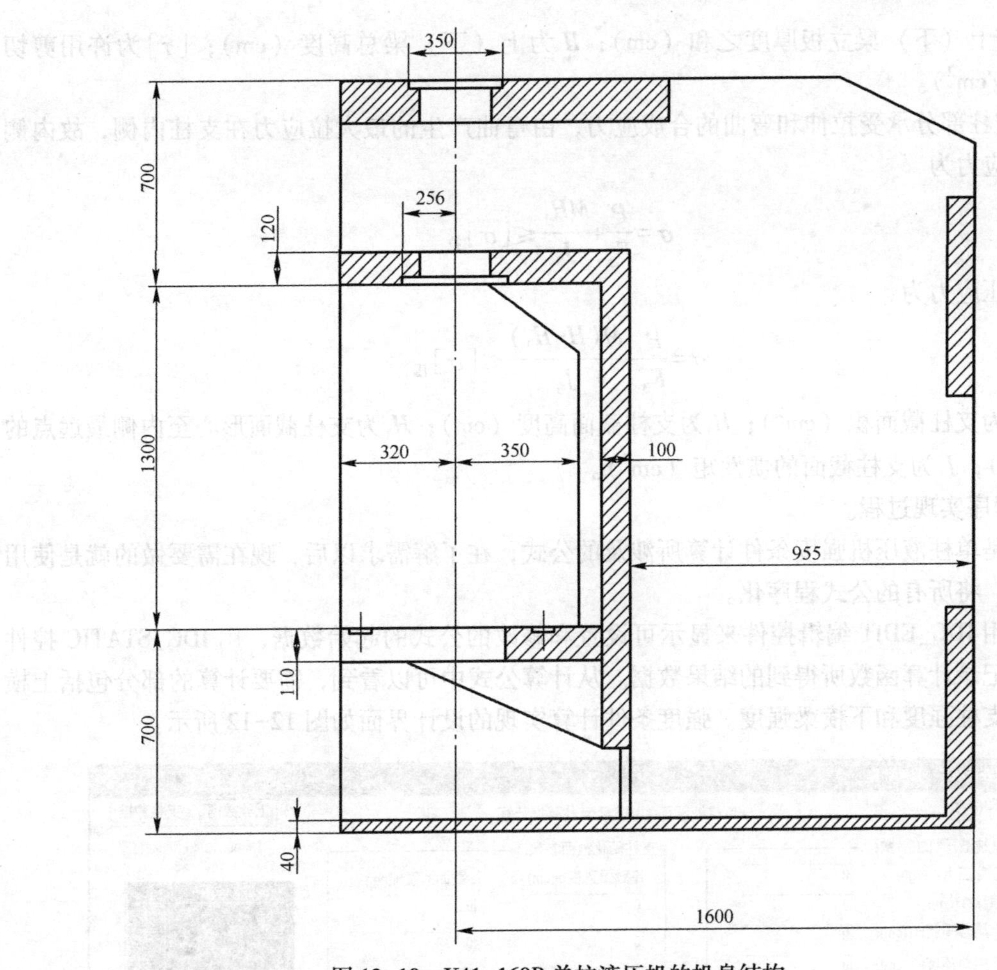

图 12-10　Y41-160B 单柱液压机的机身结构

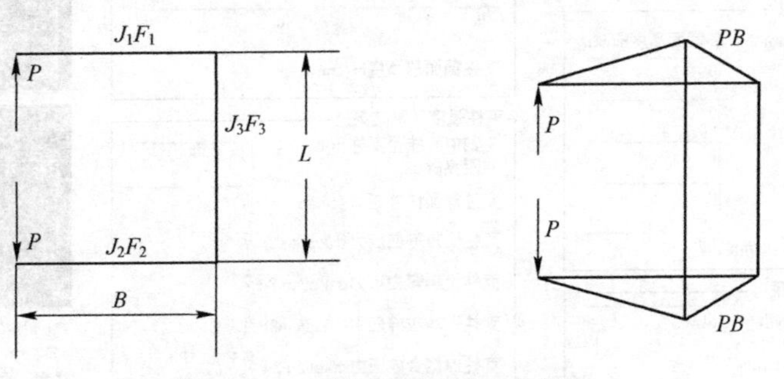

图 12-11　单柱液压机受力分析图

2）上下梁最大弯曲应力在转角处，其应力和强度条件为

$$\sigma=\frac{MH_1}{J}\leqslant[\sigma]$$

式中，J 为上（下）梁惯性矩（cm^4）；H_1 为上（下）梁截面最外点距截面形心的距离（cm）；$[\sigma]$ 为许用应力（kgf/cm^2）。

3）剪切应力最大点在截面形心轴上，其值可由下式近似计算

$$T=1.5\frac{P}{tH}\leqslant[\tau]$$

式中，t 为上（下）梁立板厚度之和（cm）；H 为上（下）梁总高度（cm）；$[\tau]$ 为许用剪切应力（kgf/cm^2）。

4）支柱部分承受拉伸和弯曲的合成应力，由弯曲产生的最大拉应力在支柱内侧，故内侧最大拉伸应力为

$$\sigma=\frac{P}{F_3}+\frac{MH_1}{J_3}\leqslant[\sigma]_{拉}$$

外侧压应力为

$$\sigma=\frac{P}{F_3}-\frac{M(H-H_1)}{J_3}\leqslant[\sigma]_{压}$$

式中，F_3 为支柱截面积（cm^2）；H 为支柱截面高度（cm）；H_1 为支柱截面形心至内侧最远点的距离（cm）；J_3 为支柱截面的惯性矩（cm^4）。

5）程序实现过程。

以上是单柱液压机强度条件计算所涉及的公式，在了解需求以后，现在需要做的就是使用控件编程，将所有的公式程序化。

我们用 IDC_EDIT 编辑控件来显示可设置和修改的公式的起始数据，用 IDC_STATIC 控件来显示和记录计算函数所得到的结果数据。从计算公式中可以看到，需要计算的部分包括上横梁强度、支柱强度和下横梁强度。强度条件计算实现的设计界面如图 12-12 所示。

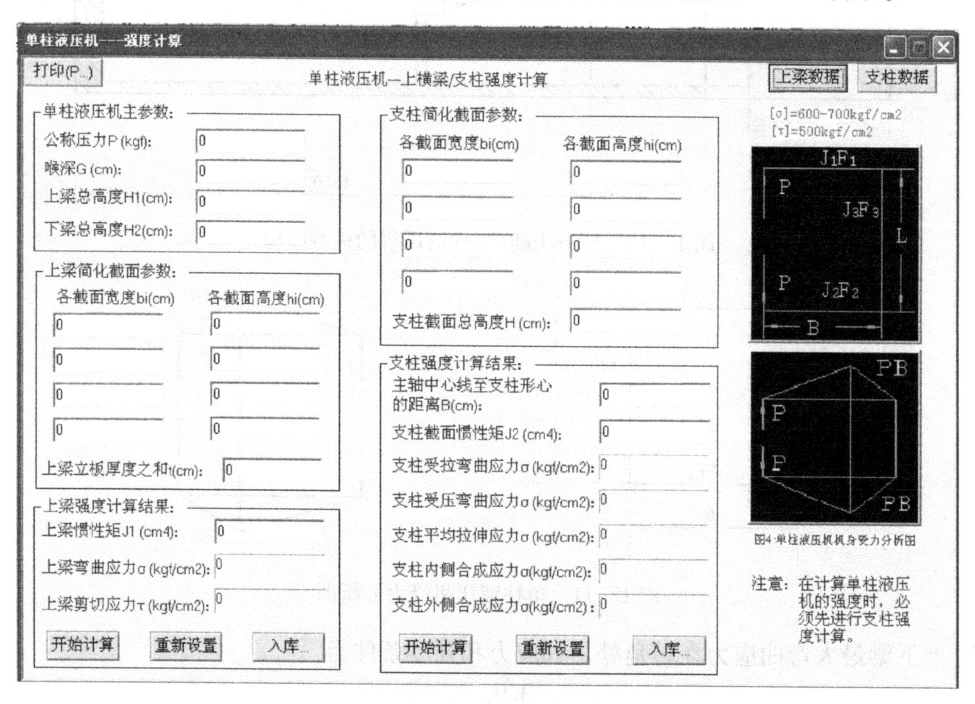

图 12-12 “单柱液压机—强度计算”界面

具体的编程步骤如下：

1）建立一个强度计算对话框，并命名为 CStrength。

2）在头文件 Strength.h 中定义和各参数对应的公共变量为 double 类型，如定义 double p 代表公称压力 P 的相关变量，在 Strength.cpp 程序文件的 DoDataExchange(CDataExchange * pDX)函数中将设计的“压力 P”控件与该变量关联起来，其他变量也类似处理，这样就可以进行公式代码的编写了。

3）利用 UpdateData(bool value)函数，通过处理 double 类型数值的计算，更新结果变量的值，将这些代码写在“开始计算”Button 的 OnBnClickedButton()事件中，当单击这个控件的时候，就触发了计算公式。

4）由于计算精度的需要，还要将得到的 double 型的变量值进行四舍五入，保留小数点后两位有效数字。

5）此外，所有的界面都采用了“入库”操作和“打印”操作，这将在后面部分集中讲解。

类的建立以及上横梁强度计算的事件代码如下：

```
class CStrength : public CDialog
{
    DECLARE_DYNAMIC(CStrength)
public:
    CStrength(CWnd * pParent = NULL);    // 标准构造函数
    virtual ~CStrength();
    // 对话框数据
    enum { IDD = IDD_DIALOG9 };
protected:
    virtual void DoDataExchange(CDataExchange * pDX);       // DDX/DDV 支持
    DECLARE_MESSAGE_MAP()
public:
    afx_msg void OnBnClickedButton2();
};
// 上横梁强度计算事件
void CStrength::OnBnClickedButton2()
{
    // TODO:在此添加控件通知处理程序代码
    UpdateData(true);
    if(h2<0 || t<0 || p<0 || b<0 || h1<0 || j<0)
    {
        AfxMessageBox(_T("输入的参数不能为负数,请重新输入!"));
        a=0;tt=0;
    }
    if(h2>=0 && t>=0 && p>=0 && b>=0 && h1>=0 && j>=0)
    {
        a=p * b * h1/j;
        tt=1.5 * p/t/h2;
    }
    int Integer;
    Integer=int(a);
    double Decimal;
    Decimal=a-Integer;
    Decimal=double(int(Decimal * 100+0.5))/100;
    a=Integer+Decimal;
        ......
        // 四舍五入保留小数点后两位有效数字操作
    UpdateData(false);
}
```

在设计的时候把下横梁的强度计算单独放在了一个界面，主要是因为下横梁和上横梁受力条件相同，而下横梁截面刚度更大，若上横梁强度条件满足要求，则下横梁一定满足；若上横梁不满足，可以再计算下横梁的强度条件。

2. 机身刚度计算

单柱式机身设计中，强度计算还只是第二位的，主要应按刚度条件设计，以下我们再来讲解如何将刚度计算进行程序化。

单柱式机身受力后产生变形，表示变形的特性指标有两种方法，一是上下梁内侧在主缸中心线上的两点，在公称载荷作用下的相对位移；二是在公称载荷作用下，主缸中心线的转角。

从单柱液压机的结构特点（变形不对称）和压制过程对整机的要求（上下梁水平相对位移）来分析，采用限制主缸中心线的转角是比较合理和比较全面的。我们对单柱式结构的液压机设计的刚度指标是，在公称载荷作用下，主缸中心线角位移不大于3′，对于一般的校正压装液压机取角位移不大于6′。

（1）刚度条件　主缸中心线对工作台中心点的转角位移可利用莫尔积分方法求出（这里不再详细赘述），可得

$$\theta=\frac{1}{2}\left(\frac{PB^2}{EJ_1}+\frac{PB^2}{EJ_2}+\frac{PBL}{EJ_3}\right)$$

我们可以进一步简化，设 $K_{31}=J_3/J_1$、$K_{32}=J_3/J_2$、$\alpha=L/B$，并将弧度值转换为以分为单位的角度值，得

$$\theta=1720PB^2\frac{(\alpha+K_{31}+K_{32})}{EJ_3}\leqslant[\theta]$$

式中，P 为公称压力；B 为主缸中心线至支柱形心距离；E 为机身材料弹性模量；J_3 为支柱截面惯性矩；α 为系数；K_{31} 为支柱与上梁的惯性矩的比值；K_{32} 为支柱与下梁的惯性矩的比值；$[\theta]$ 为许用角位移，标准刚度 $[\theta]=3'$，较低刚度 $[\theta]=6'$。

（2）程序实现过程　同强度计算类似，刚度计算实现的设计界面如图12-13所示。

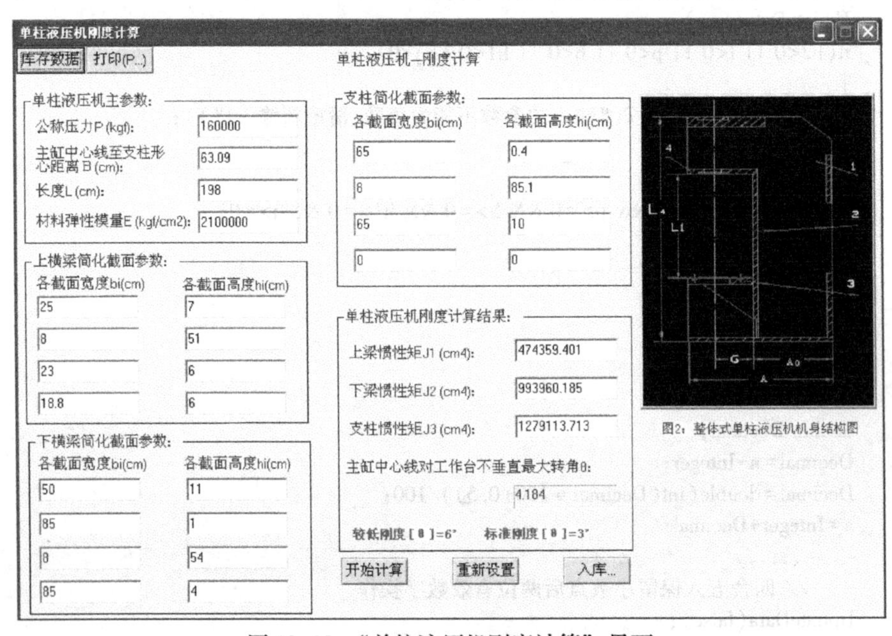

图12-13 “单柱液压机刚度计算”界面

具体的编程步骤如下：

1）建立刚度计算对话框，并命名为 CStiff。

2）在头文件 Stiff. h 中定义和各参数对应的公共变量为 double 类型，在 Stiff. cpp 程序文件的 DoDataExchange(CDataExchange * pDX) 函数中将设计的参数控件与对应的变量关联起来。

3）利用 UpdateData(bool value) 函数，通过处理 double 类型数值的计算，更新结果变量的值，将这些代码写在"开始计算" Button 的 OnBnClickedButton( ) 事件中，当单击这个控件的时候，就触发了计算公式，更新变量数值。

4）将得到的 double 型的变量值进行四舍五入，保留小数点后三位有效数字。

类的建立与刚度计算的事件代码如下：

```
class CStiff : public CDialog
{
    DECLARE_DYNAMIC( CStiff)
public:
    CStiff( CWnd * pParent = NULL);   // 标准构造函数
    virtual ~CStiff( );
    // 对话框数据
    enum { IDD = IDD_DIALOG10 };
protected:
    virtual void DoDataExchange( CDataExchange * pDX);    // DDX/DDV 支持
    DECLARE_MESSAGE_MAP( )
public:
    afx_msg void OnBnClickedButton3( );
};
// 刚度计算事件
void CStiff::OnBnClickedButton3( )
{
    // TODO:在此添加控件通知处理程序代码
    UpdateData( true);
    if( b<0 || p<0 || e<0 || a<0 || b1<0 || b2<0 || b3<0 || h1<0 || h2<0 || h3<0)
    {
        AfxMessageBox(_T("输入的参数值不能为负数,请重新输入!"));
        u=0;
        a=0;
        j1=0;
        j2=0;
        j3=0;
    }
    if( b>=0 && p>=0 && e>=0 && α>=0 && b1>=0 && b2>=0 && b3>=0 && h1>=0 && h2>=
0 && h3>=0)
    {
        j1=b1 * h1 * h1 * h1/12;
        j2=b2 * h2 * h2 * h2/12;
        j3=b3 * h3 * h3 * h3/12;
        u=1720 * ( L/b+j3/j1+j3/j2) * p * b * b/e/j3;
        α=L/b;
    }
    int Integer;
    Integer=int( j2);
    double Decimal;
```

```
Decimal=j2-Integer;
Decimal=double(int(Decimal*1000+0.5))/1000;
j2=Integer+Decimal;
    ......
    // 四舍五入保留小数点后三位有效数字操作
UpdateData(false);
}
```

3. 校正工作台设计计算

在单柱液压机上，对轴类零件进行校直工作时，常设计有校正工作台，尤其是校正压装类液压机。图 12-14 所示为 Y41-160B 液压机校正工作台结构，图 12-15 所示为其受力分析图。

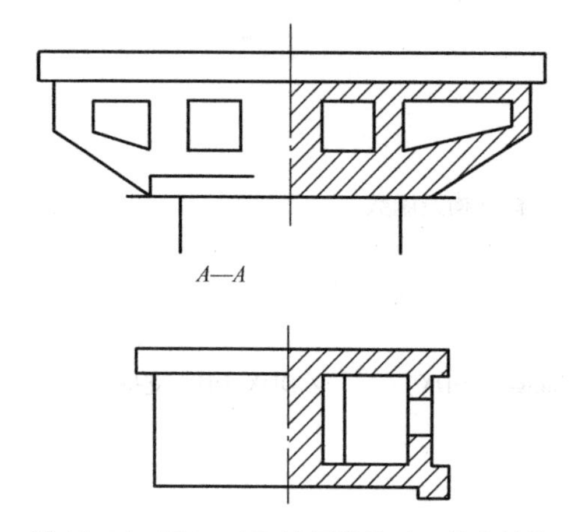

图 12-14　Y41-160B 液压机校正工作台结构

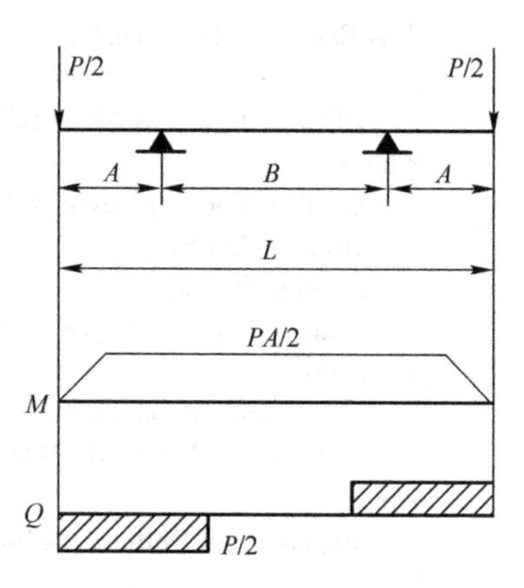

图 12-15　受力分析图

在校正工作台的设计中，主要涉及以下计算：

1）最大弯矩在两个支点内侧，弯矩值 M 为

$$M=\frac{1}{2}PA$$

2）最大剪切力 Q 在两个支点外侧，剪切力 Q 为

$$Q=\frac{1}{2}P$$

3）强度计算条件为

$$\sigma=\frac{MH_1}{J}\leqslant[\sigma]$$

$$\tau=1.5\frac{Q}{bh}\leqslant[\tau]$$

式中，M 为最大弯矩（kgf · cm）；P 为公称压力（kgf）；A 为校正工作台悬臂端距离（cm）；Q 为最大剪切力（kgf）；H_1为两支点内计算截面最外点距形心的距离（cm）；J 为计算截面惯性矩（cm^4）；b、h 为受剪计算截面立板总宽度和高度（cm）。

校正工作台主要承受弯曲和剪切，故一般设计的时候均采用铸钢和钢板焊接制成。所以，除进行强度计算外，一般还应控制工作台变形，通常允许的弯曲变形量$[f]\leqslant 0.2L/1000$ mm，L 为工作台计算长度。

工作台全长上弯曲变形量可用下式求出

$$f=\frac{PA_1(8A_1^2+12A_1B+3B^2)}{48EJ}$$

式中，P 为公称压力（kgf）；J 为截面的惯性矩（cm^4）；E 为弹性模量（kgf/cm^2）；A_1 为校正时可移支座距支点的外伸距离（cm）；B 为工作台宽度（指机身工作台左右方向长度）（cm）。

4）程序实现过程。校正工作台的计算包含两个界面，除了强度计算外还有对工作台变形量的计算，同上面类似，“单柱液压机—校正工作台计算”界面如图 12-16 所示。

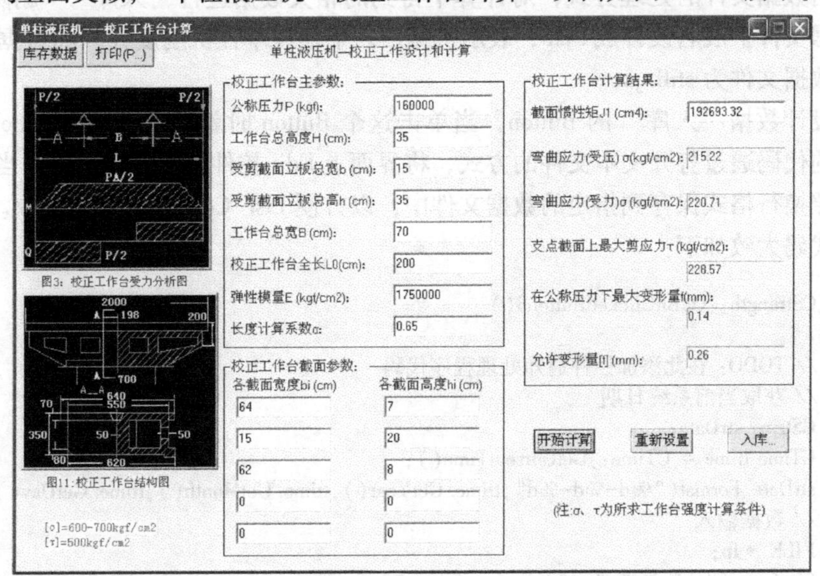

图 12-16 “单柱液压机—校正工作台计算”界面

具体的编程步骤如下：

1）建立校正工作台计算对话框，并命名为 CCorrect。

2）在头文件 Correct. h 中定义和各参数对应的公共变量为 double 类型，在 Correct. cpp 程序文件的 DoDataExchange(CDataExchange * pDX)函数中将设计的参数控件与对应的变量关联起来。

3）利用 UpdateData(bool value)函数，通过处理 double 类型数值的计算，更新结果变量的值，将这些代码写在“开始计算” Button 的 OnBnClickedButton()事件中，当单击这个控件的时候，就触发了计算公式，更新变量数值。

4）将得到的 double 型的变量值进行四舍五入，保留小数点后两位有效数字。

5）使用模式对话框的打开方式，链接变形量[f]计算的对话框。

Dialog 类的建立代码如下：（公式计算事件与前文类似，此处不再赘述）

```
class CCorrect : public CDialog
{
    DECLARE_DYNAMIC(CCorrect)
public:
    CCorrect(CWnd * pParent = NULL);          // 标准构造函数
    virtual ~ CCorrect();
    // 对话框数据
    enum { IDD = IDD_DIALOG8 };
protected:
    virtual void DoDataExchange(CDataExchange * pDX); // DDX/DDV 支持
```

```
    DECLARE_MESSAGE_MAP()
public:
    afx_msg void OnBnClickedButton1();
    afx_msg HBRUSH OnCtlColor(CDC * pDC, CWnd * pWnd, UINT nCtlColor);
};
```

4. 计算数据处理

前面已经提到过，本实例除了上面的设计计算外，还设计添加了对于计算数据的处理功能，我们采用数据文件的处理方式，对计算中得到的相关数据进行“入库”“删除”等操作。自定义的数据文件扩展名设计成.jxc，表示机械厂。下面以单柱机刚度计算的数据处理实现为例来讲述，数据文件为stiff.jxc。

首先，设计数据“入库”的Button，当单击这个Button时就触发其OnBnClickedButton()事件，其中的代码通过打开文本文件的方式，将界面上Edit控件得到的数据以及当前保存的日期信息，按照换行格式保存到指定的数据文件中，以方便List-Control控件的读取。

实现的代码大致如下：

```
void CStrength::OnBnClickedButton3()
{
    // TODO: 在此添加控件通知处理程序代码
    // 获取当前系统日期
    CString strDate;
    CTime ttime = CTime::GetCurrentTime();
    strDate.Format("%d-%d-%d",ttime.GetYear(),ttime.GetMonth(),ttime.GetDay());
    // 数据输入
    FILE *fp;
    fp=fopen("stiff.jxc","a+");
    fprintf(fp, "单柱机强度计算库存数据记录:\n");
    fprintf(fp, "%.2lf\n", p);
    ......
       // 自定义代码部分
    fprintf(fp, "%s\n", strDate);
    fclose(fp);
}
```

在完成数据入库后，还需要在对应的数据界面上将文件中的数据读取出来。我们在该对话框类CStiffData中重写其界面初始化函数OnInitDialog()，使List-Control控件在界面打开的时候便读取数据文件，显示出来，注意List-Control控件的View属性要设置成Report型。

其主要的实现代码如下：

```
BOOL CStiffData::OnInitDialog()
{
    CDialog::OnInitDialog();
    // TODO: 在此添加额外的初始化
    CStdioFile file;
    if(!file.Open(_T("stiff.jxc"),CFile::modeRead|CFile::shareDenyWrite|CFile::typeText))
        MessageBox(_T("没有找到指定的数据文件!"));
    else
        m_list.DeleteAllItems();
    while(m_list.DeleteColumn(0));
        m_list.SetExtendedStyle(m_list.GetExtendedStyle()|LVS_EX_FULLRO WSELECT|LVS_EX_
GRIDLINES);
```

```
        m_list. SetBkColor( RGB( 211,211,211) ) ;              // 设置背景颜色
        m_list. SetTextColor( RGB( 0,0,255) ) ;                // 设置文本颜色
        m_list. SetTextBkColor( RGB( 211,211,211) ) ;         // 设置颜色等值

        m_list. InsertColumn( 0,"压力 P",LVCFMT_LEFT,68) ;
… …
        m_list. InsertColumn( 12,"日期",LVCFMT_LEFT,74) ;  // 设置表头信息

        int row = m_list. InsertItem( 0,"( :kgf)") ;          // 用 InsertItem 返回行数
        m_list. SetItemData( 0,65535) ;
        m_list. SetItemText( row,1,"( :cm)") ;
        … …
        m_list. SetItemText( row,12,"(入库时间)") ;          // 设置第二列的值

        CString strType;
        … …
        CString intime;
        CString onLine;                                        // 定义读取行的变量

        BOOL bRead = file. ReadString( onLine) ;
        DWORD fileLength = file. GetLength( ) ;
        DWORD nPos = file. GetPosition( ) ;
        for( int i = 1; nPos<fileLength; i++)
        {
            file. ReadString( strType) ;
            file. ReadString( ppp) ;
            … …
            file. ReadString( intime) ;
            nPos = file. GetPosition( ) ;

            m_list. InsertItem( i, strType) ;
            m_list. SetItemData( i, 65535) ;
            … …
            m_list. SetItemText( i, 12, intime) ;              // 插入读取的每行数据
        }
        file. Close( ) ;
    return TRUE;
    // 返回 TRUE，除非将焦点设置为控件
    // 异常：OCX 属性页应返回 FALSE
}
```

此外，在数据界面上还提供了“删除”不需要的组数据的功能，同样是利用 Button 的单击触发事件函数，实现删除光标选中行的操作。不同于数据库数据的删除，这种删除操作特殊的是先删除 List-Control 控件中的某行数据，然后再用数据文件处理方式将 List-Control 控件中现有新的组数据重新写入数据文件中，从而间接地实现删除操作。

大致的代码如下：

```
void CStiffData: :OnBnClickedButton2( )
{
    // TODO：在此添加控件通知处理程序代码
    // 删除 List-Control 控件中光标选中行的数据
    int m_nIndex;
    POSITION pos = m_list. GetFirstSelectedItemPosition( ) ;
```

```
        if( m_nIndex = m_list. GetNextSelectedItem( pos) )
        {
            m_list. DeleteItem( m_nIndex) ;
            }
        // 删除后, 将新的数据写入数据文件中
        CString strTmp;
        FILE * fp;
        fp = fopen( " stiff. jxc" , " w" ) ;
        int num = m_list. GetItemCount( ) ;
        for( int i = 1;i < num;i++)
        {
            fprintf( fp, " 单柱机刚度计算库存数据记录: \n" ) ;
            strTmp = m_list. GetItemText( i,0) ;
            fprintf( fp," %s\n" ,strTmp) ;
          … …
          // 根据删除的数据行数来写
            strTmp = m_list. GetItemText( i,12) ;
          fprintf( fp," %s\n" ,strTmp) ;
        }
        fclose( fp) ;
}
```

本程序处理实现的“单柱机刚度计算库存数据”界面如图 12-17 所示。

图 12-17 “单柱机刚度计算库存数据”界面

5. 其他模块计算说明

除了单柱式液压机的设计计算外，本程序还有关于四柱式液压机的设计计算和校直力的计算等，而这些与上述内容只有计算公式和所需参数不同，其他的设计过程和编程实现过程并没有什么差异，在此就不再重复讲述。

12.5 本章小结

本章主要介绍以液压机为对象的 SOLIDWORKS 二次开发实例，讲述了 YH 型液压机设计相关的基础知识、二次开发的整体设计以及具体的参数化功能实现，演示了单柱式液压机程序的操作过程。

第 13 章　二次开发实例——浮选机

本章内容提要

（1）浮选机设计基本知识

（2）浮选机主要零部件介绍

（3）浮选机结构设计

（4）浮选机总体设计方案

（5）设计程序

前面的章节已经详细地介绍了有关 SOLIDWORKS 二次开发技术所涉及的各方面知识点，在本章中，我们将结合矿产机械中的浮选机来进行实际的应用案例说明，讲述二次开发程序在实际工业生产中的应用情况。充分展现如何使用 SOLIDWORKS 二次开发技术对浮选机设计计算进行参数化与程序化，进而提高企业的生产效率。

13.1　浮选机 CAD 设计背景知识

13.1.1　浮选机结构原理

目前，世界上的浮选机的差异主要体现在两个方面，即充气方式和搅拌装置的结构。根据充气和搅拌的方法划分，浮选机可分为机械搅拌式和无机械搅拌式。机械搅拌式浮选机按气体供给方式不同，又可划分为充气机械搅拌式和自吸气机械搅拌式。充气机械搅拌式浮选机的气体有外力给入，叶轮仅起搅拌、混合作用，无须靠自身抽吸空气，其主要优点是充气量可按需要进行精确调节，无须通过叶轮产生真空吸入气体，转速要求较低，能耗较少。目前，充气机械搅拌式浮选机是应用最广的一种浮选机类型，广泛应用于如铜、金、铁等各种金属矿，以及铝土矿、磷灰石、钾盐等有色、黑色和非金属矿的选别，特别适用于气量要求较小且能够精确控制的铝土矿、磷矿等矿石。自吸气机械搅拌式浮选机是一种依靠机械搅拌来实现真空并吸入空气的浮选机，其主要优点是可以自行吸入空气，不需要外加鼓风机等充气装置；其缺点是充气量调节范围相对较窄，不容易实现精确控制，主要适用于金属矿和非金属矿的选别，因为这两种矿物的吸气量范围要求较宽。

根据浮选机主机零部件的配置方式，又可将浮选机分为直流槽和吸浆槽两种。直流槽浮选机不能抽吸矿浆，具有磨损小、电耗低的特点；吸浆槽浮选机具有抽吸矿浆的能力，与直流槽浮选机配套使用可以实现水平配置，简化了选矿流程。

无机械搅拌式浮选机又称为浮选柱，其工作原理如图 13-1 所示。浮选柱上侧部有一个给矿管，矿浆由该给矿管给入，矿浆在流入浮选柱内部的过程中，其速度是均匀的。一般浮选柱下端有空气室，空气由此进入并通过侧方的空气管注入柱体内，同时在柱内形成大量细小气泡，这些气泡均匀地分布在整个断面上，充入柱体内部的矿浆在自身重力的作用下缓缓下降，气泡则由下往上缓缓上升，两者在柱体内相遇，气泡与有用的矿物质相遇并通过药剂的作用使有用矿物在对流运动中附着于升起的气泡表面上，如此反复，逐渐在柱体上部形成矿化泡沫层，这些附着矿物质的泡沫由刮板装置刮入或自溢到精矿槽中，其余的非目标矿物则从下端的尾矿管排出。

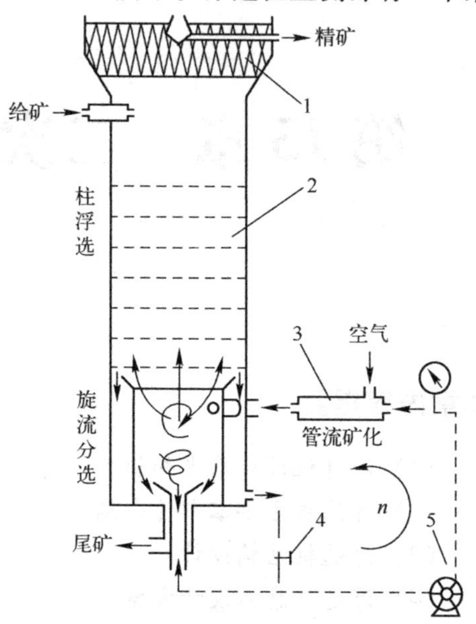

图 13-1 浮选柱工作原理
1—精矿区 2—浮选区 3—矿化区
4—控制阀 5—风机

浮选机的工作原理是：电动机通过由空心轴和实心轴组合而成的主轴带动叶轮旋转，旋转的叶轮搅动槽内的矿浆以一个合适的速度旋转，被搅动的矿浆从U形槽底部周边被吸入叶轮的下叶片之间，与此同时，由外部鼓风机给入的低压空气，通过由槽钢焊接的中空的横梁组件（在这里兼做风道）、空气调节装置以及空心轴进入安装在叶轮腔中的空气分配器中，空气通过分布在分配器圆筒周边的小孔进入叶轮的下叶片之间，在叶轮下叶片间使矿浆与空气进行充分的混合后矿化气泡开始形成，夹带气泡的矿浆由叶轮下叶片外缘排出，排出的矿流向斜上方运动，经过定子的定向和稳定后，矿化气泡被分散在整个槽子当中，矿物颗粒黏附于气泡表面，随气泡慢慢上升到槽子表面形成相对稳定的泡沫层，通过刮板装置将泡沫刮到泡沫槽中，其他矿浆返回叶轮区进行再循环，如此往复实现对矿物的选别。

13.1.2 浮选机类型

目前，随着国内煤炭、矿产行业的不断发展，浮选机种类也趋于多样化。以充气机械搅拌式浮选机为例，其种类就多种多样，典型的有 XCF 型浮选机、KYF 型浮选机、CLF 型浮选机以及 YX 型浮选机。上述浮选机中目前在国内使用较为广泛的类型有 XCF 型和 KYF 型。KYF 型、XCF 型浮选机主要适用于铜、铅、锌、镍、钼、硫、铁、金、铝土矿等矿物的分选，两个型号的浮选机可以单独使用，但是各作业之间的配置方法是阶梯配置，也可以将二者组合，形成联合在一起的机组，对二者进行水平方向的配置，将 XCF 型作为吸入槽，KYF 型作为直流槽使用。目前，国内使用后者更为普遍，其配置方式如图 13-2 所示。

13.1.3 浮选机结构

XCF 型、KYF 型充气机械搅拌式浮选机由北京矿冶研究总院设计并研制，其主机结构如图 13-3 所示。XCF 型浮选机的组成部分很多，其中主要的部件包括主轴、叶轮、轴承体、定子、对开式的半中心筒以及空气分配器等部分。KYF 型浮选机的组成与 XCF 型浮选机类似，可参照图 13-3b。

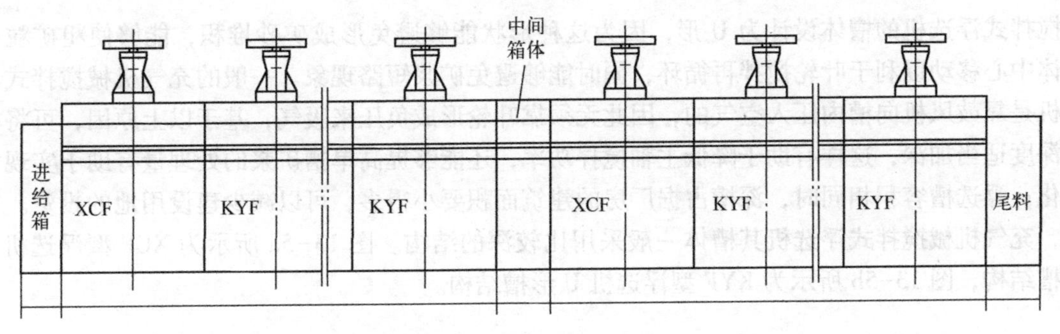

图 13-2　浮选机作业配置方式

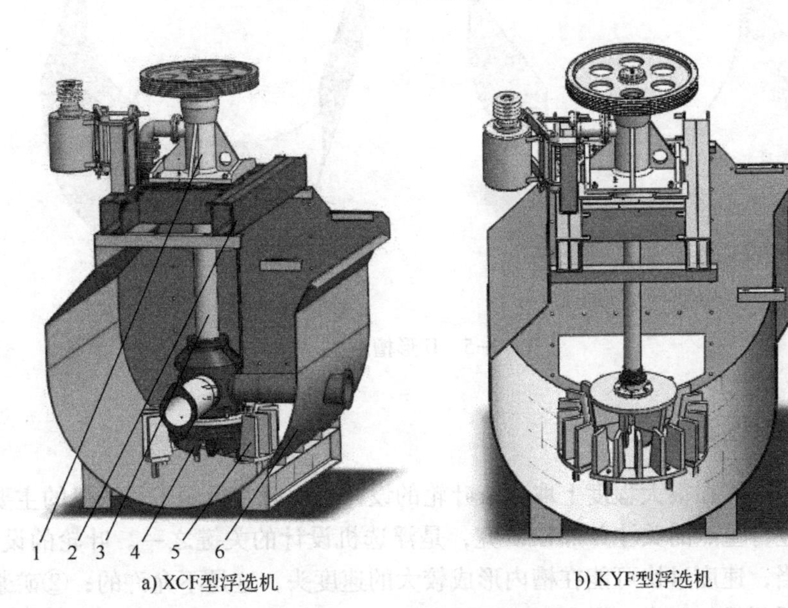

图 13-3　浮选机主机结构

1—轴承体　2—横梁组件　3—主轴　4—叶轮　5—定子　6—槽体

13.2 浮选机关键部件设计

由于 KYF 型浮选机与 XCF 型浮选机大部分零件可以通用，因此，我们以 XCF 型浮选机零部件为主进行说明。根据以上设计原则，XCF 型自吸浆充气机械搅拌式浮选机的设计重点应该是槽体、叶轮、主轴、定子等的结构以及各个系统内部各个零件之间的配合关系。

13.2.1 槽体设计

浮选机槽体用来承载矿浆，其材料一般为钢板，端面有螺栓孔用来连接两个槽体。槽上部的横梁的作用是固定轴承体以及驱动机构，横梁由槽钢组成，内部空心，用来作为风道使用；槽下部的槽钢基础梁用来支承浮选机。图 13-4 所示为槽体结构图。XCF 型自吸浆充气机

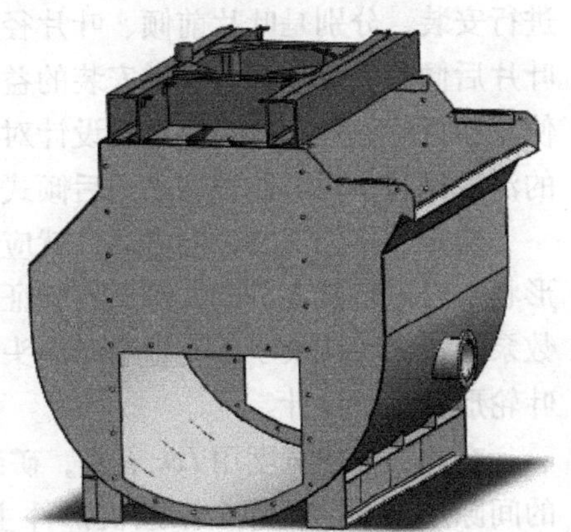

图 13-4　槽体结构图

械搅拌式浮选机的槽体设计为 U 形，因为这种形状能够避免形成矿砂堆积，能够使粗矿粒向槽体中心移动以利于叶轮搅拌再循环，同时能够避免矿浆短路现象。一般的充气机械搅拌式浮选机是靠鼓风机向槽内压入空气的，因此无须靠叶轮形成负压来吸气，基于以上原因，可将槽体深度适当加深，这样有助于降低主轴搅拌功率，还能够提高单槽矿浆的处理量有助于实现大型化；浮选槽容积相同时，深槽占据厂房的建筑面积要小得多，可以减少建设用地的投资。因此，充气机械搅拌式浮选机其槽体一般采用比较深的结构。图 13-5a 所示为 XCF 型浮选机 U 形槽结构，图 13-5b 所示为 KYF 型浮选机 U 形槽结构。

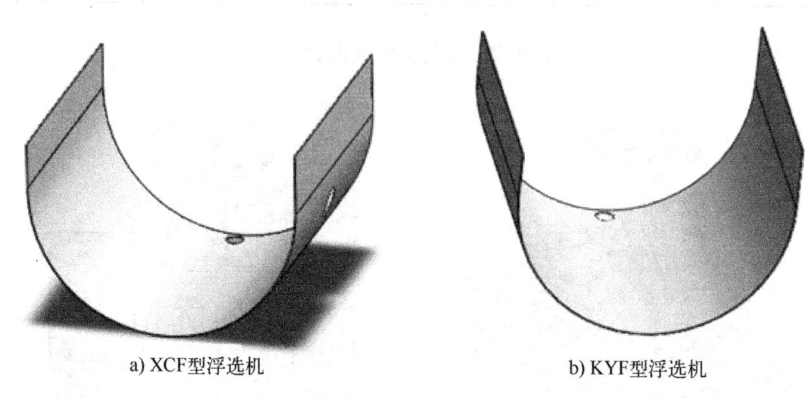
a) XCF型浮选机　　b) KYF型浮选机

图 13-5　U 形槽结构

13.2.2　叶轮设计

由于浮选机的性能在很大程度上取决于叶轮的设计，因此叶轮属于浮选机的主要部件，在设计中应该对其进行重点的关注并加以研究，是浮选机设计的关键之一。叶轮的设计原则为：①搅拌力应该适当，速度过快可能在槽内形成较大的速度头，这是不允许的；②矿浆通过叶轮后应保证一定的循环量，因为这样有利于有用矿粒的悬浮、空气的分散，同时对选别指标的改善也有很大益处；③当叶轮旋转时，矿浆在叶轮中的流线分布应该合理，磨损要轻且均匀；④所用的叶轮应该结构合理，其参数需经过优化。一旦选别工艺得到满足，就应该使叶轮的圆周速度降到尽可能低，这样才能达到降低整机能耗，提高叶轮、定子等易损件使用寿命的要求。其中，叶轮直径 D 可以为线性尺寸的基数。

根据浮选机叶轮的设计原则以及离心泵的设计原理，一般情况下，叶轮叶片可分三种角度进行安装，分别是叶片前倾、叶片径向以及叶片后倾。在浮选机叶轮的设计中，叶片通常采用叶片后倾的安装形式，这样安装的益处是当矿浆流量大时，其产生的理论压头比较小，有助于使液面保持稳定，符合浮选机设计对流体动力学的要求。另外，当叶片流量比较大时，对功率的消耗比较小，因此普遍采用后倾式叶片。

确定叶片的安装方向之后，就应该对叶轮的形状进行确定，通常采用比转数来确定叶轮的形状。经过科研人员的大量试验验证，浮选机中叶轮的旋转情况与高比转数泵相似，而高比转数泵流量大时压头小，流量小时压头大，因此，在设计浮选机叶轮时，可以参照高比转数泵的叶轮形状进行设计。

在此，槽体宽度用 Lck 表示，矿浆深度用 H 表示，叶片高度用 H_1 表示，叶轮与槽底之间的间隙用 B 表示，那么浮选机部件主要结构尺寸可以由 D/Lck（径宽比）、D/H（径深比）、H_1/D（高径比）、B/D（距径比）等比值来进行表示。XCF 型浮选机叶轮通常被设计成具有隔离盘的上下叶片，这样设计的目的就是把充气搅拌区和吸浆区分开。叶轮的上叶片是平直的叶片，向外辐射，没有倾斜角度，这样可以产生比较理想的静压头和吸力，而且也能使叶片间的回流得以减少；叶轮的下叶片一般为后倾式叶片，这样的设计能够满足浮选工艺对浮选机的要求，叶轮结构如图 13-6 所示。空气分配器安装在叶轮腔中，它实际上是周围均匀分布小孔的圆筒上部有一个圆环形的盖板用于与主轴相连，通过密集的圆孔，空气能够较均匀地分布在转子叶片的大部分区域内，这样就能够提供比较充足的矿浆-空气界面，从而使叶轮分散空气的能力得到一定的改善。

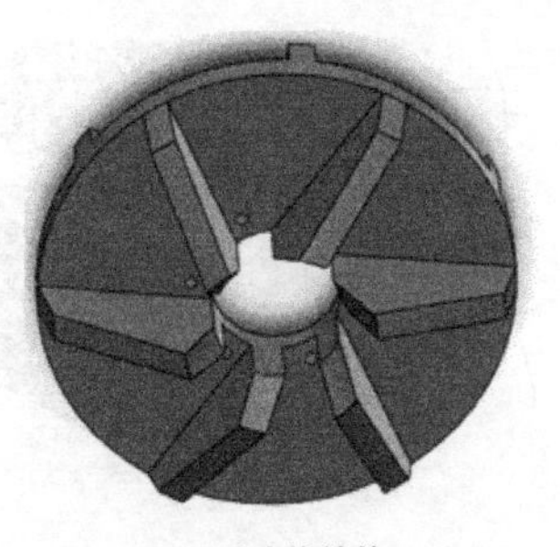

a) 下叶片结构

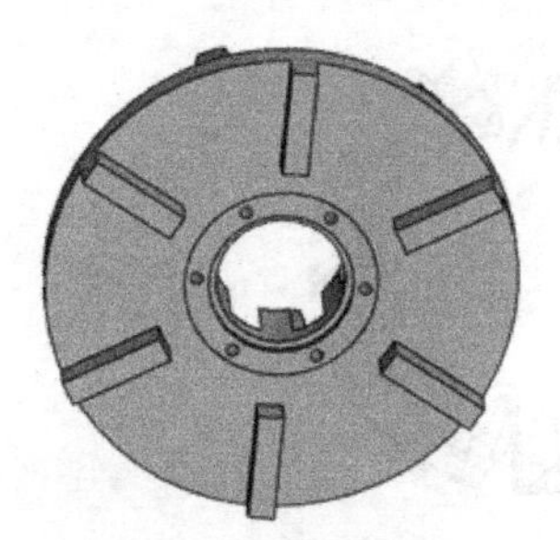

b) 上叶片结构

图 13-6　叶轮结构

13.2.3　主轴设计

一般的充气机械搅拌式浮选机由于压入了气压比较低的空气，从而使叶轮中心区的负压降低了，这样就造成了浮选机难以吸浆等一系列问题，因此，主轴部件被分为充气搅拌区和吸浆区两个部分，它们之间由隔离盘隔开。吸浆区由叶轮上叶片、圆盘形状的盖板、两个半中心筒组成的中心筒和连接管等组成；充气搅拌区由叶轮下叶片和空气分配器等组成，结构如图 13-7 所示。图 13-8 所示为空气分配器，空气分配器负责均匀地分配空气，使矿浆与空气均匀接触，浮选机内部均匀的空气分布有利于气泡与矿物颗粒的充分接触，有效增加气泡与颗粒的碰撞概率，从而提高浮选效率。

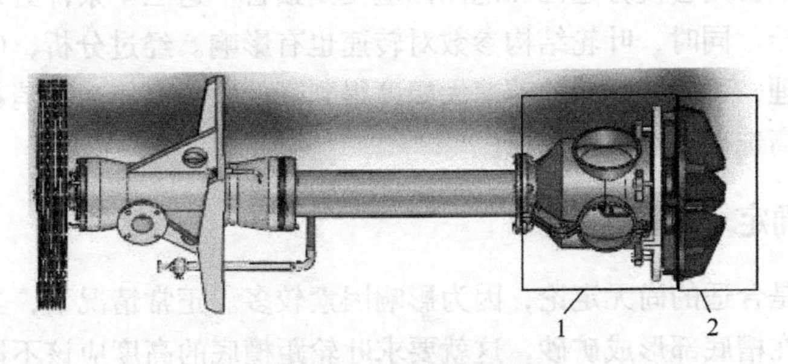

图 13-7　主轴部件结构

1—吸浆区　2—充气搅拌区

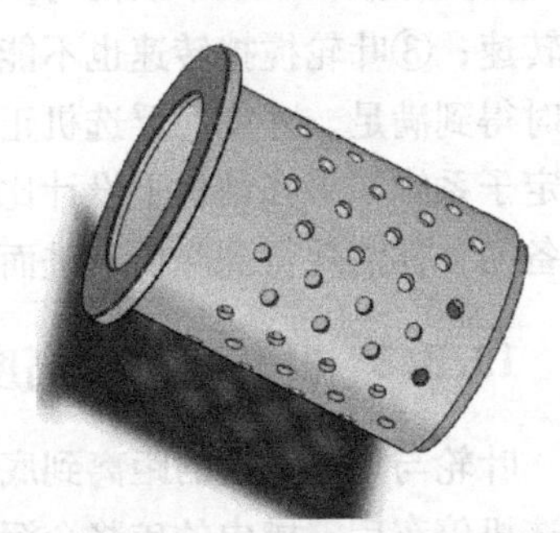

图 13-8　空气分配器

13.2.4　定子设计

XCF 型自吸浆充气机械搅拌式浮选机定子安装在叶轮周围上方，采用悬空径向短叶片开式定子并固定在槽体底部。定子的主要作用有：①当叶轮高速旋转时，矿浆从叶片间甩出，此时矿浆流是切向旋转的，需要定子将其转为径向甩出，防止矿浆在浮选槽中打转，避免泡沫层不稳定，促使形成稳定的泡沫层，并有助于矿浆在槽内再循环；②叶轮高速旋转过程中，在叶轮与定子之间的区域能够形成一个强烈的剪切环形区，在该区域能够形成细气泡。XCF型浮选机定子采用4片定子组装而成，每片定子有5个叶片，内层为定子骨架，外层由橡胶包裹，其结构如图13-9所示。如图13-10所示，图中，圆盘形盖板被安装在中心筒下方，该部件起着很重要的作用，一个是在叶轮高速旋转时能够形成负压，以便于吸浆；另一个是能够有效地遮挡叶轮，防止矿砂堆积在叶轮上，起到保护作用。盖板与叶轮上叶片间隙一般取5~10 mm。

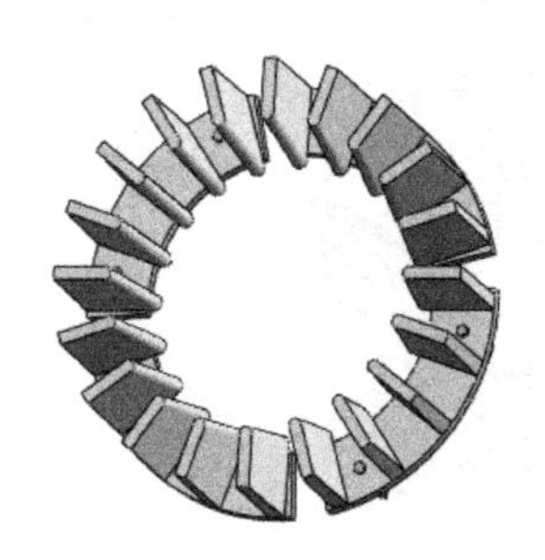

图13-9　定子结构

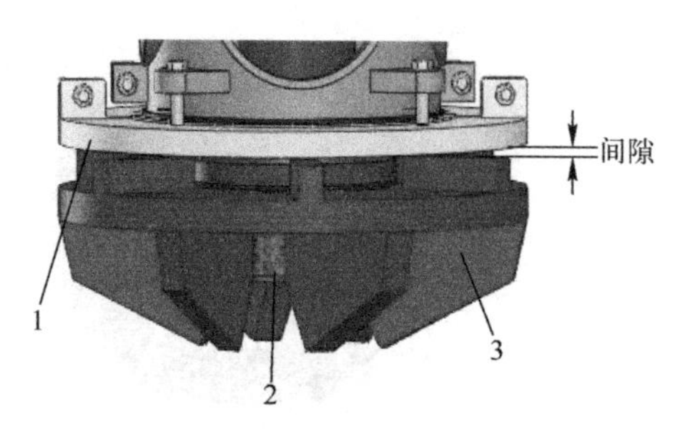

图13-10　叶轮与盖板组合机构

1—盖板　2—空气分配器　3—叶轮

13.3 浮选机主要结构参数确定

13.3.1　叶轮转速的确定

当叶轮在浮选机内高速转动时，矿浆也随之高速旋转，这时矿浆在流体动力学上是一个非常复杂的三相混合体，在这种情况下确定转速需要满足以下三个条件：①固体颗粒要悬浮是需要一个临界转速的，那么就要求叶轮搅拌转速要大于这个临界转速；②由空气分配器所出来的空气需要弥散在矿浆中以便与矿浆更好地接触，这就需要叶轮搅拌转速要大于分散气体所要求的转速；③叶轮搅拌转速也不能太高，否则会使分选区和泡沫区遭受到损害。这三个条件必须同时得到满足，才能使浮选机正常运转。同时，叶轮结构参数对转速也有影响。经过分析，叶轮定子系统如果在结构上设计比较合理，可以使叶轮的转速大幅度得到降低，从而使功率消耗和备品备件消耗得到降低，进而可提高选矿工艺技术指标。

13.3.2　叶轮距槽底高度的确定

叶轮与槽底之间的距离到底多少是合适的尚无定论，因为影响因素较多。正常情况下，当浮选机停车后，槽内的矿浆会沉淀并在槽底部形成矿砂，这就要求叶轮距槽底的高度应该不影响浮选机的正常启动，不能使矿砂阻塞叶轮，距离越大越容易启动，但是距离也不能过大，距离过大容易造成沉槽并且使矿浆液面不平稳。因此，叶轮距槽底的高度是一个重要的参数，它可通过浮选机容积参数回归和理论计算确定。

13.3.3　叶轮与定子间隙的确定

由于定子和叶轮之间的径向间隙对浮选工艺有影响，需要确定一个合理的间隙数值。经过大量实践总结，采用较大的间隙对液面的稳定以及能耗的降低等方面都有益处，在一般设计中采用较大间隙为 70~90 mm。

13.3.4　主轴电动机功率与主轴功耗的确定

由于叶轮安装在主轴上，并且是功耗的最大来源，因此要确定主轴电动机功率，就应该首先确定叶轮消耗的功率。在浮选机不供给空气的情况下，叶轮搅拌所需要的功率如下

$$P = k\rho N^3 d^5$$

式中，P 为功率（kW）；k 为功率数；ρ 为矿浆密度（kg/m^3）；N 为叶轮转速（r/s）；d 为叶轮直径（m）。

以上公式中，ρ、N 和 d 这 3 个参数很容易知道，需要计算的是功率数 k，这个参数可通过对同一系列浮选机参数进行回归分析来确定。大多数专家认为，浮选机在正常工作情况下，其功耗主要与充气量有关。

13.4　浮选机 CAD 总体设计

13.4.1　设计目标

充气机械搅拌式浮选机浮选工艺指标相对较好，其结构也相对简单，在耗能等方面也比较低，操作维护管理起来也比较方便；同时，该型浮选机又能自吸给矿和中矿，可以使浮选作业间水平配置，减少厂房占地面积，不用使用泡沫泵，以上诸多优点使该型浮选机在国内金属选矿行业应用较为广泛。相比之下，传统的充气式浮选机的缺点较多，如无吸浆能力、泡沫泵很容易磨损等。由北京矿冶研究总院研制的 XCF 型浮选机，能够很好避免并有效解决上述问题，同时对厂房的选取和改造费用也有一定的益处。

根据经验以及大量试验表明，具有一般充气机械搅拌式浮选机优点、又能自吸矿浆的浮选机设计应该遵循的原则有以下几点：

1）槽内矿浆经过叶轮的搅拌后循环量应该合理，并且矿浆不能在槽内部形成较大的速度头，能够使槽内的循环矿浆以及从槽外吸入的矿浆得到有效的利用，并能够共同作用来分散外界给入的空气。

2）叶轮应该通过对叶轮形式设计的探索来提高吸浆能力，而不是单纯依靠加大叶轮圆周速度。

3）由于外加空气可能对吸浆产生不利影响，因此在结构设计时应该经过大量试验避免这种现象的发生。

4）定子系统应该合理设计，使经过叶轮的矿浆得到定向及稳定，同时应该使其有助于气泡的形成以及对能量的消耗。

5）为了提高气泡的上升距离，使得气泡和矿粒能够有更多的机会碰撞并黏附于气泡之上，可以适当加大槽体的深度，同时应注意保证分离区稳定。

6）浮选机应该具有良好的性能，在保证良好性能的基础上，应该使浮选机的设计朝着结构简单、方便维护、整体耗能低、易磨损件寿命长的方向发展。

13.4.2　浮选机参数化设计方案

图 13-11 所示为浮选机参数化设计方案。对 XCF 型自吸浆充气机械搅拌式浮选机进行参

数化设计，可分3个步骤进行。

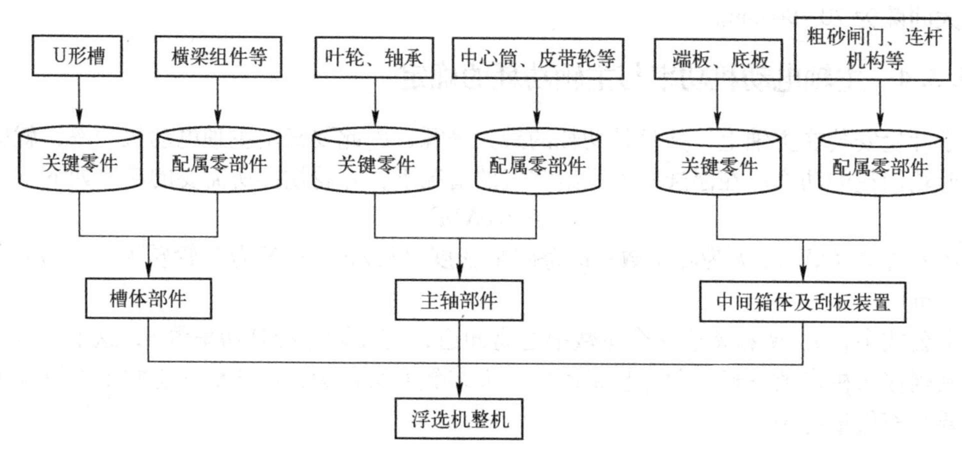

图13-11　浮选机参数化设计方案

1. 对主轴部件的参数化设计

在主轴部件中，选定叶轮、轴承为关键零件，以这两个零件关键尺寸为主动尺寸，其他零件尺寸与之关联，实现对主轴部件的整体尺寸驱动及设计。其中，轴承为标准件，通过将国标数据输入相应的数据库即可实现轴承的快速生成。浮选机中使用的叶轮尺寸尚无国家标准，可根据总结出的相似准则对其进行参数化设计计算。

2. 对槽体部件的参数化设计

在槽体部件中，浮选机的容积主要由U形槽控制，因此，选定U形槽为槽体部件的关键零件。以U形槽的尺寸变动驱动其他零件尺寸变动，U形槽尺寸以总结出的相似准则设计计算，使浮选机容积变化进而实现整个槽体的设计。

3. 浮选机整机参数化设计

主轴部件、槽体部件参数化设计完成后，将二者进行装配，然后对其他辅助零部件进行设计装配，进而完成整机的设计。

在对浮选机进行装配时，选择自下而上的装配体设计思路。自下而上的设计，其基本思路就是首先生成零件的三维模型，并根据配合要求将其插入装配体，然后根据设计要求将零件配合。实际上，如果三维零件已经生成，那么为避免不必要的麻烦，自下而上的设计方法是一种很实用的方法。此外，因为相互配合的零件都是独立设计的，因此它们的相互关系及重建操作比较简单和快捷，也就是说，当要修改配合零部件中的特征和尺寸时，可以直接打开相关联的零件部分文件，对零部件实体进行编辑。此时，系统会将零部件的编辑操作直接作用于装配体中，这种操作方式，可以很好地保持设计意图与连贯性。系统设计流程如图13-12所示。

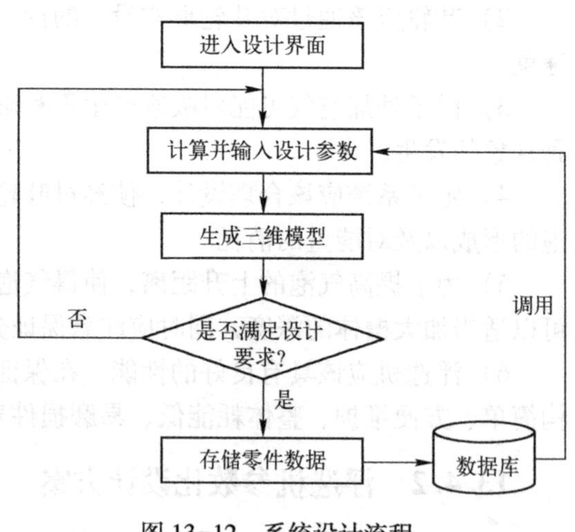

图13-12　系统设计流程

在装配体中选出关键零件以及零件的关键尺寸。关键零件是整个零部件的核心零件，利用SOLIDWORKS方程式功能，如图13-13所示，使其他零件尺寸与关键零件尺寸直接或者间接关联。以关键零件的关键尺寸为主动尺寸，其他与之关联的零件尺寸为被动尺寸，在装配体中，当对关键零件进行参数化设计时，关键尺寸根据设计需要以一定的放大（缩小）规则变动，则与之相关的零件尺寸也随配合关系做出相应调整，使装配关系依然成立。因此，只需对关键零件进行重点设计，其他非关键零件尺寸视情况修改即可，这样就大大提高了浮选机整体的设计效率。

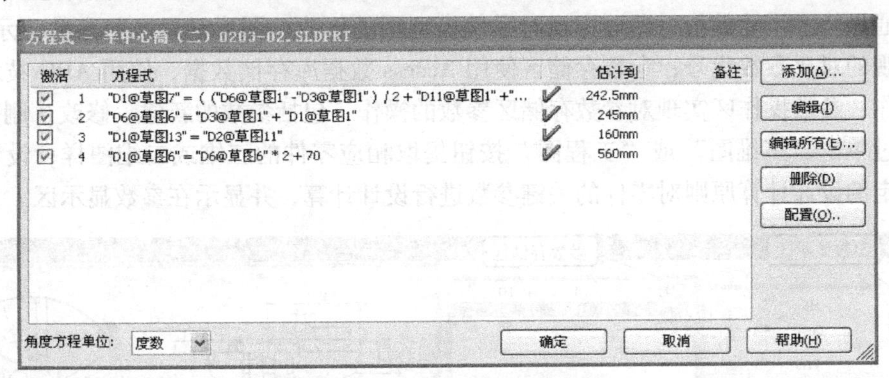

图 13-13　SOLIDWORKS 方程式功能

13.5　浮选机程序实现与应用

13.5.1　主轴部件参数化设计

图 13-14 所示为主轴部件参数化交互界面，该界面包含主轴部件所有零部件，其中以叶轮、主轴实心轴、主轴空心轴和轴承为关键零件。“无数据库零部件（直接调用查看）”界面包含主轴部件中所有子部件，如图 13-15 所示，方便零部件的调取查看。下面对个别关键零件的参数化设计加以详细说明。

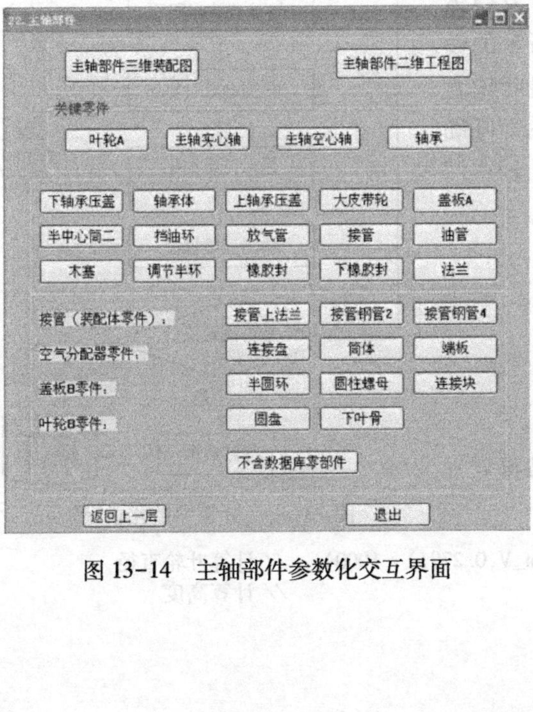

图 13-14　主轴部件参数化交互界面

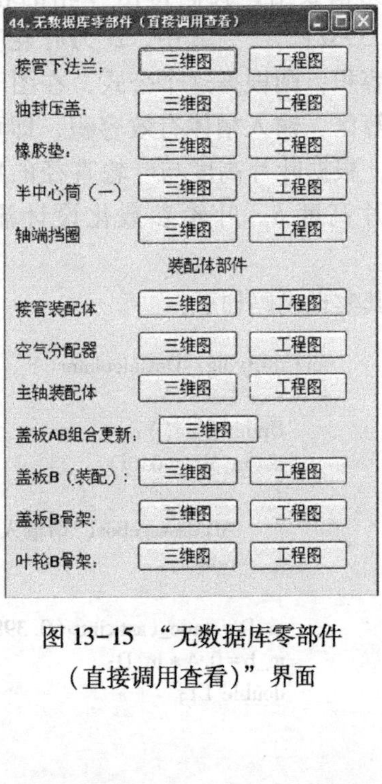

图 13-15　“无数据库零部件（直接调用查看）”界面

1. 叶轮的参数化设计

叶轮在浮选机浮选过程中起着至关重要的作用，因此，选择叶轮为关键零件之一。图 13-16 所示为叶轮参数化设计交互界面。界面分为参数显示区、参数存储区、设计计算区、参数操作区和图形显示区。参数显示区用于零件关键参数以及零件型号的显示，其中参数代号与右侧图形显示区零件二维图形上的尺寸代号相对应，参数代号对应的参数数值为二维图相应部位的具体尺寸，通过修改尺寸数值，即可实现对零件模型图的修改；图形显示区与参数显示区对应，供用户直观的对比参数代号；参数存储区使用 Access 数据库存储数据，使用 ADO 技术实现对数据的操作；参数操作区实现对参数存储区参数的操作，包括参数的新建、修改、删除，同时也可以通过单击“三维图”或“工程图”按钮提取相应零件的三维或二维图样；设计计算区是根据一定的设计计算原则对零件的关键参数进行设计计算，并显示在参数显示区。

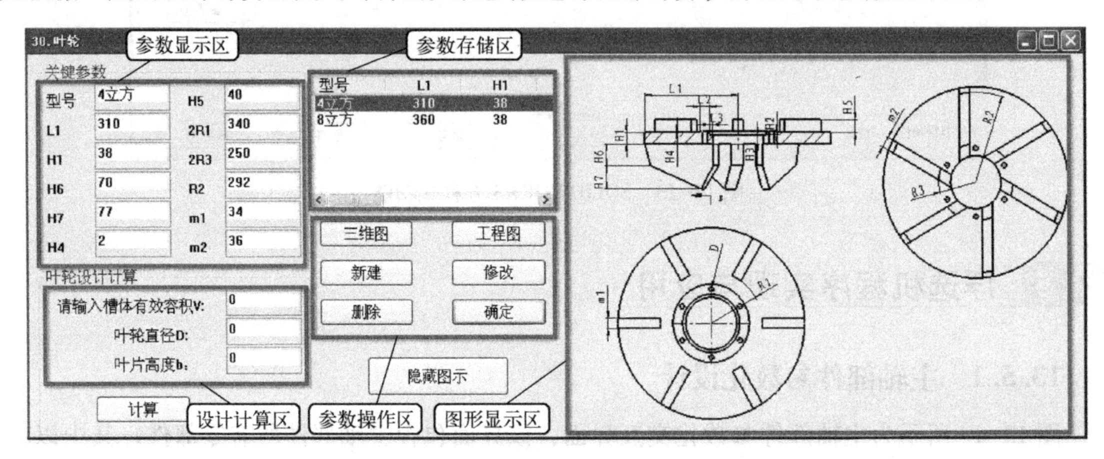

图 13-16 叶轮参数化设计交互界面

根据相似学相关原理，结合各系列浮选机叶轮及 U 形槽数据，我们得出叶轮的相似放大准则为 $D=0.3982V^{0.2791}$，其中，D 为叶轮直径，V 为槽体有效容积，则根据这个公式，在图 13-16 所示的设计计算区，输入槽体有效容积，即可计算出叶轮直径 D，根据叶片高度与叶轮直径的比例关系，可确定叶片高度 b。叶轮参数化设计流程如图 13-17 所示。

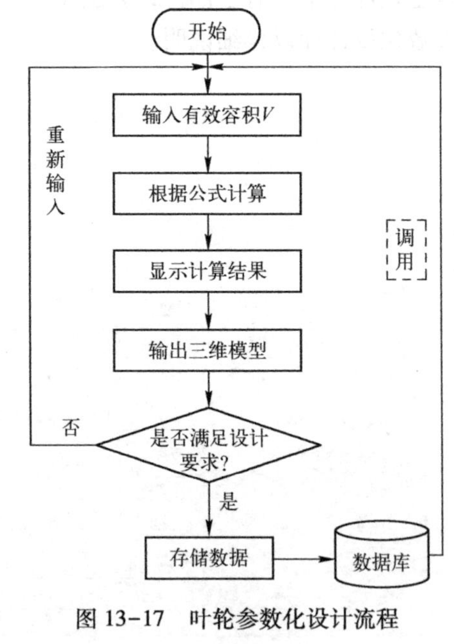

图 13-17 叶轮参数化设计流程

其实现代码如下：

```
void thirtydlg::OnCalculator()
{
    UpdateData();
    if (m_V==0.0f)
    {
        AfxMessageBox("请输入槽体有效容积 V");
        return;
    }
    m_D=static_cast<int>(0.3982 * pow(m_V,0.2791) * 1000);  // 计算叶轮直径
    m_b=0.4 * m_D;                                             // 计算高度
    double L1;
```

```
        L1=m_D/2;
    m_L1.Format("%.1f",L1);
        double H5;
    H5=0.22*m_b;
    m_H4.Format("%.1f",H5);
    double H6;
    H6=0.3*m_b;
    m_H5.Format("%.1f",H6);
    double H7;
    H7=0.34*m_b;
    m_H7.Format("%.1f",H7);
    double D1;
    D1=0.552*m_D;
    m_2R1.Format("%.1f",D1);
    double D3;
    D3=0.41*m_D;
    m_2R2.Format("%.1f",D3);
    int R2;
    R2=static_cast<int>(0.94*m_D/2*10+0.5f);
    double r2;
        r2=R2/10 ;
    m_R2.Format("%.1f",r2);
    UpdateData(FALSE);
}
```

如图 13-18 所示，输入槽体有效容积 16 后，单击“计算”按钮，根据以上程序，可计算出 16 m^3 浮选机叶轮的关键尺寸。单击“新建”按钮，则将 16 m^3 浮选机叶轮尺寸存储在数据库并显示在列表控件中。

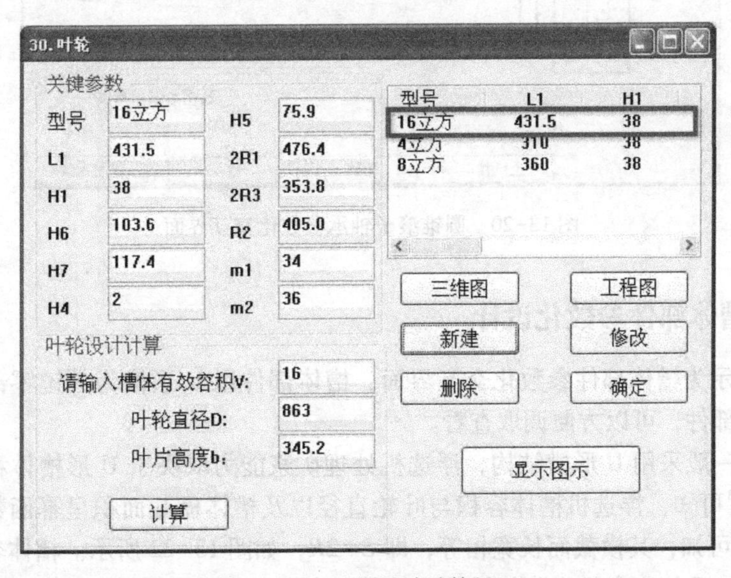

图 13-18 叶轮设计计算界面

2. 轴承的参数化设计

XCF 型和 KYF 型浮选机主轴转动轴承采用圆锥滚子轴承，其安装位置如图 13-19 所示。轴承与主轴相互配合，当主轴直径发生变化时，应选取合适的轴承与之配合。图 13-20 所示为圆锥滚子轴承参数化交互界面。由于轴承属于标准零件，因此，可查询国家标准，输入对应数据，并存储在零件数据库中以供使用。

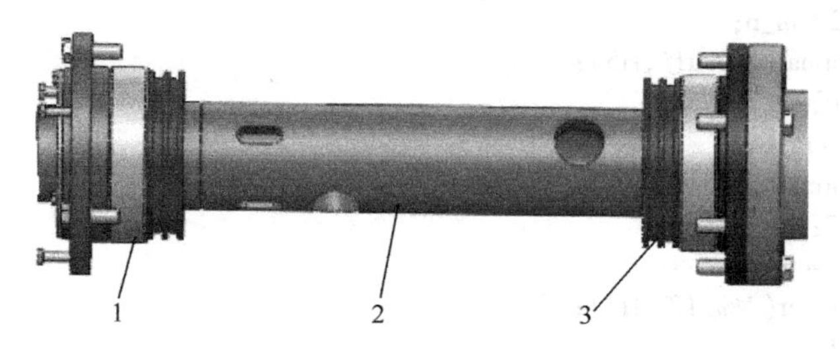

图 13-19　主轴内部结构

1—圆锥滚子轴承　2—主轴　3—挡油盘

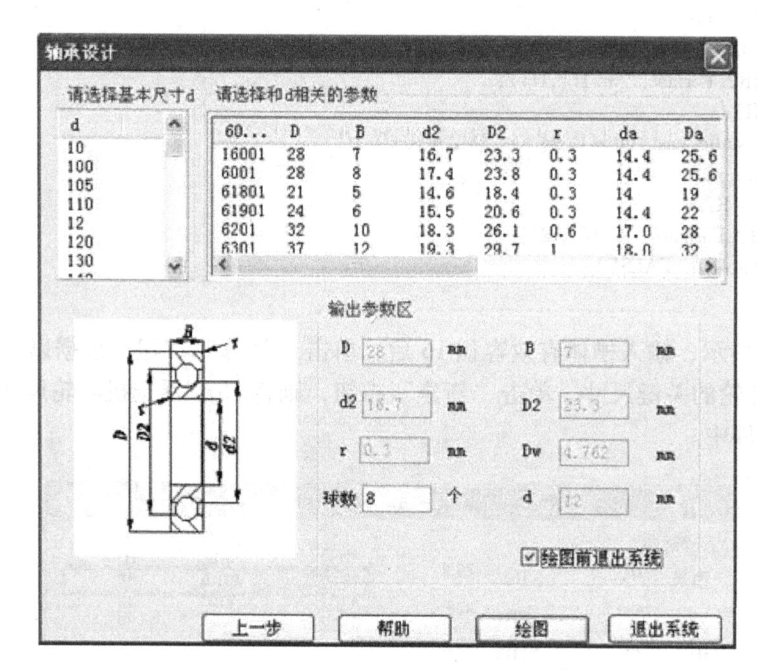

图 13-20　圆锥滚子轴承参数化交互界面

13.5.2　槽体部件参数化设计

图 13-21 所示为槽体部件参数化交互界面，槽体部件以 U 形槽为关键零部件，界面包含槽体部件所有零部件，可以方便调取查看。

浮选机槽体一般采用 U 形槽结构，浮选机处理矿浆能力取决于 U 形槽体积的大小，由式 $S/D=2.387V^{0.3823}$ 可知，浮选机槽体容积与叶轮直径以及槽体横截面积呈幂函数关系，且由一系列 U 形槽尺寸可知，其横截面长宽相等，即 $L=2R$，如图 13-22 所示。槽体容积分为几何容积以及有效容积，几何容积是指包括槽体中叶轮、定子、泡沫槽、槽底死角等所占用的容积，而通常所说的容积是指槽体的有效容积。在进行设计计算时，需要用到的是几何容积，浮选机的几何容积一般通过有效容积除以一个有效容积系数得出。图 13-23 所示为 U 形槽参数化设计程序流程。

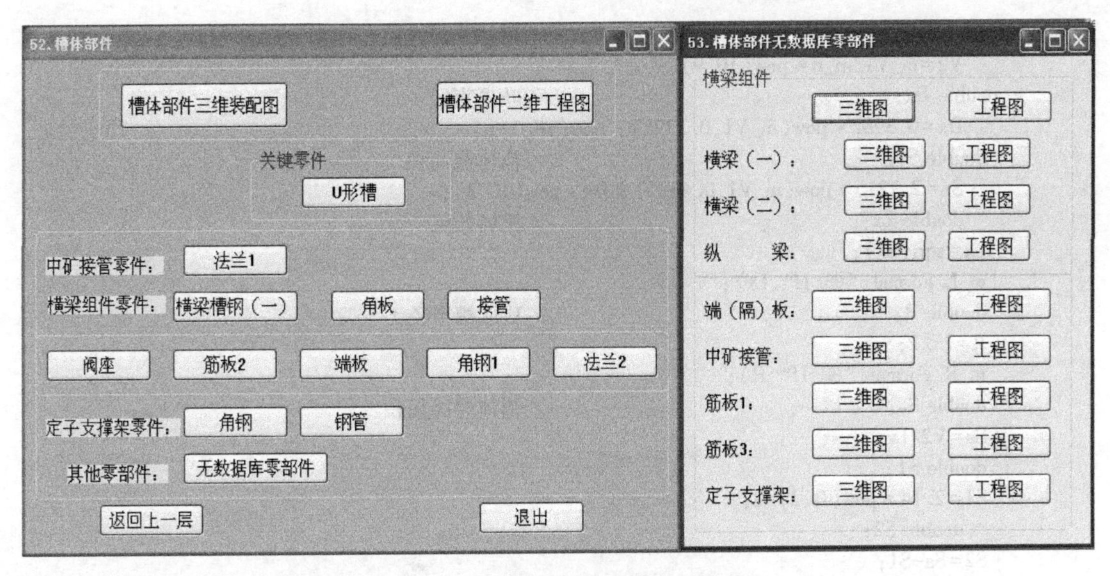

图 13-21　槽体部件参数化交互界面

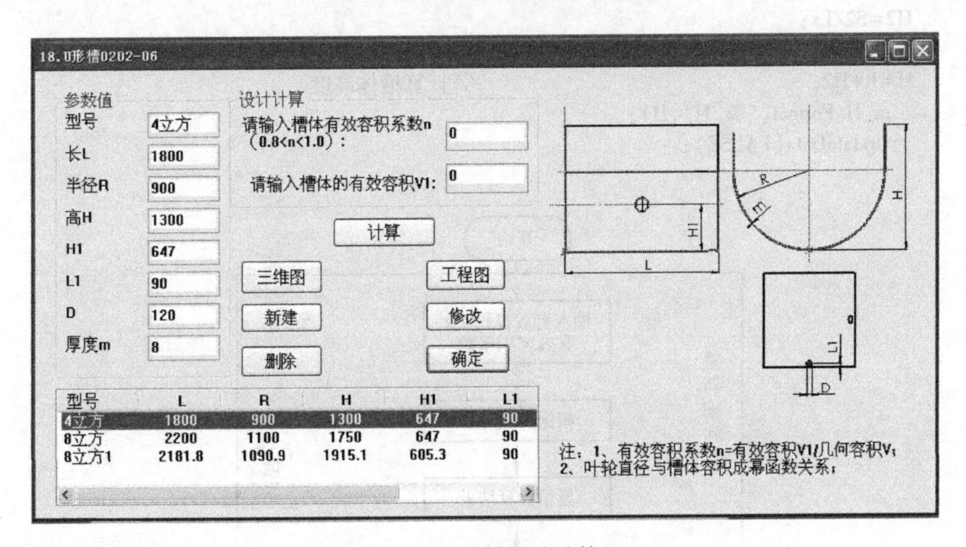

图 13-22　U 形槽设计计算界面

U 形槽设计计算程序示例如下所示：

```
void eighteendlg::OnCalculator()
{
    UpdateData(TRUE);
    if(m_n==0)
    {
        AfxMessageBox("请输入槽体的有效容积系数 n");
        return;
    }
    if(m_V1==0)
    {
        AfxMessageBox("请输入槽体的有效体积 V1");
        return;
    }
```

```
double V2;                                              // 槽体几何容积
    V2=m_V1/m_n * pow(10,9);
 double Dx;                                             // 叶轮直径
    Dx=0.3982 * pow(m_V1,0.2791) * pow(10,3);
  double Sx;                                            // 槽体截面积
    Sx=2.7215 * pow(m_V1,0.4326) * Dx * pow(10,3);
    double Lx;                                          // 槽体长度
  Lx=sqrt(Sx);
  m_L.Format("%.1f",Lx);
  double R;                                             // U 形槽半径
  R=Lx/2;
  m_R.Format("%.1f",R);
  double Sa;                                            // 槽体端面面积
  Sa=V2/Lx;
  double S1;
  S1=2.14 * pow(R,2)/2;
    double S2;
  S2=Sa-S1;
    double H2;
  H2=S2/Lx;
  double H;
  H=R+H2;                                               // 计算槽体高度
    m_H.Format("%.1f",H);
    UpdateData(FALSE);
}
```

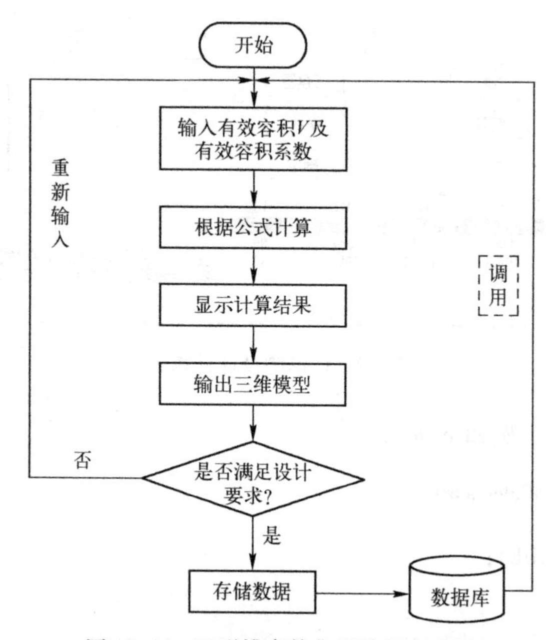

图 13-23　U 形槽参数化设计程序流程

13.5.3　浮选机主机配属零部件参数化设计

主轴部件以及槽体部件参数化设计完成之后，则应该对浮选机主机配属零部件进行参数化设计。主机（总装）界面如图 13-24 所示。主机配属零部件包括电机装置、定子以及其他零件。电机装置如图 13-25 所示，包括小皮带轮、立柱槽钢、电机座板、调节螺母等零件，可根据需要调出相应对话框进行尺寸的修改设计。其中，定子是相对重要的零件，XCF 型浮选机定子采用 1/4 定子，每片定子由若干叶片组成，4 片定子构成一套定子系统。1/4 定子参数化交互界面如图 13-26 所示。定子外径与叶轮直径以及叶轮与定子间隙有关，在设计计算区域应输入相应型号的叶轮直径 D 以及叶轮与定子间隙 b，以确定 1/4 定子外径尺寸。

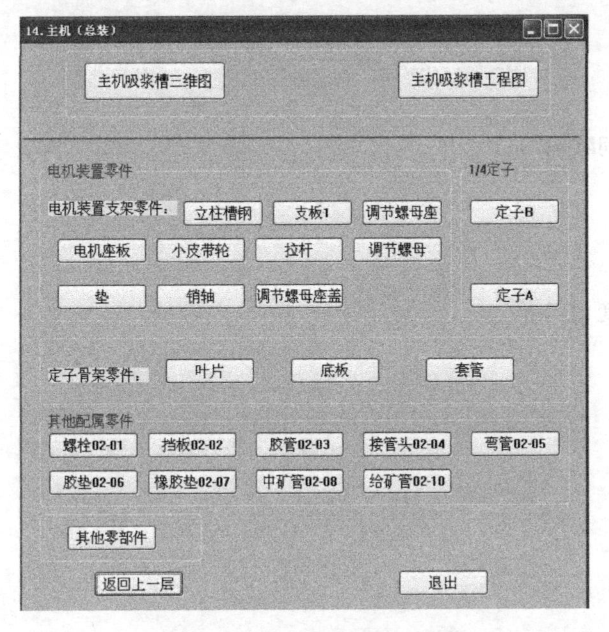

图 13-24　主机（总装）界面

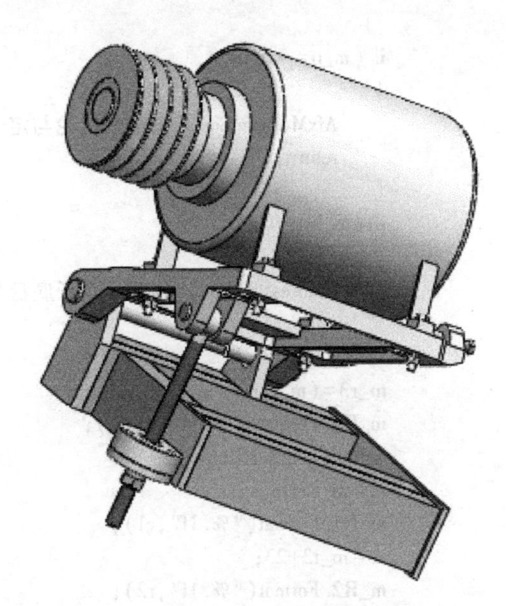

图 13-25　电机装置

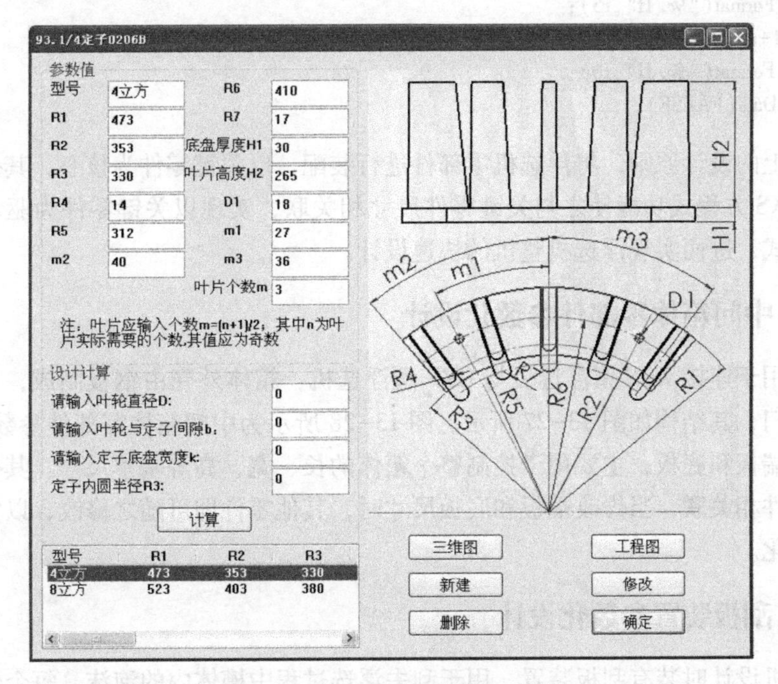

图 13-26　1/4 定子参数化交互界面

其设计计算代码如下：

```
void nintythree::OnCalculator()
```

```
{
    UpdateData(TRUE);
    if (m_D==0.0)
    {
        AfxMessageBox("请输入叶轮直径 D!");
        return;
}
if (m_b==0.0)
{
    AfxMessageBox("请输入叶轮与定子间隙 b!");
    return;
}
if (m_k==0.0)
{
    AfxMessageBox("请输入定子底盘宽度 k!");
    return;
}
m_r3=(m_D+2 * m_b)/2;
m_R2.Format("%.1f",m_r3);
double r1,r2,r5,r6;
r1=m_r3+m_k;
m_R1.Format("%.1f",r1);
r2=m_r3+23;
m_R2.Format("%.1f",r2);
r5=m_r3-18;
m_R4.Format("%.1f",r5);
r6=(r1+m_r3)/2+8.5;
m_R5.Format("%.1f",r6);
UpdateData(FALSE);}
```

以自下而上的设计原则，将浮选机零部件进行装配，以关键零件为核心，其他零件尺寸利用 SOLIDWORKS 方程式功能使之与关键零件尺寸相关联，实现以关键零件为驱动零件的浮选机整体联动模式，进而实现浮选机整机的快速设计。

13.5.4 中间箱体零部件参数化设计

中间箱体用于连接 XCF 型浮选机与 KYF 型浮选机，箱体外壳由钢板制成，自成一体，箱内装有粗砂闸门，其结构如图 13-27 所示。图 13-28 所示为中间箱体零部件参数化交互界面，其关键零件为端板和底板，主要用于控制整个箱体的长、宽、高等基本尺寸。其他零件尺寸与这两个关键零件相关联，当修改端板和底板尺寸时，其他零件即可随之修改，以实现整个箱体外围参数的变化。

13.5.5 刮板装置参数化设计

该型浮选机设计时装有刮板装置，用于刮去浮选过程中槽体内的泡沫，每个传动机构带动若干刮板，根据矿石性质以及选别作业具体情况，可自行决定是否使用刮板装置，其结构如图 13-29 所示。刮板装置参数化交互界面如图 13-30 所示，包含刮板装置所有零件，用户可根据情况调取相应零件修改尺寸，实现参数化。

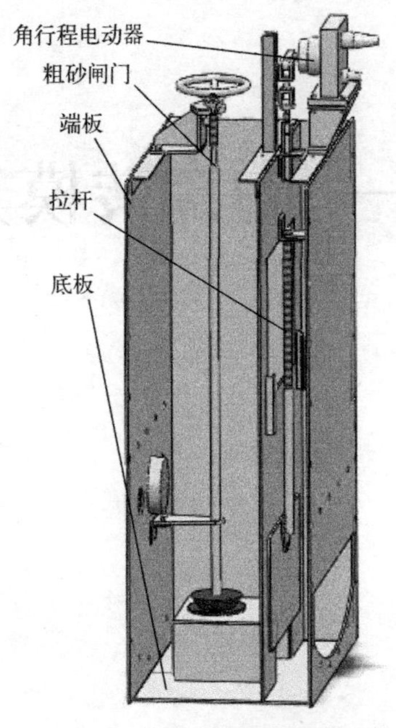

图 13-27　中间箱体结构

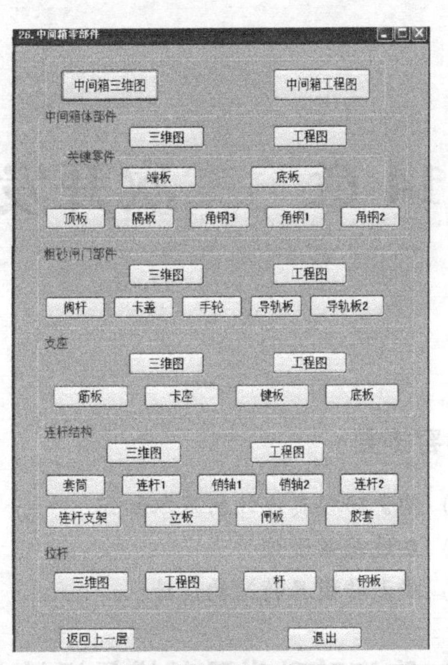

图 13-28　中间箱体零部件参数化交互界面

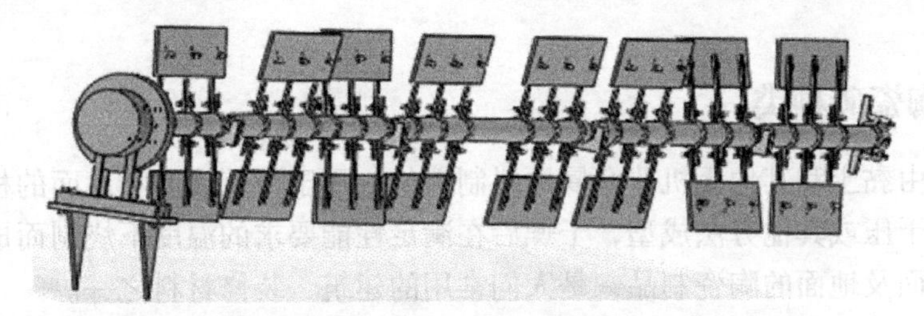

图 13-29　刮板装置结构

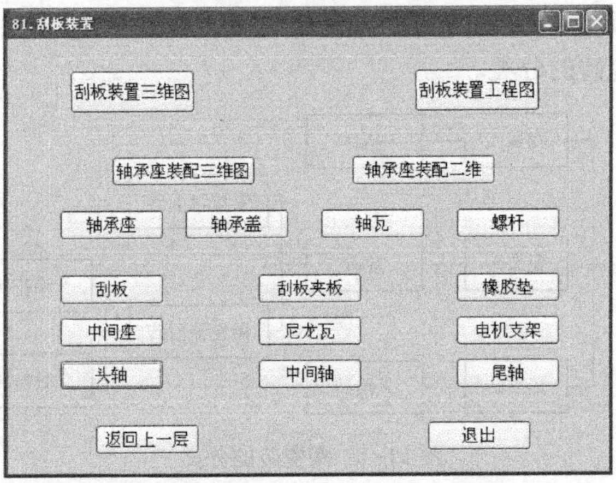

图 13-30　刮板装置参数化交互界面

13.6　本章小结

本章主要介绍以浮选机为对象的 SOLIDWORKS 二次开发实例，讲述了浮选机的结构原理和关键部件设计，说明了浮选机主要结构参数的确定过程和 CAD 整体设计，最后演示了浮选机参数化程序的操作过程。

第 14 章　二次开发实例——陶瓷砖模具

本章内容提要

(1) 陶瓷砖模具设计的基本知识
(2) 系统总体设计
(3) 陶瓷砖模具的结构设计

14.1 陶瓷砖种类及其模具设计

14.1.1 陶瓷砖种类

陶瓷砖，是由黏土和其他无机非金属原料制造的、用于覆盖墙面和地面的板状制品，在室温下通过挤压、干压或其他方法成型，干燥后在满足性能要求的温度下烧制而成，是用于装饰和保护建筑物墙面及地面的陶瓷制品，是人们常用的建筑、装修材料之一。

目前，市场上的陶瓷砖产品主要分为陶质砖、瓷质砖和炻质砖三种，陶质砖主要用于内墙砖；瓷质砖主要用于地砖，其中地砖又分为瓷质釉面砖和抛光瓷质砖；炻质砖主要用于外墙砖。图 14-1 所示为陶瓷砖的分类。

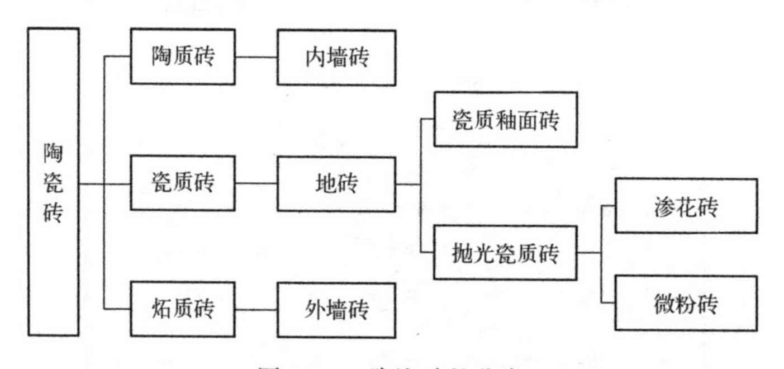

图 14-1　陶瓷砖的分类

1. 内墙砖

内墙砖即为瓷片，主要规格有 100 mm×100 mm、150 mm×150 mm、200 mm×300 mm、250 mm×330 mm、250 mm×400 mm、300 mm×450 mm、300 mm×600 mm、330 mm×900 mm、450 mm×900 mm 等。

发展过程：从面纹上来说，历经了上白色釉、在白色釉基础上印花纹，带面纹和异型的过程；从底纹上来说，历经了小方格、长条纹及菱形，周围有花边，最后到无规则的纹路；从规格上来说，从早期的 100 mm×100 mm 发展到如今的 450 mm×900 mm。

2. 外墙砖

外墙砖主要规格有 18 mm×18 mm、45 mm×45 mm、45 mm×95 mm、45 mm×195 mm、50 mm×100 mm、50 mm×200 mm、52 mm×235 mm、60 mm×60 mm、60 mm×200 mm、60 mm×240 mm、73 mm×73 mm、95 mm×95 mm、100 mm×100 mm、100 mm×200 mm、150 mm×330 mm、200 mm×400 mm 等。

发展过程：从面纹上来说，从早期的上釉面，到后来的带仿古（凹凸面小而且浅，带有古色）或仿石（凹凸面大而且深，断面成岩石状），再到砖表面什么都没有；从底纹上来说，一直都是用条纹带有燕尾槽（又称倒扣位），其作用是使外墙砖牢固的贴合在墙面上避免坠落伤人；从规格上来说，从最早的 60 mm×240 mm 发展到现在的小到 18 mm×18 mm，大到 200 mm×400 mm。

3. 地砖

地砖分为室内地砖和室外地砖，室内地砖分为陶质室内地砖和瓷质室内地砖，室外地砖有广场砖、盲道砖、装饰砖及梯级砖等。

1）陶质室内地砖：陶质室内地砖又称釉面砖，是用黏土打出来上釉或印花，现在已不再生产。

2）瓷质室内地砖：瓷质室内地砖又称玻化砖，规格有 200 mm×200 mm、300 mm×300 mm、400 mm×400 mm、500 mm×500 mm、600 mm×600 mm、600 mm×1200 mm、800 mm×800 mm、1000 mm×1000 mm、1200 mm×1200 mm、1200 mm×1800 mm 等。

3）广场砖：广场砖是贴到广场上的，砖角带有 *R* 位，规格有 95 mm×96 mm、100 mm×100 mm、150 mm×150 mm、200 mm×200 mm 等，*R* 位有 *R*3 mm、*R*6 mm、*R*10 mm 等。

发展过程：从最早的瓷质砖，到后来的渗花砖，随着抛光机的出现，出现了抛光砖，随着对布料系统的不断改进出现了多管道布料砖和打微粉的微粉砖；从面纹上来说，从早期的上釉面，到在白色釉基础上印花纹，到带仿古（凹凸面小而且浅，带有古色）、仿石（凹凸面大而且深，断面成岩石状）、面纹、异型，最后到抛光、磨边；从底纹上来说，从四方格到四方格套六方格或加纹路，再到斜方格、斜方格加纹路，最后发展到无规则的纹路。

不同种类的陶瓷砖除了在使用场所和产品规格上有所不同外，还呈现出在物理特性上的差异，各类陶瓷砖特性比较见表 14-1。

表 14-1 各类陶瓷砖特性比较

特性	种类		
	陶质砖	炻质砖	瓷质砖
吸水率	大于 10%	0.5%~10%	小于 0.5%
透光率	不透光	透光性差	透光
胚体特征	未玻化或玻化程度差，结构不致密，断面粗糙，敲击声音粗哑	半玻化状态，结构比陶质砖致密，断面呈石状	玻化程度高，结构致密，断面呈贝壳状，敲击声音清脆
强度	机械强度低	机械强度比陶质砖高	机械强度高
烧结程度	较差	较好	良好
烧成温度	1100℃左右	1180℃左右	1250℃左右

14.1.2 陶瓷砖模具基本组成

陶瓷砖模具基本结构如图 14-2 所示，整套模具分为下总成和上总成。其中，下总成由底板、推顶板、电磁座、下模芯、侧板、模框、支柱及调整垫片组成。底板通过螺钉固定在压机的工作台上，与模框、支柱及调整垫片构成下总成框架，下总成的高度可通过垫片的厚度进行调整；推顶板通过导柱与底板实现配合并位于底板上，它们四周用防尘罩围住，防止工作时粉料的进入；电磁座通过螺钉固定在推顶板上；下模芯的固定则是通过电磁座内的线圈通电时产生的磁力实现的。上总成由上模芯和上磁吸板组成，其中上磁吸板通过机械固定安装在压机的运动横梁上，上模芯的固定方式与下模芯相同，磁力由上磁吸板通电时提供。

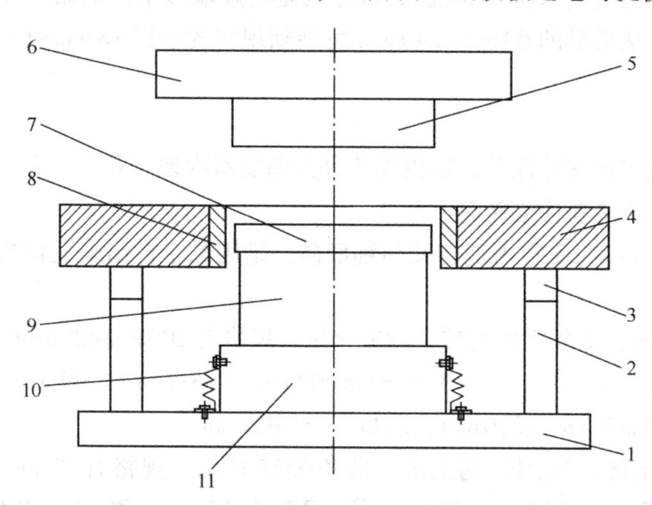

图 14-2 陶瓷砖模具基本结构

1—底板 2—支柱 3—调整垫片 4—模框 5—上模芯 6—上磁吸板
7—下模芯 8—侧板 9—电磁座 10—防尘罩 11—推顶板

14.1.3 陶瓷砖模具工作原理

压机工作前，下模芯的上工作面与模框的上平面保持水平。压机工作时，压机的顶出机构通过卡板带动推顶板、电磁座和下模芯一起向下运动，形成一个封闭的模腔。喂料车将粉料布入模腔后，压机横梁带动上总成进入模腔。上模芯接触到粉料后施加压力，进行砖坯的压制，接着上模芯稍松开后上升，进行排气。然后上总成重复以上过程，直至使砖坯的抗折强度和致密性达到要求。压制结束后，上总成由压机横梁带动向上运动，与此同时压机顶出机构带动下模芯向上运动顶出砖坯，由喂料机构推出工作台，完成一个工作周期。

14.1.4 陶瓷砖模具分类

陶瓷砖模具可分为固定模具（又称为普通模具）、单浮动模具、双浮动模具。

1. 固定模具（图 14-3）

固定模具结构相对简单，也是三种模具中市场份额最大的模具，可压制绝大多数种类的砖坯。固定模具设计过程中会出现无上下模垫板情况，其原因是型号不同的砖坯有不同的模芯与其相匹配。大规格模芯所用材料为 45 钢，导磁性能好，而小规格的模芯材料为铬钢，因其不导磁，所以小规格模芯一般都需配材质为 45 钢的垫板，以实现上下模芯的固定。支柱上加调整垫片是为了保证粉深，调节下模具总高和平衡度，垫片一般根据实际情况配磨。压制砖坯时，主要靠上模芯跟侧板之间的间隙排气。

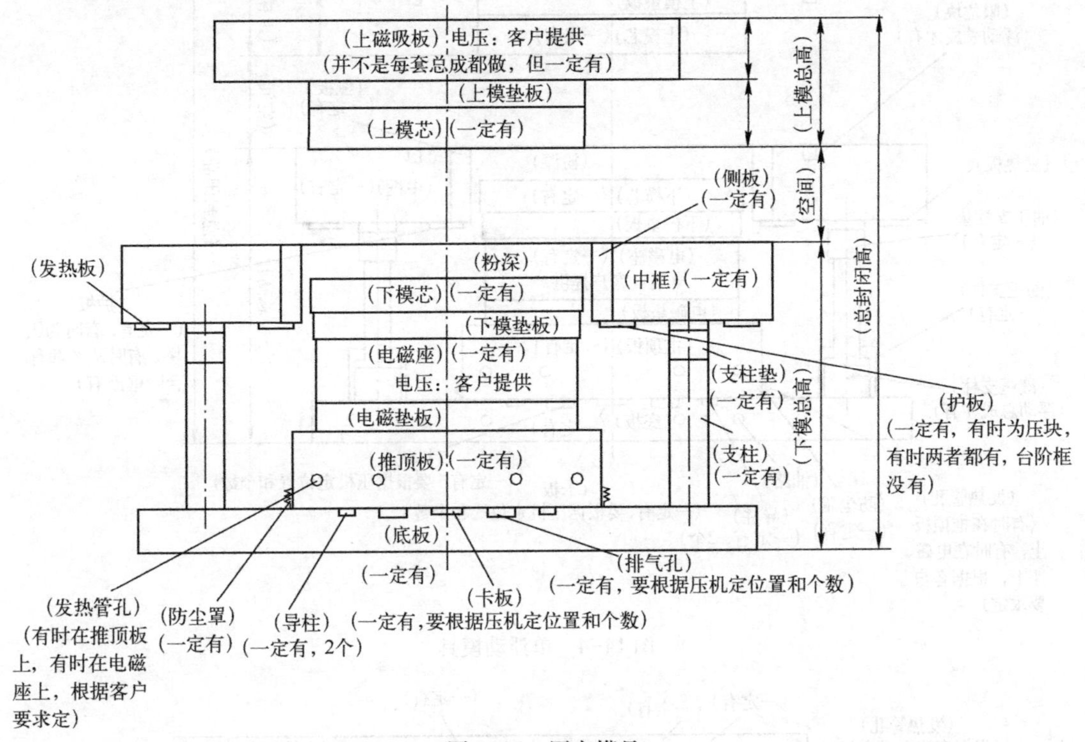

图14-3　固定模具

2. 单浮动模具（图14-4）

单浮动模具有一个浮动模框，模框由若干液压缸支承构成。工作时使用限位块迫使模框向下运动，由于液压支柱的存在，模框运动到一定位置就会到达行程极限，此时粉料在型腔中压制成型。所以可以看出，单浮动模具是固定模具的改良产品，其压制砖坯的原理与固定模具相同，其优点在于使上模芯进入型腔的深度变浅，可以有效地减小上模芯的磨损、延长其使用寿命。因压制砖坯过程中在限位块与模框接触前，上模芯与模框有相对运动，有上间隙排气；接触后，下模芯与模框有相对运动，有下间隙排气，排气面积大会使跑粉现象减少，有利于模具使用寿命的延长。

3. 双浮动模具（图14-5）

双浮动模具是在单浮动模具的基础上进行的改进，在上总成中也有油路，工作原理与单浮动模具相似，突出优点在于进一步提高了排气面积，跑粉量会更少。

14.1.5　陶瓷砖模具材料

模具大部分零件材料均为45钢，其中小模芯用铬钢、大模芯用45钢+合金焊边、侧板用40Cr+合金条、防尘罩用的是牛皮。电磁座、侧板和模芯要热处理。

14.1.6　模具设计及特点

1. 工作准备

(1) 了解　模具设计前，应对压机设备和产品有详细的了解，包括压机型号以及压制陶瓷砖的大小、腔数、品种、厚度及形状等。

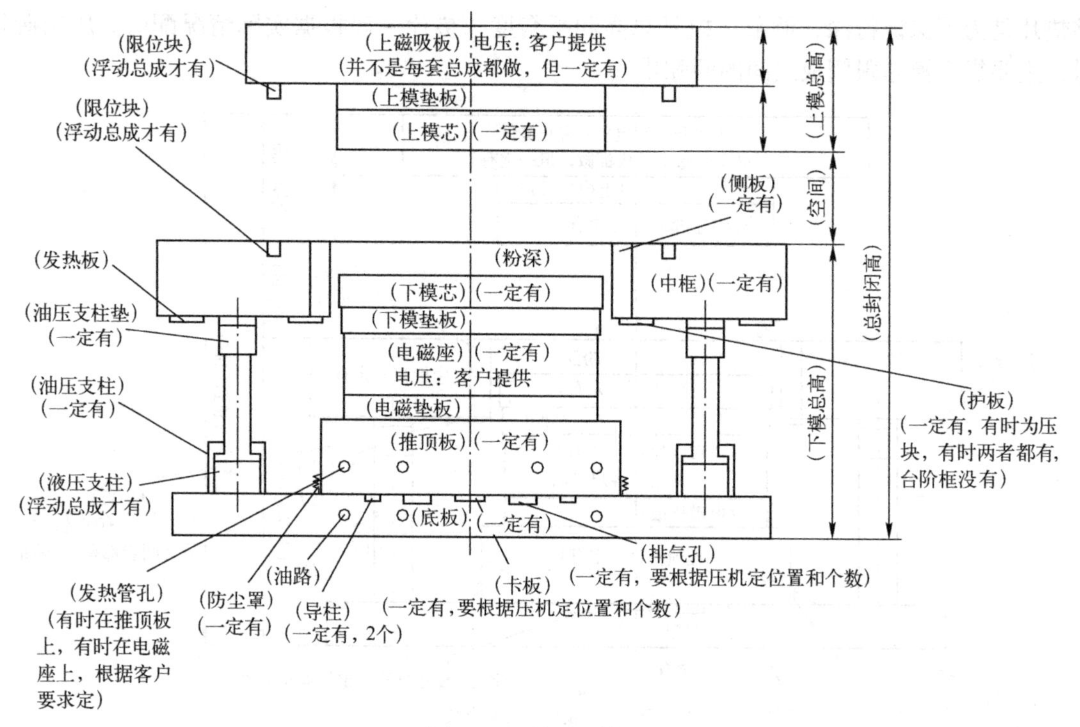

图 14-4　单浮动模具

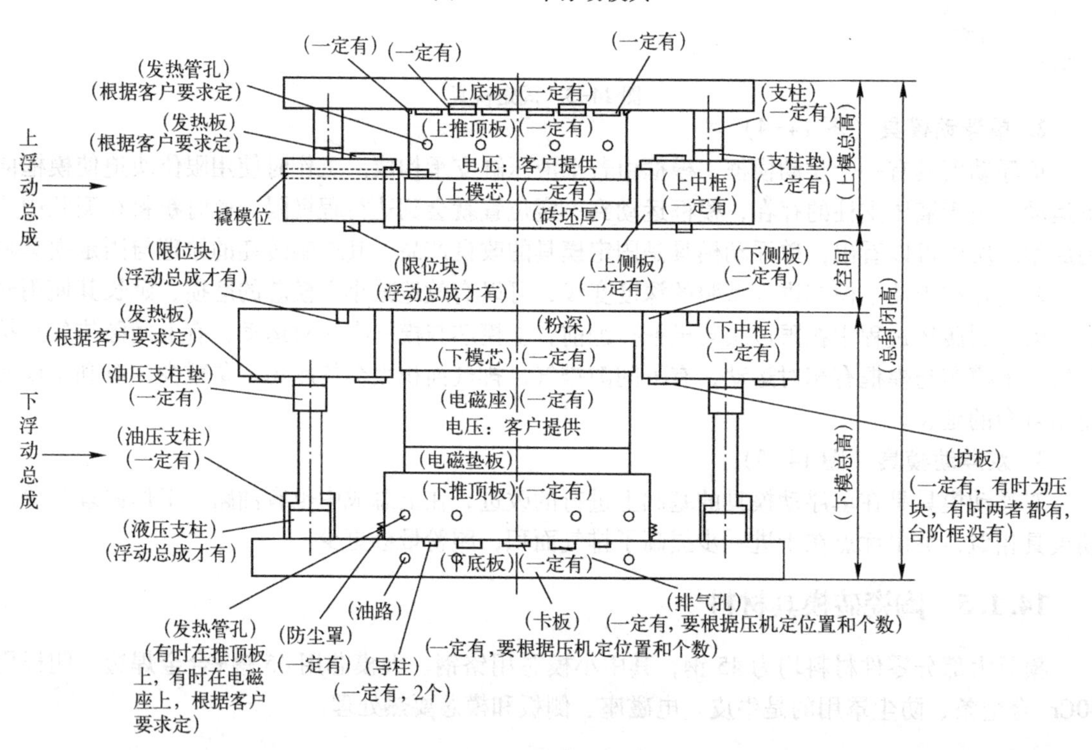

图 14-5　双浮动模具

（2）确定砖坯的收缩率　砖坯的一般成分是硅酸盐粉料，煅烧冷却后其体积和线性尺寸均有不同程度的收缩。为保证陶瓷砖成品的实际尺寸，模具设计时采用收缩率 S_0 来进行计算，S_0 计算公式为

$$S_0=(L_0-L)/L_0\times100\% \tag{14-1}$$

式中，L_0 为砖坯线性尺寸；L 为陶瓷砖成品外形尺寸。

在实际生产中，收缩率通常根据对砖坯的试烧来确定。粉料的经验参考收缩率为：釉面砖 0.5%~2%；广场砖 3%~5%；陶质砖 8.5%~9.5%。

(3) 确定模具的单边间隙 模具单边间隙 δ 的示意图如图 14-6 所示。

δ 的确定非常重要，其对砖坯的质量有着决定性的影响，所以要保证合理性。单边间隙与砖坯的规格有关，理论上可由下式决定

$$\delta=L'/2000 \tag{14-2}$$

式中，L'为陶瓷砖的长边尺寸。

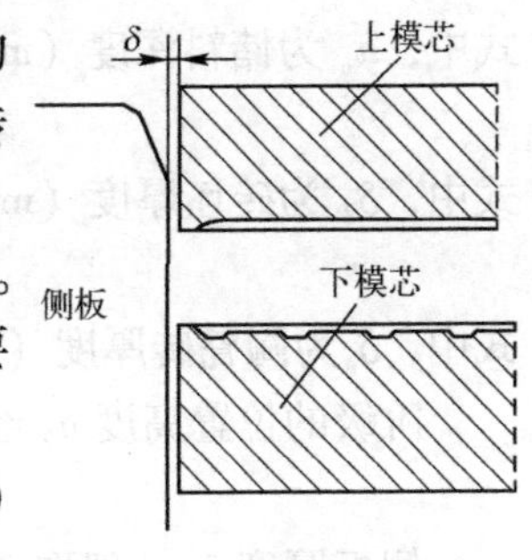

图 14-6 模具单边间隙 δ 的示意图

不同种类的陶瓷砖的单边间隙推荐经验值见表 14-2。

表 14-2 单边间隙推荐经验值

种类	型号	单边间隙
釉面砖	200 mm×200 mm	0.15~0.18 mm
瓷质地砖	200 mm×300 mm	0.16~0.18 mm
	400 mm×500 mm	0.18~0.20 mm
	600 mm×600 mm	0.20~0.22 mm
	800 mm×800 mm	0.22~0.25 mm
广场砖	200 mm×200 mm 以下	0.18~0.22 mm
	250 mm×400 mm	0.20~0.25 mm

2. 设计的主要参数

设计的主要参数有：砖的规格；砖边的要求（是否有台阶）；砖面的要求（光面、仿石、仿古、异型等）；砖底的要求（方格、六角、条纹等）；砖的商标、编号、箭头、字号等其他的要求；砖的厚度；砖的磨边量；收缩率；压机型号；腔数；粉料类型（普通粉、微粉、大颗粒、广场砖等）；布料的有效长宽；带的宽度（指小砖）。

3. 零件的设计

(1) 上模芯 外形尺寸的计算公式为

$$L_s=L/(1-S_0)+2\delta \tag{14-3}$$

式中，L_s 为上模芯外形尺寸；L 为陶瓷砖成品外形尺寸；S_0 为收缩率；δ 为模具的单边间隙。

上模芯厚度依经验确定：砖的规格 600 mm 以下取 30 mm；规格 600 mm 以上取 32~38 mm。上模芯采用金属材料，在成形表面压胶片，胶片内充液压油，用以平衡砖坯的压力。

(2) 下模芯 下模芯的尺寸比上模芯略小，据经验，砖的规格在 500 mm 以下的小 1 mm，600 mm 小 1.5 mm，800 mm 小 2 mm。下模芯厚度可以与上模芯相同。

(3) 侧板 每个模腔中有 4 块侧板，侧板垂直型面，形状种类较多，如斜平面、阶梯状、不规则曲面等，通常选用阶梯状。阶梯状侧板如图 14-7 所示，为保证砖坯顶出方便和降低破损率，侧板垂直型面的脱模角 θ 一般取 1.5°~3.5°；阶级的深度 h_1 一般

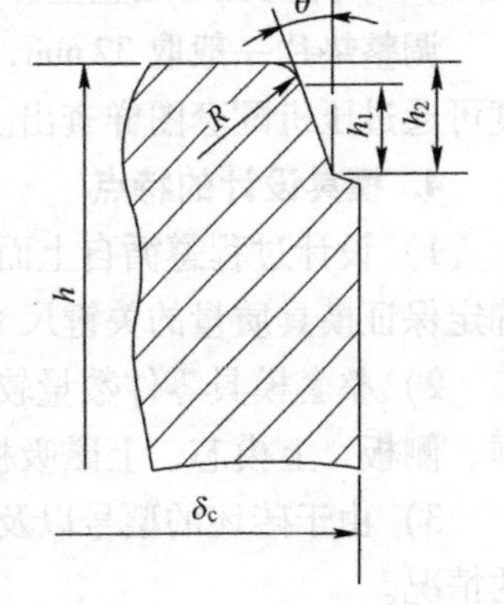

图 14-7 阶梯状侧板

取0.3～0.5mm；圆角R取3mm。侧板总高度h的经验公式为

$$h=2h_c+(40\sim50) \tag{14-4}$$

式中，h_c为储料深度（mm）。

$$h_c=2\delta_Z+(3\sim5) \tag{14-5}$$

式中，δ_Z为砖坯厚度（mm）。

$$\delta_Z=\delta_a/(1-S_0) \tag{14-6}$$

式中，δ_a为陶瓷砖厚度（mm）；S_0为产品的收缩率。

阶级的位置高度h_2经验公式为

$$h_2=(40\%\sim50\%)\delta_Z \tag{14-7}$$

侧板厚度δ_c一般取25～30mm。

（4）模框　模框的外形尺寸可从压机参数表中查得，但存在某些型号压机表中查不到的情况，此时应按经验设计，模框的外形尺寸应小于压机立柱的净间距，压机立柱的净间距可查压机参数表。模框厚度应与侧板厚度相同。

（5）底板　底板的外形尺寸查压机图样，应小于压机立柱的净间距、底板孔和孔间距，与压机工作台的图样尺寸相同，底板厚度与压机的型号和规格有关。

（6）推顶板　推顶板最大外形尺寸要保证电磁座放得下，其厚度δ_t可按经验公式计算确定

$$H_Z=H-\delta_g-\delta_s-L_Z \tag{14-8}$$

式中，H_Z为下模芯高度；H为压机上横梁到工作台的距离；δ_g为上磁吸板厚度；δ_s为上模芯厚度；L_Z为上模芯与模框间距。

在压机的配套图样中可查出H、δ_g、上模芯与模框间距的最大值L_{max}和最小值L_{min}。首先确定L_Z，保证推料架推出砖坯的空间，然后算出下模芯高度H_Z。推顶板的厚度公式为

$$\delta_t=H_Z-\delta_d-\delta_n-\delta_x-h_c \tag{14-9}$$

式中，δ_t为推顶板厚度；H_Z为下模芯高度；δ_d为底板厚度；δ_n为电磁座厚度；δ_x为下模芯厚度；h_c为储料深度。

（7）其他零件　电磁座外形尺寸比下模芯小5～8mm。卡板安装于底板或推顶板内，外形尺寸按经验设计，常设计成U形、圆形等。支柱、调整垫片外径取55～60mm，支柱与调整垫片高度的经验公式为

$$H_L=H_Z-\delta_d-\delta_m \tag{14-10}$$

式中，H_L为支柱与调整垫片高度之和；H_Z为下模芯高度；δ_d为底板厚度；δ_m为模框厚度。

调整垫片一般取32mm，支柱高度可通过计算得出。上磁吸板外形尺寸略大于上模芯，厚度可通过压机配套图样查出。防尘罩用皮革和钢丝骨架材料，要求大小足够。

4. 模具设计的特点

1）设计过程遵循自上而下的设计方式，即先对设计方案、排列方案、总装方案进行设计，确定保证模具质量的关键尺寸和组成零件的外形尺寸；再对零件逐一进行具体结构设计。

2）整套模具零件数量较少。以固定模具为例，其由底板、推顶板、电磁座、下模芯、模框、侧板、上模芯、上磁吸板和少量标准件组成。

3）由于砖坯的型号以及陶瓷砖生产厂家的具体要求不同，零件设计过程中存在结构多变的情况。

4）企业实际生产中以工程图为指导，工程图是连接设计和生产的桥梁，长期的设计和生

产过程中形成了企业内部的标注准则，与国标有出入。

14.2 系统总体设计

14.2.1 系统设计原则

系统设计作为系统开发的重要组成部分，是在设计人员通过对系统进行认真分析获得系统逻辑模型和实现功能要求的基础上，综合考虑用户的软件和硬件的环境，进行系统物理设计的过程，即设计出可以在用户现有条件下正常运行的软件系统。系统设计的质量决定了系统在实际应用中解决问题的能力。系统开发是一个复杂的过程，开发过程中任何环节出现问题都会对系统的整体功能产生影响，所以规范系统的开发流程显得十分必要。

系统设计应符合以下原则。

1）合理性：在系统开发过程中，需认真分析系统要实现的功能以及今后在现有功能上所做的扩展。开发出的系统要求对包括硬件环境和软件环境在内的使用环境具有较好的兼容性，不能出现在不同的计算机上无法兼容的情况。

2）规范性：必须根据现行国家标准和行业标准进行系统开发，从而确保系统具有良好的互通性和兼容性。

3）易操作性：系统应便于用户的操作，操作流程和功能设置应符合用户习惯，这样便于系统的正常使用，避免由于用户不适应所带的操作不便。

4）易维护性：系统应易于维护，具有良好的故障检测、故障修复的功能。当系统产生故障时能够实现快速且准确的系统修复，减少系统修复给正常工作带来的影响。

5）易扩展性：系统设计过程中应采用标准的输入和输出接口，以实现系统扩展的目的，便于在现有系统中增加新的功能模块以适应企业未来发展的需要，降低系统扩展的成本和工作量。

6）经济性：在对系统功能的实现不产生影响的前提下，系统设计中应采用满足系统基本要求的软件和硬件，并综合考虑系统的运行和维护成本，尽可能降低系统的研发成本。

14.2.2 用户需求分析

1. 系统总体需求

针对陶瓷砖企业现有的固定模具中的主要型号，开发出一套陶瓷砖模具参数化设计系统。该系统在满足模具设计要求的同时要有效提高设计效率。

2. 系统功能需求

1）目前，企业中的绘图软件为 AutoCAD，没有与产品相关的三维模型，所以需建立模具零部件的参数化模型和相应的模型库，便于设计人员的调用和查看。

2）企业在长时间的设计过程中积累了大量的设计知识和经验，确立了很多满足产品设计与生产的企业标准，这些知识和经验应在参数化设计系统中有所体现。

3）实现三维模型和二维工程图的相关联，即二维工程图可以随着三维模型的结构和尺寸变化而变化，实现工程图的自动标注，设计人员只需关注零部件参数化模型的设计。

4）设计尺寸的关联性。模具设计过程中，存在相同尺寸多次出现的现象，如方案设计中已经确定了上下模芯、模框等零件的尺寸，在零件设计时，相同的尺寸不需重复设计。

5）建立数据库与参数化设计系统相连，对产品的设计数据进行管理。

3. 系统性能需求

1）系统运行稳定性。稳定性是系统实现其功能的前提条件，是系统性能最重要的指标之一。

2）友好的操作界面。系统的操作界面应简约、直观，能明确表达设计意图和指导设计人员正确进行设计。操作流程应符合设计人员的设计习惯。

3）设计的高效准确。陶瓷砖模具参数化设计系统，应实现陶瓷砖模具的快速设计并保证设计的正确性，切实提高模具设计的效率。

4）系统应具有好的兼容性，便于系统在不同操作系统上的安装和操作。

14.2.3 系统总体设计方案

综合考虑用户需求分析、需要解决的问题和设计难点等多方面因素，如果不依托其他图形软件独立开发，其开发成本非常昂贵，企业无法承担，所以决定以某款三维 CAD 软件为设计平台，利用其二次开发接口和编程语言，结合数据库技术进行系统的开发。

1. 三维 CAD 软件的选择

目前，国内三维 CAD 软件市场上主流的软件有 NX、Creo、SOLIDWORKS、MDT、SolidEdge 等，其中 SOLIDWORKS、MDT、SolidEdge 是中低档价位的产品，Creo、NX 属于中高档产品。SOLIDWORKS 是基于 Windows 操作系统的三维软件，其操作简单、易学易会、功能强大，基本可以满足造型过程中的所有要求，性价比很高。SOLIDWORKS 提供的用于二次开发的应用程序接口（application programming interface，API）函数数量很多，软件开发程度高，有利于系统功能的实现。所以，本次参数化设计系统的宿主软件选择 SOLIDWORKS，具体版本为 2008。

2. 开发工具的选择

任何支持对象链接与嵌入（object linking and embedding，OLE）和组件对象模型（component object model，COM）的编程语言都可以对 SOLIDWORKS 进行二次开发。

Visual C++是 Microsoft 公司推出的应用非常广泛的可视化编程语言，它提供了强大的集成开发环境，用以方便有效的管理、编写、编译、跟踪 C++程序，大大减少了程序员的工作，提高了代码的效率。它提供了一套称为微软基本类（Microsoft foundation class，MFC）的程序类库，已经称为 Windows 应用程序实际上的“工业标准”。

使用 Visual C++进行 SOLIDWORKS 二次开发的优势如下：

1）Visual C++开发环境十分友好，其高度的可视化开发方式和强大向导工具（AppWizards）能够帮助用户轻松地开发出多种类型的应用程序。大多数情况下，用户只需在自动生成的程序框架中填充定制代码即可，使用 ClassWizard 还能够大大简化这个过程。

2）Visual C++有着强大的调试功能，能够帮助开发人员寻找错误和提高程序效率。

3）Visual C++与 SOLIDWORKS 有极好的连接性，能够直接调用许多资源，方便在 SOLIDWORKS 上添加命令和各种控件。

4）Visual C++可以最大限度地利用 SOLIDWORKS API 中所提供的函数，有利于像参数化设计系统这种大型系统的开发。

所以选用 Visual C++为开发工具，具体版本为 6.0。

3. 数据库软件的选择

参数化设计系统操作过程中要对设计数据进行包括存储、查询、修改和删除等数据管理，需要选择合适的数据库软件。参数化设计系统中所要进行管理的数据不大，数据类型较为单一，数据结构相对简单，若采用像 Oracle 和 SQL Server 这样的大中型数据库软件会提高不必要的开发成本。Microsoft Access 是 Microsoft Office 办公软件自带的一种数据库软件，使用时不需安装其他软件，操作简单，所以数据库软件采用 Microsoft Access，具体版本为 2003。

参数化设计系统的总体设计方案如图 14-8 所示。系统分为技术层，应用层和物理层。技术层由参数化技术、模块化技术、工程图处理技术、模具设计知识、数据库操作，编程语言操作组成。应用层由参数化建模、系统模块划分、工程图生成、变结构设计、数据库建立与操作和系统界面设计组成。物理层由基于 Windows 操作系统的 SOLIDWORKS、VC++和 Microsoft Access 组成。

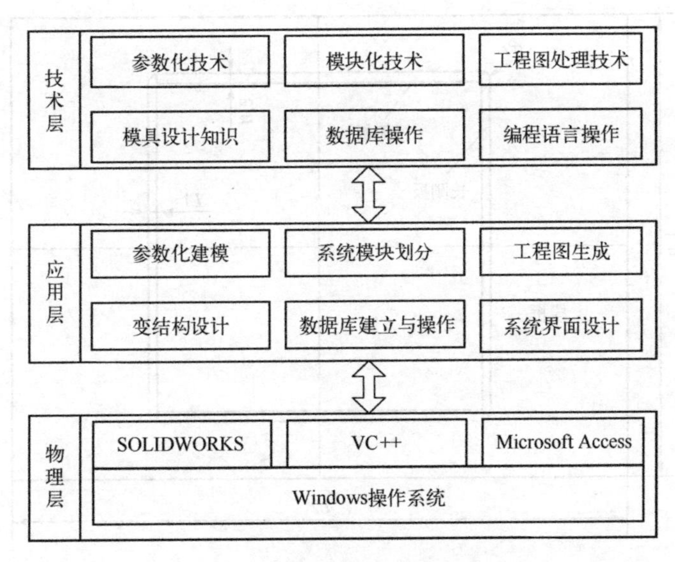

图 14-8 系统总体设计方案

14.2.4 系统整体架构

系统整体架构如图 14-9 所示，由方案设计模块、零件库模块和数据库管理模块构成。

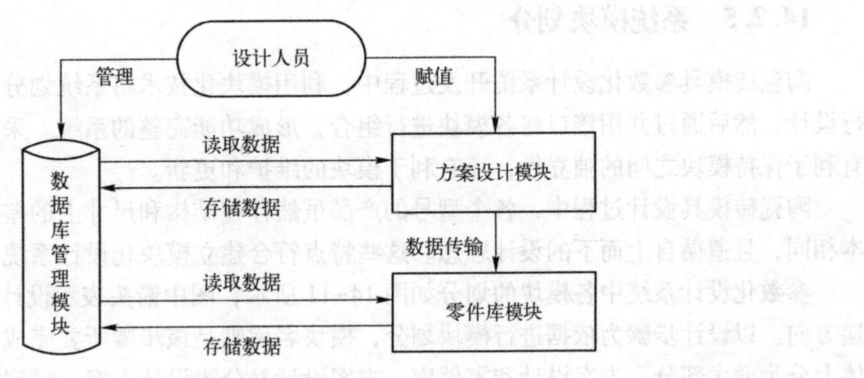

图 14-9 系统整体架构

方案设计模块是为了在产品设计前期确定保证产品质量的关键设计参数。零件设计模块由产品零件的相应子模块组成，是对各个零件的构造特征和尺寸的详细设计，其中包含变结构设计方法的应用。方案设计模块和零件库模块之间存在着数据传输，方案设计模块中确定的关键尺寸会映射到相应的零件尺寸上，避免出现因人为失误导致的设计前后同一尺寸不一致的现象。

方案设计与传统装配体外观上很相似，都由一些零部件构成，但它们之间存在本质区别。传统装配体是自下而上设计的底端产物，是在零件模型建立完成的前提下按照相应的装配关系装配而成。方案设计是自上而下设计中的顶端产物，其确定的尺寸参数对接下来的零件模型的设计具有指导意义，是产品设计的概念设计阶段。例如，在排列方案（图 14-10）设计中，只确定模框的长宽尺寸（*L*2 和 *W*1）、长短侧板的板厚（*L*1 和 *W*2）以及长侧板的圆角（*R*1），不会关注模框的厚度，其厚度将在总装设计中确定。

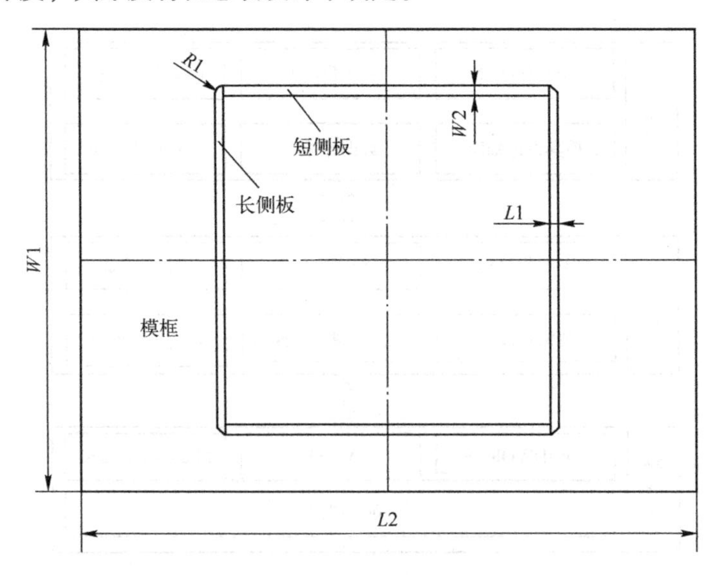

图 14-10　排列方案

零件库模块由底板、模框、侧板等子模块组成。数据库管理模块用于管理模具的设计信息，便于对后续设计提供参考，以达到对设计知识和经验的重用。在方案设计模块和零件库模块运行过程中均与数据库管理模块始终保持着设计数据的通信。

14.2.5　系统模块划分

陶瓷砖模具参数化设计系统开发过程中，利用模块化技术将系统划分为不同的模块独立进行设计，然后通过共用接口将各模块进行组合，形成功能完整的系统。采用模块化的思想不仅有利于保持模块之间的独立性，还有利于模块的维护和更新。

陶瓷砖模具设计过程中，各个型号的产品虽然存在结构和尺寸上的差异，但其设计流程基本相同，且遵循自上而下的设计思想。这些特点符合建立模块化设计系统的要求。

参数化设计系统中各模块的划分如图 14-11 所示，图中箭头表示设计过程中设计信息的传递方向。以设计步骤为依据进行模块划分，模块名称则是该步骤所要完成的设计内容。系统整体上分为两大部分，方案设计和零件库。方案设计又分为设计方案、排列方案和总装方案三个模块。零件库则由底板、模框、侧板等一系列零件模块组成。各模块中存在数量不等的零部件，其相互间是平行关系，即设计时每个模块中只能选取一个组成单元，如进行排列方案设计时，只能从单腔排列和一行多列排列中选择一个。

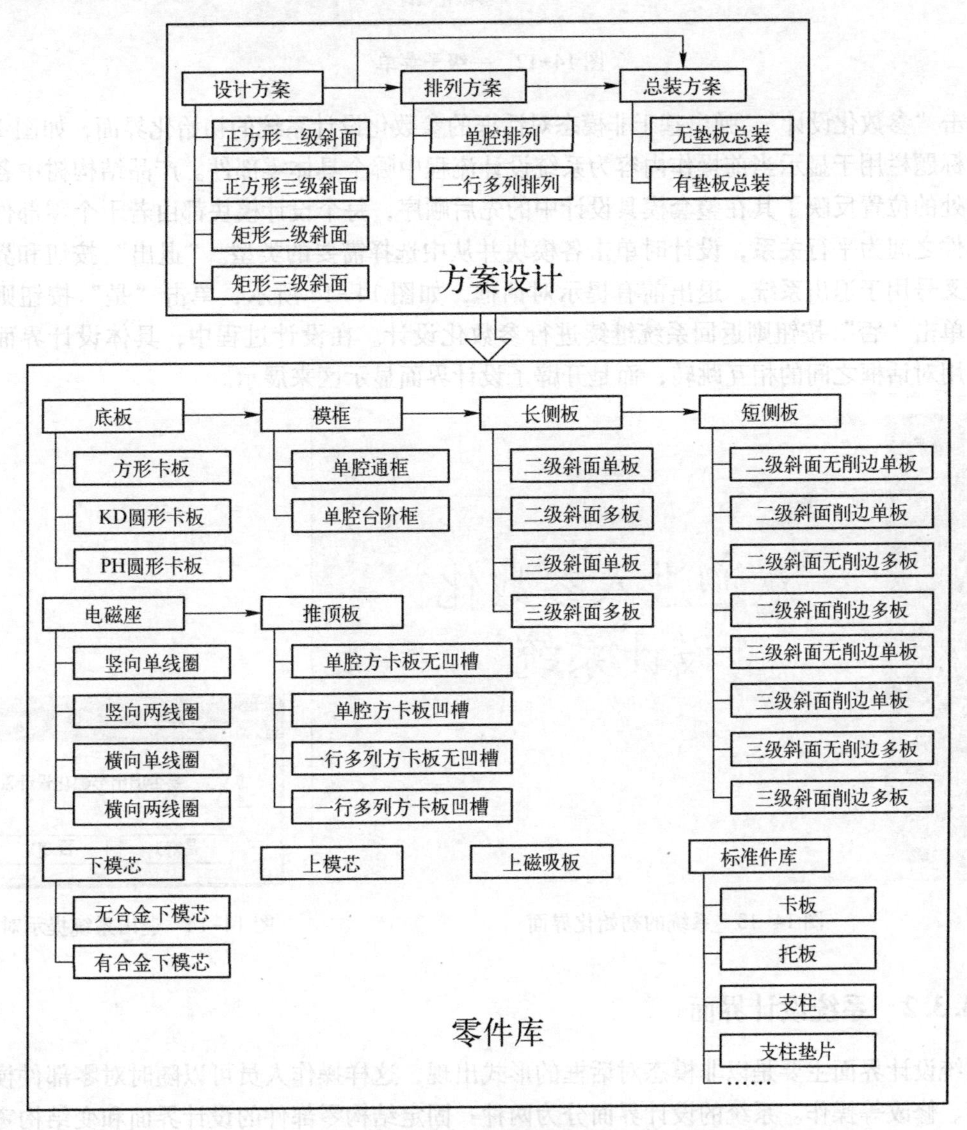

图 14-11 系统模块划分

陶瓷砖模具参数化设计系统的设计过程是依次从每个模块中选择满足设计要求的零部件，最终完成整套模具的设计。从系统模块划分的情况可以看出，其所能设计的模具产品数量非常可观。

14.3 程序设计总体实现

14.3.1 交互界面设计

单击“陶瓷砖模具参数化设计系统”，出现“参数化设计”一级子菜单，如图 14-12 所示。

图 14-12 一级子菜单

单击“参数化设计”，弹出基于非模态对话框的参数化设计系统的初始化界面，如图 14-13 所示。标题栏用于显示当前操作内容为系统设计流程中哪个具体零部件。产品结构树中各设计模块所处的位置反映了其在整套模具设计中的先后顺序，每个设计模块都由若干个零部件构成且零部件之间为平行关系，设计时单击各模块并从中选择需要的类型。“退出”按钮和界面右上角的叉号用于退出系统，退出前有提示对话框，如图 14-14 所示，单击“是”按钮则退出系统，单击“否”按钮则返回系统继续进行参数化设计。在设计过程中，具体设计界面的展示不采用对话框之间的相互跳转，而是开辟了设计界面显示区来展示。

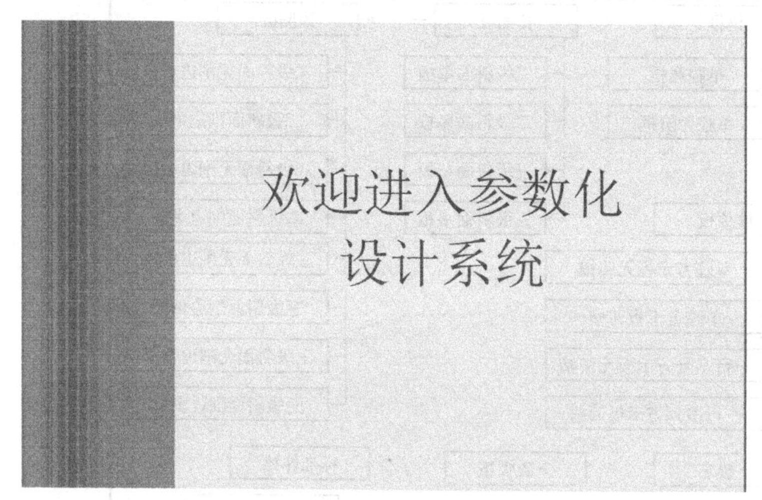

图 14-13 系统的初始化界面

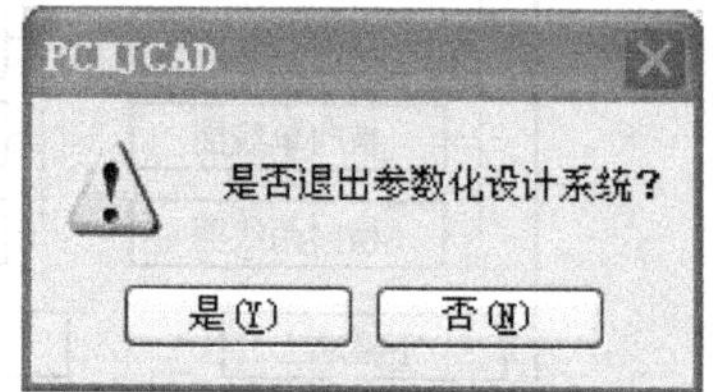

图 14-14 退出系统提示对话框

14.3.2 系统设计界面

系统设计界面主要是以非模态对话框的形式出现，这样操作人员可以随时对零部件模型进行查看、修改等操作。系统的设计界面分为两种：固定结构零部件的设计界面和变结构零件的设计界面。

1. 固定结构零部件的设计界面

固定结构零部件的设计界面，如图 14-15 所示。示意图区用于显示所要设计的方案或零件的结构和参数的位置。参数输入区用于输入合理的参数。数据显示区用于显示数据表中与该设计相关的设计数据。设计界面中的按钮功能和其名称相匹配，如“生成三维模型”按钮用于生成设计参数相对应的三维模型，“新建参数”按钮用于储存新的设计数据。

2. 变结构零件的设计界面

变结构零件的设计界面由两部分组成，分别为特征选择界面和参数化设计界面。

1）特征选择界面，如图 14-16 所示。该界面的最大特点是线框中所示的特征选择区域，设计人员需先在此区域对设计中所需的具体企业设计特征进行选择后才能进入参数化设计界面，若出现企业设计特征的不选或冲突选择时会弹出提示对话框，如图 14-17 所示，单击

“确定”按钮可重新进行企业设计特征选择。

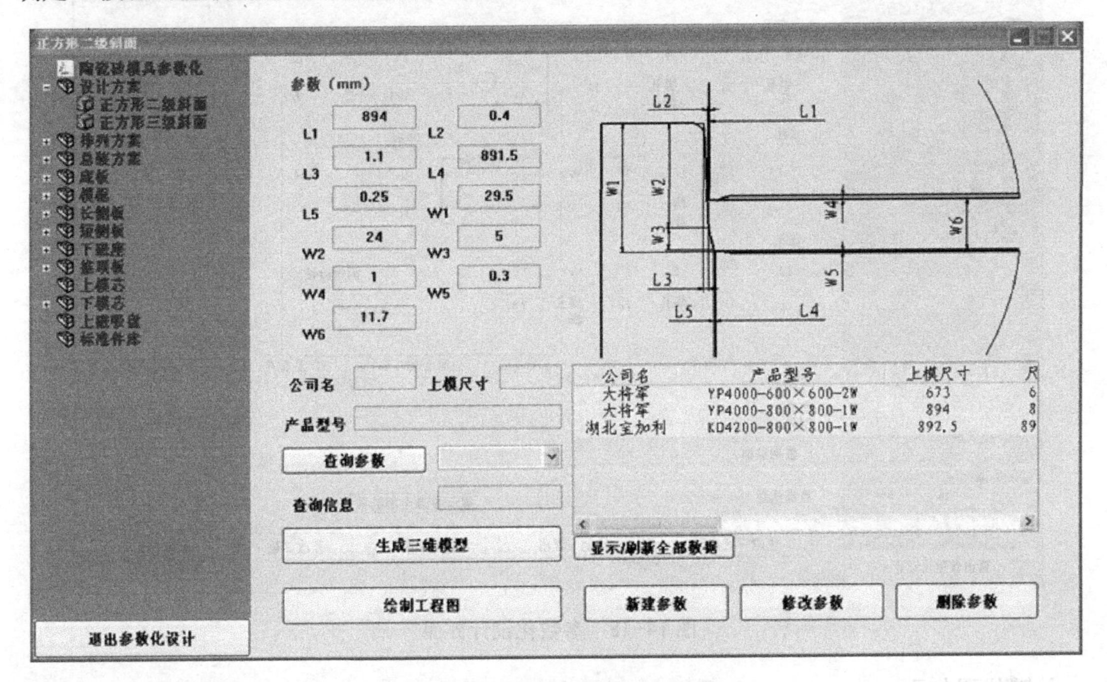

图 14-15　固定结构零部件的设计界面

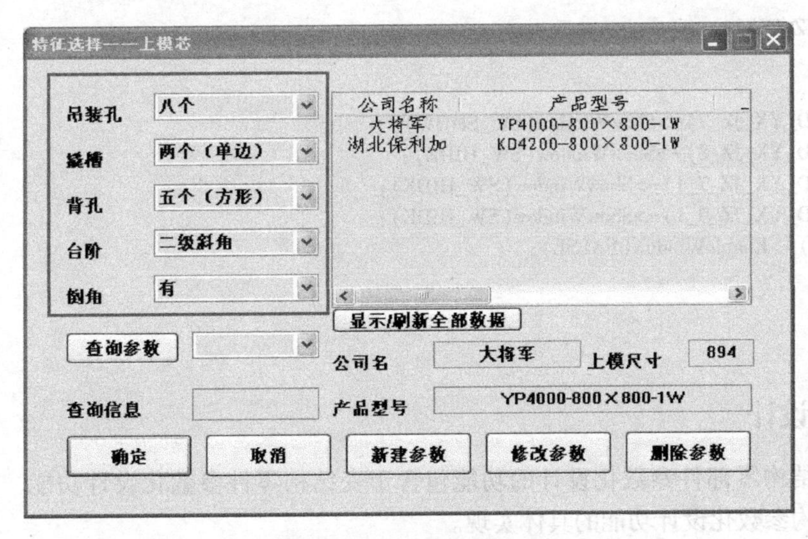

图 14-16　特征选择界面

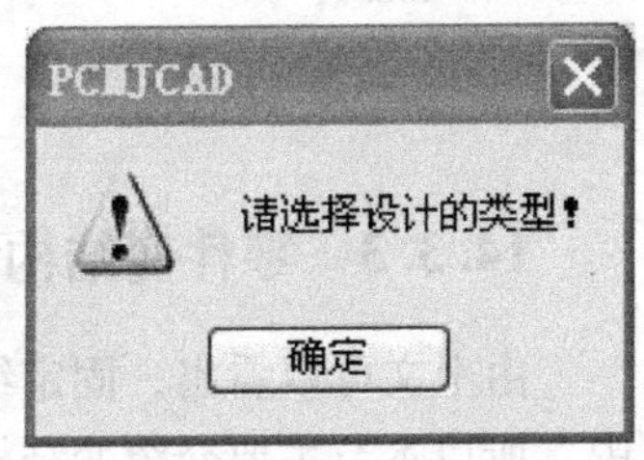

图 14-17　提示对话框

2）参数化设计界面，如图 14-18 所示。该界面与固定结构零部件的设计界面非常相似，区别在于示意图不是用于显示整个零件，而是显示在特征选择界面中所选的具体企业设计特征。特征选择界面和参数化设计界面之间自动关联，不同的特征选择会出现不同的示意图，编辑框也会随之变为可用或不可用。实现此项功能的关键在于特征选择界面每次调用参数化界面时，都会对参数化界面重绘。在 OnPaint( ) 函数中对设计界面中的示意图和编辑框进行操作。

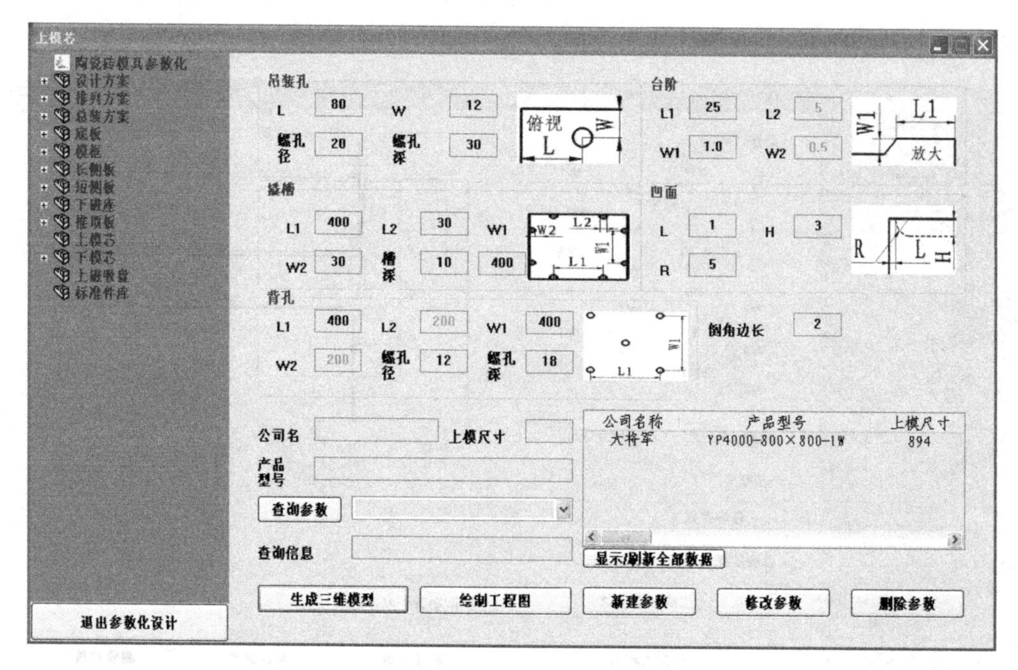

图 14-18 参数化设计界面

关键代码如下：

```
switch (pDB_KD_YX_TZ_ZJ)
{
case 1:
GetDlgItem(IDC_DB_KD_YX_JZ_7)->ShowWindow(SW_SHOW);
GetDlgItem(IDC_DB_KD_YX_JZ_8)->ShowWindow(SW_HIDE);
GetDlgItem(IDC_DB_KD_YX_JZ_7_1)->ShowWindow(SW_HIDE);
GetDlgItem(IDC_DB_KD_YX_JZ_9_1)->ShowWindow(SW_HIDE);
GetDlgItem(IDC_ZJ_L4)->EnableWindow(FALSE);
break;
……
}
```

14.3.3 零件变结构设计

由上文可以看出，固定结构零部件参数化设计的功能包含于变结构零件参数化设计功能中，所以本节主要介绍变结构参数化设计功能的具体实现。

三维模型是方案设计和零件设计过程中设计人员表达设计意图的信息载体。三维模型的生成由两部分组成：构建三维模型模板、程序驱动模板生成三维模型。

1. 构建三维模型模板

模板的建立是三维模型得以生成的基础，其建立过程融入了企业在长期设计过程中积累的知识和经验，形成了一个存在于模板中的专家系统。图 14-19 所示为上模芯的三维模板，其中区域 1 为模板的主体结构，构成了模板的主结构并且包含了模板的所有尺寸信息；区域 2 为组成模板企业特征的特征元库。特征元库在模板的特征树中虽然呈现出父子关系，实际上彼此之间是平行关系，即彼此之间的位置可以在区域 2 中任意变动，这是选择特征元组成企业设计特征的基础。

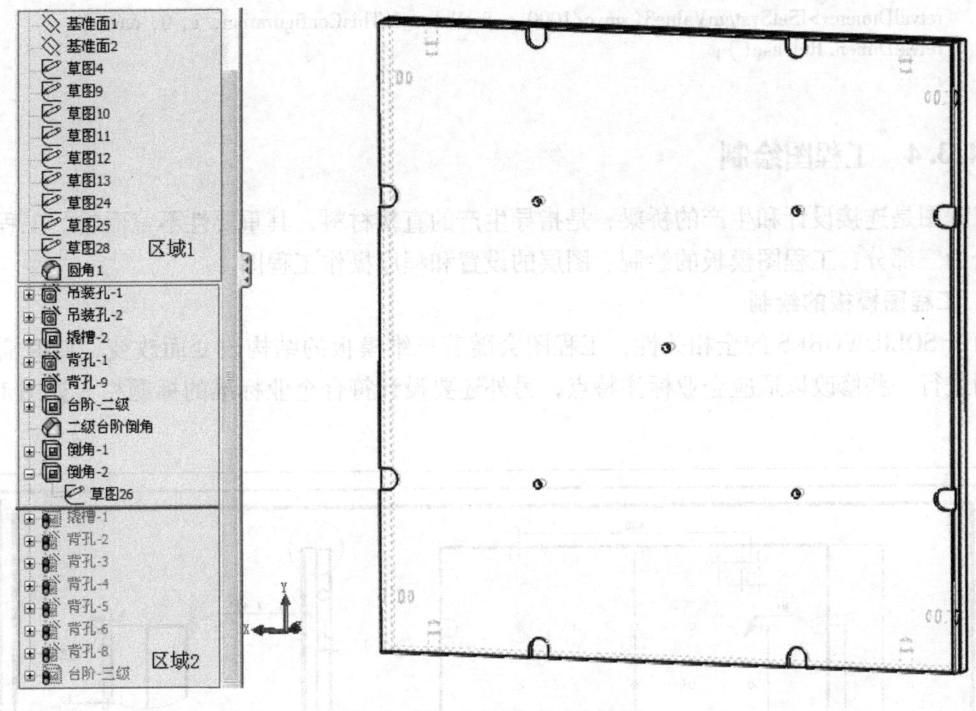

图 14-19　上模芯的三维模板

2. 程序驱动模板生成三维模型

程序驱动模板先根据特征选择项，由特征元组合生成所需的企业设计特征进而完成三维模型结构设计，再对模板的草图尺寸进行驱动，由于未选中的特征元都已处理为无效，所以无效特征元的草图受到驱动也不会对三维模型产生影响。

1）特征元的组合关键代码如下：

```
pFtManager->EditRollback ( swMoveRollbackBarToAfterFeature,L"圆角 1", &retval );
pConnect=L"圆角 1";
switch(pSMX_TZ_DZ)
{
……
case 2:
swDocExt->SelectByID2(L"吊装孔-1", L"BODYFEATURE", 0, 0, 0, false, 0, NULL, 0,&retval);
partDoc->ReorderFeature(L"吊装孔-1",pConnect,&retval );
pConnect=L"吊装孔-1";
break;
……
}
……
```

程序中使用 switch 语句实现某一企业设计特征的组合。为了实现特征元的自动排序，代码中使用了 pConnect 这一中间变量，排序时特征元只需排在 pConnect 之后而不需要知道 pConnect 具体代表什么。

2）驱动草图尺寸关键代码如下：

```
……
m_iModelDoc->IParameter(L"D1@草图 1",&retvalDimen);
```

```
retvalDimen->ISetSystemValue3(smxc/1000,swSetValue_InThisConfiguration, 1, 0, &retv);
retvalDimen.Release();
……
```

14.3.4 工程图绘制

工程图是连接设计和生产的桥梁，是指导生产的直接材料，其重要性不言而喻。工程图的绘制分为三部分：工程图模板的绘制、图层的设置和程序操作工程图。

1. 工程图模板的绘制

由于SOLIDWORKS的全相关性，工程图会随着三维模板的结构改变而改变，此时需要对工程图进行一些修改以适应企业标注特点，另外还要设计符合企业标准的标题栏，如图14-20所示。

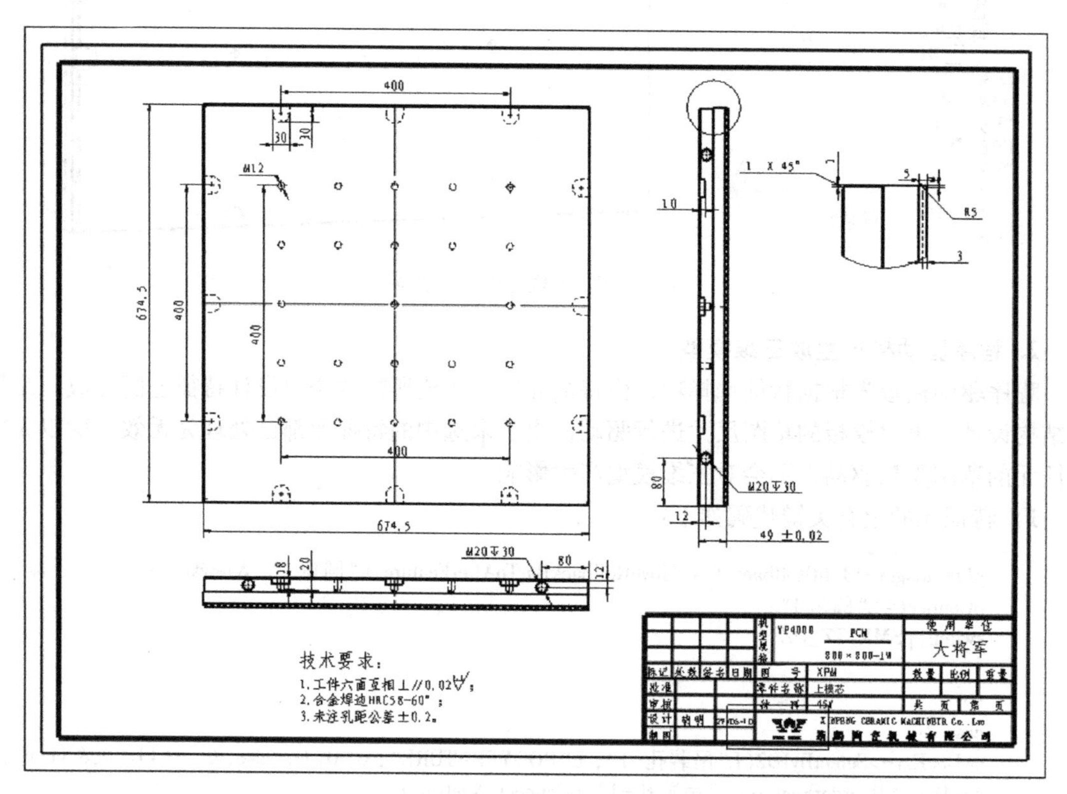

图14-20 上模芯工程图模板

2. 图层的设置

在工程图中按特征元建立图层，如图14-21所示。将与特征元相关的图层进行预标注后设置为隐藏。

3. 程序操作工程图

程序对工程图的操作主要是对图层的驱动，根据特征选择结果对图层进行相应的显示或隐藏。

```
……
switch(pSMX_TZ_DZ)
{
```

```
case 1:
break;
case 2:
swLayMgr->IGetLayer(L"吊装孔-1", &swLay);
swLay->put_Visible(TRUE);
……
}
……
```

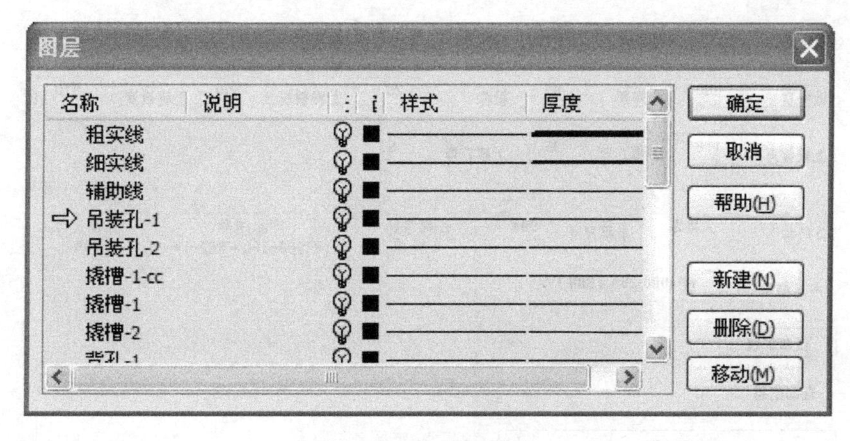

图 14-21　建立图层

14.3.5　实例演示

本节以上磁吸板为例，演示零件间的尺寸关联性和零件的变结构设计。上磁吸板（图 14-22）模型的长、宽、高均由总装方案设计，且其零件设计过程中具有变结构的设计。

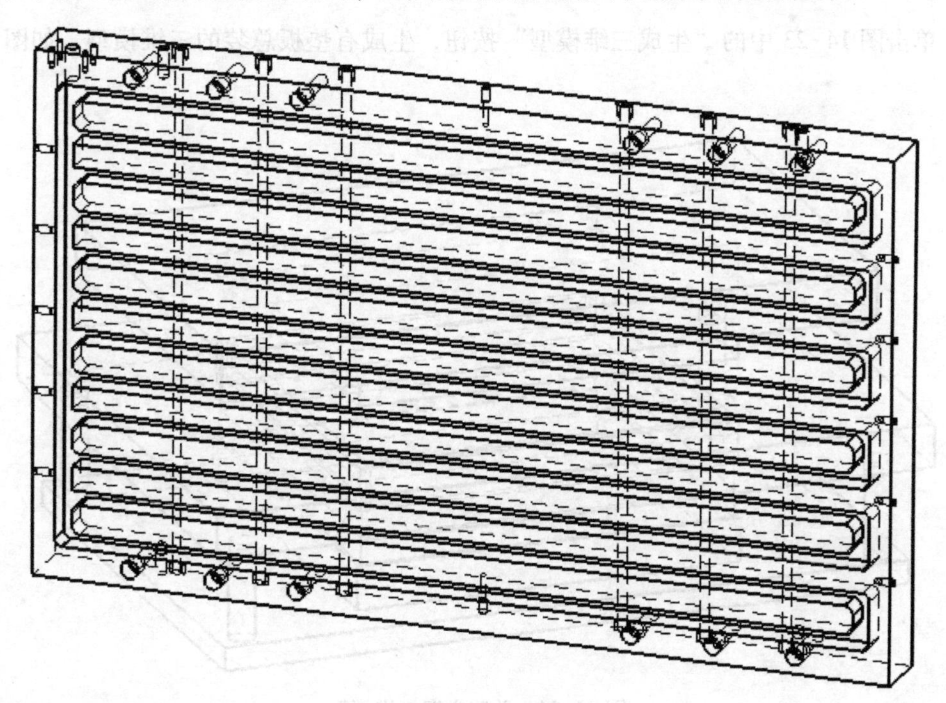

图 14-22　上磁吸板

1）在系统的树状控件中找到总装方案，任意选择一种，确定设计参数，尤其关注上磁吸板的尺寸。确定设计参数后的总装方案设计界面如图 14-23 所示。从图中可以看出，上磁吸板的长为 1550 mm、宽为 910 mm、厚度为 110 mm。

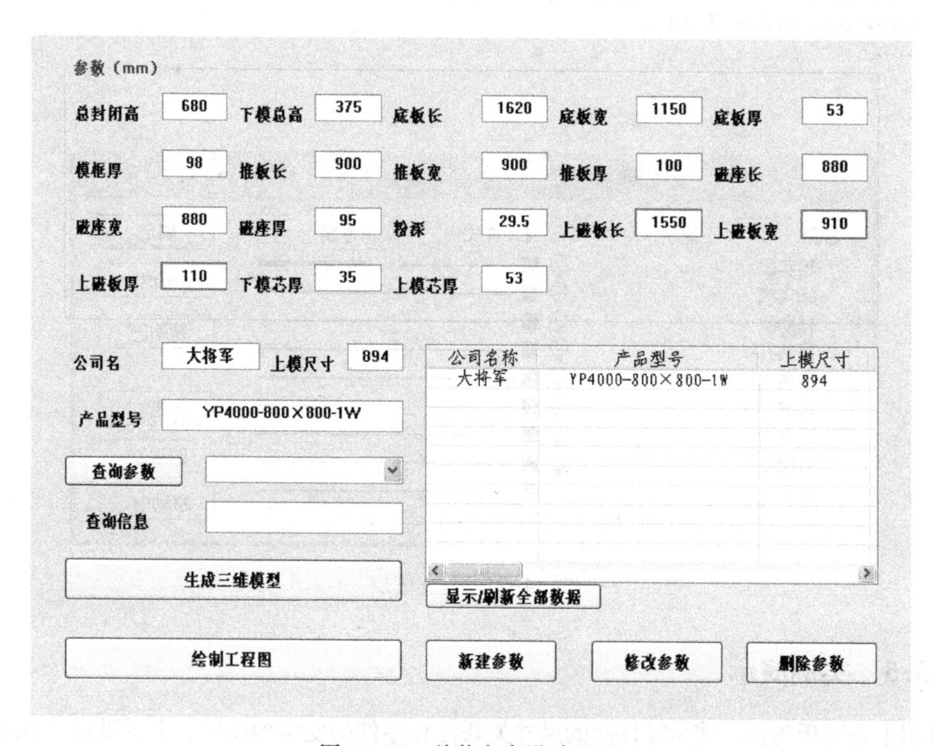

图 14-23　总装方案设计界面

2）单击图 14-23 中的“生成三维模型”按钮，生成有垫板总装的三维模型，如图 14-24 所示。

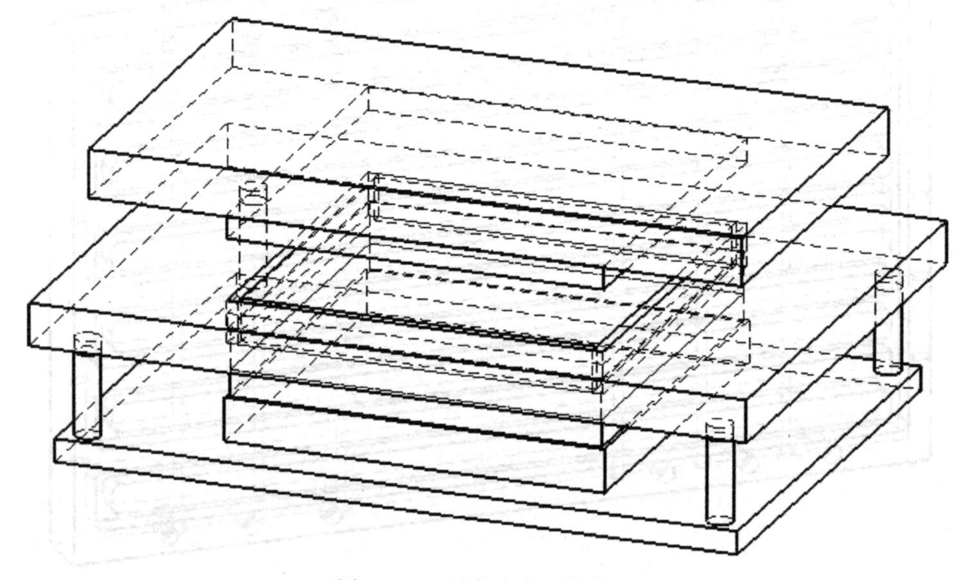

图 14-24　总装方案三维模型

3）在系统的树状控件中双击“上磁吸板”，弹出特征选择界面，选择特征后的界面如图 14-25 所示。

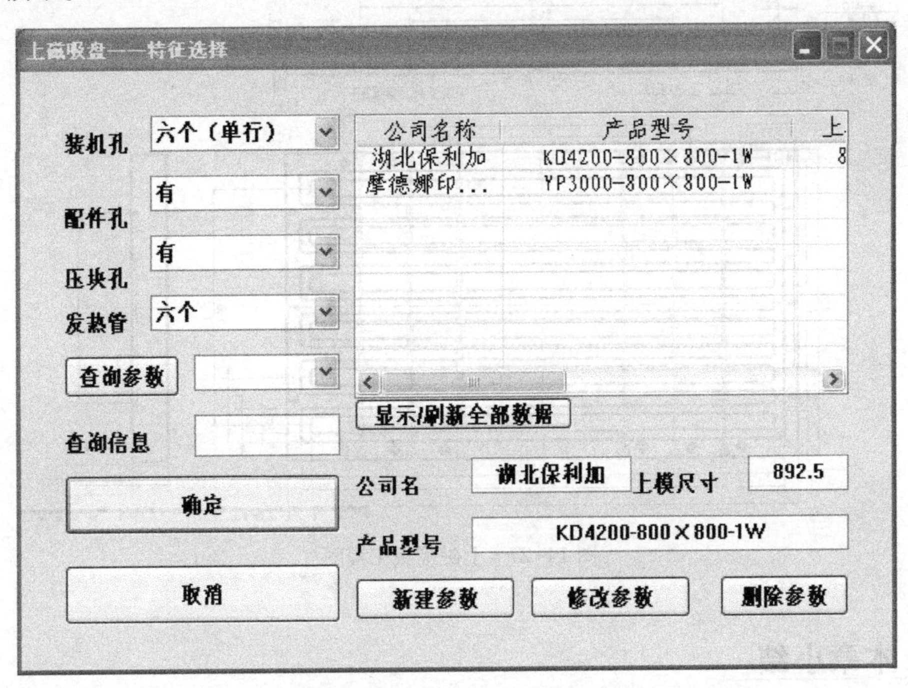

图 14-25　选择特征后的界面

4）单击图 14-23 中的“生成三维模型”按钮生成三维模型，观察上磁吸板的特征设计树是否有进行特征元的选择，如图 14-26 所示。观察可知，上磁吸板特征设计树根据要求进行了零件的变结构设计。

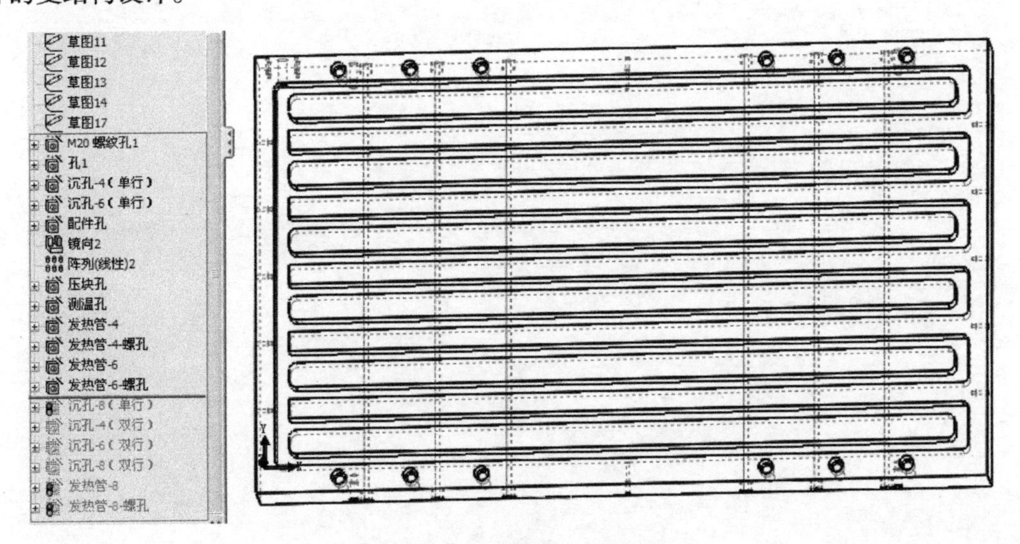

图 14-26　上磁吸板三维模型

5）单击图 14-23 中的“绘制工程图”按钮，生成工程图，并完成自动标注，观察外形尺寸是否和总装方案相匹配，如图 14-27 所示。从工程图中所画出的方框可知，上磁吸板长 1550 mm、宽 910 mm、厚度 110 mm，与总装方案中设置的值相匹配，实现了零件间的尺寸关联。

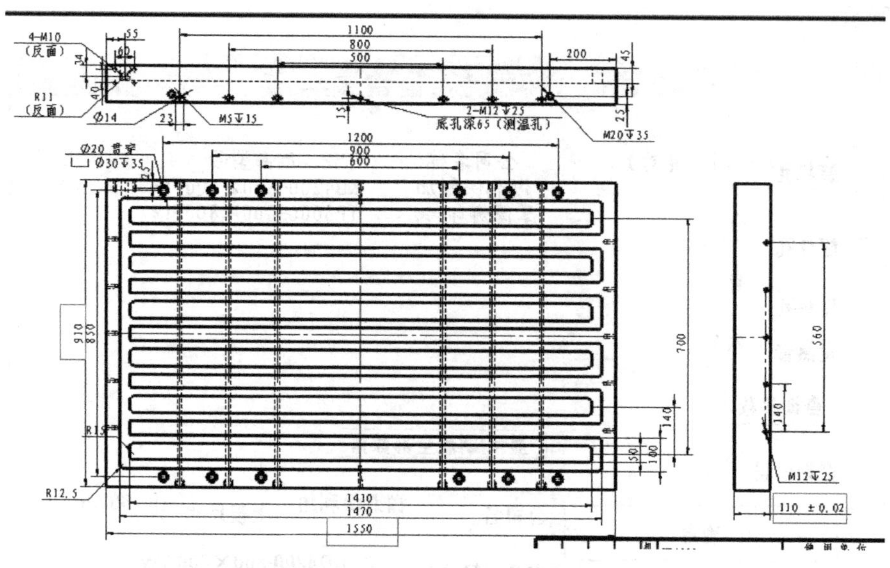

图 14-27　上磁吸板工程图

14.4　本章小结

本章主要介绍以陶瓷砖模具为对象的 SOLIDWORKS 二次开发实例，讲述了陶瓷砖模具的基本组成、工作原理和相关设计基础，说明了陶瓷砖模具二次开发系统的整体设计，介绍了程序设计的功能实现和相关界面设计。

第 15 章　二次开发实例——底侧卸式矿车

本章内容提要

(1) *矿车 CAD 设计背景知识*

(2) *矿车 CAD 总体设计*

(3) *矿车 CAD 程序设计实现与应用*

15.1　矿车 CAD 设计背景知识

对矿车设计计算进行程序化，就必须首先了解矿车设计的相关过程，并对矿车计算所需要的初始参数和结果需求参数有明确的了解，下面就矿车设计相关知识进行简要说明。

15.1.1　矿用车辆分类

矿用车辆有标准窄轨车辆、卡轨车辆、单轴吊挂车辆和无轨机动车辆。标准窄轨车辆就是通常说的矿车，也是目前我国煤矿业使用的主要车辆。矿车作为矿山机械运输设备中的主要组成部分，须用电机车或绞车牵引，是矿山输送煤、矿石和废石等散状物料的窄轨铁路搬运车辆。

矿车按结构和卸载方式不同分为以下五大类：

1. 固定车厢式矿车

车厢与车底架固定连接，卸料需要借助翻车机将车体翻转。固定车厢式矿车具有结构简单、坚固耐用、阻力系数小、承载能力大、维修方便等特点，但不能自行卸料、工作效率低，多用于中心型矿山企业。

2. 翻转车厢式矿车

翻转车厢式矿车也称为桶式矿车，车厢形状分为 U 形和 V 形，支承在车架的翻转轨上，车厢在翻转轨上翻转卸载。其特点是结构简单、使用方便、只要人力打开止动板就能进行卸料工作。

3. 单侧曲轨侧卸式矿车

单侧曲轨侧卸式矿车是一种自卸式矿车，须与卸载站配合完成卸载。在车厢的一侧用铰链机构与车底架相连，另一侧厢门上装有卸载轮臂。卸载时，卸载轮臂沿卸载曲轨上坡运行，车底架依旧在轨道上前进，车厢倾斜，使活动侧门绕销轴转动被拉开而开始卸载；当卸载轮臂沿卸载曲轨下坡运行时，车厢靠自重自动下降复位到关闭侧门，侧门自行锁固。其特点是卸载速度较快、不需借助其他设备或人工劳动进行卸载，但结构复杂、清理维修困难，多用于大型矿井。

4. 底（侧）卸式矿车

底（侧）卸式矿车与单侧曲轨侧卸式矿车都是自卸式矿车，且都需要配合卸载站完成卸载工作。该类矿车按车底开启方向可分为，底卸式和底侧卸式两种。在电机车牵引下，卸载轮沿卸载曲轨下坡运行，矿车的翼板“架到”卸载站的组合托辊上，使矿车车厢悬空，矿车车底架通过卸载轮与曲轨接触。矿车车厢水平并保持同一高度沿着卸载站组合托辊前进，矿车车厢与矿车车底架通过铰链连接，车底架通过卸载轮沿着曲轨前进并逐步打开进行卸载；当卸载轮沿卸载曲轨上坡运行时进行复位。其特点是进卸载站行车方向不受限制，车速容易控制，卸载能力高，能满足大型矿井需要。

5. 梭式矿车

梭式矿车的车厢底板装有刮板链，装载时先装载矿车前端，刮板链把所装物料逐渐移向后端，连续的把矿车装满。矿车装满后将其引导至转载点，开动刮板链进行卸载工作。其特点是车厢容积大，效率高。

本章以底侧卸式矿车作为研究对象。相对而言，底侧卸式矿车卸矿过程中倾覆力矩小于底卸式矿车、卸载过程平稳，而且在相同条件下，底侧卸式矿车卸载时间短、卸载站的深度浅，这对于缩短卸载站长度和深度具有很大的意义。目前，技术优良的底侧卸式矿车越来越多地被矿山采用，将逐步取代底卸式矿车。

15.1.2 底侧卸式矿车结构原理

底侧卸式矿车主要由车厢、铰链机构、卸载轮、转向架、车底架、厢座、挂钩以及挡矿装置8个部分组成，如图15-1和图15-2所示。

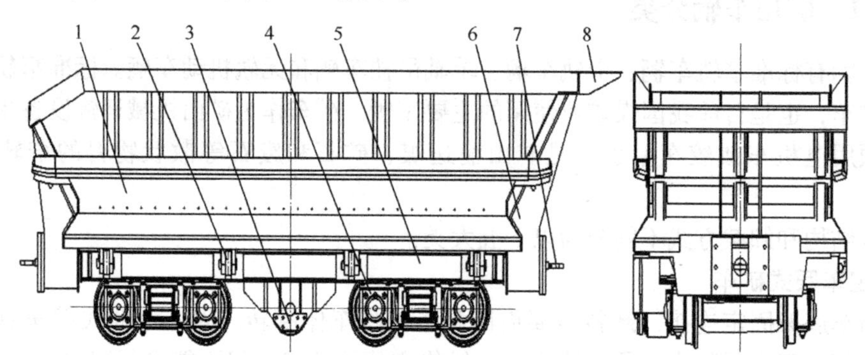

图15-1 底侧卸式矿车结构

1—车厢 2—铰链机构 3—卸载轮 4—转向架 5—车底架 6—厢座 7—挂钩 8—挡矿装置

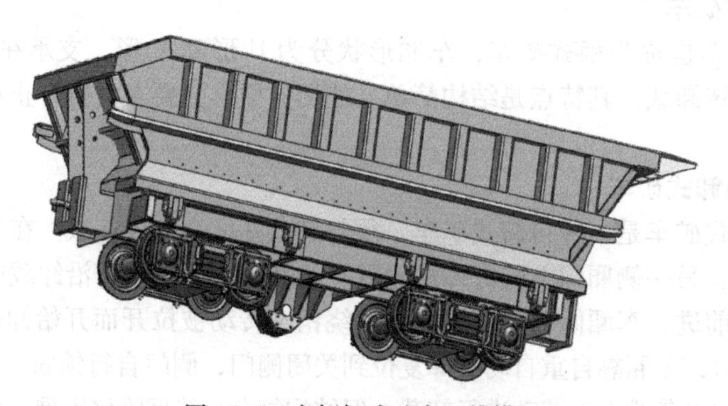

图15-2 底侧卸式矿车三维模型

1. 车厢总成结构

车厢结构主要分为侧板、端板、翼板以及各种槽钢，起到承载矿物的作用，同时对矿车的牵引力完全作用在车厢上，通过车厢和车底架的铰链连接来带动整个矿车的前进，当矿车进入卸载站后，车厢上面的翼板支承在卸载站的托轮上，来确保车底架打开卸矿。车厢材料选用16Mn，基本满足承载强度要求，车厢外部采取槽钢加固防止产生大变形。为了提高经济效益，在保证使用条件的前提下，要求容积系数越大越好。

2. 铰链总成结构

铰链总成结构用于卸货过程中车架底板绕铰链打开闭合，主要由固定在车厢上的吊耳和焊接在车底架槽钢上的圆孔钢板组成。

3. 卸载轮总成结构

卸载轮总成结构主要由卸载轮、轴、透盖组成。卸载轮总成安装在车底架的卸载轮支架上，在卸载过程中沿卸载站的卸载曲轨运动，其轨迹为一空间曲线。卸载轮与曲轨接触点的运动由两种运动合成，一是卸载轮绕车底架与车厢之间的回转轴中心的回转运动；二是卸载轮沿矿车前进方向的水平直线运动。

4. 转向架总成结构

转向架总成结构主要由摇枕、托梁架以及轮对 3 个部件组成，摇枕与车底架下心盘通过螺栓连接。10m^3底侧卸式矿车有 2 个转向架，每个转向架有 2 个轮对，通过轴箱和轴箱连接板固定在托梁架上，摇枕的摇枕滑块和托梁架的拱柱相互配合。摇枕、托梁架及缓冲橡胶弹簧形成转向架的缓冲、承载部件，矿车自重及承载矿石的重量最终由转向架的 4 个轮对传递到轨道上。

5. 车底架总成结构

车底架总成结构主要由底板、上下心盘、心轴以及各种钢板组成，起到承载车厢和车厢中矿物重量的作用。车底架在矿车进入卸载站时，无铰链一侧打开卸矿。车底架一般采取槽钢梁及组合梁的形式，由于其底板需要承载卸矿时矿石的磨损，因此采取较厚的钢板，车底架底板打开一侧焊接着卸载轮支架，用于安装卸载轮总成机构。车底架下部通过转向机构连接着转向架，10m^3底侧卸式矿车有 2 个转向机构，主要起到承载由车架传递过来的重量的作用，在矿车转弯时，确保转弯顺利，降低对轨道转弯半径的要求，减少行走机构中车轮的磨损，可承受多向复杂的冲击载荷，直接影响矿车的使用寿命，是矿车的关键部件。

6. 厢座总成结构

厢座固定在车厢前后端板上，用于和挂钩相连接来实现前后矿车的连接，其结构主要由钢板焊接而成。

7. 挂钩总成结构

挂钩总成结构主要由钩舌、钩舌拨扠以及拉杆螺栓组成，用于电机车与矿车、矿车与矿车之间牵引力的传递，同时起到缓冲的作用，减少矿车间的冲击载荷，确保矿车按照牵引力的方向前进，避免因转弯离心力等造成的矿车脱轨等现象。

8. 挡矿装置总成结构

挡矿装置能够使相邻矿车较好的搭接，能够有效的防止矿物在运输过程中散落到挂钩处。

当底侧卸式矿车在电机车的牵引下进入卸载站，电机车及矿车通过车厢上翼板支承在卸载站托轮上。矿车前进过程中，车架底板回旋打开，将矿石卸出矿车，随着矿车编组的前进，各个矿车依次打开车架底板进行卸矿，待卸载轮滚动到曲轨平直段时，完成卸矿。由于曲轨对称设计，矿车编组在离开卸矿站前，通过卸载轮与曲轨的作用，又依次关闭车辆底板，完成一个卸矿循环。卸矿过程中，卸矿产生的反作用力可以使矿车及电机车在无动力的情况下，顺利通过卸载站，如图 15-3 所示。

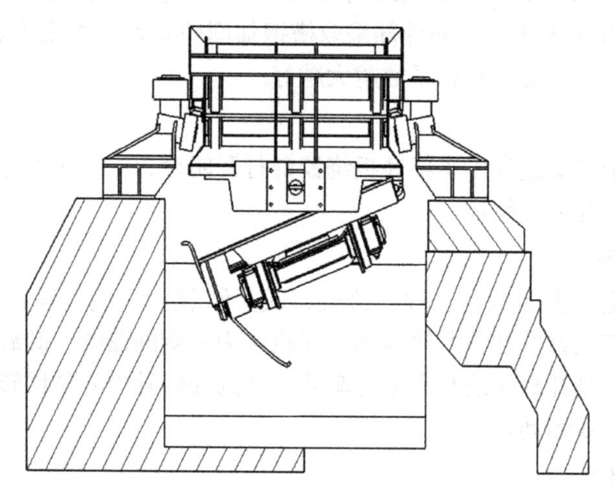

图 15-3　底侧卸式矿车卸载过程

15.1.3　产品模块划分

一般来说，机械产品中的模块是指一组可以执行相同功能和具有相同结合要素（指连接部位的形状、尺寸和连接件之间的配合或接触参数等），但又具有不同性能、不同结构特征但能互换的单元（零件、组件、部件或系统）。在系列化设计过程中，可以通过有限模块单元的组合，快速设计出其他系列的产品。而且，一个复杂产品的设计需要一个团队去完成，更需要设计人员对模型进行不断地调整和修改，才能完成最终的产品。因此，有必要对产品进行合理的模块划分，同时，可以利用相应的 PDM 技术，对模块化的产品实例库进行有效的管理。

产品的模块划分不是简单把所有零件依次列出来，而是从分析用户需求开始，分解产品功能，将各特定功能与相应的零部件来对应，形成一个与产品功能相对应的具有层次关系的产品结构树。因此，在模块划分时，根据功能分布和结构树的层次分布对产品来进行。合理的模块划分要求功能模型能重新创建或设置，所划分的各模块之间要易于组合，模块及模块组合中的结构层次关系信息易于表达等。由 15.1.2 节内容可知，底侧卸式矿车可以划分为车厢、铰链机构、卸载轮、转向架、车底架、厢座、挂钩及挡矿装置 8 个模块，为减少结构层次，降低系列化过程中变型参数传递结构的复杂性，将厢座以及挡矿装置合并到车厢模块；同时将铰链部件打散，将吊耳合并车厢模块，其余零件归到车底架模块，从而划分为 5 个模块，即车厢、卸载轮、转向架、车底架以及挂钩。这样就减少了底侧卸式矿车的层次结构，如图 15-4 所示。合理化的功能模块是进行模块编码的前提，在保留模块信息的同时，对模块进行统一规则的编码，便于信息的检索。模块与模块之间存在参数的传递，传递关系如图 15-5 所示。

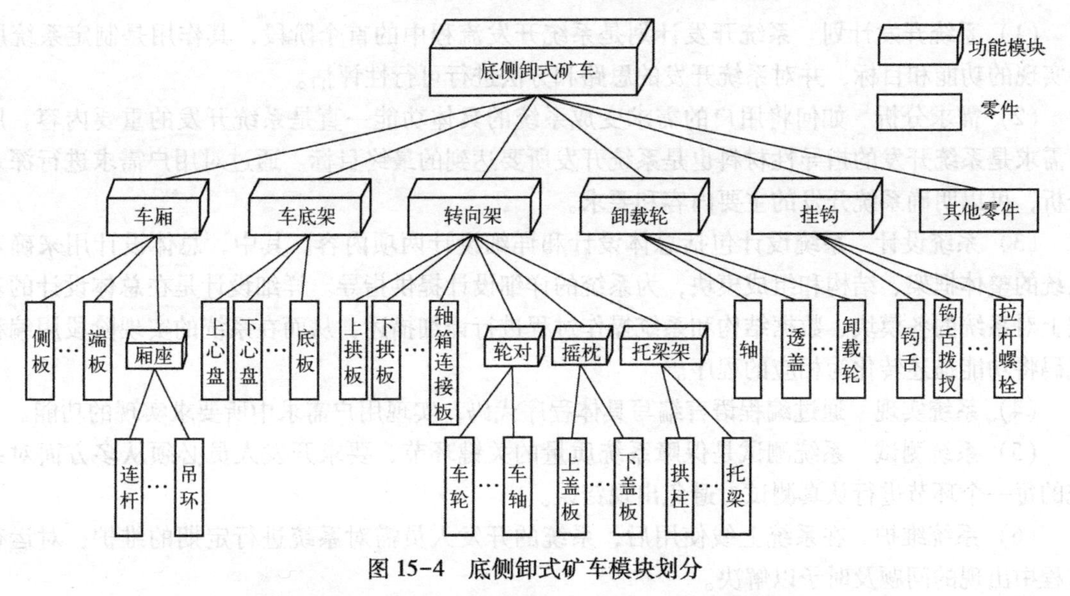

图 15-4　底侧卸式矿车模块划分

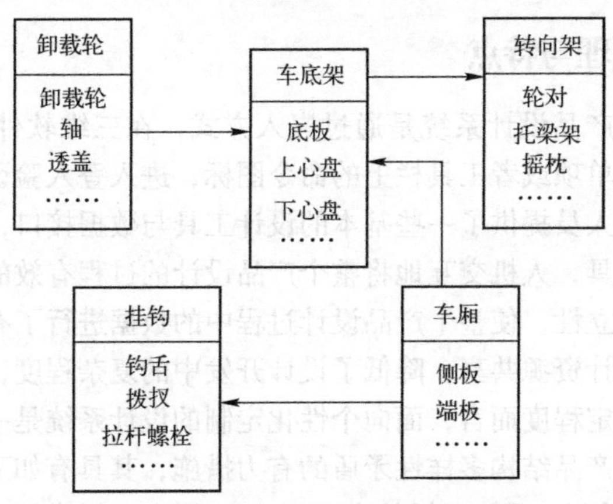

图 15-5　模块之间的传递关系

15.2　矿车 CAD 总体设计

15.2.1　系统的开发流程

系统开发的最终目标是在规定的时间和经费内，开发出满足用户需求的应用系统。系统开发的过程是一种复杂的系统性工程，要求开发者运用软件工程的思想开发出应用程序。系统的开发流程是指导系统开发的一般设计思想和方法，主要内容包括：系统开发计划、需求分析、系统设计、系统实现、系统测试和系统维护，如图 15-6 所示。

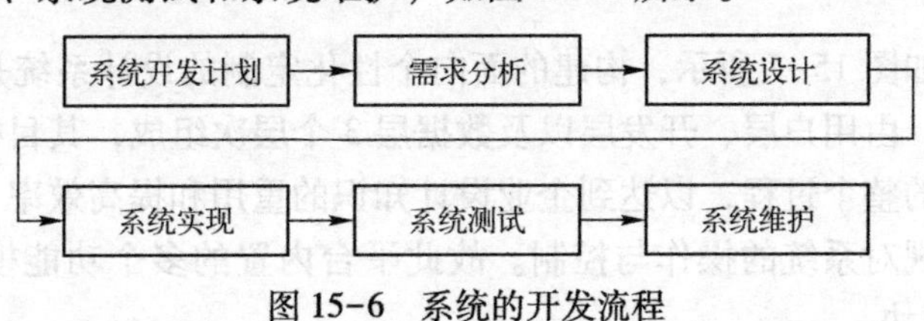

图 15-6　系统的开发流程

（1）系统开发计划　系统开发计划是系统开发流程中的首个阶段，其作用是制定系统所要实现的功能和目标，并对系统开发的思路和方法进行可行性评估。

（2）需求分析　如何将用户的需求变成系统的具体功能一直是系统开发的重要内容。用户需求是系统开发的指导性材料也是系统开发所要达到的最终目标。通过对用户需求进行深入分析，可以明确系统开发的主要内容和要求。

（3）系统设计　系统设计包括总体设计和详细设计两项内容。其中，总体设计用来确定系统的整体框架、结构和组成模块，为系统的详细设计提供指导。详细设计是在总体设计的基础上对系统的各模块、数据结构和系统操作过程进行详细描述，从而在系统的实现阶段用编程代码将功能描述转化为相应的程序。

（4）系统实现　通过编程语言编写具体程序代码，实现用户需求中所要求实现的功能。

（5）系统测试　系统测试是保障系统质量的关键环节，要求开发人员必须从多方面对系统的每一个环节进行认真测试，避免出现错误。

（6）系统维护　在系统上线使用后，系统的开发人员需对系统进行定期的维护，对运行过程中出现的问题及时予以解决。

15.2.2　系统的原理与特点

底侧卸式矿车系列化产品设计系统是通过嵌入方式，在三维软件中加载已经开发好的插件，当用户单击内嵌的菜单项或者工具栏上的命令图标，进入登入验证界面，通过验证后进入设计系统。该系统为设计人员提供了一些基本的设计工具与数据接口，使设计者在平台架构下能够利用平台中集成的工具，人机交互地将整个产品设计的过程有效的移植到软件中实现，摆脱了设计过程中数据的孤立性，使整个产品设计过程中的数据进行了有机的集成，促进了设计人员之间的信息交互、设计资源共享，降低了设计开发中的复杂程度，提高了产品的设计效率和企业的设计能力。从一定程度而言，面向个性化定制的设计系统是一种新型的设计方法，是企业应对当前设计周期与产品结构多样性矛盾的有力措施，其具有如下特性：

1）友好的人机交互界面，系统以插件内嵌到 CAD 平台，提供符合设计人员习惯的操作方式，同时操作过程中提供相应的帮助提示。

2）系统的建立从数据管理角度而言是对现有设计数据的集成，其要求了设计数据的统一性，包括数据内容的统一和数据格式的统一，映射到数据源即对于设计数据相关平台的统一性要求。

3）系统预留了数据接口，可以进行其他设计环节的应用集成，如针对生产线设计可以与生产线的工艺规划设备选型集成，针对设备性能优化可以有产品的性能评价，针对产品数据管理可以有 PDM 系统的集成等，充分保证了平台的开放性。

4）平台基于个性化定制设计技术，以模块化为前提，综合运用系列化参数化建模方法，建立了有效的参数传递通道，提高了产品的通用性、互换性，有利于模型结构的管理。

15.2.3　系统的整体架构

系统的整体架构如图 15-7 所示，构建的面向个性化定制的设计系统是基于 SOLIDWORKS 无缝集成的软件框架，由用户层、开发层以及数据层 3 个层次组成，其目标是在计算机中人机交互的实现产品设计的整个过程，以达到企业设计知识的重用和提高效率，同时对各层提供人机交互和在必要时实现对系统的操作与控制。故此平台内置的多个功能模块都需调用 SOLIDWORKS 系统的功能模块。

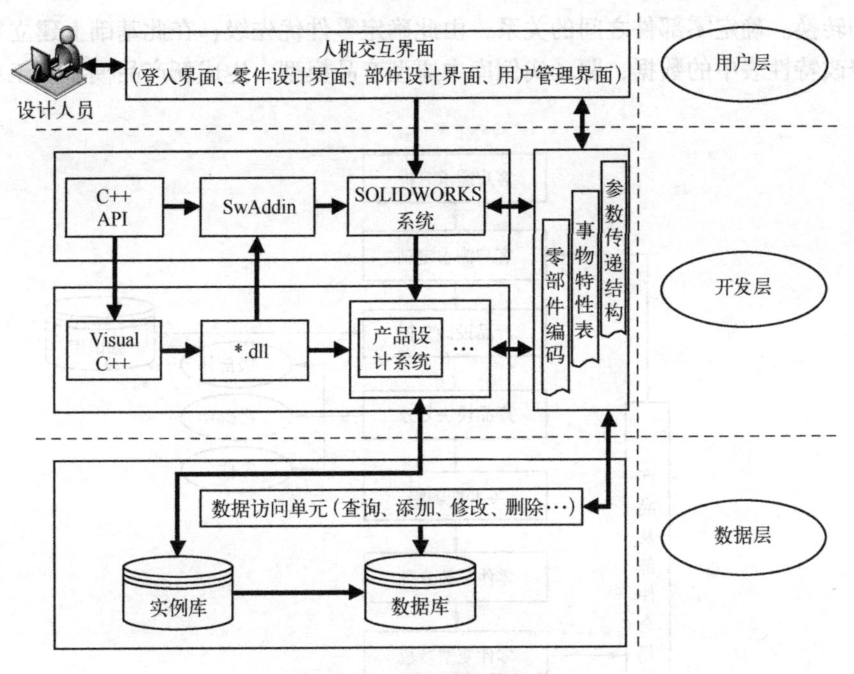

图 15-7　系统的整体架构

（1）用户层　用户层的主要作用是向用户提供一个与系统交互的平台，包括 MFC 界面和 Windows 标准界面。通过用户层，系统将信息展示提供给用户，并获取用户的操作信息。用户层上用户进行的相应操作将传递给开发层中的相关系统，同时开发层中的系统将结果和内容实时反馈给用户，最终完成产品的整个过程设计。

（2）开发层　开发层主要包括 SOLIDWORKS 系统、产品设计系统以及逻辑规则。SOLIDWORKS 系统作为客户程序，是产品设计系统的宿主；产品设计系统寄生在 SOLIDWORKS 软件中，它直接与设计人员进行人机交互，将产品设计系统嵌入 SOLIDWORKS 系统环境中，建立一个插件工具栏和相应菜单项用作进入产品设计系统的入口，用 C++开发的基本过程可以参考相关文献；逻辑规则主要由零部件编码、事物特性表以及参数传递结构组成，在功能分析的基础上划分出各级模块，得到从产品层次到零件层次的模块化和规范化零部件编码；事物特性表由产品信息构成，描述模块化和规范化的零部件信息，是一系列变形参数的唯一标识，同时运用数据库技术对其进行管理；参数传递结构反映了变形参数间的约束关系，构建了可靠、准确的参数传递结构。

（3）数据层　数据层包含矿山产品零部件的实例库和数据库，主要包含零部件的结构模型、事物特性表、产品设计过程中的文档资源以及各类模板文件和设计过程中会用到的一些设计工具等，是整个快速设计平台运行的基础，既作为相关服务的结果记录，也在需要时作为支撑服务的数据源；同时提供一定的人机交互用于获取人工输入的数据（如尺寸参数等）。

15.2.4　系统的设计流程

系统的设计流程如图 15-8 所示，根据客户需求定制产品经济技术参数，主要包括性能参数和几何参数，直接或间接决定了产品及部件全局变量。由相关行业知识对产品设计进行分析，并对产品模块进行划分，对不同模块的零部件进行编码分类，确定零部件的主动参数、从动参数以及不变参数；建立零件内的参数结构以及零部件参数结构，实现客户定制参数到产品变形参数的转换。确定零部件之间的关系，由此确定零件优先级；在此基础上建立零部件事物特性表，修改特性表中的数据，驱动实例库中原型产品模型，生成新产品模型及工程图，完成设计。

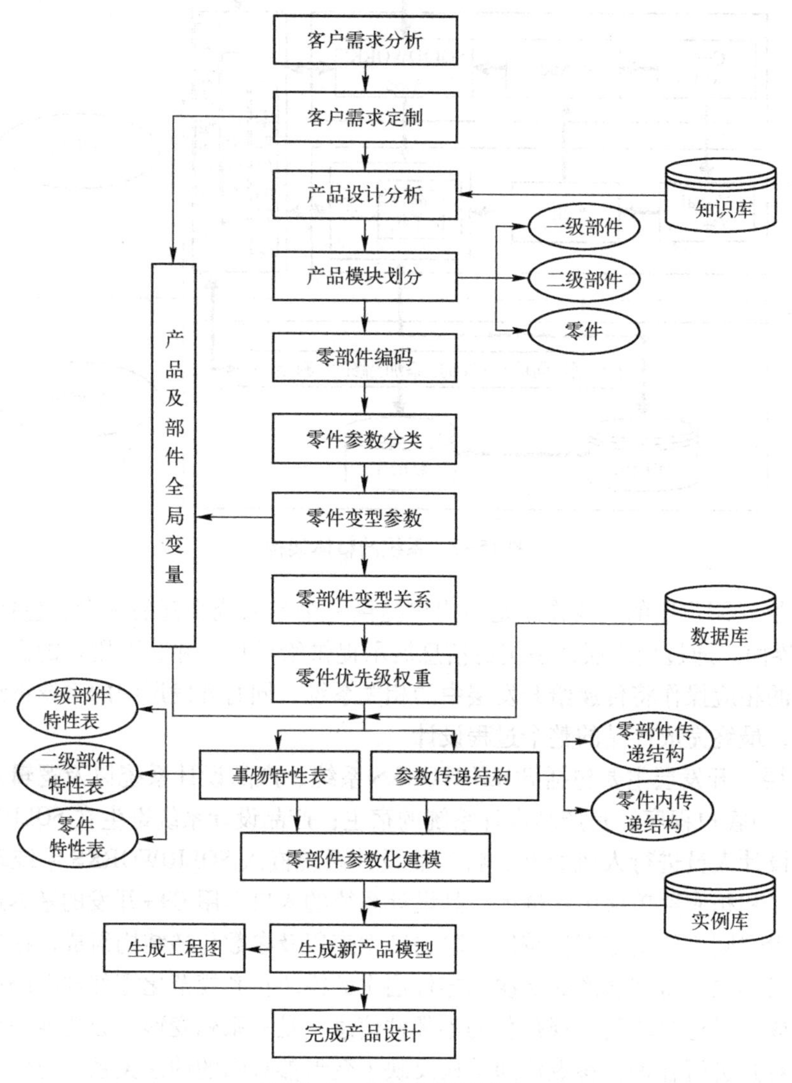

图 15-8 系统的设计流程

15.2.5 系统的数据管理

系列化设计系统采用 ADO 数据库连接技术建立了与各方案和零件相匹配的 Microsoft Access 数据库。将设计数据录入相对应的数据表后形成了设计系统数据库，如图 15-9 所示。以图号作为表的联合主键创建数据表，如图 15-10 所示。

参数化设计系统对数据库的操作主要包括数据存储、数据修改、数据删除和数据查询。

1. 数据存储

设计人员将满足设计要求的参数存入对应的数据表中，称之为数据存储。在界面中只需单击“新建参数”按钮即可将数据存入数据库。

图 15-9　设计系统数据库

CX_CB : 表

ID	图号	名称	材料	L1	L2	L3	L4	L5	L6	L7	L8	D1
26	TJKC06-03-11	侧板	16Mn	3216	281	378	952	261	9	0	0	0
27	TJKC06-03-15	侧板	16Mn	3216	281	378	952	261	9	106	216	11
28	TJKC08-03-11	侧板	16Mn	3713	325	437	1100	302	10	0	0	0
29	TJKC08-03-15	侧板	16Mn	3713	325	437	1100	302	10	123	250	11
30	TJKC10-03-11	侧板	16Mn	4152	364	489	1230	338	12	0	0	0
31	TJKC10-03-15	侧板	16Mn	4152	364	489	1230	338	12	138	280	11
32	TJKC12-03-11	侧板	16Mn	4548	398	535	1347	370	13	0	0	0
33	TJKC12-03-15	侧板	16Mn	4548	398	535	1347	370	13	138	280	11
34	TJKC14-03-11	侧板	16Mn	4912	430	578	1455	399	14	0	0	0
35	TJKC14-03-15	侧板	16Mn	4912	430	578	1455	399	14	138	280	11
38	TJKC16-03-11	侧板	16Mn	5251	460	618	1555	427	15	0	0	0
39	TJKC16-03-15	侧板	16Mn	5251	460	618	1555	427	15	174	354	11
40	TJKC20-03-11	侧板	16Mn	5871	514	691	1739	478	16	0	0	0
41	TJKC20-03-15	侧板	16Mn	5871	514	691	1739	478	16	195	395	11

记录: 1　共有记录数: 14

图 15-10　数据表

关键代码如下：

```
……
try
{
m_pRecordset->AddNew();        // 添加新行
IPutCollect();
}
catch(...)
{
……
}
……
```

2. 数据修改

设计人员可以对已存入数据库的数据进行修改，完成后将其再存入数据库称之为数据修改。在界面中单击“修改”按钮即可实现数据修改。

关键代码如下：

```
……
try
{
……
m_pRecordset->Move(--pos,vtMissing);
IPutCollect();
}
catch(...)
{
……
}
……
```

3. 数据删除

设计人员可对数据库中不再需要的数据进行删除，称之为数据删除。选中某条记录后单击“删除”按钮即可删除数据。

关键代码如下：

```
Connect();
……
try
{
m_pRecordset->Move(--index,vtMissing);
m_pRecordset->Delete(adAffectCurrent);
m_pRecordset->Update();
MessageBox("记录删除成功");
}
catch(...)
{
……
}
……
```

4. 数据查询

设计人员可依据查询信息对数据库中的数据进行查找，称之为数据查询。设计人员只需在界面中先选择查询信息的类型，如公司名称，再输入公司的精确或模糊名称即可对相关数据进行查询。

关键代码如下：

```
……
m_pRecordset->MoveFirst();
strSQLCmd.Format(_T("select * from CX_CB where %s like'%%%s%%'"),
strSearch,m_Search);
……
try{
while(!m_pRecordset->adoEOF)
{
if (strSearch=="图号")
{
(_bstr_t)m_pRecordset->GetCollect(_T("图号"));
}
else
```

```
(_bstr_t)m_pRecordset->GetCollect(_T("名称"));
ISetItem();
m_pRecordset->MoveNext();
}
m_pRecordset->MoveFirst();
}
catch(_com_error e)      // 捕捉异常
{
……
}
……
```

15.3 程序设计实现与应用

15.3.1 系统菜单

启动 SOLIDWORKS 软件，加载 TGKCXLH. dll 插件，完成加载后，如图 15-11 所示，单击系统菜单进入铜冠矿车系列化系统。

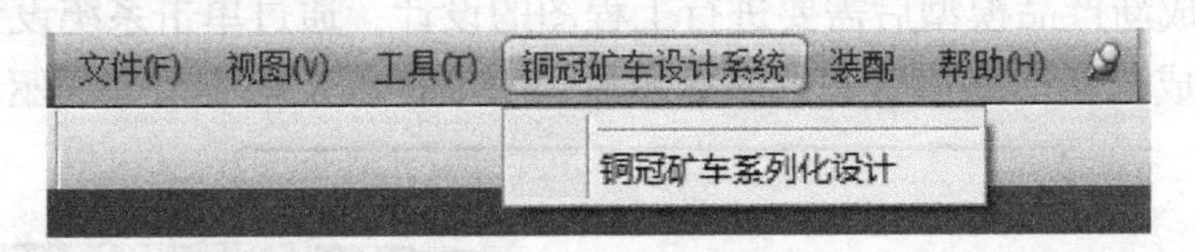

图 15-11 系统菜单

15.3.2 连接数据库

使用 UDL 文件创建一个标准的连接字符串，用来连接数据库文件，如图 15-12 所示。

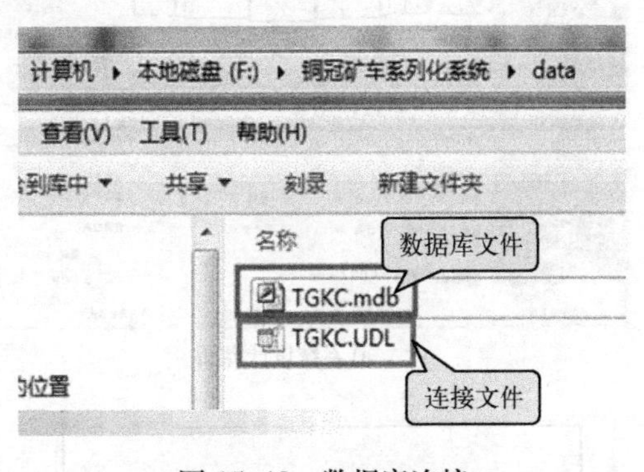

图 15-12 数据库连接

15.3.3 用户管理

单击内嵌到 SOLIDWORKS 中的系统菜单，进入系统登入界面，用户要进入系统，必须通过登入模块的验证，如图 15-13a 所示。只有当用户名、密码和数据库中数据匹配，才能进入系统。初始设定一个超级用户，便于进入系统后，选择用户管理属性页，设定其他子账号，如图 15-13b 所示。

15.3.4 零件系列化

单击内嵌到 SOLIDWORKS 中的系统菜单，进入系统登入界面，输入初始用户名和密码，进入系统设计界面，如图 15-14a 所示。主界面的左边区域是矿车的各个模块，右边区域是模块中某个组成零件的设计界面，包括设计参数输入区、示意图区、事物特性表操作区、三维模型操作按钮和工程图操作按钮等。利用属性页进行切换实现 4 个模块：系统说明、零件参数化、部件参数化以及用户管理。

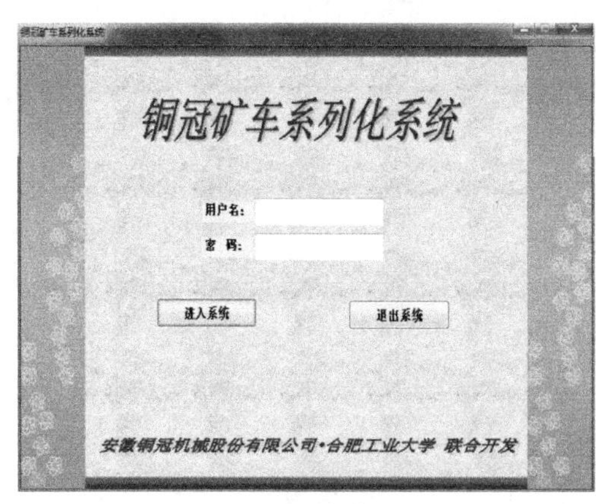

a) 登入界面

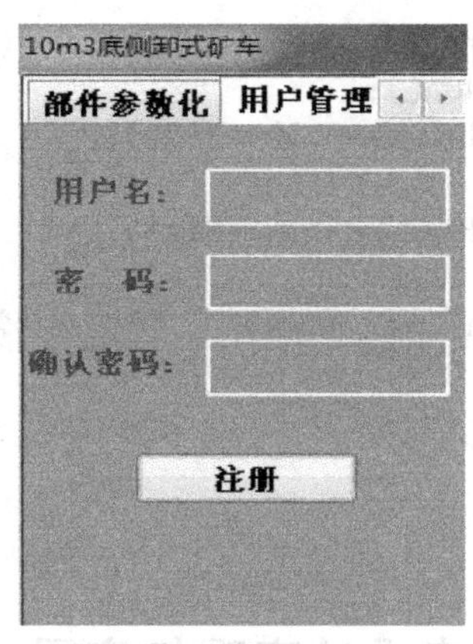

b) 用户管理界面

图 15-13 登入界面和用户管理界面

首先根据产品的树形结构，选择需要进行设计的产品，进入产品设计对话框，程序内部读取数据库中的事物特性表以及主动参数。图 15-14 所示为车轴设计过程，单击“生成三维模型”按钮，把实例库中的原型模型存放到指定路径下，再进行模型的驱动和模型信息修改，生成新产品设计。完成新产品模型后需要进行工程图的设计，通过单击系统设计界面中的“生成二维图”按钮，完成与新产品信息一致的标题栏、明细栏以及相应尺寸的驱动。

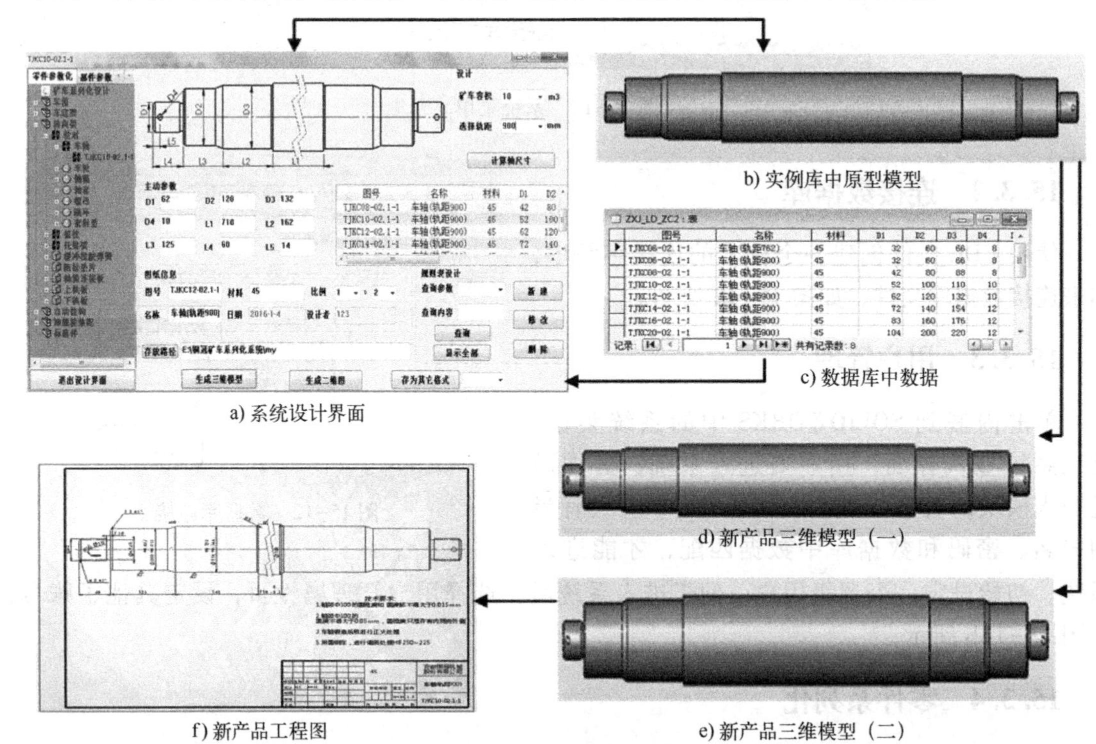

a) 系统设计界面

b) 实例库中原型模型

c) 数据库中数据

d) 新产品三维模型（一）

e) 新产品三维模型（二）

f) 新产品工程图

图 15-14 车轴设计过程

15.3.5 部件系列化

系统设计界面和产品结构层次如图 15-15 所示，在设计开始之前，设计人员首先需要将客户需求与产品数据库中的现有数据对比，若需求相似，则可以通过调用数据库中现有参数直接生成所需产品；若无法满足新产品需求，则需进行产品的重新设计，即根据客户需求，输入客户定制的参数，进入产品设计对话框，通过左侧树状结构描述的产品的层次结构，具体选择对应的产品。系统设计界面中的表格描述了部件的具体信息。

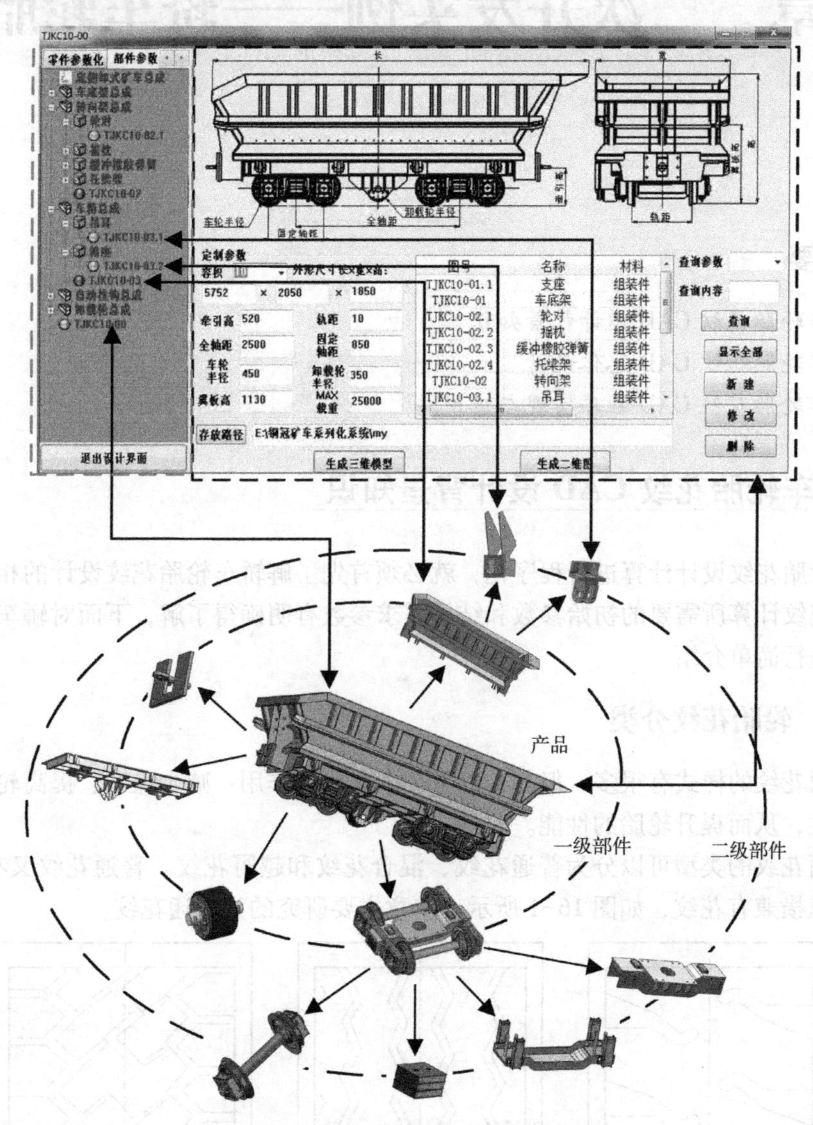

图 15-15　系统设计界面和产品结构层次

15.4 本章小结

本章主要介绍以底侧卸式矿车为对象的 SOLIDWORKS 二次开发实例，讲述了底侧卸式矿车的结构原理，说明了底侧卸式矿车 CAD 系统的总体设计，最后演示了程序各功能的实现以及相关的界面。

二次开发实例——底侧卸式矿车

第 16 章　二次开发实例——轿车轮胎花纹

本章内容提要

（1）轿车轮胎花纹 CAD 设计背景知识

（2）轿车轮胎花纹 CAD 总体设计

（3）轿车轮胎花纹 CAD 程序实现与应用

16.1　轿车轮胎花纹 CAD 设计背景知识

对轿车轮胎花纹设计计算进行程序化，就必须首先了解轿车轮胎花纹设计的相关过程，并对轿车轮胎花纹计算所需要的初始参数和结果需求参数有明确得了解，下面对轿车轮胎花纹设计相关知识进行简单介绍。

16.1.1　轮胎花纹分类

轮胎胎面花纹的样式有很多，但都有以下 3 个主要的作用：减少噪音、提高轮胎的抓地力和增加排水性，从而提升轮胎的性能。

轮胎胎面花纹的类型可以分为普通花纹、混合花纹和越野花纹。普通花纹又有横向花纹、纵向花纹、纵横兼有花纹，如图 16-1 所示。本章主要研究的为普通花纹。

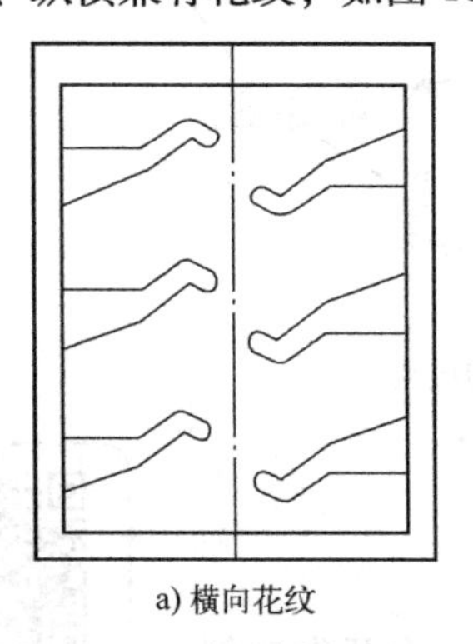

a) 横向花纹

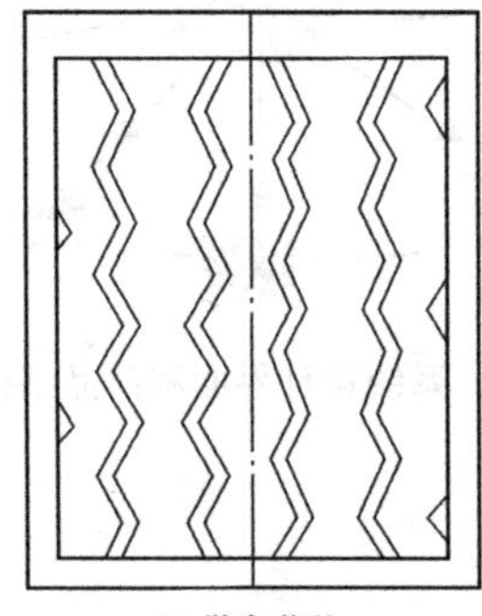

b) 纵向花纹

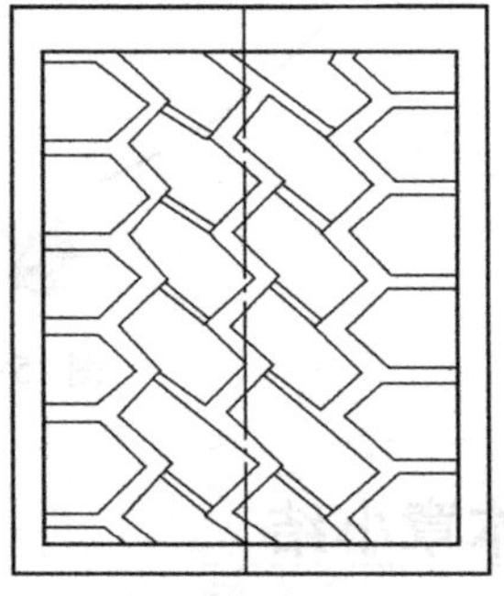

c) 纵横兼有花纹

图 16-1　普通花纹样式

（1）横向花纹　横向花纹按轮胎的轴向排列，其制动力和牵引力大，耐切割性能好，适合用于路面条件较差，行驶速度不高的车辆，如重载车辆、工业车辆等，如图 16-1a 所示。

（2）纵向花纹　纵向花纹按轮胎的圆周方向排列，较横向花纹的抗侧滑性能好，适用于在好路面高速行驶的车辆，如图 16-1b 所示。

（3）纵横兼有花纹　这种花纹既含有横向花纹，又含有纵向花纹，拥有这两种花纹的特点，被广泛应用，如图 16-1c 所示。

本章以轿车圆弧形胎肩轮胎的横纵兼有花纹作为研究对象。

16.1.2　轮胎外胎内外轮廓设计

本实例主要设计花纹的造型系统，因此对于轮胎外胎轮廓的设计极为重要，在对轮胎轮廓进行参数化设计时，要先对其进行三维建模。这里对轮胎规格为 9.00-20 的轿车轮胎进行尺寸计算。

外胎外轮廓设计，轮胎的部分断面轮廓如图 16-2 所示。

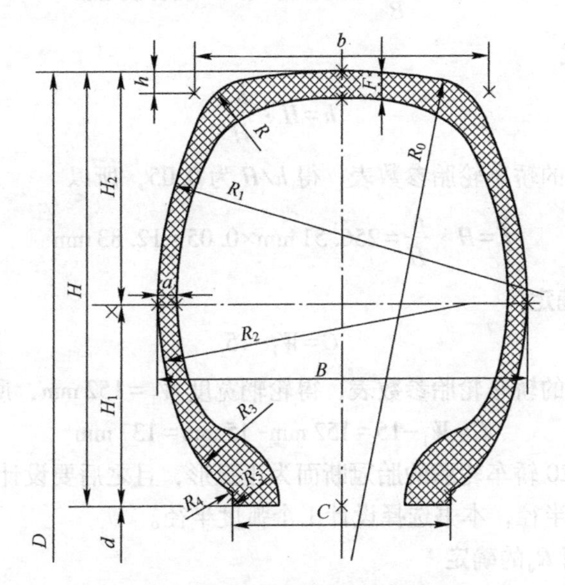

图 16-2　轮胎的部分断面轮廓

1. 断面高 H 的确定

$$H=B\cdot\frac{H}{B} \tag{16-1}$$

查轮胎规格为 9.00-20 的轿车轮胎参数表，得模型断面宽 $B=226$ mm，高宽比 $H/B=1.135$，所以

$$H=B\cdot\frac{H}{B}=226\ \text{mm}\times1.135=256.51\ \text{mm}$$

2. 轮胎断面上下高度 H_1、H_2 的确定

$$H_2=\frac{H}{1+H_1/H_2} \tag{16-2}$$

轮胎断面的上下高度 H_1、H_2 的分界线为断面宽度最宽的位置。H_1/H_2 的取值范围为 0.8~0.95，这里取 0.85，所以

$$H_2=\frac{H}{1+H_1/H_2}=\frac{256.51}{1+0.85}\ \text{mm}=138.65\ \text{mm}$$

$$H_1=H-H_2=256.51\ \text{mm}-138.65\ \text{mm}=117.86\ \text{mm}$$

3. 着合直径 d 的确定

$$d=D-2H \tag{16-3}$$

查轮胎规格为9.00-20的轿车轮胎参数表，得模型外直径 $D=1022\,\text{mm}$，所以

$$d=D-2H=1022\,\text{mm}-2\times256.51\,\text{mm}=508.98\,\text{mm}$$

4. 行使面宽度 b 的确定

$$b=B\cdot\frac{b}{B} \tag{16-4}$$

查轮胎规格为9.00-20的轿车轮胎参数表，得 b/B 为0.75~0.95，取 $b/B=0.8$，所以

$$b=B\cdot\frac{b}{B}=226\,\text{mm}\times0.8=180.80\,\text{mm}$$

5. 弧度高 h 的确定

$$h=H\cdot\frac{h}{H} \tag{16-5}$$

查轮胎规格为9.00-20的轿车轮胎参数表，得 h/H 为0.05，所以

$$h=H\cdot\frac{h}{H}=256.51\,\text{mm}\times0.05=12.83\,\text{mm}$$

6. 着合宽度 C 的确定

$$C=W_1-15 \tag{16-6}$$

查轮胎规格为9.00-20的轿车轮胎参数表，得轮辋宽度 $W_1=152\,\text{mm}$，所以

$$C=W_1-15=152\,\text{mm}-15\,\text{mm}=137\,\text{mm}$$

本次建模的9.00-20轿车轮胎的胎冠断面为正弧形，且之后要设计花纹为普通花纹，可以采用1个或者2个弧度半径，本书选择设计1个弧度半径。

7. 正弧形胎冠断面 R_0 的确定

R_0 可以用绘图法在零件草图绘制中直接绘出，也可以参考式（16-7），计算得出再绘制

$$R_0=\frac{b^2}{8h}+\frac{h}{2} \tag{16-7}$$

所以

$$R_0=\frac{b^2}{8h}+\frac{h}{2}=\frac{180.80^2}{8\times12.83}\,\text{mm}+\frac{12.83}{2}\,\text{mm}=324.89\,\text{mm}$$

8. 胎侧弧度半径的确定

首先确定上侧弧度半径 R_1。轮胎胎肩有切线形胎肩、阶梯形胎肩、反弧形胎肩和圆弧形胎肩，本次设计的轮胎胎肩为圆弧形胎肩，但计算 R_1 时，L 按照切线形胎肩轮胎计算

$$R_1=\frac{(H_2-h)^2+\frac{1}{4}(B-b)^2-L^2}{B-b} \tag{16-8}$$

其中，$L=H_2/2$，所以

$$R_1=\frac{(H_2-h)^2+\frac{1}{4}(B-b)^2-L^2}{B-b}=\frac{(138.65-12.83)^2+\frac{1}{4}(226-180.80)^2-\left(\frac{138.65}{2}\right)^2}{226-180.8}\,\text{mm}=255.21\,\text{mm}$$

下胎侧弧度半径 R_2 的确定。根据图16-3，得出 R_2 的计算公式

$$R_2=\frac{\frac{1}{4}(B-C-2a)^2+(H_1-Hc)^2}{B-C-2a} \tag{16-9}$$

其中，a 要根据轮辋的尺寸来确定，因此本书选择论文代号为 6J 的轿车轮辋，取 $A=10\,\text{mm}$、$a=8\,\text{mm}$、$Hc=16\,\text{mm}$，所以

$$R_2=\frac{\frac{1}{4}(B-C-2a)^2+(H_1-Hc)^2}{B-C-2a}=\frac{\frac{1}{4}(226-137-2\times8)^2+(117.86-16)^2}{226-137-2\times8}\,\text{mm}=160.38\,\text{mm}$$

圆弧形胎肩过渡圆弧半径 R 一般为 15~45 mm，这里取 R 为 30 mm。连接弧胎肩 R_3 为 R_2 的 1/4~1/3，这里取 R_3 为 59.02 mm。

9. 胎圈轮廓的确定

胎圈弧度半径 R_4 与胎踵弧度半径 R_5 都与所选轿车的轮辋有关。根据轿车轮辋的参数表，取 $R_4=8.5\,\text{mm}$，$R_5=4\,\text{mm}$。

因为本书主要关注后续花纹的设计，所以内轮廓的形状根据辛振祥的《现代轮胎结构设计》中的一个实例，进行类比绘制，不影响后续花纹的设计。

10. 三维建模

根据以上的计算结果，在 SOLIDWORKS 上对轮胎外胎进行三维建模，得到的三维模型如图 16-4 所示。

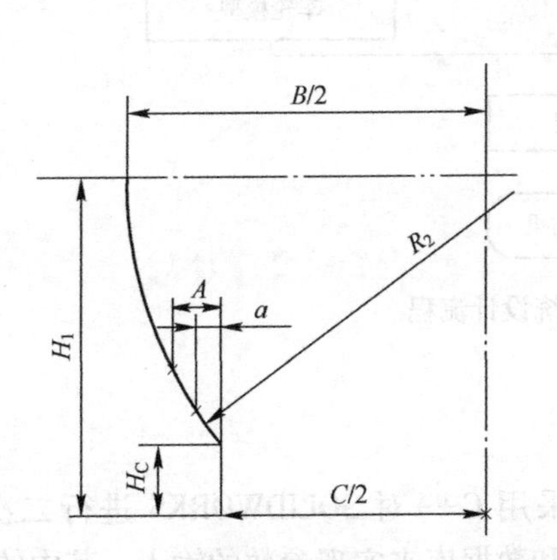

图 16-3　下胎侧弧度半径 R_2 计算参考图

图 16-4　轮胎外胎三维模型

16.2　轿车轮胎花纹 CAD 总体设计

16.2.1　系统设计流程

本章主要的研究内容为建立三维操作平台，自动完成轮胎花纹的设计，包括轮廓计算、开发完成参数化驱动程序、完成自动三维模型建立、自动绘制工程图、参数化设计辐板式车轮，并完成自动装配。轮胎花纹系统设计流程如图 16-5 所示。

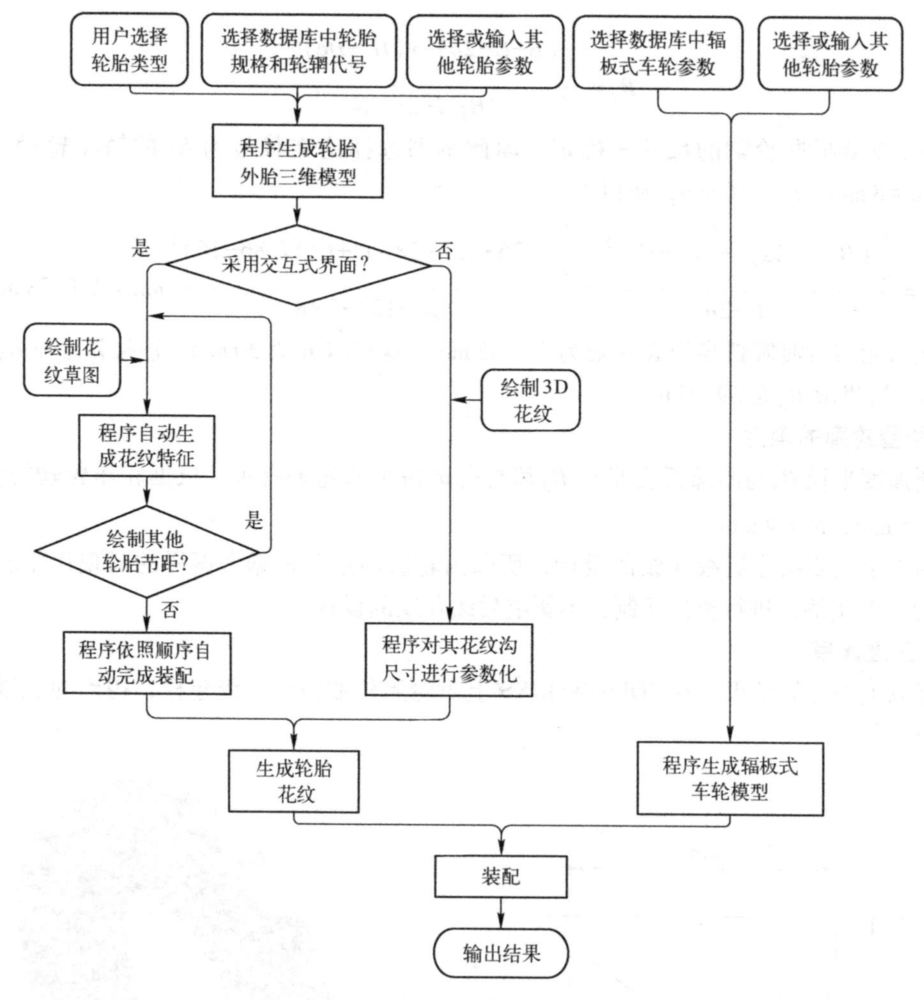

图16-5 轮胎花纹系统设计流程

16.2.2 系统的开发方法

本节为完成轿车轮胎花纹系统开发的内容，采用C++对SOLIDWORKS进行二次开发。①对轮胎轮廓进行参数化设计，采用编辑框、组合框和数据库来实现参数的输入，其中的参数化设计采用尺寸驱动的方法，然后设计保存函数，来完成对轮胎轮廓数据的储存。②对花纹进行设计，本书采用了两种方法，第一种为用户定义花纹的类型，程序对其花纹沟进行参数化设计，但这种方法局限性大，应用范围小，因此开发了第二种设计方法，交互界面式轮胎花纹设计。在该方法中，用户与程序相互之间传递信息来实现对轮胎节距花纹的设计，用户输入花纹沟草图、钢片草图和凸台草图，程序根据用户的草图来自动完成扫描切除、拉伸切除、镜像和拉伸等特征，然后根据用户的要求，进行轮胎节距的自动装配。③对之前设计的轮胎花纹自动生成工程图，为方便用户填写标题栏，在自动生成工程图中增加了添加属性功能。④对辐板式车轮进行参数设计，设计方法与轮胎轮廓参数化设计类似，并对生成好的轮胎花纹与辐板式车轮进行自动装配。

16.2.3 系统的数据管理

将轮胎规格表与轮辋规格表的参数记录在数据库中，本次数据库采用Access 2003。需要用这些参数时，直接单击对话框中的轮胎、轮辋基本参数表，就可以把表中的数据直接填充进对话框中，方便用户操作，也可以防止查错表、输错数据。其中，轿车轮胎规格表见表 16-1，轿车轮辋规格表见表 16-2。

表 16-1 轿车轮胎规格表

QXXTJLT : 表

ID	轮胎规格	轮辋宽度W1/mm	断面宽度B/mm	外直径D/mm	H/B	骨架材料
1	9.00-20	152	226	1022	1.135	N
2	7.50-20	127	186	950	1.185	N
3	9.00-20	178	224	1012	1.123	N
4	9.00-20	152	217	1012	1.159	N
5	7.50-20	140	192	891	0.995	N
6	18.4-30	406	460	1531	0.830	N
7	11-24	254	300	1096	0.803	N
8	23.5-25	495	590	1615	0.832	N
9	29.5-29	635	760	2008	0.840	N
10	12.00-24	254	350	1370	1.083	R
11	14.00-24	216	343	1370	1.102	R

表 16-2 轿车轮辋规格表

JCLW : 表

ID	轮辋代号	轮辋宽度W1/mm	轮辋轮缘宽度A/m	轮辋高度HR/mm	R4'/mm	R5' max/mm	圆心位置高G/mm
1	4J	102	10	17	9.5	6.5	9.5
2	41/2J	114	10	17	9.5	6.5	9.5
3	5J	127	10	17	9.5	6.5	9.5
4	51/2J	140	10	17	9.5	6.5	9.5
5	6J	152	10	17	9.5	6.5	9.5
6	61/2J	165	10	17	9.5	6.5	9.5
7	5JJ	127	11	18	9	6.5	9
8	51/2JJ	140	11	18	9	6.5	9
9	6JJ	152	11	18	9	6.5	9
10	61/2JJ	165	11	18	9	6.5	9
11	7JJ	178	11	18	9	6.5	9
12	5K	127	12.5	19.5	10.5	6.5	10.5
13	6L	127	13	21.5	12	6.5	11

参数化设计系统对数据库的操作主要包括数据新建、修改和删除。

对表格建立 3 个辅助按钮，方便用户操作，分别为“新建”按钮、“修改”按钮和“删除”按钮。

1. 新建

用户在对话框中输入参数后，单击“新建”按钮，就能将对话框中的参数保存到表中，当下次用户需要输入相同参数时，就可以在表中直接选择，方便用户的使用。部分程序如下：

```
m_pRecordset->AddNew();      // 添加新行，添加对话框中的参数到表中
m_pRecordset->PutCollect("轮胎规格",(_bstr_t)m_E);
```

新建时，用户有可能填充的基础信息不完整，则添加消息提示程序：

```
if(m_E.IsEmpty())            // 如果 m_E 为空，其中 m_E 为一个编辑框所对应的变量
{
    AfxMessageBox("基础信息不能为空!");
    return;
}
```

2. 修改

用户单击表中数据时，数据将会自动填充到对话框中指定的位置，当用户根据实际要求需

要修改某些数据时，单击“修改”按钮，就可以将表中该行的数据更新为用户实际要求所需的数据。这样使得表中数据更加符合不同用户的需要。部分程序如下：

```
m_pRecordset->Move(--pos,vtMissing);      // 将对话框的数据导入表中
m_pRecordset->PutCollect("轮胎规格",(_bstr_t)m_E);
```

修改时，用户有可能修改的基础信息为空，则添加消息提示程序，方法与“新建”按钮相同。

3. 删除

当因为表中原本数据错误，或者用户新建、修改错误等原因，导致用户不再需要表中该行的数据时，用户单击该行数据，再单击“删除”按钮，就可以删除该行。部分程序如下：

```
m_pRecordset->Delete(adAffectCurrent);      // 删除
```

无论是数据的新建、修改还是删除，首先都要连接数据库，任务执行完成时，都要关闭数据库，程序如下：

```
m_pRecordset->Close();                      // 关闭数据集
m_pRecordset = NULL;                        // 关闭数据库连接
```

16.3 程序设计实现与应用

16.3.1 系统菜单

启动 SOLIDWORKS 软件，加载插件，完成加载后，如图 16-6 所示，单击系统菜单进入轮胎花纹系统。

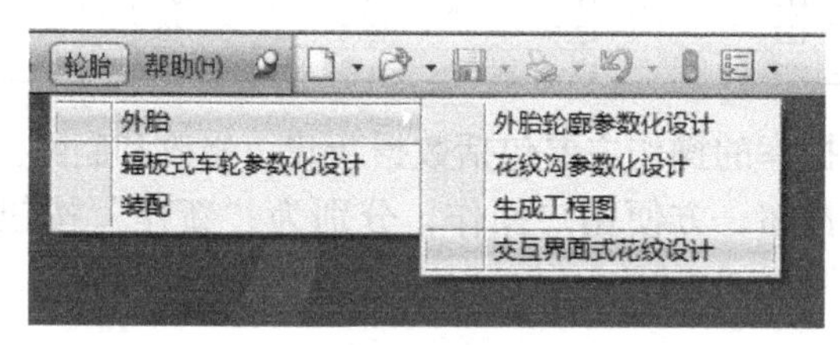

图 16-6 系统菜单

16.3.2 连接数据库

使用 UDL 文件创建一个标准的连接字符串，用来连接数据库文件，如图 16-7 所示。

16.3.3 轮胎轮廓参数化

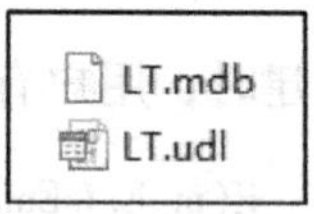

LT.mdb
LT.udl

图 16-7 数据库连接

1. 建立树状控件

在工具栏 Controls 中选择树状控件（tree control），并将其移到对话框中，然后在 MFC ClassWizard 中添加树状控件的成员变量，类型为 CTreeCtrl，变量为 m_pTree。

建立该对话框的初始化函数，首先，在该函数中填写代码建立图像列表，并在图像列表中添加图标，图表格式要求为 .ico 格式。然后，添加节点，一级节点为两种斜交轮胎与子午线轮

胎，二级节点为轿车轮胎、重载轮胎等，三级节点为各种胎肩类型的轮胎。最后，设置树状控件的背景颜色为 RGB(176,187,140)，文本颜色为 RGB(0,0,0)，字体为宋体。程序设计思路为：

先建立图像列表，初始有 0 个图像，向图像列表添加图标 IDI_ICON3，作为 0 号图像，即第一个图像。添加根节点“普通斜交轮胎结构设计”，在根节点上再添加，使“轿车轮胎”为“普通斜交轮胎结构设计”的子菜单，然后再在根节点上添加“圆弧形胎肩轮胎”为“轿车轮胎”的子菜单。最后，选择背景颜色、文本颜色、字体等。

在 SOLIDWORKS 中形成的效果图如图 16-8 所示。

添加 Tree Control 的双击响应函数，当单击如图 16-8 所示的“圆弧形胎肩轮胎”时，mark1（标记）为 0，然后利用 switch 函数对标记进行判断选择，弹出指定的对话框。程序设计思路如下。

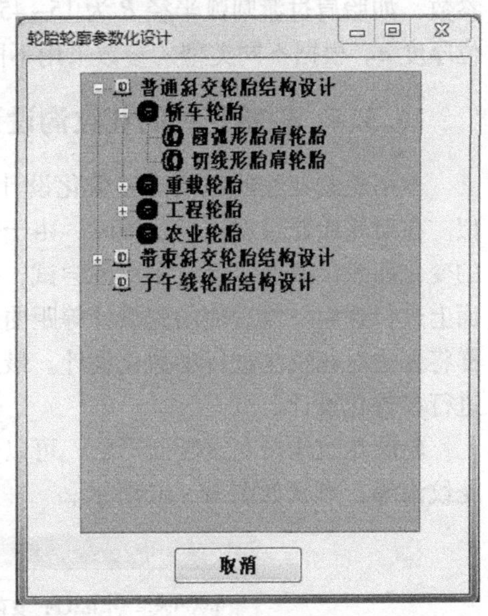

图 16-8 “轮胎轮廓参数化设计”界面

如果用户单击选择的为“圆弧形胎肩轮胎”，则程序将其标记为 0。用 switch 函数进行选择，并判断标记，当用户的选择标记为 0 时，隐藏所有的对话框，如果对话框已生成，激活对话框，将对话框设置为可见，显示标题，然后将背景颜色改为 RGB(192,192,192)，文本颜色改为 RGB(0,0,255)，提示用户已经完成双击。

2. 轿车圆弧形胎肩轮胎参数输入

建立一个新的对话框作为之前用树状控件做的主对话框的子对话框，来完成轿车圆弧形胎肩轮胎的参数化设计，界面如图 16-9 所示。

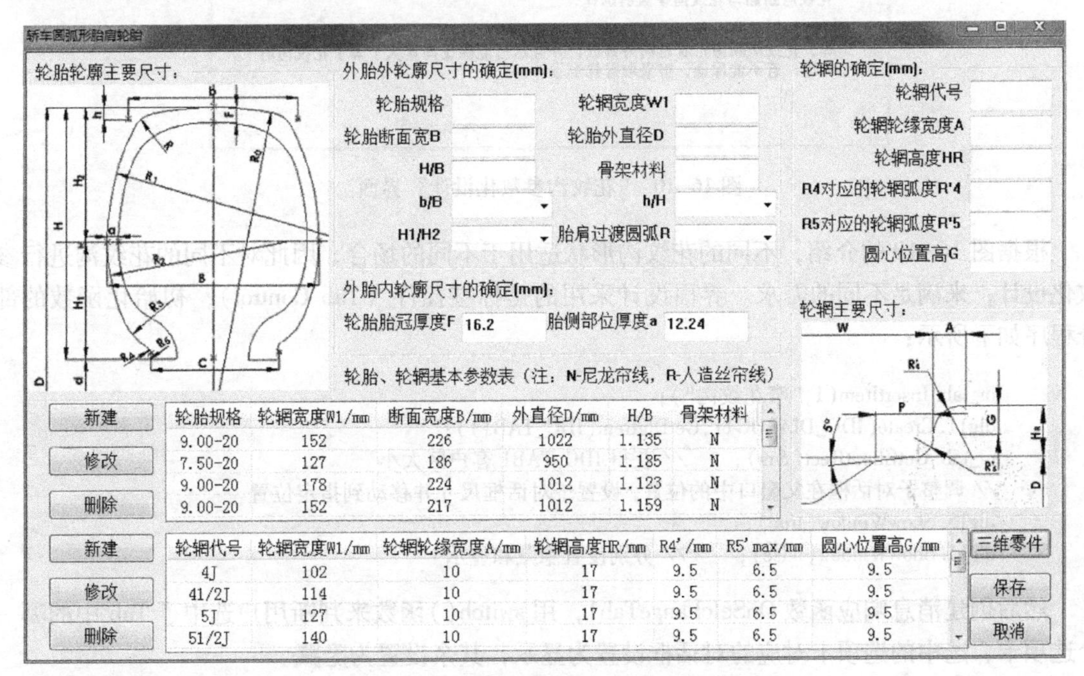

图 16-9 “轿车圆弧形胎肩轮胎”界面

首先，根据之前的轮胎轮廓计算过程，把所有的参数分为三类，第一类为根据查表得到的确定参数，如轿车轮胎规格表与轿车轮辋规格表对应确定的参数。第二类为有一些确定范围的参数，如胎肩过渡圆弧半径 R 为 15~45 mm。第三类为用户根据要求所需要的参数，如胎侧部位厚度 a。根据不同类型的参数采用不同的方法让用户输入，然后对其进行参数化设计编程。

16.3.4 轮胎花纹的花纹沟设计

本书轮胎花纹的花纹沟参数化设计采用的是尺寸驱动法，与之前轮胎轮廓参数化设计类似。在对轮胎花纹沟进行建模时，由于是在曲面上进行设计，而且要满足花纹的深度不随曲面的变化而发生改变。经过多次的尝试，排除了使用包覆特征进行建模，因为包覆特征无法在球面上进行建模。然后使用先设计等距曲面，再利用拉伸切除到等距曲面来建模的方法，但是这样将无法对花纹沟进行参数化设计。最后采用了扫描切除的方法来实现花纹沟的建模，并对其进行参数化设计。

轮胎花纹沟按花纹断面形状，可以分为窄花纹沟、宽花纹沟、阶梯形花纹沟和单边阶梯形花纹沟等，形状如图 16-10 所示。

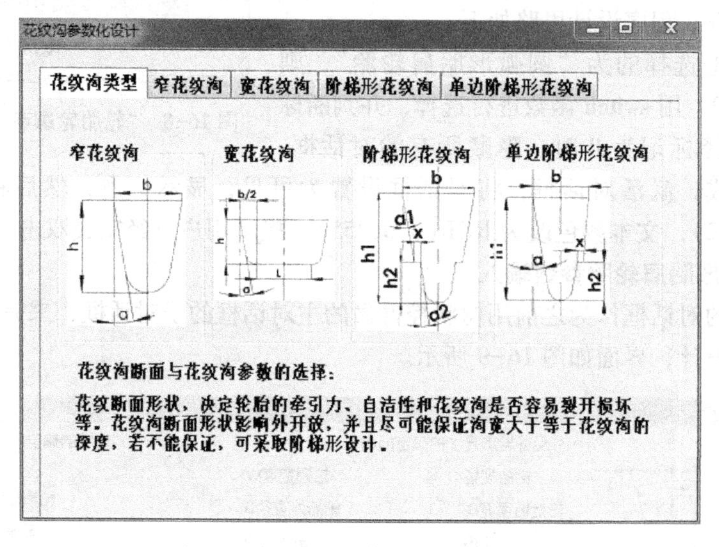

图 16-10 “花纹沟参数化设计”界面

根据图 16-10 的介绍，不同的花纹沟形状适用于不同的场合，因此对不同的花纹沟进行参数化设计，来满足不同的需求。界面设计采用的是标签控件（Tab Control），初始化函数的部分程序如下所示：

```
m_tab.InsertItem(1,"窄花纹沟");
dlg11.Create(IDD_DIALOG11,GetDlgItem(IDC_TAB1));
m_tab.GetClientRect(&rs);        // 获得 IDC_TAB1 客户区大小
// 调整子对话框在父窗口中的位置，设置子对话框尺寸并移动到指定位置
dlg15.ShowWindow(true);
dlg11.ShowWindow(false);         // 分别设置隐藏和显示
```

然后创建消息响应函数 OnSelchangeTab1，用 switch()函数来判断用户选中了 Tab 中的哪一个选项卡，选中的选项卡对应的对话框设置为显示，其余设置为隐藏。

以阶梯形花纹沟的参数化设计为例，进行介绍，界面如图 16-11 所示。

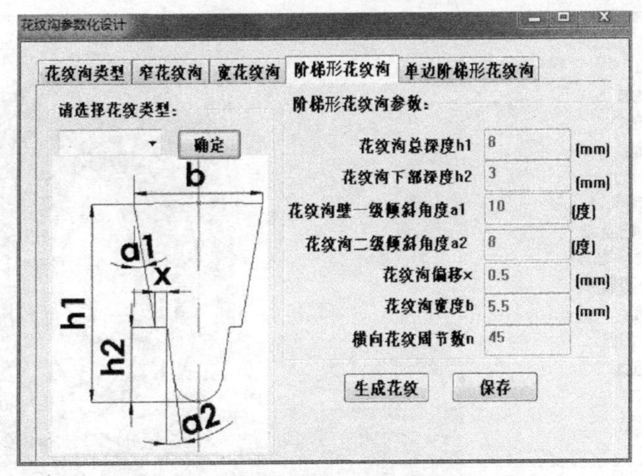

图 16-11 阶梯形花纹沟参数化设计界面

设计结果为：首先，用户在“请选择花纹类型”下方的组合框中选择要参数化的为横向花纹还是纵向花纹，然后单击“确定”按钮。如果选择的为横向花纹，则右侧 7 个隐藏的文本框将会显示；如果选择的为纵向花纹，则除横向花纹周节数隐藏外，其余的文本框皆显示。“确定”按钮部分程序如下：

```
CString m_AAA;
m_AA. GetWindowText(m_AAA);        // 使 m_AAA 获取组合框 m_AA 的信息
```

“确定”按钮判断为横向花纹还是为纵向花纹，用 if 函数来实现。程序如下：

```
if(m_AAA = = "纵向花纹")          // 判断 m_AAA 是否为纵向花纹，如果是则执行相应的程序
```

如果用户没有选择横向花纹或纵向花纹，则弹出提示对话框，程序如下：

```
AfxMessageBox(_T("请选择花纹类型!"),MB_ICONEXCLAMATION);
```

然后，在显示的编辑框中修改参数，最后单击“生成花纹”按钮，就会生成所要设计的花纹沟样式。参数化驱动程序类似于轮胎外胎参数化程序，其余不同的程序如下：

```
m_AA. GetWindowText(m_AAA);
GetDlgItem(IDC_EDIT1)->EnableWindow(FALSE);        // 按钮变灰
GetDlgItem(IDC_EDIT1)->EnableWindow(TRUE);         // 按钮变亮
```

阶梯形花纹沟效果如图 16-12 所示，整体效果如图 16-13 所示。

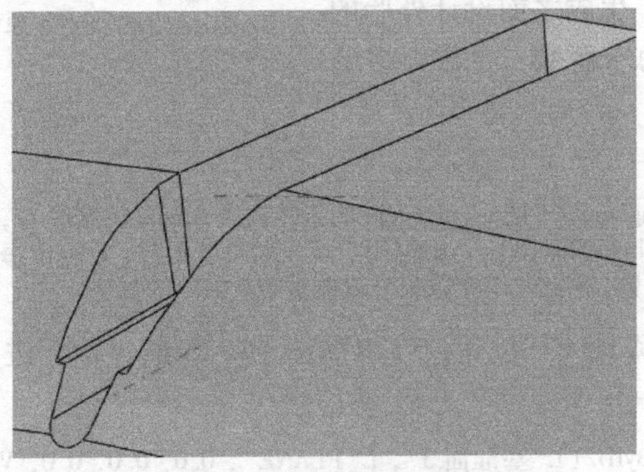

图 16-12 阶梯形花纹沟效果

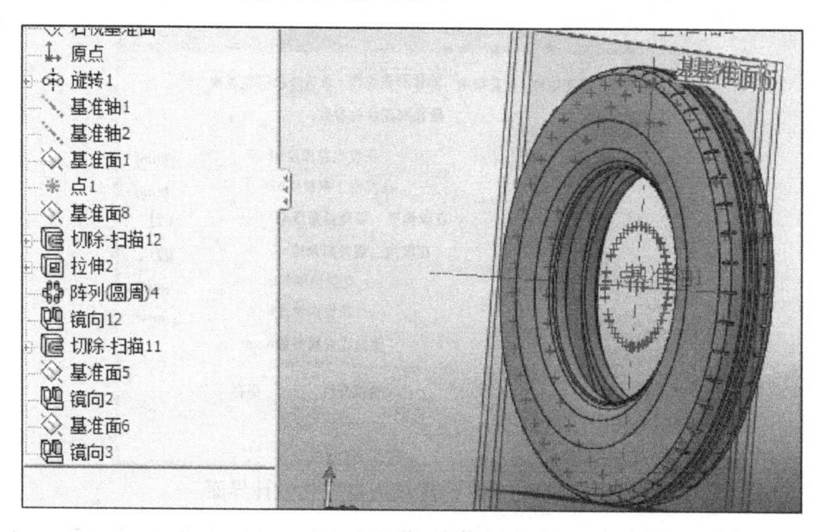

图 16-13　轮胎花纹

16.3.5　交互界面式轮胎花纹节距设计及自动装配

“交互界面式花纹设计”界面如图 16-14 所示。

由于前文轮胎花纹沟参数化设计的局限性，只能设计横、纵向花纹的 4 种花纹沟样式，并且花纹所在位置固定。因此，又开发出一种更加实用的花纹设计方案：交互界面式轮胎花纹节距设计及自动装配。

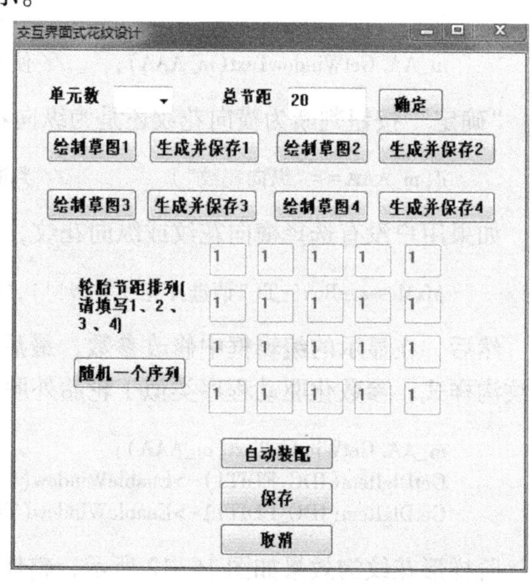

图 16-14　“交互界面式花纹设计”界面

该方案可以由用户自行绘制花纹草图，然后程序根据用户的草图自动生成花纹特征。接着，用户对轮胎节距的序列进行排列，程序进行自动装配，大幅减少了用户的工作量。这种方案的实用性更大，应用范围更广。下面对这些按钮进行程序设计说明。

1. 轮胎节距的生成

1）用户先选择轮胎节距的单元数与总节距。单击“确定”按钮，生成之前设计外胎的三维模型，程序再根据总节距数，生成对应的轮胎节距。算法如下：

```
double x1,x2;
x2=(double)m_zongjieju;// 把 m_zongjieju 的值转换成 double 类型给 x2，m_zongjieju 依旧为 int 类型
x1=(360/x2) * 3.1415926/180;// 根据用户填入的总节距数，计算出每一个轮胎节距旋转的角度大小，由于 π 是无理数，因此总节距数最好取能被 360 除尽的数字
```

2）用户单击“绘制草图 1”按钮，弹出如图 16-15 的界面，进行草图绘制，部分程序如下：

```
swDocExt->SelectByID2(L"基准面 3", L"PLANE", 0.0, 0.0, 0.0, VARIANT_FALSE, 0, NULL, swSelectOptionDefault, &bRetval);          // 选择前视基准面
```

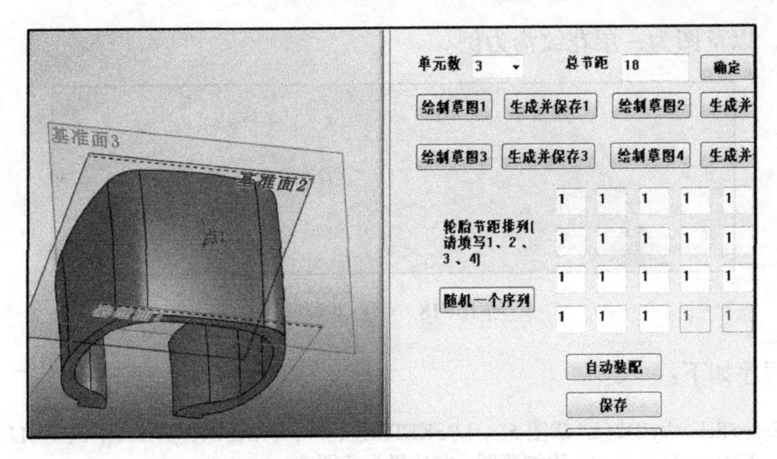

图 16-15 生成轮胎节距样式

接下来在前视基准面下添加草图，并且程序指导用户在激活的草图上绘制花纹，程序如下：

```
AfxMessageBox(_T("请在草图2上绘制您所要设计的轮胎节距1的花纹草图"), MB_OKCANCEL | MB_ICONEXCLAMATION); // 这里提示激活的草图为草图2，并且绘制的为轮胎节距1的花纹草图
```

3）单击“生成并保存1”按钮，程序根据用户绘制的草图生成特征，并进行保存。程序编写时要先判断用户现在是否为草图2的编辑状态，如果是，则直接生成特征，如果否，则先选择草图2。生成的轮胎节距花纹如图 16-16 所示，程序如下：

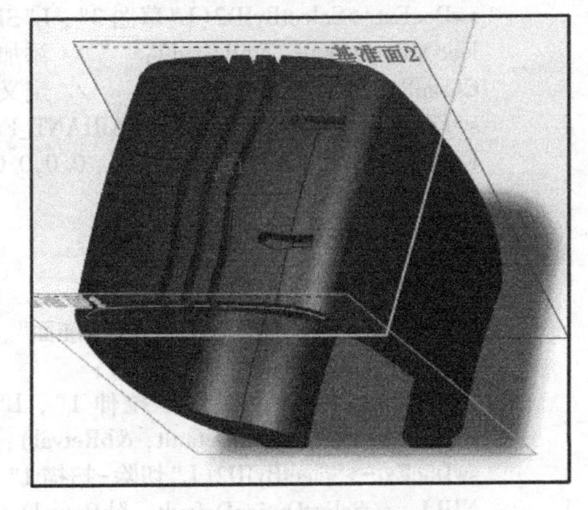

图 16-16 轮胎节距花纹

```
if (swSketch == NULL) // 如果当前没有激活的草图对象
{ swDocExt -> SelectByID2 ( L"草图2", L"SKETCH", 0.0, 0.0, 0.0, VARIANT_FALSE, 0, NULL, swSelectOptionDefault, &bRetval);// 选择草图2
}
swDocExt->SelectByID2(L"曲面-等距1", …, swSelectOptionDefault, &bRetval); // 添加新的草图，曲面-等距1
CComPtr<IFeature>swFeat1;     // 定义 Feature 对象
swFeatMgr->FeatureCut(swEndCondUpToSurface, …);// swEndCondUpToSurface 代表形成到下一面，即拉伸切除到上面选择的曲面-等距1
```

接下来对生成的轮胎节距1进行保存，采用的为相对路径保存，方法之前已经阐述过，这里不再说明。

2. 轮胎节距的快捷生成

1）为了使轮胎节距更加快捷的生成，设计花纹沟、凸台和钢片的快捷生成按钮，如图 16-17 所示。

首先，用户单击图 16-17 中的“绘制花纹沟草图”按钮，输入需要的花纹沟样式，然后调整花纹沟所需要形成的路径，再单击“生成花纹沟特征”按钮，程序自动生成所需的扫描切除、拉伸切除和镜像特征，如

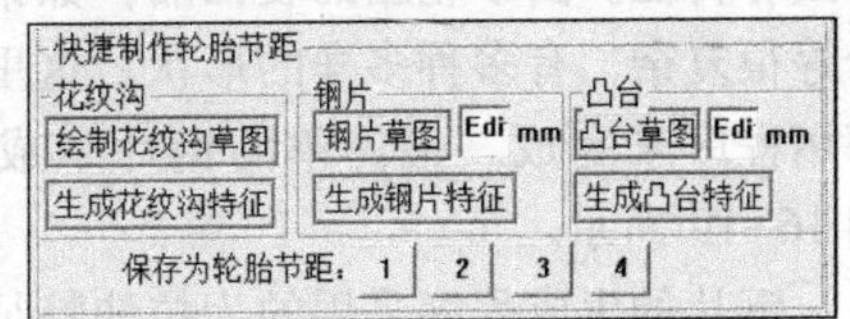

图 16-17 轮胎节距的快捷生成按钮

图 16-18 所示，以草图为一层花纹沟为例。

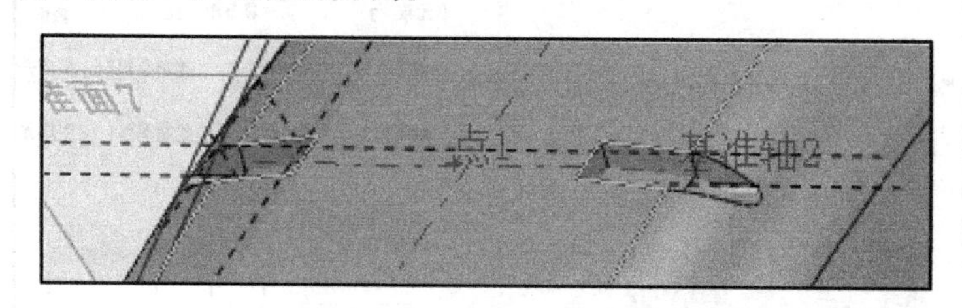

图 16-18　一层花纹沟

拉伸切除程序如下：

```
swDocExt->SelectByID2(L"草图 5", L"SKETCH", …, VARIANT_FALSE, 0, NULL, swSelectOption-
Default, &bRetval);      // 添加草图，在这里为草图 5
swFeatMgr->FeatureCut(VARIANT_TRUE,…,VARIANT_TRUE&swFeat1); // FeatureCut 为拉伸切除
特征
```

扫描切除程序如下：

```
swDocExt->SelectByID2(L"草图 5", L"SKETCH", 0.0, 0.0, 0.0, VARIANT_FALSE, 1, NULL,swSe-
lectOptionDefault, &bRetval);      // 添加的草图 5 为扫描切除的轮廓
swDocExt->SelectByID2(L"草图 3", L"SKETCH", 0.0, 0.0, 0.0, VARIANT_TRUE, 4, NULL, swSe-
lectOptionDefault, &bRetval);      // 添加的草图 3 为扫描切除路径
CComPtr<IFeature>swFeat2;      // 定义 Feature，即扫描切除特征对象
swFeatMgr->InsertCutSwept3(VARIANT_FALSE, VARIANT_TRUE, 0.0,VARIANT_FALSE, VARIANT_
FALSE, 0, 0, VARIANT_FALSE, 0.0,0.0, 0.0, 0.0, 1.0, 1.0,0.0, 1,&swFeat2);// InsertCutSwept3
为扫描切除特征
```

镜像程序如下：

```
swDocExt->SelectByID2(L"右视基准面", L"PLANE", 0.0, 0.0, 0.0, VARIANT_FALSE, 2, NULL,
swSelectOptionDefault, &bRetval);      // 选择镜像面，这里选择的为右视基准面
swDocExt->SelectByID2(L"拉伸 1", L"BODYFEATURE", 0.0, 0.0, 0.0, VARIANT_TRUE, 1,
NULL, swSelectOptionDefault, &bRetval);      // 选择要镜像的特征“拉伸 1”
swDocExt->SelectByID2(L"切除-扫描 1", L"BODYFEATURE", 0.0, 0.0, 0.0, VARIANT_TRUE, 1,
NULL, swSelectOptionDefault, &bRetval);      // 选择要镜像的特征"切除-扫描 1"
CComPtr<IFeature>swFeat3;      // 定义 Feature，即镜像特征对象
swFeatMgr->InsertMirrorFeature(VARIANT_FALSE, VARIANT_FALSE, VARIANT_FALSE, VARIANT_
FALSE,&swFeat3);      // InsertMirrorFeature 为镜像特征
```

2）钢片的生成。如图 16-17 所示，先单击“钢片草图”按钮，绘制完成后，在编辑框中输入钢片的深度，单击“生成钢片特征”按钮即可生成所需的钢片。本节设计的钢片为最简单的钢片模型，两侧平行，底部为直角，如果用户需要绘制复杂的钢片，则需要手动建立草图和特征。由于轮胎的装饰品，如钢片、凸台等很复杂，有多种多样的形状，这里无法全部用程序来完成。最简单的钢片生成效果如图 16-19 所示。

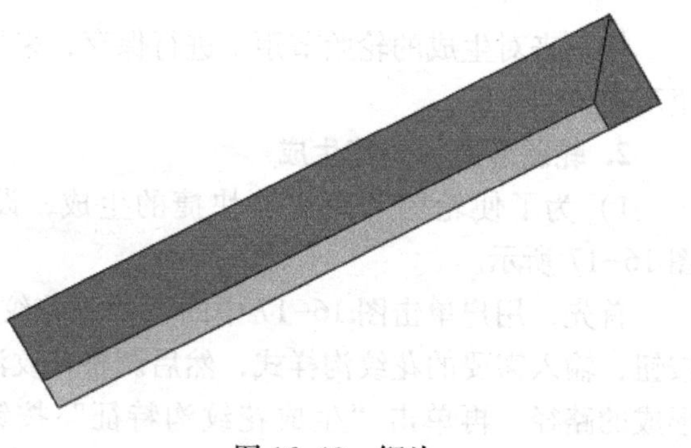

图 16-19　钢片

钢片的生成程序采用的为拉伸特征，与花纹沟生成程序中的拉伸切除相同，唯一不同的

为钢片的深度可以根据编辑框输入的数值不同而变化，在程序中增加一个参数化程序即可。

3）凸台的生成。如图 16-17 所示，先单击“凸台草图”按钮，绘制完成后，在编辑框中输入的凸台的高度，此处设计的凸台高度为凸台顶部到轮胎节距顶部的距离。凸台生成效果如图 16-20 所示。

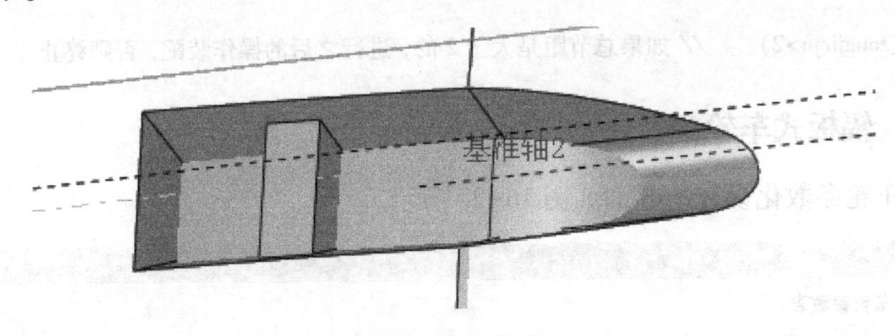

图 16-20 凸台

凸台拉伸程序如下：

```
swDocExt->SelectByID2(L"曲面-等距 3",…, swSelectOptionDefault, &bRetval);// 选择曲面-等距 3
swDocExt->SelectByID2(L"草图 7", L"SKETCH",…,VARIANT_FALSE, 0, NULL, swSelectOptionDe-
fault, &bRetval);
                                                            // 选择绘制的凸台草图
swFeatMgr->FeatureExtrusion2(VARIANT_FALSE,…,0.01745329251994, 0.01745329251994, …);
                                                    // FeatureExtrusion2 为拉伸特征
```

凸台顶部到轮胎节距顶部的距离可以根据编辑框输入的数值不同而变化，在程序中增加一个参数化程序即可。

最后，想要把该完成的轮胎节距保存为几，就单击“1”“2”“3”“4”中的对应按钮，这样就快捷生成了轮胎节距，较之前的手工生成凸台、钢片特征方便了很多。

3. 轮胎节距自动装配

用户输入序列，或者单击“随机一个序列”按钮，程序自动为用户安排一个序列。

首先生成时间种子，然后生成一个小于 4 的随机数，然后加 1，变成 1~4 之间的数。通常一个完整的轮胎，是由不同的轮胎节距组合而成，各个轮胎节距花纹差别不大，如果靠人工去操作，很容易出错，因此采用程序来完成。根据 switch 函数来确定用户在编辑框中输入的数字，或者随机序列所生成的数字，判断插入的为轮胎节距 1~4 中的哪一个。

将装配体设置为激活。先定义第一选择名为右视基准面，再定义第二选择名为右视基准面，虽然所选择的基准面名字相同，但选择的零件不同。在 SOLIDWORKS 显示的界面为右视，第一选择名的选项类型为面，第二选择名的选项类型也为面，添加配合，swMateCOINCIDENT 表示为重合配合。

最终结果如图 16-21 所示。

图 16-21 轮胎装配花纹

当用户输入的总节距为 x 时，则有 x 个轮胎节距进行装配。程序为保证这一要求，通过判断总节距对应的变量 *m*_zongjieju 的数值，进行轮胎节距装配的个数，这里不能采用循环结构函数，如 While，因为下一个插入的轮胎节距不确定，并且装配所需要配合的面也不确定，所以采用以下的程序：

```
if(m_zongjieju>2)    // 如果总节距是大于 2 的，进行之后的操作装配，否则终止
```

16.3.6 辐板式车轮参数化

“辐板式车轮参数化设计”界面如图 16-22 所示。

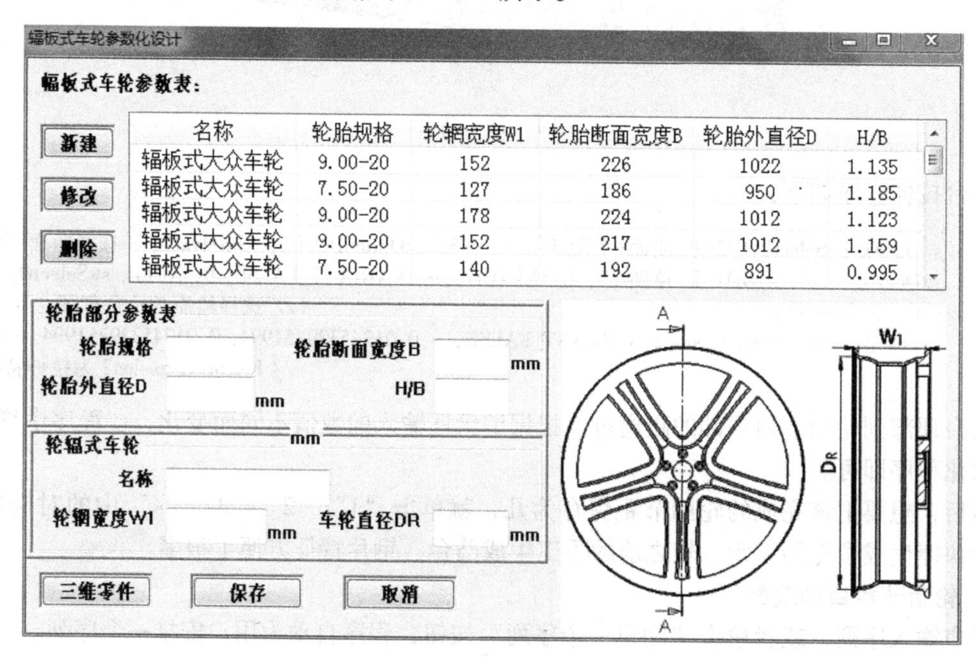

图 16-22 “辐板式车轮参数化设计”界面

辐板式车轮设计了两种，一种为辐板式大众车轮，一种为辐板式 BYD 车轮，并对其主要尺寸进行了参数化。通过表格第一列的名称，来判断用户选择的为车轮类型，根据不同的选择，右下角显示不同的车轮工程图。程序如下：

```
if (m_MC==L"辐板式大众车轮")  {y=1;}
if (m_MC==L"辐板式 BYD 车轮")  {y=2;}
switch (y)
{
    case 1: m_1.ShowWindow(SW_SHOW); break;
    case 2: m_2.ShowWindow(SW_SHOW); break;
}
```

通过单击数据库的表格来输入参数使用户操作更加方便，辐板式车轮参数表如图 16-23 所示。

程序与外胎轮廓参数化程序类似，此处不再赘述，生成的效果如图 16-24 和图 16-25 所示。

FBSCL：表

ID	名称	轮胎规格	轮辋宽度W1	轮胎断面宽度B	轮胎外直径D	H/B
1	辐板式大众车轮	9.00-20	152	226	1022	1.135
2	辐板式大众车轮	7.50-20	127	186	950	1.185
3	辐板式大众车轮	9.00-20	178	224	1012	1.123
4	辐板式大众车轮	9.00-20	152	217	1012	1.159
5	辐板式大众车轮	7.50-20	140	192	891	0.995
6	辐板式大众车轮	18.4-30	406	460	1531	0.830
7	辐板式大众车轮	11-24	254	300	1096	0.803
8	辐板式大众车轮	23.5-25	495	590	1615	0.832
9	辐板式大众车轮	29.5-29	635	760	2008	0.840
10	辐板式大众车轮	12.00-24	254	350	1370	1.083
11	辐板式BYD车轮	9.00-20	152	226	1022	1.135
12	辐板式BYD车轮	7.50-20	127	186	950	1.185
13	辐板式BYD车轮	9.00-20	178	224	1012	1.123
14	辐板式BYD车轮	9.00-20	152	217	1012	1.159
15	辐板式BYD车轮	7.50-20	140	192	891	0.995
16	辐板式BYD车轮	18.4-30	406	460	1531	0.830
17	辐板式BYD车轮	11-24	254	300	1096	0.803

图 16-23　辐板式车轮参数表

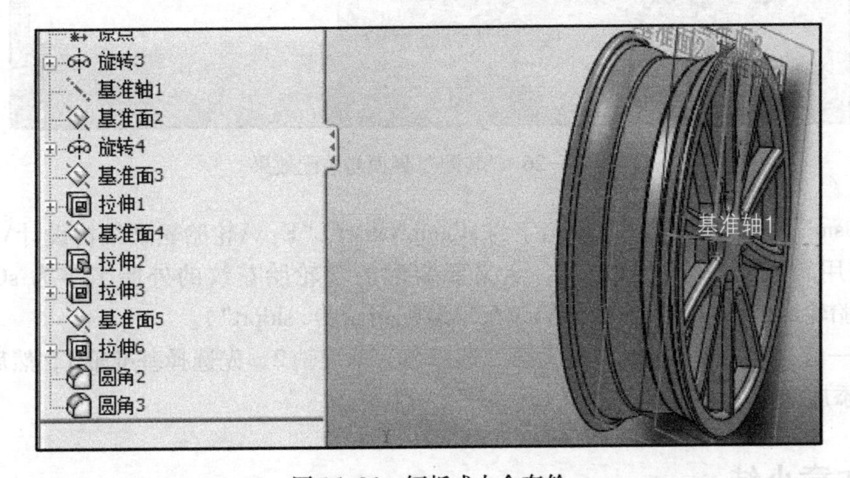

图 16-24　辐板式大众车轮

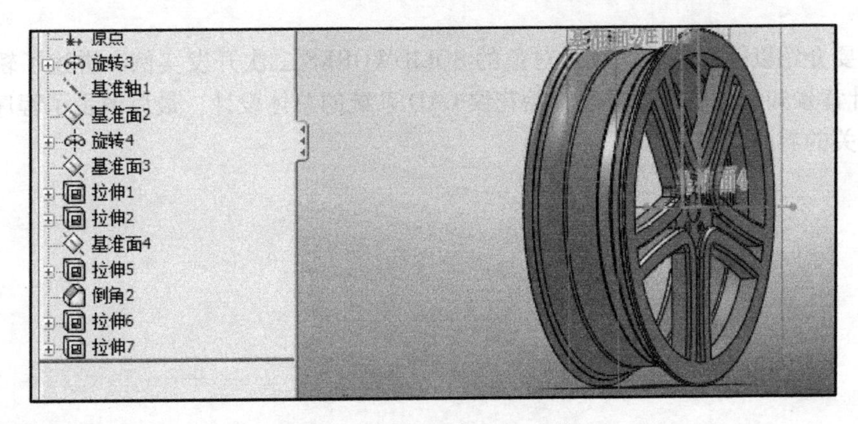

图 16-25　辐板式 BYD 车轮

16.3.7　装配

把之前设计的含花纹的轮胎与辐板式车轮进行装配，“装配”界面与装配效果如图 16-26 所示。

装配程序设计思路为：

定义装配体名字为 sAssemblyName(L"E:\\毕业设计\\轮胎轮廓结构设计\\零件图\\装配

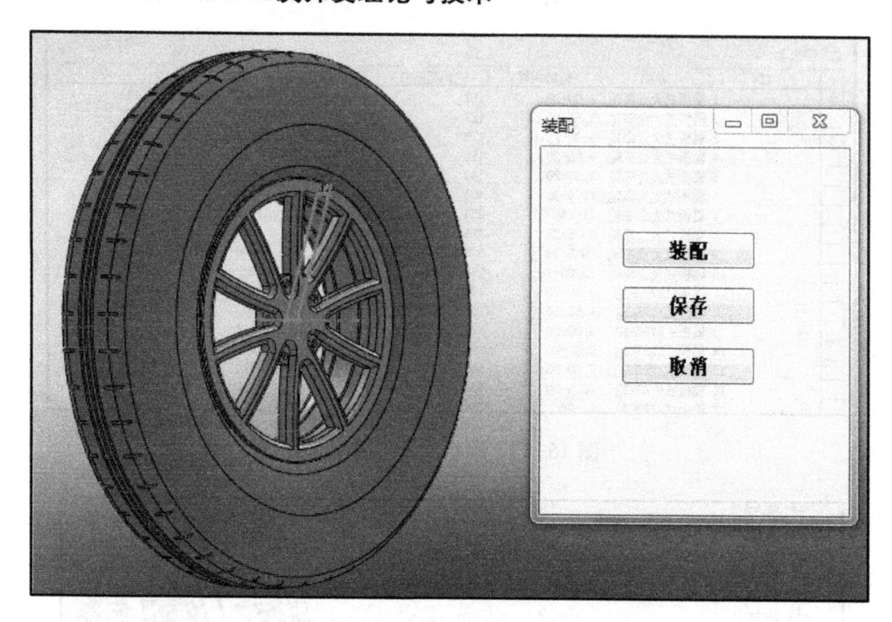

图 16-26 “装配”界面与装配效果

\\轮胎 . sldasm")，定义辐板式车轮名字为 sCompName(L"E:\\轮胎轮廓结构设计\\零件图\\装配\\装配用辐板式车轮 . sldprt")，定义要装配的含轮胎花纹的外胎名字为 sCompName1 (L"E:\\轮胎轮廓结构设计\\零件图\\装配\\装配用轮胎 . sldprt")。

定义第一选择名为基准轴 1，定义第二选择名为基准轴 2，先选择基准轴 1，然后选择基准轴 2，最后添加配合。

16.4 本章小结

本章主要介绍以轿车轮胎花纹为对象的 SOLIDWORKS 二次开发实例，讲述了轿车轮胎花纹 CAD 设计背景知识，说明了轿车轮胎花纹 CAD 系统的总体设计，最后演示了程序各功能的实现以及相关的界面。

第 17 章　二次开发实例——冰箱发泡模具

本章内容提要

（1）发泡模具设计基本知识
（2）系统总体设计
（3）程序设计

17.1 发泡模具设计基本知识

发泡成型的模具就是塑料发泡模具。将发泡性树脂直接填入模具内，使其受热熔融，形成气液饱和溶液，通过成核作用，形成大量微小泡核，泡核增长，制成泡沫塑件。目前，常用的发泡方法有三种：物理发泡法、化学发泡法和机械发泡法。

17.1.1 冰箱发泡模具的分类

日常生活中，我们所使用的产品很多都用到了发泡产品，比如我们非常熟悉的冰箱。冰箱具有降温及良好的保温性能，保温性能的好坏取决于发泡层的质量，而发泡层就是由发泡模具经过发泡工艺制作而成。以冰箱发泡模具为例进行分析，当前主流的冰箱产品设计流程所需要的发泡模具分为四类，分别为门发、门吸、箱发、箱吸。

门发类发泡模具主要是由两块型板扣压在一起，两块板之间装配零件门芯，由门芯控制发泡产品的形状，而整个发泡产品的大小由各个活动条所安装的位置决定。

门吸、箱发、箱吸这三类冰箱发泡模具主体结构大致相似，都包含底板、框架、冷藏室及冷冻室四个部分，冷藏室与冷冻室有时可以相同。框架分为上框架和下框架两个部分，上框架与冷藏室、冷冻室进行装配，下框架与底板进行装配。发泡产品的大小由底板中零件底座的长、宽控制，同一类产品其底座长宽可以不同。

17.1.2 箱吸 B1530 结构原理

本节以箱吸 B1530 为例进行结构分析，具体结构如图 17-1~图 17-3 所示。

图 17-1、图 17-2 分别为 B1530 箱吸底板和框架的右视图和主视图。该装配体主要由四个部件组成，分别为大底板、下框架、上框架和气管。零件底座在大底板和下框架之间。

由图可知，框架整体套合在零件底座上，并由定位销对大底板和下框架进行定位和紧固，上框架和下框架之间由压刀进行定位。上、下框架开口的长、宽尺寸相同，开口尺寸大小决定冷藏室、冷冻室的规格。气管安装在上框架上，在模具工作过程中对冷藏室及冷冻室进行降温。

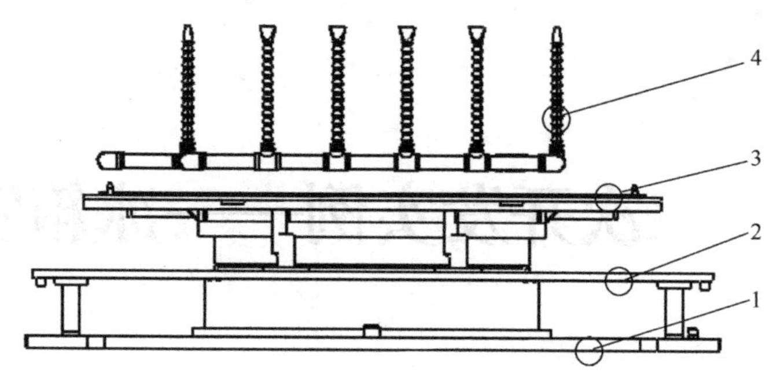

图 17-1　B1530 箱吸底板及框架右视图

1—大底板　2—下框架　3—上框架　4—气管

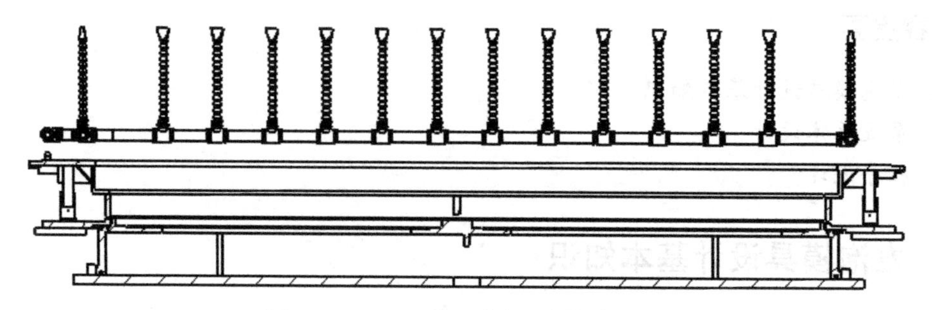

图 17-2　B1530 箱吸底板及框架主视图

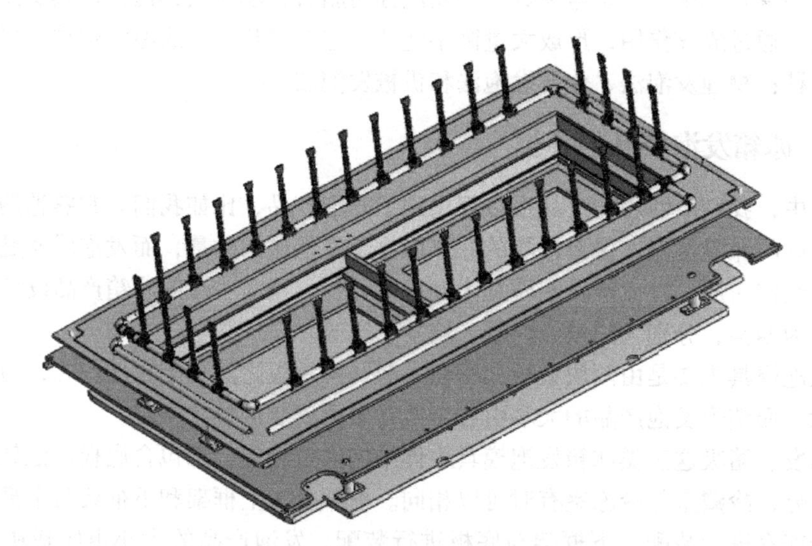

图 17-3　B1530 箱吸底板及框架三维效果图

1. 大底板具体结构

大底板机构由底板、底座、定位销以及各种气管接头组合而成。底板主要起到承载模具和对底座进行定位的作用，分别在底板相应位置及底座两端进行钻孔，然后插上定位销钉即可完成定位。底板在宽度方向上两侧分别钻有几排孔，用来对底座进行紧固，其根据底座尺寸的大小进行选择。四个定位销用来对大底板和下框架进行定位和紧固，因为下框架尺寸较大，工作过程中容易变形，定位销也起到一定的防止下框架变形的作用。

为了降低企业的生产成本以及提高产品的通用性，在保证底板强度的前提下，在底板宽度方向上一般会多钻几排孔。

2. 框架具体结构

框架分为上框架和下框架两个部分，工作时上、下框架首先分开，待物料填充进去之后两框架再闭合，起到封闭的效果。

下框架开口边缘有一圈凸台，凸台上开有凹槽；上框架开口边缘处装配有压刀，当两框架需要闭合时，将压刀装配在凹槽之中，即可起到封闭的效果。

不同系列的箱吸结构，其开口尺寸是不同的，但是对于同一个箱吸，其上、下框架之间开口尺寸大小相同。

3. 气管具体结构

如图 17-3 中分布的气管，其主要作用是用来对产品进行降温处理。对于一个大型且结构复杂的模具，其升温及降温需尽量能够做到各地方温度变化速度相同，这些均匀分布的气管可以进行折弯，能够对不容易进行降温操作的地方进行吹气降温。

气管还有另一个特征，其管接头是沿着上框架开口均匀分布的，每隔一定的距离就会设置一个接头，当上框架开口尺寸发生变化时，其气管接头的数目也会发生相应的变化。

4. 冷藏室、冷冻室具体结构

冷藏室与冷冻室内部分别具有众多抽芯机构，能够将工作时凸起的小块收进其内部，防止凸台刮伤产品。

冷藏室和冷冻室一般结构不定，且其变化具有相当大的随意性，所以不具备参数化和系列化的条件，结构如图 17-4、图 17-5 所示。

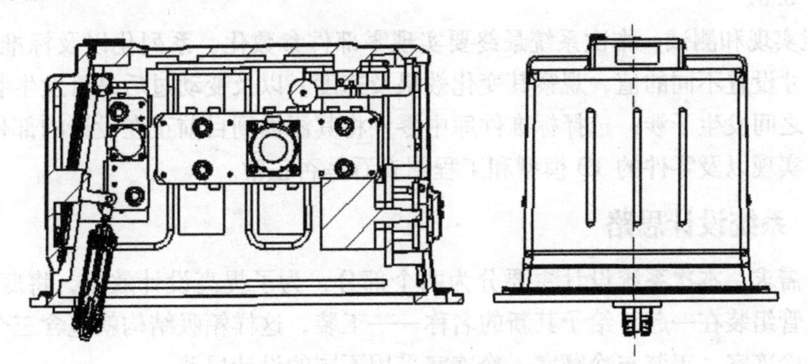

图 17-4　冷藏室结构图

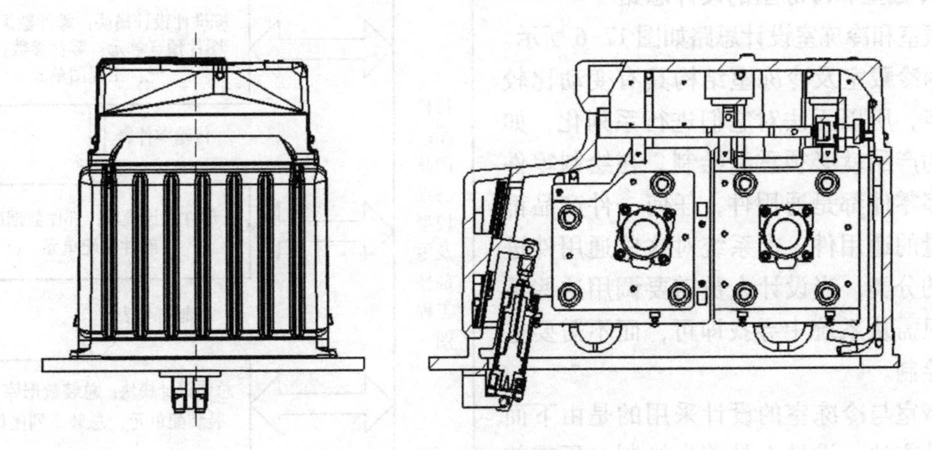

图 17-5　冷冻室结构图

17.2 发泡模具开发总体介绍

17.2.1 系统设计流程

系统设计的整体目标是要满足客户的需求，以降低客户在设计新产品时的设计成本，并且系统的使用要尽量能够简单易学。系统的开发应从客户具体需求入手，研究出合理的方案，然后编写出相应的程序，再对程序进行检测，当其正确无误时，才最终完成系统的设计。

（1）客户需求　本次系统设计主要有两方面的需求，第一，对于底板、上框架、下框架、气管四个组件所组成的装配体，要能够实现参数化和系列化，上、下框架开口尺寸以及气管接口的分布要能够随着底板中零件底座的尺寸变化而变化，开口尺寸变化的速度要尽量快。

第二，对于冷藏室和冷冻室，本次系统不对这二者进行参数化和系列化，但是对于其常用零部件，系统需要将其收集起来，构建一个零部件标准件库，设计人员可以随时调用库中零件，并且对于一些标准件还应做到参数化，可以根据设计人员需求设定其尺寸。

（2）系统设计　根据用户需求，本次系统主要分为两大部分，一部分是对底座、上下框架、气管组成的部件进行参数化和系列化，另一部分是对冷藏室、冷冻室的常用零部件构建标准件库以及对部分零部件进行参数化。

（3）系统开发语言选择　本次系统开发选择目前已非常成熟的设计语言 C++，开发平台为 Visual C++ 6.0。

（4）功能实现和测试　本次系统最终要实现零部件参数化、系列化以及标准件库的建立。对框架开口尺寸设置不同的值，观察其变化效果及速度，以及变动过后是否发生装配不合理的情况，如部件之间发生干涉；选择标准件库中零件将其添加到目前正在设计的部件中，观察其添加过程能否实现以及零件的 3D 模型和工程图查看是否正常。

17.2.2 系统设计思路

根据用户需求，本次系统设计主要分为两个部分，为了提高设计效率，将底板、上框架、下框架以及气管组装在一起，给予其新的名称——工装，这样箱吸结构就包含三个部分，即工装、冷藏室和冷冻室。工装与冷藏室、冷冻室采用不同的设计思路。

1. 冷藏室和冷冻室的设计思路

冷藏室和冷冻室设计思路如图 17-6 所示。

因为冷藏室及冷冻室结构具有变动比较大的特点，所以无法对它们进行系列化，如果有新的产品就必须重新绘制。在绘制零件时，很多零件都是通用件，任何一件产品都具有大量的通用件，本系统对这些通用件进行合理的分类，当设计人员需要调用这些零件时，只需从系统中寻找即可，而不需要重新进行绘制。

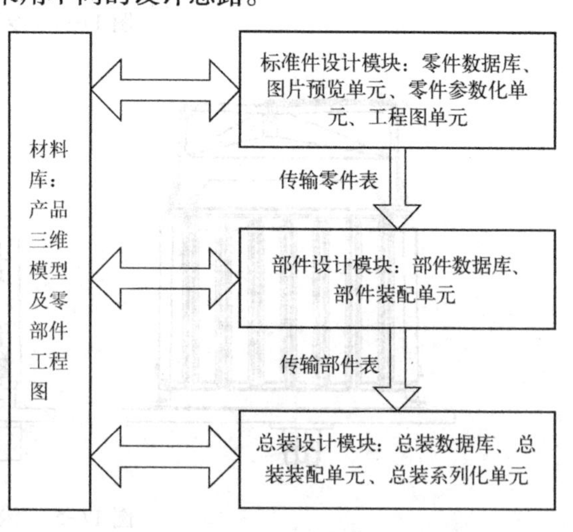

图 17-6　冷藏室和冷冻室设计思路

冷藏室与冷冻室的设计采用的是由下而上的设计方法，设计人员首先绘制好所需的零件，标准件无需进行绘制，然后对零件进行装配，以形成部件，在装配零件的过程中，可以大量调用标准件库中的零部件，而后将组装好的部件信息保存起来，在进行总装时，只需要根据部件表中的信息，合理的选择部件即可完成总装。

2. 工装的设计思路

工装的绘制是为了以后的参数化和系列化进行准备，所以其要有“一次绘制，终身可用”的特点。工装的设计过程中有草图完全定义、设置主动被动尺寸、气管接头数目控制这几个难点，需要系统开发人员注意。

（1）草图完全定义　在零件特征建模时，必须严格要求草图为全约束状态，这样才能保证系列化过程中零件的形状随参数的修改而重置，避免某些特征发生错误，甚至使某些特征失去约束，出现悬空状态，从而造成特征的丢失。当零件草图有蓝色线条时，表明草图欠定义；当约束度等于自由度时，系统默认是黑色线条，即设计完成时的状态，此时草图完全定义。图 17-7 所示为草图的欠定义和完全定义。

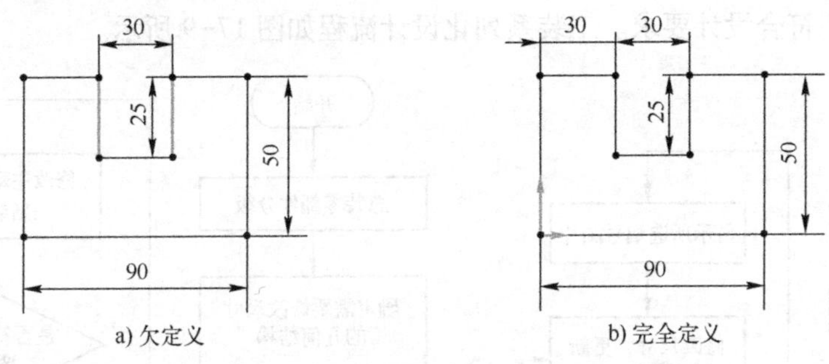

图 17-7　草图的欠定义和完全定义

（2）设置主动被动尺寸　工装部件分为底板、框架和气管三个部分。将该三个部件正确组装好，并设定底板特征中凸台长、宽尺寸为主动尺寸，主动尺寸即为在 SOLIDWORKS 中可以修改的尺寸，剩下的包括切割框的开口尺寸以及与两个主动尺寸有装配关系或者几何关系的尺寸全部设定为被动尺寸，被动尺寸数值不可直接改变，其只可因主动尺寸改变而做相对应的变化。例如，尺寸关系“D1@ 草图 1@ 右活动条” = “D2@ 草图 3@ 左活动条”，则表示“D2@ 草图 3@ 左活动条”为主动尺寸，其值可改变，“D1@ 草图 1@ 右活动条”为被动尺寸，其值受到尺寸关系限制，不可随意更改。

（3）气管接头数目控制　对于工装部件，因为其工作条件的原因，需要在框架横向和纵向布置一定数目的气管接头，然而气管接头的个数是不定的，随着底座特征中凸台长宽尺寸的改变而改变，并且每两个气管接头的距离限定为 140 mm 不变。当在工装尺寸设计子模块设定好底座凸台尺寸时，气管接头的个数因数值的改变而相应增加或减少。本系统采用求商函数进行求解，如设定气头分布的长度为 1500 mm、宽度为 800 mm，令 $x = 1500/140$、$y = 800/140$，分别得到 $x = 10.71$、$y = 5.71$，设定 x、y 的数值类型为整型（只取数据的整数部分）数据，最终得到 $x = 10$、$y = 5$，即纵向间距为 10 组，横向间距为 5 组，所以得到纵向上气管接头有 11 个，横向上气管接头有 6 个。

17.2.3　系统实现

1. 标准件库的实现

零件数据库包含零件名称、参数化尺寸值以及参数化尺寸名称，根据零件名称首字母排序法对每个零件的零件模型进行编号，并将标号值存放在一个整型数据 y 中。编号值从 1 开始，中间不得间断，而后将编号值传递给图片预览模块，使图片预览单元中的图片编号与零件编号相对应。

零件参数化单元根据所选定的零件模型，从相应的零件表中获取所选定的零件模型的编号 y 值并发送给图片预览单元；图片预览单元根据所选定的零件模型的编号，找到相应编号的零件图片并进行显示；图片预览单元首先将所有预览图片进行隐藏，再根据所传递的 y 值选择与之对应的图片进行显示。标准件设计流程如图 17-8 所示。

2. 工装的系列化

对总装的系列化设计操作，首先确定需要进行系列化操作的几何结构，然后根据该结构对总装进行合理的分级，之后确定各级部件中的主动尺寸，剩下的与主动尺寸有几何关系或者约束关系的设置为被动尺寸，然后设置被动尺寸与主动尺寸的关系式。修改主动尺寸数值，更新装配体，若尺寸设置达到设计要求，则将总装保存到总装表中；若不符合要求，则重新设置主动尺寸数值，直到符合设计要求。工装系列化设计流程如图 17-9 所示。

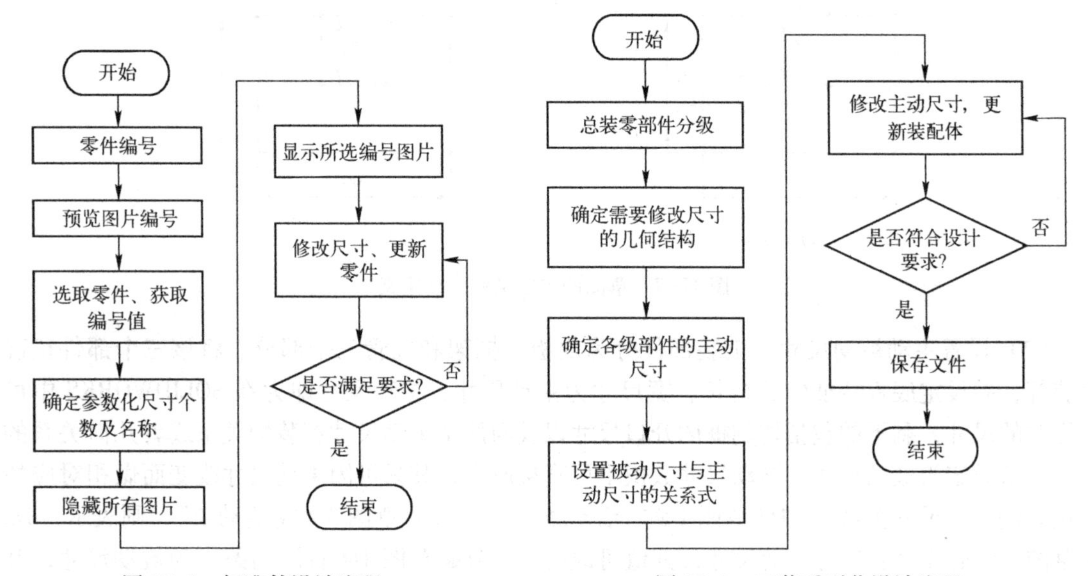

图 17-8　标准件设计流程　　　　图 17-9　工装系列化设计流程

在装配体中，设计人员要能够方便的查看装配体的各个组件，因 SOLIDWORKS 自身的问题，其各级组件之间能够展开，这给设计人员阅读部件的一级组件带来了麻烦，为此本系统添加了组件查看模块以方便查看。

组件查看模块首先从上至下依次检索装配体的设计树，如果检索结果不为“原点”，则抛弃该结果，检索下一个值，直到结果为“原点”，然后自“原点”以下结果作为部件保存到树状控件中；如果检索结果与上一次相同，则不保存该结果，即同一个零件插入多个零件的情况下也只作为一个部件进行保存，每检索到一个正确结果，树状控件更新数据一次；如果检索结果值为空时，检索结束，跳出 for 函数循环，并将树状控件信息传递给零部件属性单元。组件查看模块工作流程如图 17-10 所示。

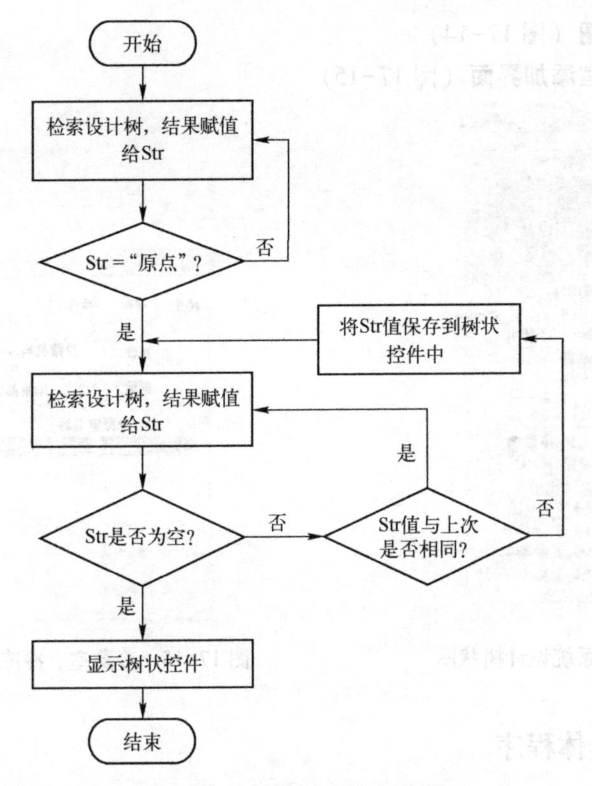

图 17-10　组件查看模块工作流程

17.3　系统设计实现与具体程序

启动 SOLIDWORKS 软件，加载插件，完成加载后，如图 17-11 所示，单击系统菜单进入模具系列化设计系统。

图 17-11　系统菜单

17.3.1　系统功能具体显示

1. 标准件界面（图 17-12）

2. 工装系列化界面（图 17-13）

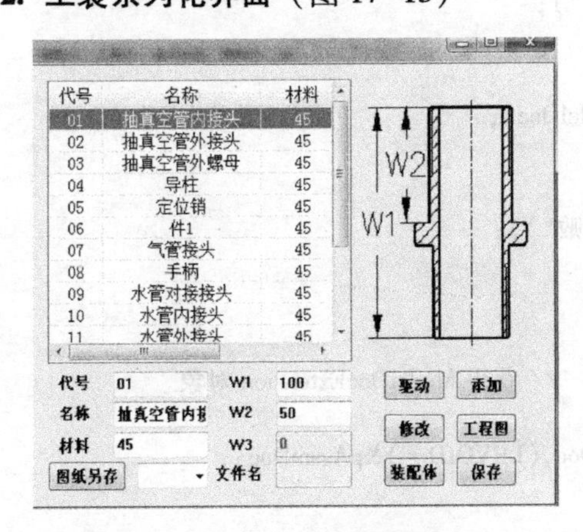

图 17-12　标准件界面

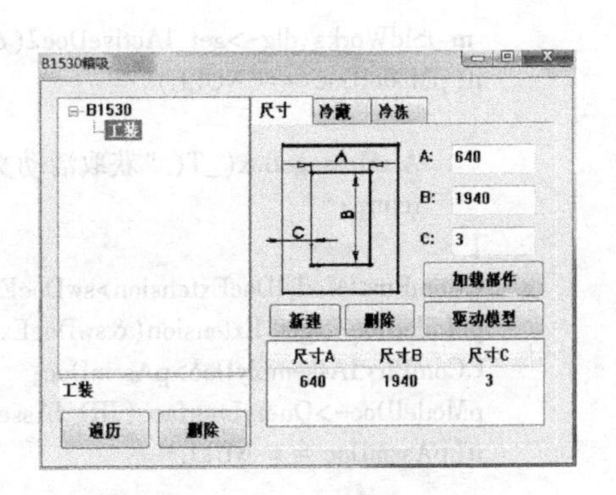

图 17-13　工装系列化界面

3. 系统设计树状图（图 17-14）

4. 冷藏室、冷冻室添加界面（图 17-15）

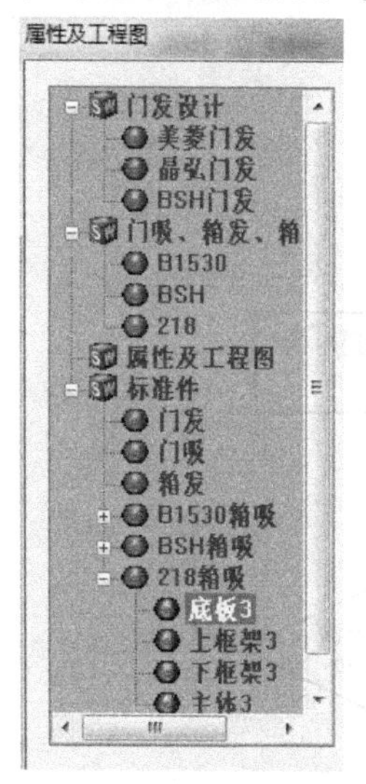

图 17-14　系统设计树状图

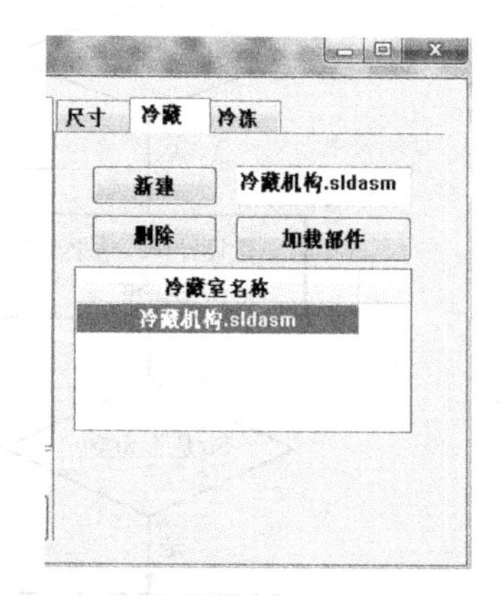

图 17-15　冷藏室、冷冻室添加界面

17.3.2　系统具体程序

（1）添加函数　将标准件添加进目前所装配的装配体中，并且将其三维模型图文件和工程图文件复制到装配体所在文件夹中。

具体程序如下：

```
UpdateData(true);
    CComBSTR   fileName;
    BSTR   path;
    CString sDir;
    CString sDir1;
    CComPtr<IModelDoc2>pModelDoc;
    if (m_MC==L"")
    {
        AfxMessageBox("请选择要打开的零件");
        return;
    }
    m_iSldWorks_dlg->get_IActiveDoc2(&pModelDoc);
    if(pModelDoc == NULL)
    {
        AfxMessageBox(_T( "获取活动文档失败"));
        return;
    }
    CComPtr<IModelDocExtension>swDocExt;
    pModelDoc->get_Extension(&swDocExt);      //获得 ModelDocExtension 对象
    CComPtr<IAssemblyDoc>pAssmDoc;
    pModelDoc->QueryInterface(IID_IAssemblyDoc,(LPVOID *)&pAssmDoc);
    if(pAssmDoc == NULL)
    {
        AfxMessageBox(_T( "获取指向当前活动装配体文档接口指针失败"));
```

```
        return;
    }
    pModelDoc->GetPathName(&path);
    if (path==NULL)
    {
        AfxMessageBox("获取文件路径失败");
        return;
    }
    CString str(path);
    str=str.Right(6);
    if (str!=L"SLDASM"&&str!=L"sldasm")
    {
        AfxMessageBox("当前打开文档不是装配文件,无法加载零部件");
        return;
    }
    int a1;
    CString Path(path);
    a1=Path.ReverseFind(_T('\\'));
    Path=Path.Left(a1+1);
    GetModuleFileName(GetModuleHandle(_T("0000.dll")),sDir.GetBuffer(255),255);
    sDir.ReleaseBuffer();
    sDir=sDir.Left(sDir.GetLength()-19);
    sDir+=_T("三维模型\\标准件\\218 箱吸\\底板\\");
    sDir1=sDir+m_MC+L".SLDDRW";
    sDir+=m_MC+L".SLDPRT";
    long   Options=swOpenDocOptions_Silent;          // 定义打开文件方式
    long   Errors;
    long   Warnings;
    CComPtr<IModelDoc2>partDoc;
    retval=VARIANT_TRUE;
    HRESULT status;
    CString saveroad;
    CString saveroad1;
    CString panduan;
      panduan=Path.Right(1);
    int retva;
// 判断是不是路径字符串,最后一位是不是\
    if (panduan==L"\\")
    {
        saveroad=Path+m_MC+L".SLDPRT";
        saveroad1=Path+m_MC+L".SLDDRW";
    }
    else
    {
        saveroad=Path+L"\\"+m_MC+L".SLDPRT";
        saveroad1=Path+L"\\"+m_MC+L".SLDDRW";
    }
    retva = PathFileExists(saveroad);
    if (retval == 1)
    {
        AfxMessageBox("文件已存在");
    }
    else
    {
```

```
        CopyFile( sDir, saveroad, false) ;
        CopyFile( sDir1, saveroad1, false) ;
    }
    fileName=saveroad. AllocSysString( ) ;
    status=m_iSldWorks_dlg->GetOpenDocument (fileName, &partDoc);// 得到打开的文档，并且输出的 ModelDoc 指向该文档
    partDoc=NULL;
    if (status= =S_OK)
    m_iSldWorks_dlg->IActivateDoc3( fileName, VARIANT_FALSE, &Errors, &partDoc) ;
    else
    m_iSldWorks_dlg->OpenDoc6( fileName, swDocPART, Options, NULL, &Errors, &Warnings, &partDoc) ;
    CComPtr<IComponent2>pCompDisp;
    pAssmDoc->AddComponent4( fileName, NULL, 0. 5, 1, 0, &pCompDisp) ;// 增加一个部件到装配文件
    m_iSldWorks_dlg->CloseDoc (fileName) ;
    UpdateData( FALSE) ;
```

（2）图纸另存　将目前所打开的工程图另存为 PDF 或者 DWG 格式，文件名不改变，新文件位置与原工程图文件位置相同。

具体程序如下：

```
    UpdateData( TRUE) ;
    if ( m_PDF= =L"" )
    {
        AfxMessageBox( "请选择保存格式" ) ;
        return;
    }
    CComPtr<IModelDoc2>pModelDoc;
    long  Options=swOpenDocOptions_Silent;
    long  Errors;
    long  Warnings;
    CString str;
    CComBSTR filename;
    CComBSTR bstr;
      HRESULT status;
    status=m_iSldWorks_dlg->get_IActiveDoc2 (&pModelDoc) ;
    if ( pModelDoc= =NULL)
    {
        AfxMessageBox(_T( "激活文档失败!" ) ) ;
        return;
    }
    pModelDoc->GetPathName( &bstr) ;
    str=( CString) bstr;
      if ( str. Right( 1)= =L" w" | | str. Right( 1)= =L" W" )
    {
        str=str. Left( str. GetLength( )-6) ;
        str=str+m_PDF;
          filename=str. AllocSysString( ) ;
pModelDoc->SaveAs4 ( filename, swSaveAsCurrentVersion, swSaveAsOptions_Silent, &Errors, &Warnings, &retval) ;
        AfxMessageBox( "成功保存!" ) ;
    }
    else
```

```
    {
        AfxMessageBox("当前文档不是工程图!");
        return;
    }
pModelDoc=NULL;
```

(3) 遍历函数 搜索装配体的第一级组件，并将结果显示到树状控件中。具体程序如下：

```
    UpdateData(TRUE);
    m_pTree.DeleteAllItems();
    HRESULT rs;
    CComPtr<IModelDoc2> m_iModelDoc;                    // 定义 ModelDoc 对象
    CComPtr<IFeature>m_iFeature;
    CComPtr<IFeature>m_inextFeature;
    BSTR Bname,Btypename,Btitle;
    CString temp;
    HTREEITEM hRoot ;
    HTREEITEM hItem1;
    CComPtr<IFeature> * childfeature=NULL;
    CComBSTR fileName;
    CString Cname2;
    m_iSldWorks_dlg->get_IActiveDoc2(&m_iModelDoc);
    if(m_iModelDoc == NULL)
    {
        AfxMessageBox(_T( "获取活动文档失败"));
        return;
    }
    rs =m_iModelDoc->GetTitle (&Btitle);
    CString Ctitle(Btitle);
    //    m_MingCheng=Ctitle;
      Ctitle=Ctitle.Left(Ctitle.GetLength()-7);
    hRoot= m_pTree.InsertItem(Ctitle,0,0,TVI_ROOT, TVI_LAST );// 添加根节点
    rs=m_iModelDoc->IFirstFeature(&m_iFeature);
    while (m_iFeature!=NULL)
    {
        m_iFeature->get_Name(&Bname);
        m_iFeature->GetTypeName(&Btypename);
        CString Cname1(Bname);                          // 将 BSTR 类型字符转换为 CString
类型
        CString Ctypename(Btypename);
        if (Ctypename==_T("Reference"))
        {
            int a1,a2;
            CString str1,str2;
            a1=Cname1.ReverseFind(_T('-'));             // 寻找'-'在字符串中最后一次出
现的位置，并返回位置值
            a2=Cname2.ReverseFind(_T('-'));
        str1=Cname1.Left(a1);
        str2=Cname2.Left(a2);
            if (str1!=str2)
            {
                hItem1=m_pTree.InsertItem(str1,1,1,hRoot);      // 在根节点上添加
            }
```

```
        }
        m_iFeature->IGetNextFeature(&m_inextFeature);
        m_iFeature=m_inextFeature;
        m_inextFeature=NULL;
         Cname2=Cname1;
    }
    m_iModelDoc=NULL;
    m_iFeature=NULL;
    UpdateData(false);
```

17.4 本章小结

二次开发实例——冰箱发泡模具

本章主要介绍以冰箱发泡模具为对象的 SOLIDWORKS 二次开发实例，讲述了冰箱发泡模具设计基本知识，说明了冰箱发泡模具 CAD 系统的总体设计，最后演示了程序各功能的实现以及相关的界面。

第18章　二次开发实例——压铸模浇注系统

本章内容提要

（1）压铸模浇注系统CAD设计背景

（2）压铸模浇注系统CAD总体设计

（3）压铸模浇注系统CAD程序实现与应用

18.1　压铸模浇注系统CAD设计背景

对压铸模浇注系统设计计算进行程序化设计，就必须首先了解压铸模浇注系统设计的相关过程，并对压铸模浇注系统计算所需要的初始参数和结果需求参数有明确的了解，下面对压铸模浇注系统设计相关知识进行简单介绍。

18.1.1　压铸模浇注系统简介

压力铸造简称压铸，是一种将液态或半固态金属在高速高压下充入压铸模型腔内，并使其在压力下凝固形成铸件的方法。它可以连续、快速、大批量地生产出形状和大小相同的铸件。随着零件产品向着高质量、高精密、高效化的方向发展，压力铸造越来越充分地显示出优越性和市场竞争力。压铸模具铸造作为一种快速的成型方法，具有生产率高、铸件尺寸精度高和互换性好等优点。近年来，随着社会的快速发展，压铸模具特别是有色金属压铸模具也迅速发展起来，其设计变得越来越实用化和多样化。

浇注系统是引导熔融金属液以一定的方式从压铸机的压室进入模具型腔的通道，对熔融金属液的填充时间、流动方向，模具的热分布、排气条件、压力的传递和熔融金属液通过内浇口的速度等各个方面，起着至关重要的控制和调节作用。因此，浇注系统是决定填充状况的重要因素，也是决定铸件表面质量和内部质量的重要因素。从整个铸件生成来看，浇注系统对铸件生成的效率和模具的使用寿命都具有很大的影响。浇注系统主要由浇口部分、流道部分、排溢部分组成，其中，浇口部分和流道部分根据设计分模面不同，又可分为2D浇道和3D浇道，排溢部分主要由排气道和渣包组成。

18.1.2　压铸模浇注系统结构原理

压铸模浇注系统的结构主要有扇形浇口、矩形浇口、内浇口、流道连接、分支流道、台阶流道、分流锥和料柄、渣包、排气道，如图18-1所示。根据分模面不同，又有3D扇形浇口、3D矩形浇口、3D浇道等部分。

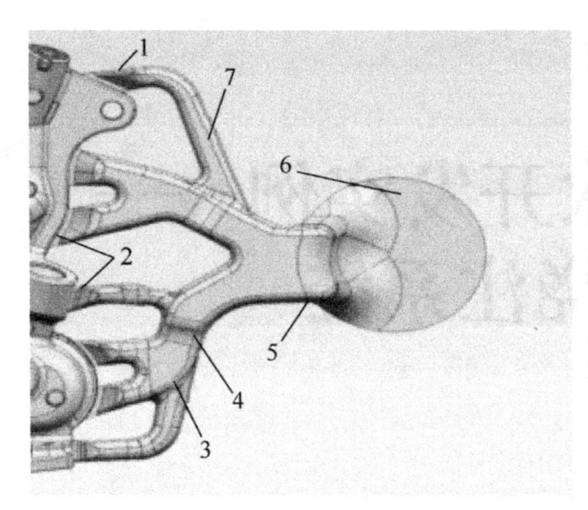

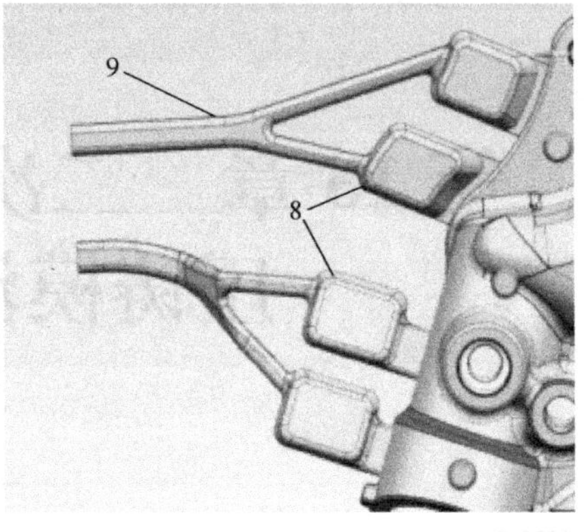

图 18-1　压铸模浇注系统结构

1—扇形浇口　2—内浇口　3—流道连接　4—台阶流道　5—分流锥　6—料柄　7—分支流道　8—渣包　9—排气道

1. 扇形浇口、矩形浇口

在压铸模浇注系统中，浇口是连接流道和工件的重要组成部分，其主要作用是提高金属液的流动速度，并将金属液从流道送入压铸模型腔内。在进行特征设计时，根据压铸工件的轮廓外形不同，可将浇口分为扇形浇口和矩形浇口两种不同的特征，在某些特殊情况下，设计人员为满足设计要求，会将扇形浇口和矩形浇口综合起来设计，将扇形浇口特征嵌入矩形浇口特征中。

2. 内浇口

内浇口特征属于特殊的浇口特征，其主要的作用是大幅度提高金属液的流动速度，使金属液能够以足够大的速度射入模具型腔内，以实现金属液的浇注。内浇口的特征设计主要是嵌入扇形浇口或矩形浇口中，以实现对金属液流速的阶段性和可控性的提高。

3. 分支流道

流道特征设计主要是分支流道的设计，它是金属液从料柄流入模具型腔内的主要通道，起着运输的作用，根据模具结构不同，分支流道结构多样。分支流道根据位置不同，可分为主流道和支流道，各个支流道通过流道连接相互连接到主流道上，形成整个分支流道网络。

4. 台阶流道

台阶流道特征设计属于流道设计，其主要作用是将处在不同分模面上的分支流道特征连接起来，完成分模面的过渡。

5. 分流锥和料柄

在浇注系统特征设计中，分流锥和料柄是同时设计的。分流锥主要是模芯尺寸的补充，避免液态金属与非模具钢接触，并且起到防止动模模芯在压射头反复冲击下发生断裂的作用。根据压铸机的类型不同，料柄可分为冷室料柄和热室射嘴，热室和冷室的区别在于，压室与熔炉是否紧密连接。热室压铸机的压室与熔炉紧密连接在一起，压室浸在保温坩埚液体中，而冷室压铸机的压室与熔炉不连接，压室与保温坩埚分开。热室压铸机的主要特点是操作简单、自动化程度高、材料损耗少、压铸工艺稳定，但受耐热能力的制约，只能用于低熔点材料，如镁合金、锌合金的铸件生产；冷室压铸机的主要特点为压力损耗低、操作维修方便、容易实现自动化，但压室与空气接触的面积比较大，如果压射速度选择不适，就很容易进入空气和氧化物残渣，所以在选用冷室压铸机时，主要参数的计算十分重要。

6. 渣包

渣包特征设计属于排溢系统的设计，其主要作用是储存多余的金属液并收集废气废料。根据所需渣包体积的不同，可将渣包分为方形渣包和三角形渣包，方形渣包的体积约为三角形的两倍，三角形渣包比较符合金属流态，如果需要大体积渣包可选用方形，但要留意渣包和工件不可过于拥挤，以防产生聚热。

7. 排气道

排气道和渣包相同，都属于排溢系统的设计，它是废气废料从模具型腔排出的通道，用户可根据不同的设计需求对其进行特征的设计。

18.1.3　系统模块划分

在进行系统开发时，为了更清楚系统开发内容，提高开发的效率，使开发过程更加的明确，开发思路更加的清晰，同时，为了使开发出来的系统层次感更加强烈且更加适合用户的使用，就必须合理的划分系统，将整个系统按照一定的原理划分成不同的模块。具体的划分原理如下。

原理一：功能划分原理。按照压铸模浇注系统中浇口和流道的功能不同，进行单元的划分。

原理二：空间划分原理。在进行系统设计时，由于分型面有平面和曲面之分，所以会依据这一准则将浇道划分成二维和三维两个不同的单元。

原理三：依附性划分原理。压铸模浇注系统是一个整体，每个特征之间都有相应的关联性，而在进行特征设计时，某些浇道特征的设计需要依附于另外一些浇道。因此，可将具有依附性的特征设计划分为同一单元。

按照上述划分原理，将整个系统划分成多个单元，每个单元又细分成多个模块。这样多个模块构成一个单元，多个单元构成整个系统，层次清晰便于用户的开发使用。

压铸模浇注系统依据其结构原理和封装原理，可被划分成不同的单元和模块，如图 18-2 所示。

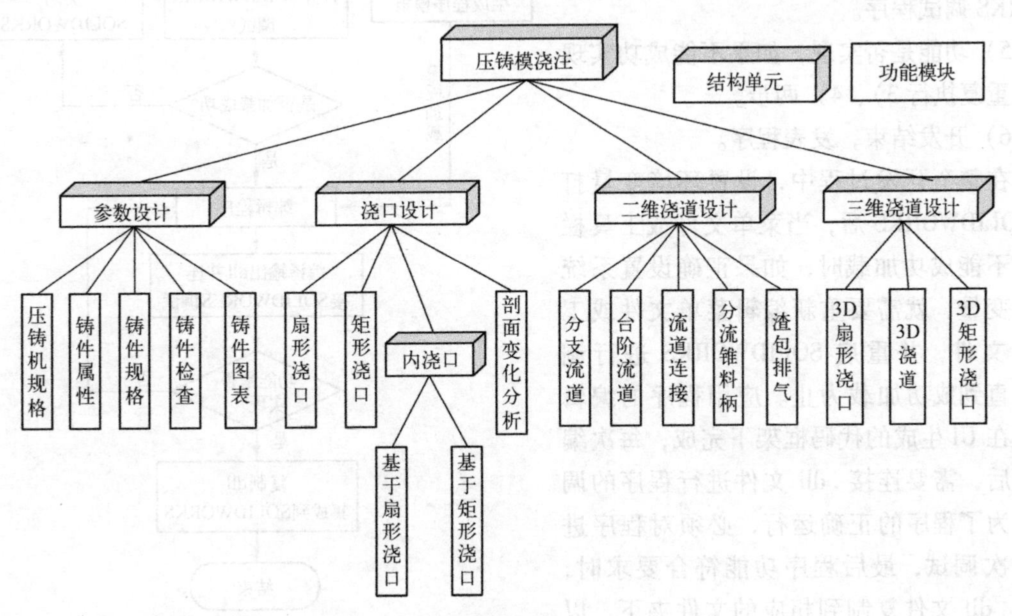

图 18-2　压铸模浇注系统单元和模块划分

参数设计单元主要包括冷、热室的选择，铸件属性的计算，以及相应浇口和流道的尺寸设计等。因为浇口和流道参数具有不确定性和可变性，所以在设计这部分参数时，往往是穿插在其他的三个设计单元中。这样既保证了参数的同步性，又可随时通过修改参数来修改特征。

特征设计主要是在浇口设计、二维浇道设计和三维浇道设计三个设计单元中完成。浇口设计单元主要包括扇形浇口、矩形浇口、内浇口和剖面变化分析四个模块，其中根据依附对象不同，内浇口模块又可细分为基于扇形浇口的内浇口和基于矩形浇口的内浇口。二维浇道设计单元主要包括分支流道、台阶流道、流道连接、分流锥料柄和渣包排气五个模块。三维浇道设计单元主要包括 3D 扇形浇口、3D 浇道和 3D 矩形浇口三个模块。

18.2 压铸模浇注系统 CAD 总体设计

18.2.1 系统设计流程

压铸模浇注系统的整体开发过程是以 SOLIDWORKS 二次开发过程为依据。SOLIDWORKS 为用户提供了强大的二次开发工具和特征拓展功能，利用这些工具可对 SOLIDWORKS 进行个性化定制与开发。系统设计流程如图 18-3 所示。

从图 18-3 中可以看出，压铸模浇注系统开发流程步骤包括：

1）菜单和对话框文件的定制。

2）设置系统环境变量。

3）生成程序模板，进行程序代码编写。

4）编译生成 .dll 文件，连接 SOLIDWORKS 调试程序。

5）功能是否实现，如果不能成功实现需要重复执行 3）、4）两步。

6）开发结束，发表程序。

在整个开发过程中，设置环境变量打开 SOLIDWORKS 后，当菜单文件或工具栏文件不能成功加载时，如果正确设置系统环境变量，就需要重新编辑菜单文件或工具栏文件，并重启 SOLIDWORKS 进行调试，直到成功加载为止。应用程序的编辑需要在 UI 生成的代码框架下完成，每次编译完后，需要连接 .dll 文件进行程序的调试，为了程序的正确运行，必须对程序进行多次调试，最后程序功能符合要求时，再把 .dll 文件复制到相应的文件夹下，以便菜单的调用。

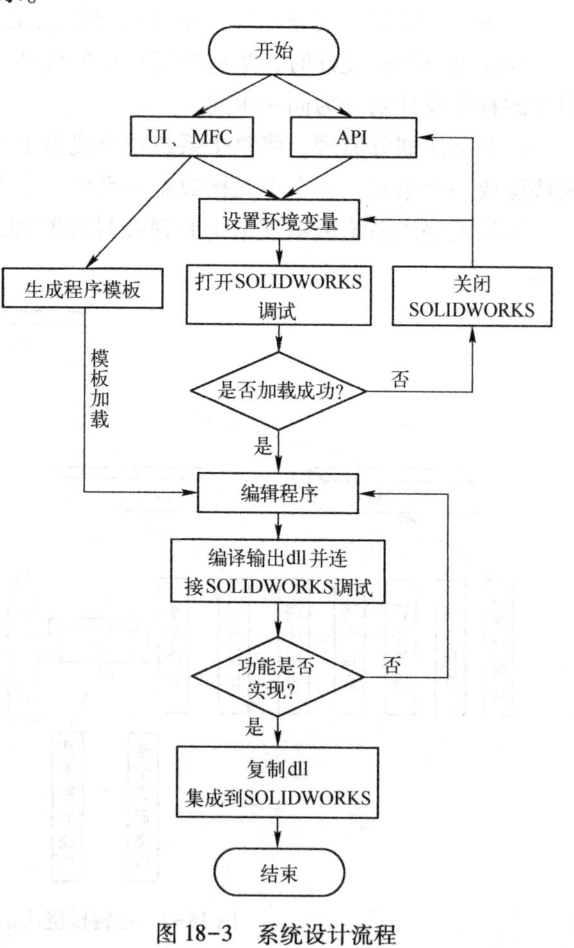

图 18-3 系统设计流程

18.2.2 系统参数设计过程

参数设计是利用约束构造产品几何轮廓，通过尺寸为变量驱动完成建模设计，并在修改参数同时修改模型，旨在重用已有设计信息快速重构产品来提高设计效率。由于参数约束和参数修正的技术已经相当成熟，参数的设计优先级和之间的约束关系是参数设计的重点，同时也是参数修正的基础。参数可分为直接参数、一级间接参数和二级间接参数三类。

(1) 直接参数 直接通过调用表格数据获得的参数。直接参数主要为类型的选择，对其后的间接参数设计有决定性的作用，是压铸类型确定的关键。

(2) 一级间接参数 由参数设计单元设计获得，起参数过渡传递作用。一级间接参数主要为铸件的属性参数，为计算二级间接参数做准备。

(3) 二级间接参数 通过对一级间接参数的计算修改，最终确定二级间接参数，是浇道族和 3D 溢流族（排溢系统）设计所使用的参数，对特征形成和模型修改都起着至关重要的作用。

参数设计主要是通过修改二级间接参数来修改浇道的建模模型，以达到规定的工艺要求。本系统主要是通过 SOLIDWORKS API 提供的文件操作函数来访问外部表格中的数据，并将其加载到相应的 UI 对话框中供用户使用。用户可以直接利用加载的参数，也可通过手动输入来进行修改。为了满足设计要求，需对加载的数据进行变参数检查。变参数检查是通过对输入的参数进行计算，得到最大金属压力、最大金属流量、最大射嘴直径等一系列数据，并根据信息窗口来判断输入的参数是否合理。变参数检查完成后，可将得到的一系列数据整理后，保存到表格中，也可对原有的表格中的数据进行替换，使数据最优化。

如图 18-4 所示，参数化设计可分为参数设计和参数修改，参数主要是通过 UI 和模型的参数交互来实现。参数设计中的直接参数有压铸机板类型、金属液类型、冷热室类型等，通过对这些参数的计算，可设计出铸件的体积、质量和中心位置等一级间接参数，然后根据一级间接参数可计算出浇口面积、受力分布和流道特征尺寸等二级间接参数。计算完成后，必要的参数可通过用户定制 UI 显示，以便浇道的特征设计。最后，再由参数修改进行浇道特征的检查修改，使浇道的特征更符合实际要求。

18.2.3 参数传递系列

压铸模浇道的设计是一个较为复杂的过程，不仅要考虑压铸机板和金属液的类型，还要考虑工业制模尺寸、渣包与排气口的宽度和厚度等参数问题。随着浇道的设计，参数的结构变得越来越复杂，参数与参数之间的联系越来越密切，影响也会变得明显。在设计过程中，如果参数不能合理设计，或参数设计的顺序不对，都会为后期的修改造成相当大的影响，因此，参数的传递过程是浇道能否成功生成或修改的关键。

图 18-5 所示为参数传递序列，参数的传递必须按照图中所示的顺序。当确定并输入相应的压铸机板规格后，必须马上进行参数设计，设计出二维浇口和三维浇口的相应参数后，可根据要求对参数进行修改，修改后的参数必须要保存后才可使用，如果没有保存直接调入人机交互界面，界面上将显示修改前的参数，而修改后的理想参数也会被擦拭而消失。在确认参数无误的前提下，方可进行浇道参数化设计，每种浇道设计完成后，都要进行剖面变化分析，此时可通过修改人机交互界面上的参数来实现变参数浇道修改，如果修改参数设计界面上的参数，则不会实现修改功能。每种浇道设计完成后都应对最优参数整理保存，以供下一次设计使用，参数保存在 Excel 表格当中，方便检查和修改。

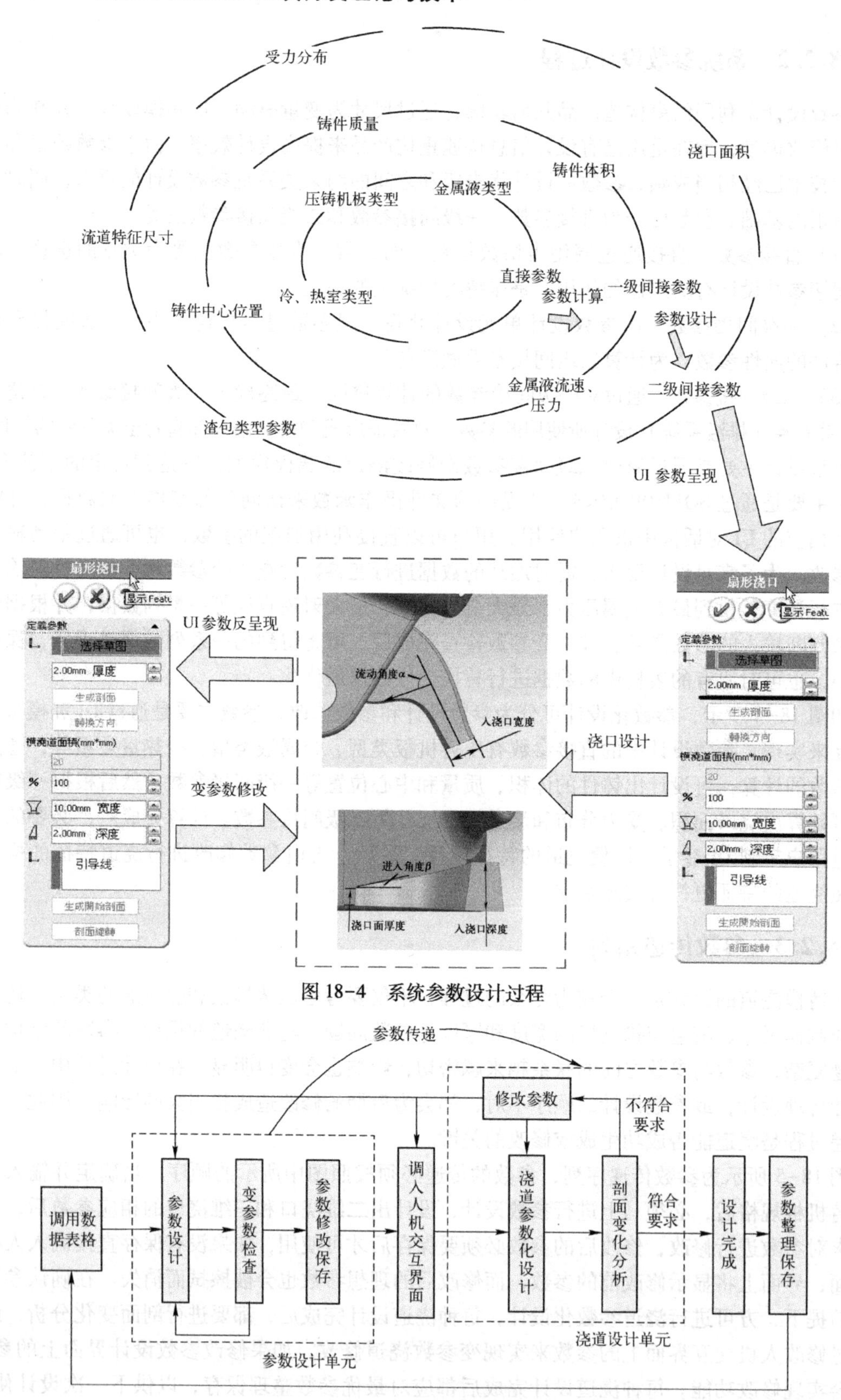

图 18-4　系统参数设计过程

图 18-5　参数传递序列

18.2.4　系统特征设计路径

浇道是一个整体，浇道的模块与模块之间存在相应的依附性，如分支流道必须在扇形浇口设计完成之后进行设计，而台阶流道又必须在分支流道设计完成之后进行设计。这种依附性主要是由浇口和流道之间的主次顺序和参数传递所决定的。在进行压铸模浇道的变参数设计时，设计的整体顺序大致为：参数设计→浇口设计→二维浇道设计，或参数设计→三维浇道设计。参数设计中设计出来的主要是浇口和三维浇道的参数，而当浇口设计完成之后，二维浇道设计所用的参数可根据其依附的浇口中的参数获得。因此，在使用系统进行压铸模浇道设计时，必须要根据依附性原则和参数传递原则以及实际的设计需要，按照一定的设计顺序对浇道进行设计。

浇道设计路径如图 18-6 所示，从图中可以分析出，面向压铸模浇道的变参数化建模过程可分解成以下几个环节：

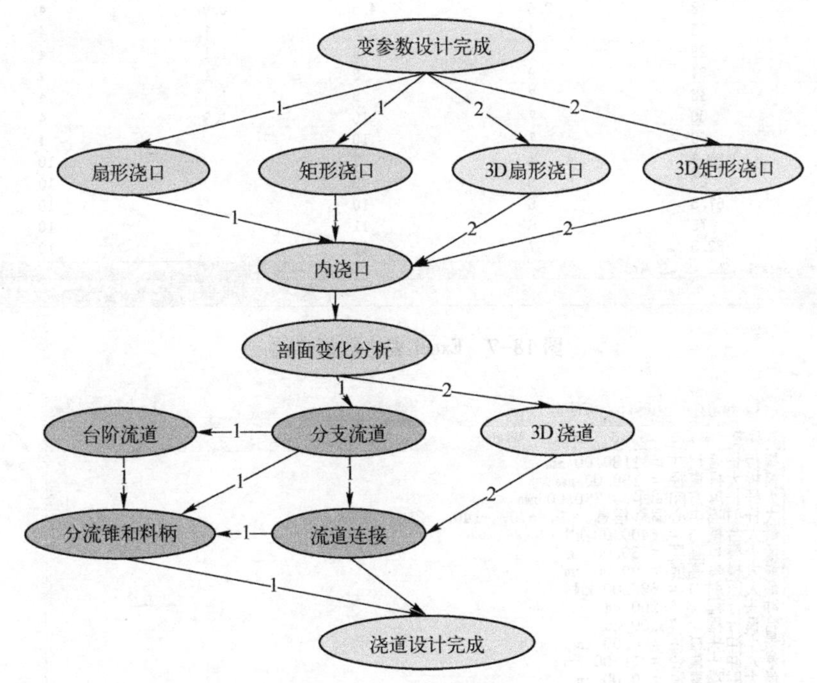

图 18-6　浇道设计路径

1—浇口设计和二维浇道设计路径　2—三维浇道设计路径

1）确定压铸机板规格，加载相应的参数和面向对象的几何模型。

2）对加载的参数做相应的计算，并显示在用户定制的人机交互界面上，使离散的参数具有整体性和清晰性。

3）浇口模块的特征设计，其包括二维浇口和三维浇口，内浇口的设计要在其他浇口的基础上完成。

4）基于浇口的浇道特征创建，浇道具有共通性，因此，其创建可根据实际工作需求进行。

5）浇口或浇道的变参数修改，每个模块在设计完成后，都必须由用户进行实用性修改，改掉因设计不合理可能造成的问题，如扇形浇口中部剖面变化大所造成的“困气”现象。

6）浇注系统合理化设计完成后，需对参数保存，以便下次设计调用。

18.2.5 系统数据管理

压铸模浇注系统的参数存储主要是采用 Excel 表格存储和文本文档存储两种方式。如图 18-7 所示，Excel 表格主要存储不同压铸机的类型和主要参数。如图 18-8 所示，文本文档用来存储用户所用到的特定的压铸机具体参数。两种不同的存储方式需要用不同的 API 函数来实现。

	E	F	G	H	I	J
1	合模行程（cm）	最小冲头直径（cm）	最大冲头直径（cm）	最大射嘴直径（cm）	最高冲头速度（m/s）	增压比
2	18	3.6	4.5	0.9	4	
3	23	4	5.5	1	4	
4	28	5	6	1.1	4	
5	34	6	8	1	4	
6	43	7	9	1.4	4	
7	50	7	10	1.9	4	
8	68	7	10		4	
9	52.5	4	8		10	
10	60	5	9		10	
11	67.5	6	10		10	
12	75	6	11		10	
13	82.5	7	12		10	

图 18-7 Excel 表格数据存储

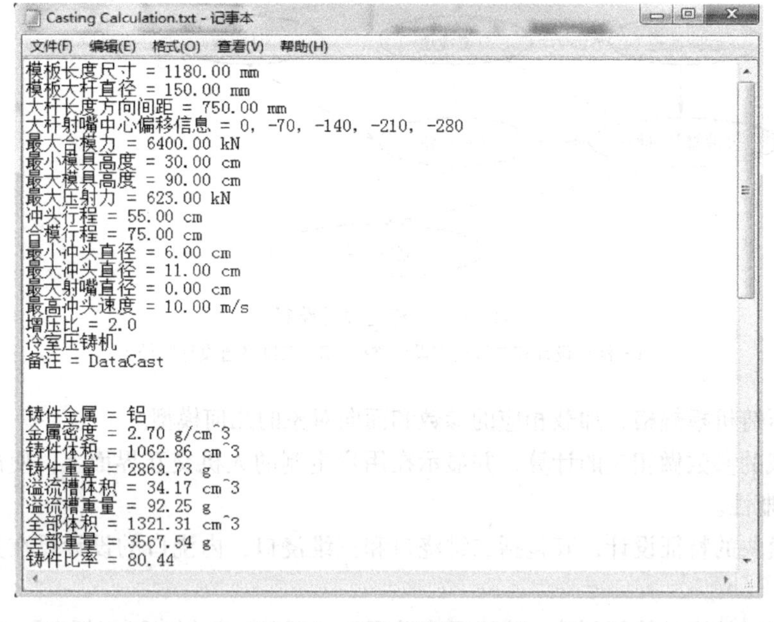
Casting Calculation.txt - 记事本

模板长度尺寸 = 1180.00 mm
模板大杆直径 = 150.00 mm
大杆长度方向间距 = 750.00 mm
大杆射嘴中心偏移信息 = 0, -70, -140, -210, -280
最大合模力 = 6400.00 kN
最小模具高度 = 30.00 cm
最大模具高度 = 90.00 cm
最大压射力 = 623.00 kN
冲头行程 = 55.00 cm
合模行程 = 75.00 cm
最小冲头直径 = 6.00 cm
最大冲头直径 = 11.00 cm
最大射嘴直径 = 0.00 cm
最高冲头速度 = 10.00 m/s
增压比 = 2.0
冷室压铸机
备注 = DataCast

铸件金属 = 铝
金属密度 = 2.70 g/cm^3
铸件体积 = 1062.86 cm^3
铸件重量 = 2869.73 g
溢流槽体积 = 34.17 cm^3
溢流槽重量 = 92.25 g
全部体积 = 1321.31 cm^3
全部重量 = 3567.54 g
铸件比率 = 80.44

图 18-8 文本文档数据存储

参数化设计对 Excel 表格的操作主要是数据读取，对文本文档的操作主要是数据输出保存。

1. 数据读取

设计人员从名为“machine types”的表格中查找所要用到的数据，并用对话框显示出来，称之为数据读取。

关键代码为读取 Excel 表格的相关程序代码。

2. 数据输出保存

设计人员可以对已经使用并确定的数据进行单独的保存，输出并保存到名为“Casting Calculation”的文本文档中，称之为数据输出保存。数据使用完成后在界面中单击“保存”按钮即可实现数据输出保存。

关键代码为将数据输出到文本文档并保存的相应程序代码。

18.3 程序设计实现与应用

18.3.1 系统菜单

启动 SOLIDWORKS 软件，加载 Datacast. dll 插件，完成加载后，如图 18-9 所示，单击系统菜单进入压铸模浇注系统。

18.3.2 系统参数设计

1. 设定压铸机板规格

单击图 18-9 所示的菜单文件中的“压铸机板规格”，系统会根据显示函数和初始化对话框函数显示并初始化“机板规格”对话框，如图 18-10 所示。

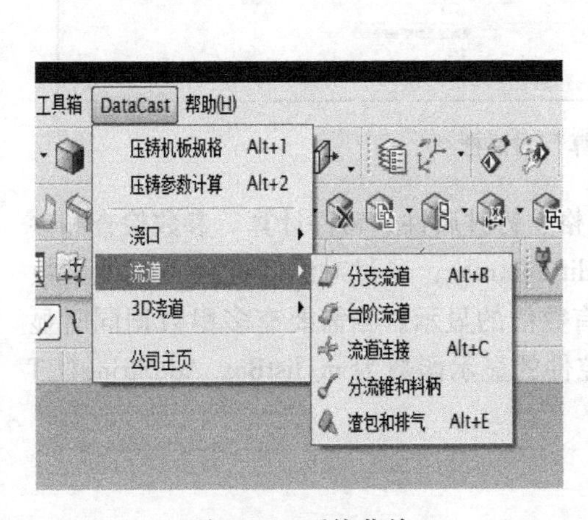

图 18-9 系统菜单

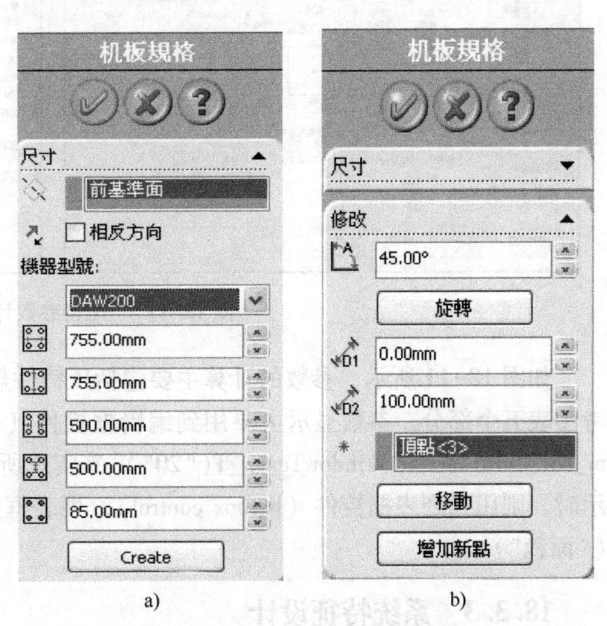

图 18-10 “机板规格”对话框

选择基准面并确定其方向，选择机器型号后，系统会从“machine types. xls”文件中自动读取相应机器类型的外形尺寸，主要包括机器模板尺寸、大杆间距和大杆直径，如图 18-10a

所示，单击“Create”按钮，打开如图18-10b所示的对话框，在该对话框中，可以移动机板位置及增加射料中心点。

设定压铸机板规格，首先下载机板尺寸，用来排列机板与铸件的相对位置。可以在模具设计早期得知选用的机器是否合适。参考图表内提供了模具尺寸参考数据。初步排列好工件的位置，设计流道并引导料柄或分流锥至射料中心位置。

2. 压铸参数计算

当压铸机板规格设定完成后，单击图18-9所示的菜单文件中的“压铸参数计算”，打开“压铸参数计算”对话框，由于参数种类很多，SOLIDWORKS风格的对话框无法充分反映参数的关系，所以，压铸参数计算用到了MFC对话框，如图18-11所示。

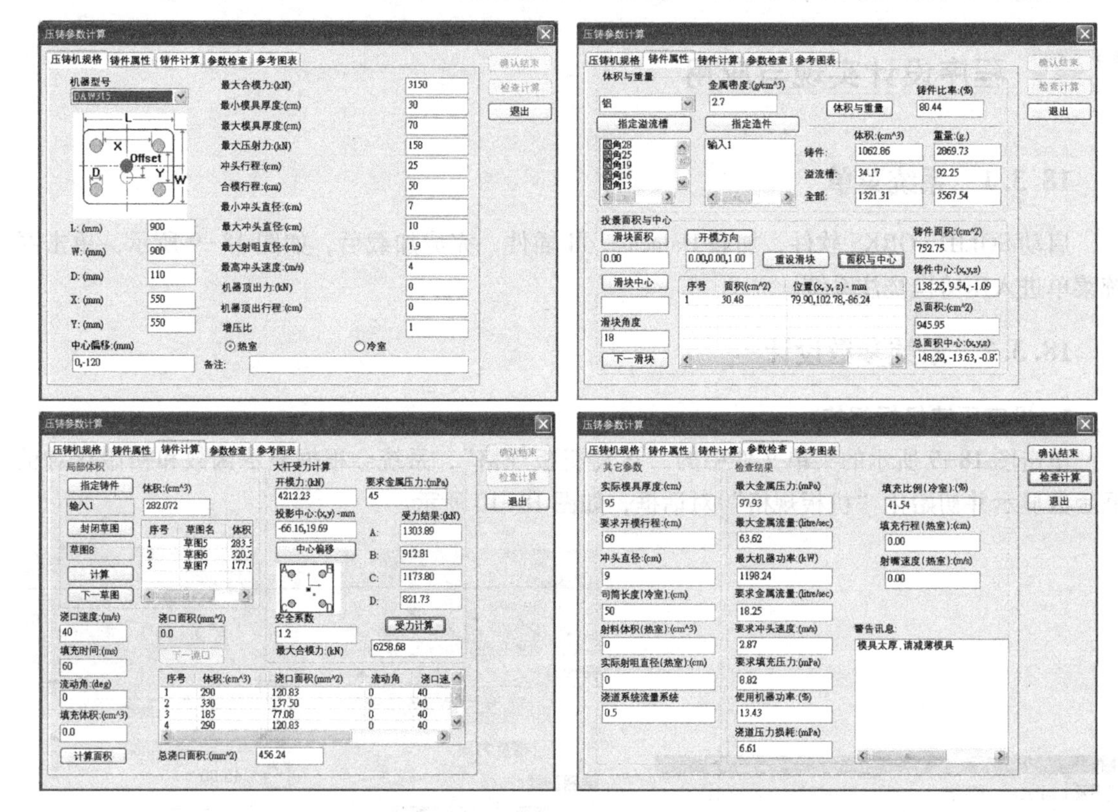

图18-11 “压铸参数计算”对话框

如图18-11所示，参数的计算主要包括压铸件规格、铸件属性、铸件计算、参数检查和参考图表五个部分。参数显示主要用到编辑框控件（edit control），通过对编辑框控件赋值函数m_editMultiLine. SetWindowText(_T("20"))来实现所有数值的显示。当需要有多组数据同时显示时，则用到列表框控件（listbox control），列表框控件的显示函数为m_listBox. AddString(_T("面积"))。

18.3.3 系统特征设计

浇注系统特征设计主要包括浇口特征设计、流道特征设计和3D浇道特征设计。所有的特征设计都是基于SOLIDWORKS特征放样功能对不同的草绘平面或特征端面进行放样来实现的。

以浇口特征设计中的扇形浇口为例，单击菜单文件中的“扇形浇口”，打开“扇形浇口”对话框，如图 18-12 所示。为了使特征设计界面格式统一，所有的特征设计对话框都采用 SOLIDWORKS 风格的对话框来完成人机交互。

图 18-12　“扇形浇口”对话框

在“扇形浇口”对话框中，选择扇形浇口线，单击“生成剖面”按钮，通过对扇形浇口线进行拉伸，生成扇形浇口面，如图 18-13a 所示，当拉伸后的浇口面方向不对时，还可以单击“转换方向”按钮，来改变浇口面的方向，但是只能改变一次。

关键代码为 SOLIDWORKS 访问选择的线的函数和拉伸的函数代码。

生成扇形浇口面后，需要在对话框中输入扇形浇口入口面的宽度和深度，然后单击“生成开始剖面”按钮，通过 SOLIDWORKS 中的创建草图函数来创建入口面草图，如图 18-13b 所示，如果草图方向不对，可通过单击“剖面旋转”按钮来旋转入口面草图。

关键代码为 SOLIDWORKS 创建草图的函数代码。

成功拉伸出浇口面和创建出入口面草图后，即可单击“扇形浇口”对话框中的对号按钮，通过 SOLIDWORKS 中的放样命令，来实现扇形浇口的特征创建，如图 18-13c 所示。

关键代码为 SOLIDWORKS 放样的函数代码。

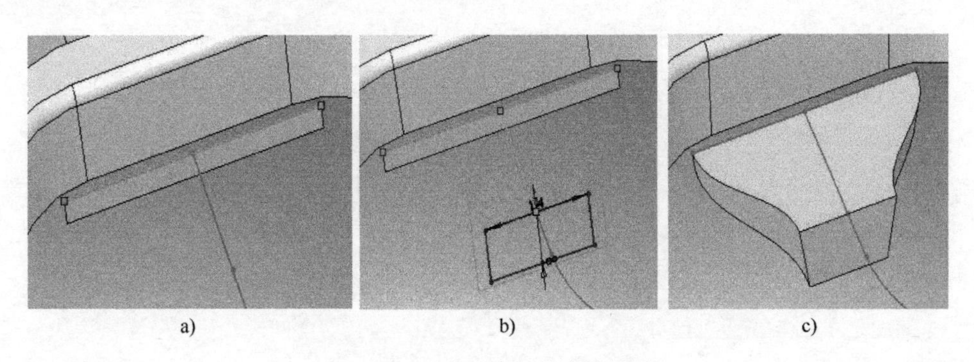

a)　　b)　　c)

图 18-13　扇形浇口设计特征图

18.3.4 系统参数化实现

首先根据压铸机规格和初始参数族，计算出每个特征的特征参数，在工件上选择合适的位置定义特征样条线，然后基于用户自定义特征样条设计浇口族、流道族和溢流族，并在设计过程中可对相应浇道进行参数修改，最后将浇道系统、溢流槽系统装配到相应的工件上，完成压铸模整体结构设计。系统参数化实现过程如图 18-14 所示。

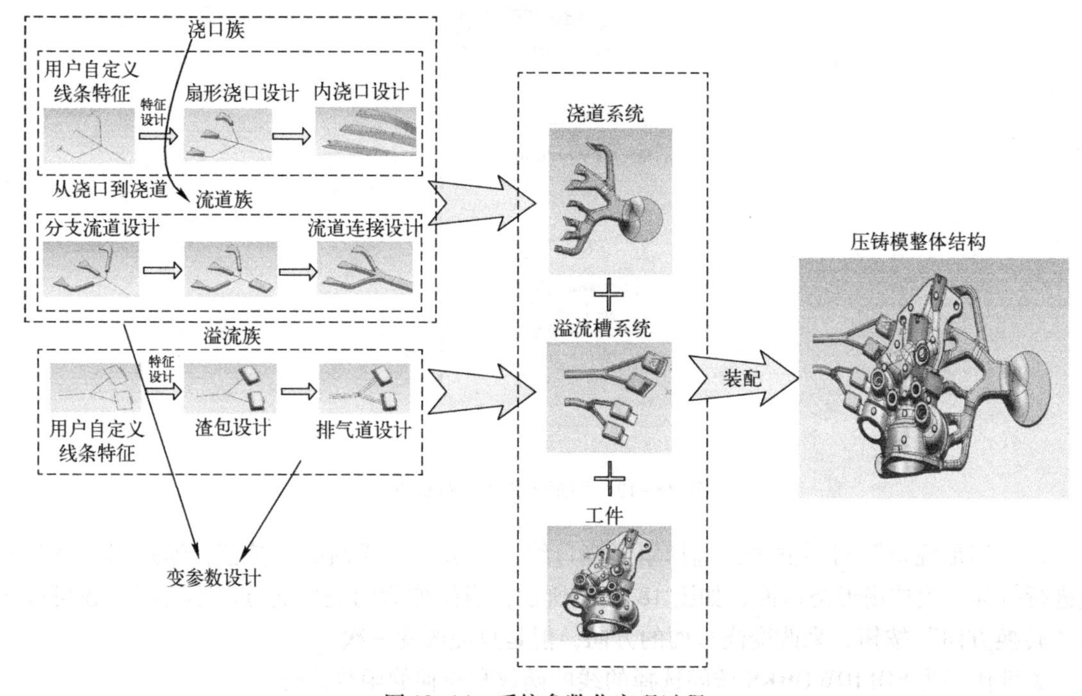

图 18-14 系统参数化实现过程

18.4 本章小结

本章主要介绍以压铸模浇注系统为对象的 SOLIDWORKS 二次开发实例，讲述了其结构原理，说明了压铸模浇注系统 CAD 总体设计，最后演示了程序各功能的实现以及相关的界面。

第19章　二次开发实例——阀门参数化系统

本章内容提要

（1）阀门参数化系统设计背景

（2）阀门参数化系统总体设计

（3）阀门参数化系统程序具体实现

19.1　圆头闸阀工作原理及特点

圆头闸阀是单板楔式暗杆软密封供水闸阀的一种，主要由阀体、阀瓣、阀盖、阀杆、手轮等零件组成，一般应用于自来水供水系统。阀瓣是圆头闸阀控制介质流通的启闭件，其运动方向与介质流动方向垂直，通过上下运动阻截或者开放通路。由于当闸阀局部开启时，高速流动的介质会击打阀瓣引起阀瓣的振动，进而造成阀瓣或阀座密封面零件的损伤，损坏整个阀门，因此闸阀只作全开或者全关，不适合作为调节流体流量而使用。图19-1所示为圆头闸阀剖面图。

闸阀具有自密封性，阀瓣全关时，流体介质的压力将阀瓣的密封面与阀座的密封面压紧来保持密封。不过大部分闸阀仍然采用强制手段，通过施加外力将阀瓣压向阀座，确保介质压力不足时也能保证密封性。

闸阀的结构特点和密封原理使得这种阀门具有以下优点：

1）阀门内部流道直通，流体流动阻力小，流动时很少产生涡流或水锤，对阀门损伤较小。

2）阀瓣运动方向与流体运动方向垂直，阀门全开或全关过程中基本不会受到流体的阻力，比较省力。

3）阀瓣一般包裹丁腈橡胶，阀体、阀盖等全涂环氧树脂，对介质毫无污染，符合卫生要求。

4）结构长度一般较小，易于安装。

闸阀的主要缺点是密封面之间容易被介质流动冲击腐蚀，维修比较困难，另外由于开闭通过螺纹驱动阀杆带动阀瓣上下运动，操作时间较长。

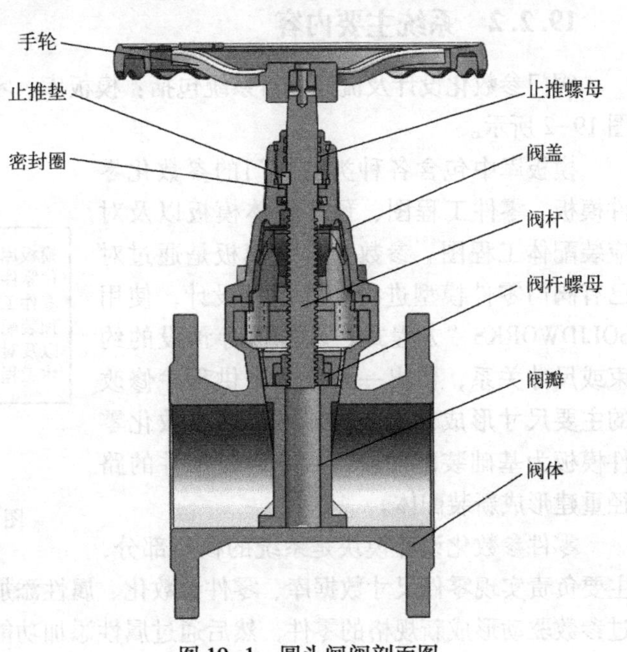

图19-1　圆头闸阀剖面图

19.2 阀门参数化系统设计思路

19.2.1 系统功能分析

在目前的阀门产业中，传统的产品设计步骤是设计人员根据甲方使用要求确定工作参数，然后确定阀门规格、绘制工程图以及建模、装配。这个过程中包含许多重复性的工作，不能有效利用设计人员的工作时间，效率低下。

因此，根据企业的需求，需要实现的最主要的功能就是阀门的参数化建模，建立一个完整的参数驱动的快速阀门设计建模系统。通过参数化的方式为阀门的建模提供尺寸修改接口，以及零件属性的快速添加，完成工程图标题栏的自动填写、阀门自动装配以及流体分析等功能。经过上述考虑，确定阀门参数化系统应该具备以下功能：

1）提供相关界面，根据设计数据，自动录入相关设计尺寸，并通过主动尺寸的输入，驱动参数化模板完成阀门各零件与工程图的生成，并提供修改功能。

2）在零件阀门各零件生成后，能够实现零件属性的快速添加，实现工程图标题栏信息的自动更改。

3）对参数化设计后的阀门零件能够进行快速的自动化装配，同时实现 BOM 表信息的导出，并另存为 Excel 文件。

4）对参数化设计出的新阀门能够快速进行流体分析，通过模型替换和二次开发简化流体分析流程，实现一次性参数设置，仅需输入有限几个数据即可开始流体分析解算。当流体分析结果不如预期时，可以返回到参数化设计模块，重新进行尺寸参数修改。

5）为了便于工作人员的学习，系统的操作流程要直观，界面要有指引性，同时要有完备的错误操作提示，防止使用人员误操作。

19.2.2 系统主要内容

阀门参数化设计及流体分析系统包括：模板库、零件参数化设计模块和流体分析模块，如图 19-2 所示。

模板库中包含各种类型阀门的参数化零件模板、零件工程图、预装配体模板以及对应装配体工程图。参数化零件模板是通过对已有阀门零件模型进行新的建模设计，使用 SOLIDWORKS“方程式”功能保存预设的约束或尺寸关系，留出一个或数个供程序修改的主要尺寸形成；预装配体模板以参数化零件模板为基础装配而成，后续通过零件的路径重建形成新装配体。

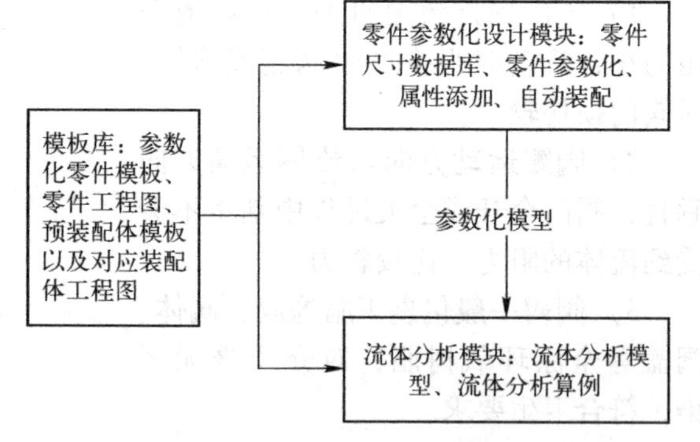

图 19-2 阀门参数化设计及流体分析系统

零件参数化设计模块是系统的核心部分，主要负责实现零件尺寸数据库、零件参数化、属性添加、自动装配等功能。参数化零件模板经过参数驱动形成新规格的零件，然后通过属性添加功能一键添加设计、校对、审核等信息，最后通过自动装配将一种阀门的所有零件装配起来，导入流体分析模块进行解算分析。

流体分析模块包含已参数化的各种类型阀门的流体分析模板，该模板在参数化零件模板和预装配体模板的基础上，通过添加封盖建立封闭模型。在进行流体分析前，导入参数化设计模块参数驱动后的新模型，形成新的流体分析模型。

19.2.3 参数化流程设计

阀门参数化设计系统所有的功能共同组成一条完整的阀门参数化设计流程，如图19-3所示。首先对阀门零件进行分析分类，参数化设计形成零件模板，然后通过尺寸输入进行参数化驱动，得到新零件模型和零件工程图。设计完成所有零件后进入装配模块快速完成零件的装配，再通过流体分析模块，对新模型进行分析，将分析结果与设计要求进行对比。若不符，则返回参数化驱动步骤，给定新的参数，重复直到得到满意的阀门设计。最后使用属性添加功能，快速地对产品零部件中的属性进行添加，完成工程图标题栏的同步填写。

具体的步骤如下：

1）将系统材料库中所有的参数化零件模板、工程图等分类放在一个总文件夹下，作为系统的工作目录。在参数化驱动一种模型时，首先将参数化零件的模板复制一份，实际的参数化设计是在复制出的模板副本上进行的，模板的源文件必须保证不变以确保模板内设置的尺寸关系不变。

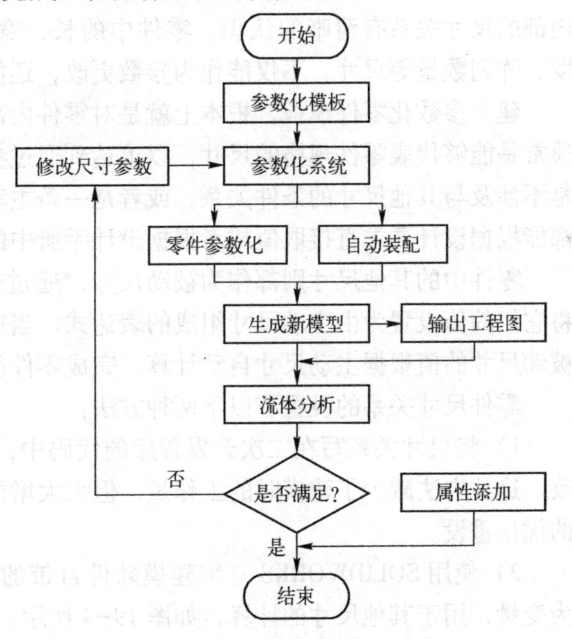

图19-3 阀门参数化设计流程

2）根据阀门的结构对零件进行分类存放，如阀体、阀盖、阀杆等。每个类型的阀门零件在Access数据库中都有一个对应的表，保存有该种零件的零件名称和参数化的主动尺寸（即需要用户输入的尺寸）。每个主动尺寸在SOLIDWORKS中都有唯一的尺寸名，在二次开发程序中也有相应的变量与之对应，程序通过该尺寸名定位该主动尺寸，使用变量接收用户的输入值，再由变量值驱动模型变化，生成新零件。

3）由于一个类型的零件有多种，用户可能无法知道程序界面上输入的尺寸值具体对应零件的哪个尺寸，因此每种零件都有对应的位图。程序界面初始状态隐藏所有的位图，根据用户选定进行参数化的零件，显示出对应的位图，指导用户进行参数输入。

4）选定一种阀门后，程序界面上的树状控件会更新其下的所有项，每一项表示一种该阀门所需的零件。选定其中一项，程序界面右侧会显示出该类型零件对应的Access数据表，表中每一行表示一种该类型的零件，各列则是零件的各个主动尺寸。用户根据需要选择一种后，再输入自己想要生成的零件规格的参数值，完成零件模板副本的尺寸更新，形成新的零件。得到新零件后，其对应的工程图尺寸也相应改变，可以选择将工程图另存为PDF格式，以保证打印的准确性，避免图样出现乱码、缺失等问题。

5）装配模块中的预装配文件使用阀门零件的参数化模板创建，它保存了阀门零件的装配关系，用它可以实现快速装配。在生成该类阀门所有的零件后，将其保存在同一文件夹内，再根据所设计的阀门种类，选择对应的阀门预装配体，并将其复制到同一文件夹内，SOLIDWORKS三维建模软件在打开装配体时自动检索装配文件所在文件夹内的同名被装配零件文件，根据提示选择路径重建，即可完成装配体的更新。与装配体对应的工程图也相应更新，生成新装配体的工程图，工程图的零件明细表可导出为Excel表格。

6）阀门最终产品设计无误后，可对阀门零件和装配体进行属性添加，添加相关属性信息。

19.3 系统的设计实现

19.3.1 参数化零件模板设计

阀门参数化设计的基础是阀门各零件的参数化模板，要创建参数化零件模板，需要对零件内部的尺寸关系有清晰的认识。零件中的长、宽、高、角度尺寸，特征的拉伸长度、切除长度、阵列数量等尺寸，不仅能作为参数更改，还能建立相互之间的种种关系。

建立参数化零件模板，根本上就是对零件内部尺寸关系的设计。在设计过程中，主动尺寸通常是能够代表零件规格的尺寸，以求达到通过参数修改获得不同规格的零件。主动尺寸一般是不涉及与其他尺寸的条件关系，或者是一条主动尺寸链中的第一个尺寸，这些主动尺寸一般都能根据设计要求直接取值或者根据设计手册中的相应公式依据已知条件计算得出。

零件中的其他尺寸则都作为被动尺寸，通过查询设计手册或者根据公司设计人员的经验，将它们的值设置为由主动尺寸组成的表达式。当进行参数化零件驱动时，输入主动参数，同时被动尺寸的值根据主动尺寸自动计算，完成零件所有尺寸值的重设，形成新的零件。

零件尺寸关系的设置有以下两种方法：

1）将尺寸关系写在二次开发程序的代码中，通过编程中的变量计算，完成被动尺寸的更改。这种方法减少了建模时的工作量，但大大增加了代码量，同时不利于后续对零件尺寸关系的优化重设。

2）使用SOLIDWORKS三维建模软件自带的“方程式”功能，能够将草图中的尺寸名作为变量，用于其他尺寸的计算，如图19-4所示。使用这种方法相当于将零件的尺寸关系保存在模型文件中，不仅书写方便，易于理解，同时能够很快速的对零件参数设计有误的地方进行修改。本书中参数化模板的尺寸设计都采用这种方法书写。

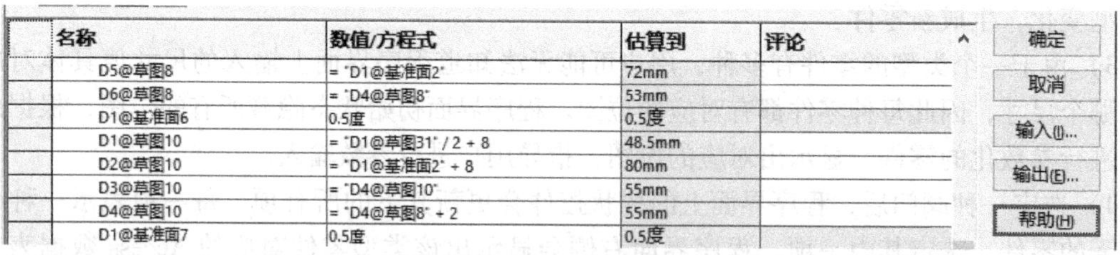

名称	数值/方程式	估算到	评论
D5@草图8	= "D1@基准面2"	72mm	
D6@草图8	= "D4@草图8"	53mm	
D1@基准面6	0.5度	0.5度	
D1@草图10	= "D1@草图31" / 2 + 8	48.5mm	
D2@草图10	= "D1@基准面2" + 8	80mm	
D3@草图10	= "D4@草图10"	55mm	
D4@草图10	= "D4@草图8" + 2	55mm	
D1@基准面7	0.5度	0.5度	

确定 取消 输入(I)... 输出(E)... 帮助(H)

图19-4 方程式

以圆头闸阀为例，在一个完整阀门装配体中既包括标准件，如螺栓、螺母、垫片等，又包括非标准件，如阀体、阀盖、阀杆、阀瓣等。对于标准件来说，一般直接外购，不需要企业自己进行设计。参数化模型库中只包括非标准件的参数化，装配中使用到的标准件可以选择直接从SOLIDWORKS自带的ToolBox中选用。

参数化模型库中模板模型的质量直接影响参数化设计的泛用性，建模时应该考虑到当主动尺寸较大时，建模方法是否会对其他特征造成影响。一种模型可能有多种建模方法，例如圆柱，可以先画圆再拉伸成型，也可以先画矩形再绕某一边旋转成型。选择简单的建模方法，可以一定程度上给尺寸关系设定减少难度，同时也可以减少由于一些过大或过小的主动参数造成的建模错误。

零件参数化建模时应该注意以下问题：

1）建模时要考虑特征之间的关联与影响，避免一个特征的改变造成另一个特征的丢失，产生建模错误。

2）模型应该按合理的步骤建成，同时使用尽可能少的步骤。

3）草图欠约束会造成尺寸更改时草图的不可预测变形，因此建模时特征的草图应该保证完全约束，确保草图按预期进行变化。

4）一些需要参数设定的特征，如拉伸长度、切除长度等，尽量用特征的端或者面作为结束依据，避免定量的特征在参数驱动时产生错误。

以圆头闸阀阀体零件为例，阀门零件的参数化建模步骤如下：

1）根据零件的形状、规格分析以及设计人员的经验，初步确定一些主动参数，如图 19-5 所示，阀体中的公称通径 DN、法兰直径 D、阀体长度 L 等。

2）按照合适的步骤对阀体进行建模，建模过程中可以使用已经选定好的主动尺寸定义其他尺寸的数值，或是定义不同草图尺寸间的关系。图 19-6 所示为阀体和阀体开口处的一些尺寸标注，其中有“Σ”标记的尺寸即为关系式尺寸，其中的参数使用其他尺寸的尺寸名。整个建模过程一步一步进行，设定完每步的草图尺寸关系后可以通过更改主动尺寸大小，初步检验尺寸关系是否正确，避免因多处错误混杂，导致难以排错。

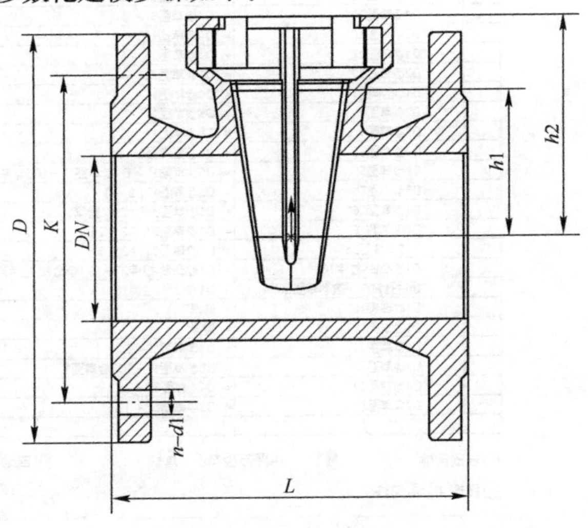

图 19-5　阀体截面图

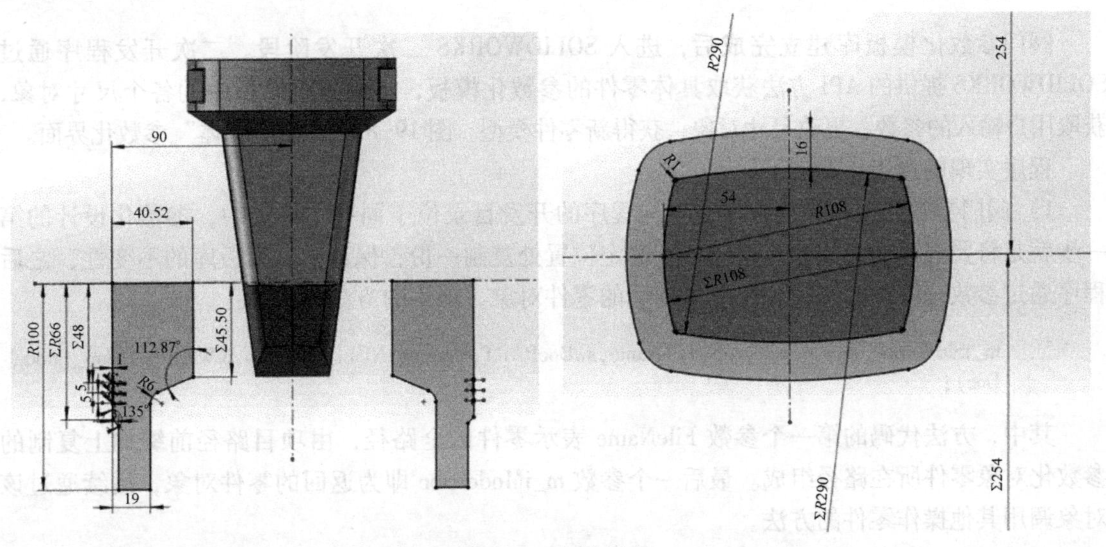

图 19-6　阀体尺寸

3）图 19-7 所示为阀体“方程式”的界面，可以很清晰地看到图中只列出了零件中的尺寸关系。对于建模过程中一些与其他尺寸没有关系，同时又代表零件某些特征变化的尺寸，需要将其纳入主动尺寸的范畴，在后续二次开发程序界面上提供输入途径。

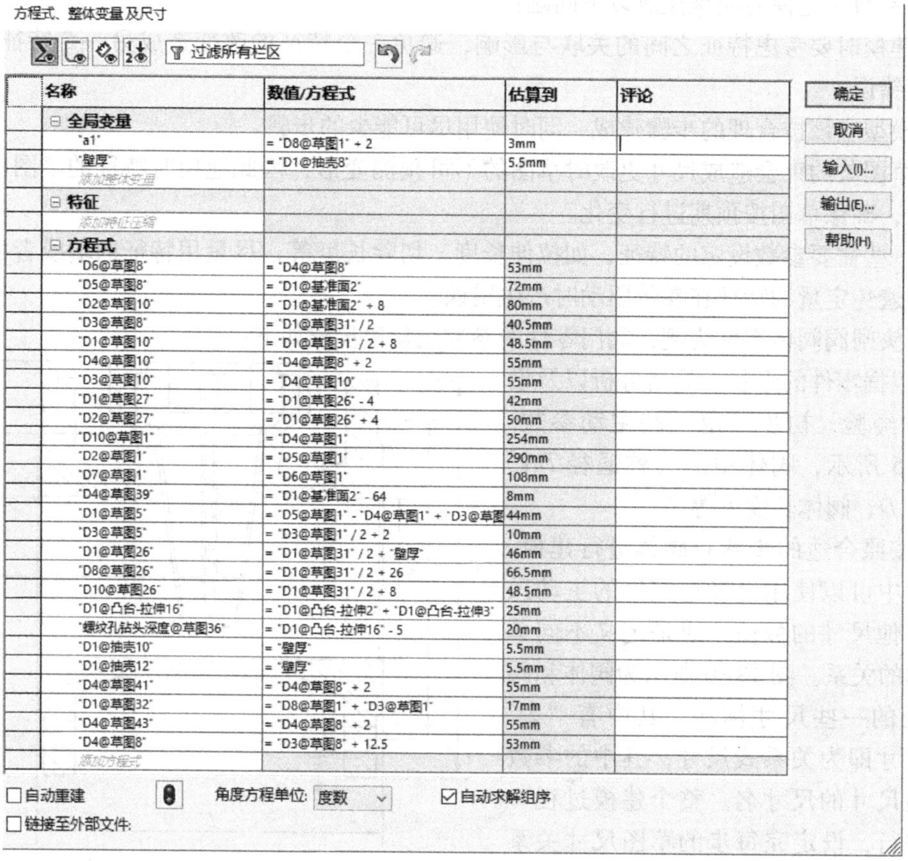

方程式、整体变量及尺寸

过滤所有栏区

名称	数值/方程式	估算到	评论
⊟ 全局变量			
"a1"	= "D8@草图1" + 2	3mm	
"壁厚"	= "D1@抽壳8"	5.5mm	
添加整体变量			
⊟ 特征			
添加特征压缩			
⊟ 方程式			
"D6@草图8"	= "D4@草图8"	53mm	
"D5@草图8"	= "D1@基准面2"	72mm	
"D2@草图10"	= "D1@基准面2" + 8	80mm	
"D3@草图8"	= "D1@草图31" / 2	40.5mm	
"D1@草图10"	= "D1@草图31" / 2 + 8	48.5mm	
"D4@草图10"	= "D4@草图8" + 2	55mm	
"D3@草图10"	= "D4@草图10"	55mm	
"D1@草图27"	= "D1@草图26" - 4	42mm	
"D2@草图27"	= "D1@草图26" + 4	50mm	
"D10@草图1"	= "D4@草图1"	254mm	
"D2@草图1"	= "D5@草图1"	290mm	
"D7@草图1"	= "D6@草图1"	108mm	
"D4@草图39"	= "D1@基准面2" - 64	8mm	
"D1@草图5"	= "D5@草图1" - "D4@草图1" + "D3@草图	44mm	
"D3@草图5"	= "D3@草图1" / 2 + 2	10mm	
"D1@草图26"	= "D1@草图31" / 2 + "壁厚"	46mm	
"D8@草图26"	= "D1@草图31" / 2 + 26	66.5mm	
"D10@草图26"	= "D1@草图31" / 2 + 8	48.5mm	
"D1@凸台-拉伸16"	= "D1@凸台-拉伸2" + "D1@凸台-拉伸3"	25mm	
"螺纹孔钻头深度@草图36"	= "D1@凸台-拉伸16" - 5	20mm	
"D1@抽壳10"	= "壁厚"	5.5mm	
"D1@抽壳12"	= "壁厚"	5.5mm	
"D4@草图41"	= "D4@草图8" + 2	55mm	
"D1@草图32"	= "D8@草图1" + "D3@草图1"	17mm	
"D4@草图43"	= "D4@草图8" + 2	55mm	
"D4@草图8"	= "D3@草图8" + 12.5	53mm	
添加方程式			

确定　取消　输入(I)...　输出(E)...　帮助(H)

☐自动重建　角度方程单位：度数　☑自动求解组序

☐链接至外部文件：

图 19-7　阀体零件中的尺寸关系

19.3.2　参数化模板与程序的交互

阀门参数化模板库建立完成后，进入 SOLIDWORKS 二次开发阶段。二次开发程序通过 SOLIDWORKS 提供的 API 方法获取具体零件的参数化模板，进而找到零件中的各个尺寸对象，获取用户输入的参数，更改尺寸对象，获得新零件模型。图 19-8 所示为“阀体”参数化界面。

程序实现的逻辑步骤如下：

1）阀门参数化模板库的存放位置与程序的开发目录位于同一文件夹中，参数化设计的第一步就是将要设计的参数化零件模板在选定位置处复制一份，保证模型模板库的不变性，之后程序通过参数化零件的路径，获取复制后的零件对象，调用的方法代码为：

```
m_iSldWorks_dlg->OpenDoc6(FileName,swDocPART,Options,NULL,&Errors,&Warnings,&m_iModel-
Doc);
```

其中，方法代码的第一个参数 FileName 表示零件的全路径，由项目路径前缀加上复制的参数化对象零件所在路径组成。最后一个参数 m_iModelDoc 即为返回的零件对象，后续通过该对象调用其他操作零件的方法。

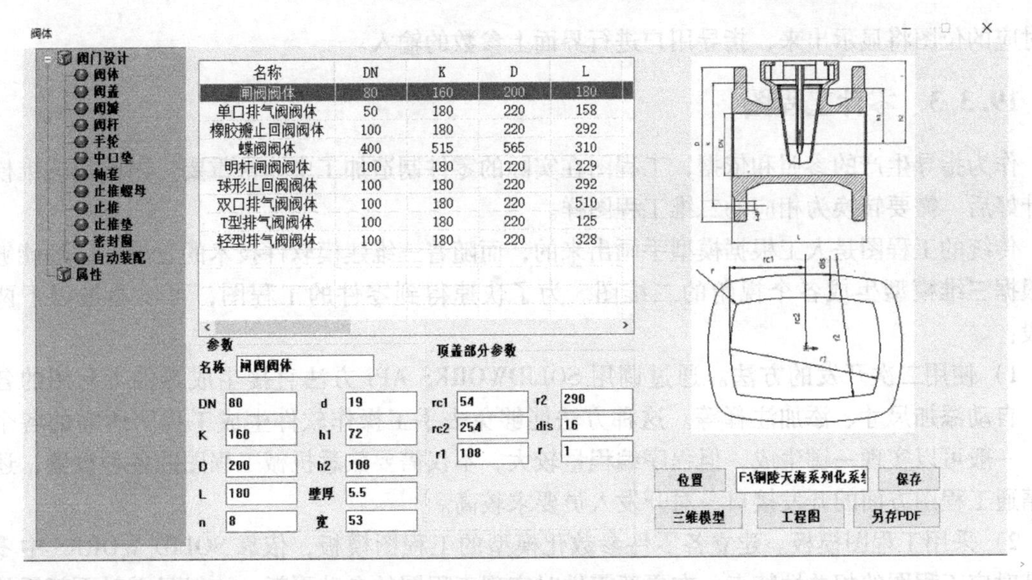

图 19-8 “阀体”参数化界面

2）SOLIDWORKS 中零件的每个尺寸都有唯一的名称，尺寸名称表示为 D1@草图1，表示零件中第一个草图的第一个尺寸，这种命名方式保证了尺寸名不会重复，能根据尺寸名精准地找到对应尺寸。

在程序中，通过使用 Cstring 类型的 Vector 容器，存储零件的零件名，同时每个尺寸还对应一个 double 类型的变量，表示尺寸的数值。根据要进行参数化设计的零件种类，确定对应的尺寸名用 Vector 保存，代码如下：

```
if(m_mc==L"闸阀阀体")
    {
        ShowEdit();
        m_pic_zf_fati.ShowWindow(SW_SHOW);
        m_pic_zf_fati_fatigai.ShowWindow(SW_SHOW);
        dimstr[0]="D1@草图31";
        dimstr[1]="D3@草图34";
        dimstr[2]="D7@草图26";
        dimstr[3]="D2@草图26";
        dimstr[4]="D4@草图34";
        dimstr[5]="D2@草图34";
        ……
    }
```

然后通过尺寸名确定具体尺寸，调用 ISetSystemValue3()方法修改尺寸数值，主要代码如下：

```
CComPtr<IDimension>retvalDimen;
m_iModelDoc->IParameter(dimstr[0].AllocSysString(),&retvalDimen);
retvalDimen->ISetSystemValue3(m_DN/1000, swSetValue_InThisConfiguration, 1, 0, &retvalDimen);
retvalDimen.Release();
```

其中，dimstr[0]指前文保存的尺寸名“D1@草图31”，m_DN 则表示主动参数 *DN*，即公称通径，该值通过用户输入更新。

3）每个参数化零件都有相应位图。当在界面表格中选定要参数化设计种类的阀门阀体后，其对应的位图将显示出来，指导用户进行界面上参数的输入。

19.3.3 零件工程图

作为指导生产的参照和依据，工程图在实际的零件制造加工中非常重要，因此在三维模型设计好后，需要转换为相应的二维工程图样。

传统的工程图是人工根据模型手画出来的，而随着三维建模软件技术的发展，已经能够直接根据三维模型生成各个视角的二维图。为了快速得到零件的工程图，可以通过以下两种手段：

1）使用二次开发的方法。通过调用 SOLIDWORKS API 方法直接生成零件工程图的各视图、自动添加尺寸、添加注释等。这种方法能够免去手工操作软件生成工程图所需的各个步骤，一般可以实现一键生成，但程序编程量较大，不仅需要熟悉机械工程图的各种设置，还需要精通工程图方面的开发接口，对开发人员要求较高。

2）采用工程图模板。建立各零件参数化模型的工程图模板，依靠 SOLID WORKS 中零件与其对应工程图的相关性特点，在更新零件时实现工程图的自动更新，一般只需对更新后的工程图稍做更改就可以得到最终的工程图。

以什么样的工程图作为模板，不同厂家一般都有自己的规定。SOLIDWORKS 中虽然有许多默认的工程图模板，但这些模板都属于国外的标准，一般不能满足国内的标准要求，因此需要根据公司自用的工程图创建自定义模板。

创建自定义工程图模板的步骤如下：

1）使用 SOLIDWORKS 中已有的空白工程图纸，工程图中的标题栏已经按照标准绘制好，在空白处右击，选择“编辑图纸格式”，在要填写的标题栏空格处添加属性关联。

首先在要填写的空白处插入注释，再单击注释编辑中的“链接到属性”图标，打开“链接到属性”对话框，单击“属性名称”下拉按钮，在弹出的下拉列表中可以选择将注释与 SOLIDWORKS 软件自带的属性或是用户自定义属性链接在一起，当零件中有该属性名的属性值时，会自动同步到工程图中该注释处，实现标题栏自动填写，如图 19-9 所示。

自定义属性对象可以通过单击对话框中的“文件属性”按钮进行添加，图 19-10 所示为弹出的“摘要信息”界面“自定义”选项卡，可在此添加自定义属性，包括属性名称与类型。一般自定义属性都是在零件中已有的属性项。

链接属性完成后的注释，会显示“$PRPSHEET:{设计}”格式的字符，表示链接的属性名为“设计”。图 19-11 所示为链接了各属性的标题栏效果。

2）将编辑设置好的图纸文件以 SOLIDWORKS 模板 .drwdot 格式另存在软件默认的图纸模板存放文件夹内，之后用户新建工程图时就可以选择自定义的模板进行制图。

用工程图模板给所有的参数化零件都创建相应的工程图文件，可以在模型界面通过单击文件菜单下的“从零件制作工程图”，然后在新建界面选择自己建好的工程图模板，添加零件视图、调整尺寸标注、添加技术要求，最后完成工程图的制作。在参数化驱动零件时，通过零件与图纸的关联性，就可以得到新零件的对应图纸。

另外，由于参数化零件的工程图模板会随着后期零件的改变而变化，因此在建立制作零件工程图时需要注意零件尺寸大小的变化，考虑零件可变化范围内的最大尺寸，会不会造成视图的重叠或者超出图纸范围，既要选用合适大小的图纸，也要注意视图比例尺的选择。

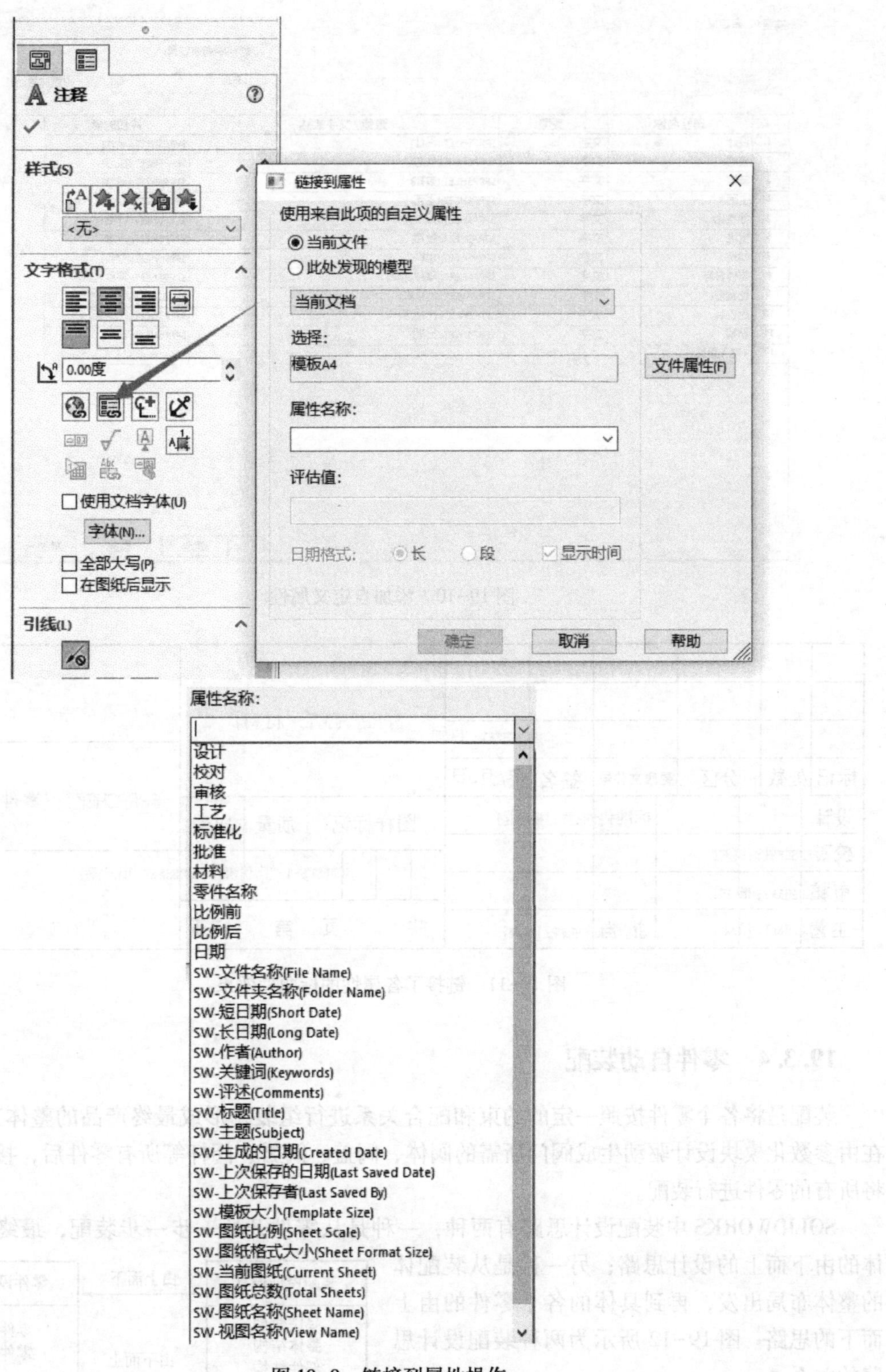

图 19-9　链接到属性操作

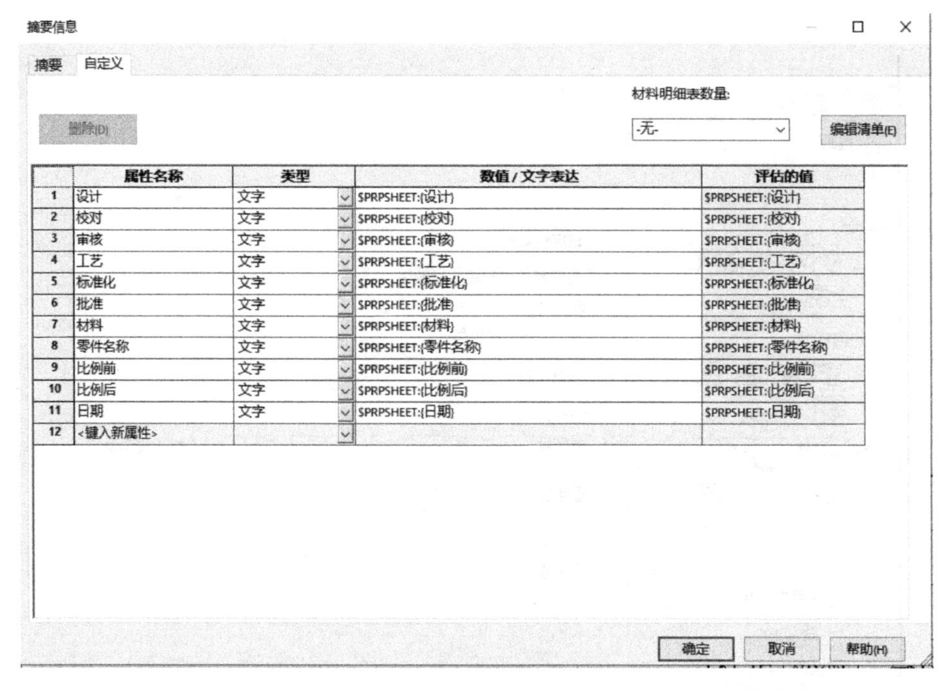

	属性名称	类型	数值/文字表达	评估的值
1	设计	文字	$PRPSHEET:{设计}	$PRPSHEET:{设计}
2	校对	文字	$PRPSHEET:{校对}	$PRPSHEET:{校对}
3	审核	文字	$PRPSHEET:{审核}	$PRPSHEET:{审核}
4	工艺	文字	$PRPSHEET:{工艺}	$PRPSHEET:{工艺}
5	标准化	文字	$PRPSHEET:{标准化}	$PRPSHEET:{标准化}
6	批准	文字	$PRPSHEET:{批准}	$PRPSHEET:{批准}
7	材料	文字	$PRPSHEET:{材料}	$PRPSHEET:{材料}
8	零件名称	文字	$PRPSHEET:{零件名称}	$PRPSHEET:{零件名称}
9	比例前	文字	$PRPSHEET:{比例前}	$PRPSHEET:{比例前}
10	比例后	文字	$PRPSHEET:{比例后}	$PRPSHEET:{比例后}
11	日期	文字	$PRPSHEET:{日期}	$PRPSHEET:{日期}
12	<键入新属性>			

图19-10 添加自定义属性

图19-11 链接了各属性的标题栏效果

19.3.4 零件自动装配

装配是将各个零件按照一定的约束和配合关系进行组装，形成最终产品的整体三维模型。在由参数化模块设计驱动生成阀门所需的阀体、阀盖、阀瓣、阀杆等所有零件后，接着就需要将所有的零件进行装配。

SOLIDWORKS中装配设计思路有两种，一种是从零件开始一步一步装配，最终形成装配体的由下而上的设计思路；另一种是从装配体的整体布局出发，再到具体的各个零件的由上而下的思路。图19-12所示为两种装配设计思路的关系。

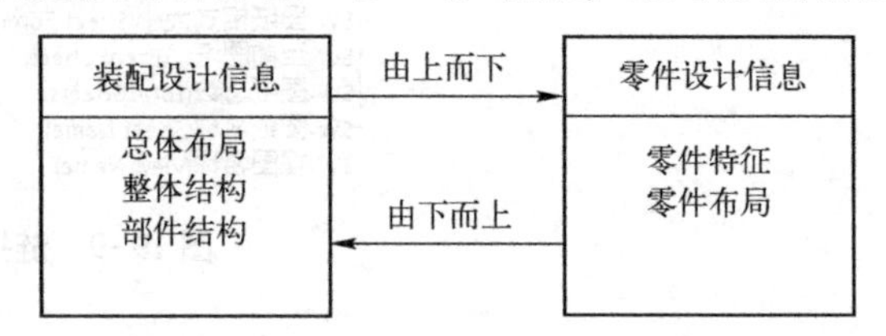

图19-12 两种装配设计思路的关系

由上而下的设计就是先绘制产品整体布局，确定零件之间的关系，再设计零件，其中零件之间有许多几何参数关联，互相影响。

由下而上的设计就是先设计零件，然后将零件按照阀门结构逐一插入装配体中。因为阀门主要零件数量不多，且结构装配关系大多比较固定，所以本章参数化设计系统采用的就是先设计各个零件再进行装配的由下而上的装配设计思路。

采用由下而上的装配设计思路，传统的装配方法需要手动添加每个零件，然后设置零件之间的装配关系，如果每次都在阀门零件设计完毕后手动装配，毫无疑问会浪费大量的时间。利用阀门零件拓扑结构基本固定这个特点，可以实现自动装配这一功能，从而节省大量的时间。

通过 SOLIDWORKS 二次开发实现自动装配，使用 API 接口方法编写零件的添加、装配等动作，用代码书写阀门装配的整个过程，实现阀门装配体的一键装配。

主要步骤及相关代码如下：

1）根据项目文件夹中预先存放的装配体模板新建空白装配文件，代码为：

```
CString sDir1;
GetModuleFileName(GetModuleHandle(_T("TLTH. dll")),sDir1. GetBuffer(255),255);
sDir1. ReleaseBuffer();
sDir1=sDir1. Left(sDir1. GetLength()-28);
sDir1+=_T("三维模型\\模板文件\\gb_assembly. asmdot");
if(_access(sDir1,0)==-1){
    AfxMessageBox("装配体模板文件 gb_assembly. asmdot 不存在!");
    return;
}
m_iSldWorks_dlg->NewDocument(sDir1. AllocSysString(),0,0,0,&NewDoc);
```

其中，NewDocument()的第一个参数为装配体模板全路径，最后一个参数为新建装配体文档对象。

2）向空白装配体中添加零件，代码为：

```
CComBSTR sCompName_zf_fati(strFileName);
m_iSldWorks_dlg->OpenDoc6(sCompName_zf_fati, swDocPART, swOpenDocOptions_Silent, sDefaultCon-
figuration, &lErrors, &lWarnings, &tmpObj);
swAssy->AddComponent4(sCompName_zf_fati, sDefaultConfiguration, 0, 0, 0, &swComponent);
```

其中，sCompName_zf_fati 是已经定义好的零件全路径，OpenDoc6()方法将零件打开并加载到内存中，AddComponent4()方法将零件添加到空白装配文件中。

3）依照手动装配的步骤添加零件并设置好装配关系。为了避免因为参数化驱动造成零件点、线、面等对象改变，进而使装配关系对象丢失，造成装配错误，一般在需要设置装配关系的线或面处插入基准轴或基准面，装配的时候将装配关系设置在这些基准轴或基准面上，保证装配过程的容错性。主要代码为：

```
CComBSTR FirstSelection(L"上视基准面@");              // 定义第一配合对象
sFirstSelection. AppendBSTR(CompMateName_zf_fati);
sFirstSelection. AppendBSTR(AtSign);
sFirstSelection. AppendBSTR(AssemblyFilename);
CComBSTR sSecondSelection(L"上视基准面@");            // 定义第二配合对象
sSecondSelection. AppendBSTR(CompMateName_zf_faban);
sSecondSelection. AppendBSTR(AtSign);
sSecondSelection. AppendBSTR(AssemblyFilename);
swModel->get_Extension(&swDocExt);
// 选定两配合对象
```

```
swDocExt->SelectByID2(FirstSelection, L"PLANE", 0, 0, 0, true, 1, NULL, swSelectOptionDefault, &retval);
swDocExt->SelectByID2(SecondSelection, L"PLANE", 0, 0, 0, true, 1, NULL, swSelectOptionDefault, &retval);
// 建立重合配合
swAssy->AddMate3(swMateCOINCIDENT, swMateAlignALIGNED, false, 0, 0, 0, 0, 0, 0, 0, 0, false, &lErrors, &swMate);
mateFeature=swMate;
swMate=NULL;
swModel->ClearSelection2(true);
```

其中，FirstSelection 和 SecondSelection 分别指两个零件中要建立关系的对象，通过 SelectByID2()方法选中两对象，再通过 AddMate3()方法添加装配关系，其第一个参数 swMateCOINCIDENT 是 SOLIDWORKS API 中提供的枚举对象，每个装配关系都由一个枚举成员指代。

4）添加阀门的每个零件，再设定装配关系，最后通过运行代码，就能实现一键装配。

这种方法最终实现的自动装配功能很方便，但局限在于不能改变参数化零件的零件名，装配过程基本通过固定的零件名识别零件对象。若零件名改变，就可能造成装配体的装配缺失。另外，实现装配全过程所需要的代码编写量比较大，需要花费较多的时间与精力。

19.3.5 零件属性添加

零部件的属性添加主要用于工程图标题栏的自动填写，记录零件的属性和一些设计过程信息，是产品设计中不可缺少的部分。工程图标题栏中有诸如设计者、审核者、材料、日期等一系列的属性需要填写，对于生产制造过程中的追责、监管以及零件信息的补充有着重要的作用。若设计者手动在标题栏中一一填写或在零件中手动添加这些属性信息，都会花费大量的时间，降低设计效率，因此一种快速的属性添加功能是阀门参数化系统所需要具备的，图 19-13 所示为属性添加逻辑流程。

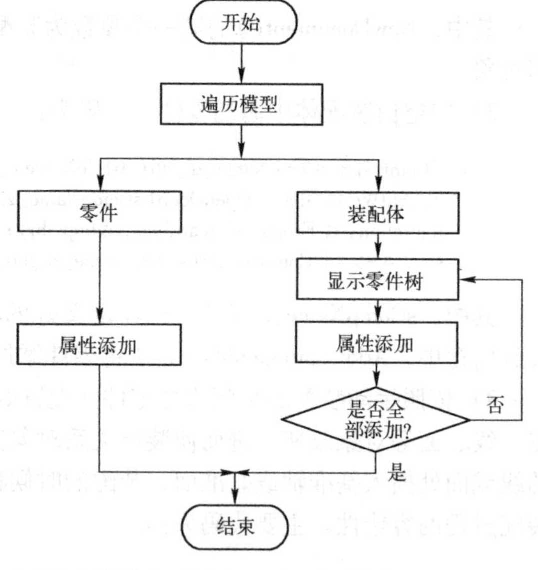

图 19-13 属性添加逻辑流程

当使用快速属性添加功能时，属性添加模块首先遍历当前打开的模型，如果是零件，则直接进行后续的属性添加步骤；如果是装配体，则程序会使用深度优先遍历算法列出装配体的零件列表，同时保证重复的零件名只显示一个，用户既可以选择对装配体添加属性，也可以从列表中选择某一成员零件进行属性添加。图 19-14 所示为“零部件属性”添加界面。

界面右侧列出了零件需要添加的各属性项，这些属性都是公司规定需要添加的属性。使用者可以选择手动输入各属性，也可以从下方数据库列表中选择已有的记录自动填写。填写完所有属性值后，单击“添加属性”按钮，就可以将所有属性添加到零件中。

属性添加主要代码如下：

```
CComBSTR Name("默认");
CComBSTR pConnect_sheji(m_sheji.AllocSysString());
```

```
CComBSTR NAME1(_T("设计"));
pModelDoc->DeleteCustomInfo2( Name,NAME1,&retval);
pModelDoc->AddCustomInfo3(Name,NAME1,swCustomInfoText,pConnect_sheji,&retval);
……
```

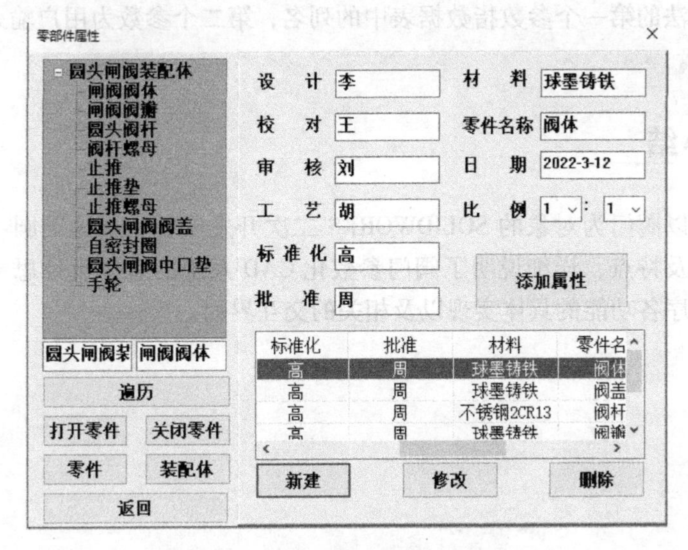

图 19-14 “零部件属性”添加界面

其中，AddCustomInfo3()为添加属性的方法，第一个参数 Name 指零件属性表的名称，一般使用“默认”属性表，也可以自定义属性表名称；第二个参数 NAME1 指要添加的属性名，即设计、审核、材料等；第四个参数 pConnect_sheji 指用户输入的相应属性值。

另外，还有对属性数据库操作的三个功能，分别是新建、修改、删除。

1）新建，能够将用户输入的属性值以组为单位保存在数据库的表中，当下次需要填写相同的属性时，可以直接从界面上的表中选中该条记录，实现一键填写，大大节省了输入时间，主要代码为：

```
m_pRecordset->AddNew();          // 添加新行
m_pRecordset->PutCollect("设计",(_bstr_t)m_sheji);
m_pRecordset->PutCollect("校对",(_bstr_t)m_jiaodui);
m_pRecordset->PutCollect("审核",(_bstr_t)m_shenhe);
……
m_pRecordset->Update();
```

2）修改，点选表中的某条记录后，在界面上的文本框中修改某些属性之后，将修改同步到数据库中，主要代码如下：

```
m_pRecordset->Move(--pos,vtMissing);
m_pRecordset->PutCollect("设计",(_bstr_t)m_sheji);
m_pRecordset->PutCollect("校对",(_bstr_t)m_jiaodui);
m_pRecordset->PutCollect("审核",(_bstr_t)m_shenhe);
……
m_pRecordset->Update();
```

3）删除，选中表中某条记录后从数据库表中删除，主要代码如下：

```
m_pRecordset->Move(--index,vtMissing);
```

```
m_pRecordset->Delete(adAffectCurrent);
m_pRecordset->Update();
```

其中，变量m_pRecordset即为前文介绍的_RecordsetPtr对象，用于调用方法读取数据库中的表；PutCollect()方法的第一个参数指数据表中的列名，第二个参数为用户输入值；Update()方法用于更新数据表。

19.4 本章小结

二次开发实例——阀门参数化系统

本章主要介绍以阀门为对象的SOLIDWORKS二次开发实例，讲述了圆头闸阀的工作原理及特点，详细说明了阀门参数化CAD系统的总体设计思路，同时介绍了程序各功能的具体实现以及相关的交互界面。

第 20 章　二次开发实例——轻型卡车翻转支座断裂分析

本章内容提要

（1）翻转支座轻量化研究背景

（2）翻转支座仿真设计，轻量化研究

（3）翻转支座仿真程序设计

20.1 翻转支座轻量化研究背景

目前，能源问题越来越严重，轻型卡车的质量，往往也会影响它的油耗以及使用寿命，其次对整车性能考核的一个重要指标就是汽车的燃油经济性问题，而且许多环境问题在汽车领域尤其重要，节能减排的任务已经刻不容缓。对于燃油汽车，如果其质量降低 10%，则燃油效率就可以增加 7%左右，里程的续航也会相应增加 5%左右。由此可以知道，汽车整车的质量会影响汽车的里程和燃油效率，所以，轻量化汽车对于汽车行业降低成本、排量都会有所影响，同时也响应了国家倡导的绿色节能思想，故而降低汽车质量势在必行。

因为当前社会材料的费用日益增长，以及国家对于能源问题的重视，这些因素导致轻量化在市场上的重要性与日俱增，轻量化零部件也可使汽车零部件的生产厂家因为原材料的降低而大大减少成本，为企业增收，获得更多的经济效益。

在和企业的沟通中，发现企业要求的并不是一个全新的设计，而是在原有的基础上对汽车进行改造升级，不能破坏其原有的结构，因为很多部件的结构具有相似的属性，只需要对结构的部分模块进行特征分析就可以得到相应的结果。由于是局部的改造，对于改造的结果是否合理，企业只能通过以往的经验进行分析判断，以及使用后对于损坏的零件进行分析来探究是哪个部位出现了问题。这样的操作往往会增加设计的周期，也会大大提升设计的成本。基于以上分析，结合企业的要求和实际情况，我们以中型卡车驾驶室的翻转支座作为研究对象，通过对破损支座的分析研究，以及技术人员的指导，了解该产品设计研发的一些细节，在对支座容易发生断裂的位置（图 20-1）进行应力分析和降重处理以外，为了降低支承座的研发周期，在减轻零部件质量和降低用工成本的同时，按照企业要求，实现产品的快速分析，以及分析后如何处理做出相应的系统设计。

图 20-1　N620 翻转支座断裂图

本章通过对支座结构分析，以及各类极限情况的分析，在满足汽车零部件应力应变要求的同时，结合企业所给的铸造件生产实际情况，合理的对其进行改造升级，对类似的汽车零部件企业也具备一定的参考价值。

本章的研究内容主要包括以下四个方面。

1）了解轻量化技术国内外研究现状，掌握轻量化常用的方法。

2）针对企业目前生产的翻转支座进行有限元分析，对仿真结果分析后进行结构优化。

3）对翻转支座进行轻量化设计，选择最优的结构优化以及降重的方案。

4）基于SOLIDWORKS Simulation对翻转支座进行有限元软件二次开发，方便企业人员上手掌握。

20.2 轻型卡车翻转支座断裂分析

20.2.1 机械式驾驶室系统的结构和工作原理

驾驶室翻转系统主要被用于辅助驾驶室翻转。通过翻转机构内扭杆所提供的扭矩克服驾驶室的重力矩，从而实现驾驶室的前翻、起落功能。该系统主要包括力学原件、前后支承以及操控装置。前部支承是驾驶室翻转最主要的部分，实现了对于驾驶室前端的支承；后部支承与后端的锁定装置协同工作，实现了对驾驶室后端的安全锁定，增强了其安全性和可靠性。

1）驾驶室前翻：操作人员手动或者根据机械联动的方式接触驾驶室后端的锁定装置，再给予驾驶室一个向上的推力，就可以使得驾驶室沿着扭转中心向上旋转；听到锁扣固定声后，即说明安全部件已经将其锁定，将驾驶室固定到这一角度以后，工作人员就可以进入驾驶室下方对驾驶室底盘或者发动机进行维修或检查操作。

2）驾驶室下落：当工作人员检修完成以后，需要操作人员手动将其安全装置解除，使其不会继续固定，可以实现驾驶室向下的翻转。此时，操作人员需要给予驾驶室一个向下的力，使其能缓慢下落，落到最初的位置。最后，通过机械联动的方式实现驾驶室的固定和锁动。

重型卡车驾驶室翻转机构主要是液压式翻转机构，而轻型卡车驾驶室翻转机构通常是机械式翻转机构，即整个翻转机构都是机械结构，其中最重要的翻转结构就是扭杆。机械式翻转机构分为两种：单扭杆机构和双扭杆机构。单扭杆机构主要用于较小质量的轻型卡车；双扭杆机构主要用于较大质量的轻型卡车。双扭杆机构相对于单扭杆机构来说，可以承受的扭矩更大，可以使驾驶室两侧的受力较为均匀，通常不会因为扭矩过大而导致扭杆的断裂，而单扭杆机构通常运行不稳定，翻转支座常常会因为受力不均衡导致断裂。本章主要的研究内容就是单扭杆机构断裂的原因，以及如何改进使其不会在翻转时发生断裂。因为单扭杆机构结构简单、成本较低，所以应用更为广泛。驾驶室翻转机构由限位撑杆、锁止机构和前支架总成等部分组成，其中限位撑杆主要起到支承驾驶室翻转的作用，以限制驾驶室的回落。限位撑杆、前支架总成和锁止机构都固定于纵梁上。

单扭杆翻转机构主要由左支承座、右支承座、扭杆、调节器、衬套等组成，其特征是驾驶室支承轴管中心、扭杆弹簧中心以及驾驶室翻转中心，三心合一，围绕扭杆中心进行旋转，当达到一定角度后停止旋转，锁定驾驶室。

驾驶室翻转原理：驾驶室处于锁定状态时的翻转角度为0°，扭杆的扭矩和扭角达到最大值，驾驶室的重力矩最小。当解除驾驶室锁定后，因为扭矩大于重力矩，此时驾驶室自动逆时针翻转一个比较小的角度，直到重力矩与扭矩相等。人为向上推动驾驶室，此时驾驶室继续逆时针翻转，扭杆能量逐渐释放，扭矩降低，重力矩增加。将驾驶室放下时，需要预先手动解除之前限位销所致的锁紧状态，驾驶室由于重力作用不断下落，重力矩不断降低，此时由于翻转机构对扭杆的作用使扭杆的扭转角度不断增大，扭杆扭矩也因此不断增大，人为对驾驶室向下施加一个很小的拉力，扭杆的变形量最大，此时翻转支架支承座受到的扭矩也是最大的。单扭杆翻转机构如图 20-2 所示，其特点是有一根较粗的扭杆贯穿于左右两端，不仅可为翻转支架施加翻转力，也有减轻震动、实现平稳旋转、确保驾驶室安全可靠以及固定驾驶室的作用。

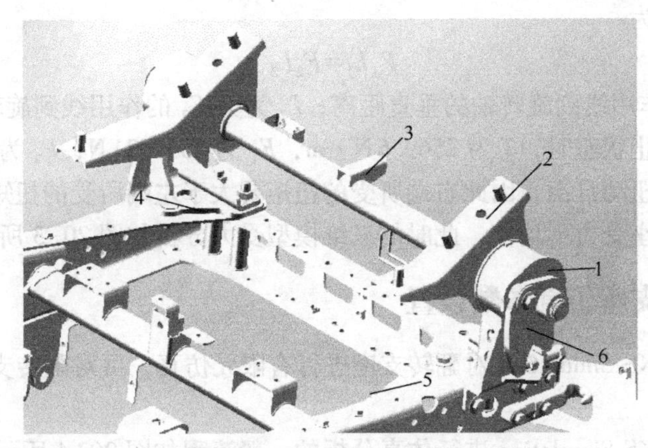

图 20-2　单扭杆翻转机构

1—衬套　2—支承座　3—扭杆　4—左支承座　5—右支承座　6—调节器

20.2.2　翻转支座受力分析

根据研究表明，单扭杆翻转机构驾驶室翻转支座的翻转极限角度约为 40°，60Si2Mn 材质扭杆的刚度为 64.24 N/m。对翻转机构支架模型进行受力分析，即翻转支架中扭杆的右支承座端固定，左支承座承受扭矩。由于扭杆扭矩会随着驾驶室翻转不断减小，处于锁止状态时扭杆左支承座端受力最大，因此将锁止位置作为实验有限元分析的工况，此时驾驶室原始受载情况见表 20-1。扭杆左支承座端承受的扭矩为

$$T=K\theta \tag{20-1}$$

式中，K 为扭杆的扭转刚度；θ 为扭杆的旋转角。

表 20-1　载荷的相关项目和参数

载荷相关项目	参　数
驾驶室总质量/kg	469
质心坐标/mm	(-246，-26，883)
扭杆扭矩/N · m	2569.6

由图 20-3 所示受力分析得出

$$G=F_1+F_2 \tag{20-2}$$

式中，G 为驾驶室重力；F_1 为右支承座分力反力；F_2 为左支承座分力反力。

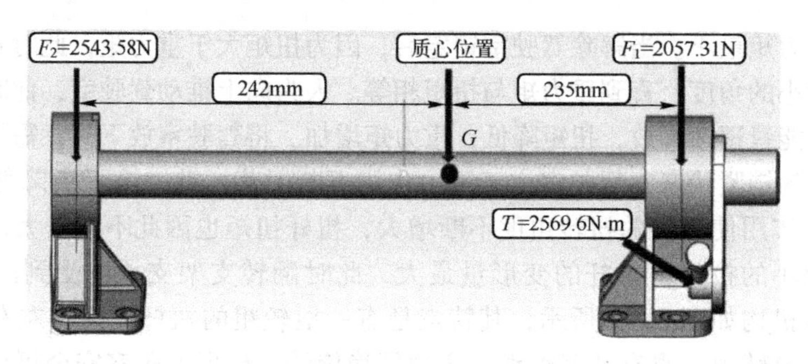

图 20-3　三维模型受力分析

由力矩平衡方程为

$$F_1L_1 = F_2L_2 \tag{20-3}$$

式中，L_1 为力 F_1 的作用线到旋转轴的垂直距离；L_2 为力 F_2 的作用线到旋转轴的垂直距离。

当驾驶室处于锁止状态时，T 为 2569.6 N·m，F_1 为 2057.31 N，F_2 为 2543.58 N。分析发现，由于扭杆的左端扭动自由，因此右端所受的扭矩要大于左端所受的扭矩，所以在翻转时驾驶室左右两侧的支承座受力不均衡，此时的三维模型受力分析如图 20-3 所示。

20.2.3　翻转支座仿真参数设置

基于 SOLIDWORKS Simulation 对翻转支座进行有限元仿真，可对翻转支座的受力情况进行可视化分析。

通过 SOLIDWORKS Simulation 进行仿真分析的一般流程如图 20-4 所示。首先启动 SOLIDWORKS 软件，打开模型库中的模型或者通过新建三维模型的方式来获取模型。之后对模型进行前处理，即简化三维模型，对仿真影响不大的地方进行删除（如装修圆角、槽等），对多个面交叉处进行简化处理，尽量在绘图期间就避免多个面交叉，因为该地方的处理较为复杂。将无法绘制网格的地方精细化处理。然后，需要对模型设置材料、添加约束、添加载荷、定义网格类型，最后进行网格划分，其中除了网格划分放在最后一步，其他的顺序可以有所调整。以上过程完成后，仿真结果会自动生成应力云图，可以根据软件的菜单栏，生成对应的应变云图以及位移云图，再根据是否与实际结果相吻合，决定是否对仿真结果进行保存。下面以铸造件翻转支座为例做出有限元分析。

首先建立算例，对模型的每一次分析都会产生一个算例，一个模型可以有多个不同的算例，可以是急转弯，或者紧急制动等。然后对模型的零件进行材料指定，如 QT450 或者 B510L 等，根据模拟真实的情况对模型进行夹具的安装，并添加载荷，这一步是现实工况下模型载荷的实际体现，值得注意的是一定要施加和工况情况相同或者可以与之替代的力的作用位置以及形式，对其添加新的约束。夹具添加完成后需要根据模型进行离散化，目的是得到准确的解值，这一步是影响有限元仿真结果的关键。网格选择中有多种参数可供选择，多数运用的是基于曲率，这是由于该参数模式下能生成可变化单元大小的网格，便于网格的划分，利于发现几何体细小的特征，从而获得更为精准的结果。最后分析结果，这一步同样也很重要，可以根据不同的选项或者显示程度进行，位移可以选择合位移或者分位移，应力的大小可以通过探针获得。

在有限元分析前，需对翻转支座模型进行简化处理，从而获得更为准确的有限元分析模型，避免在仿真过程中出现干涉以及网格无法划分的情况。由于该模型主要是用于制造，所以

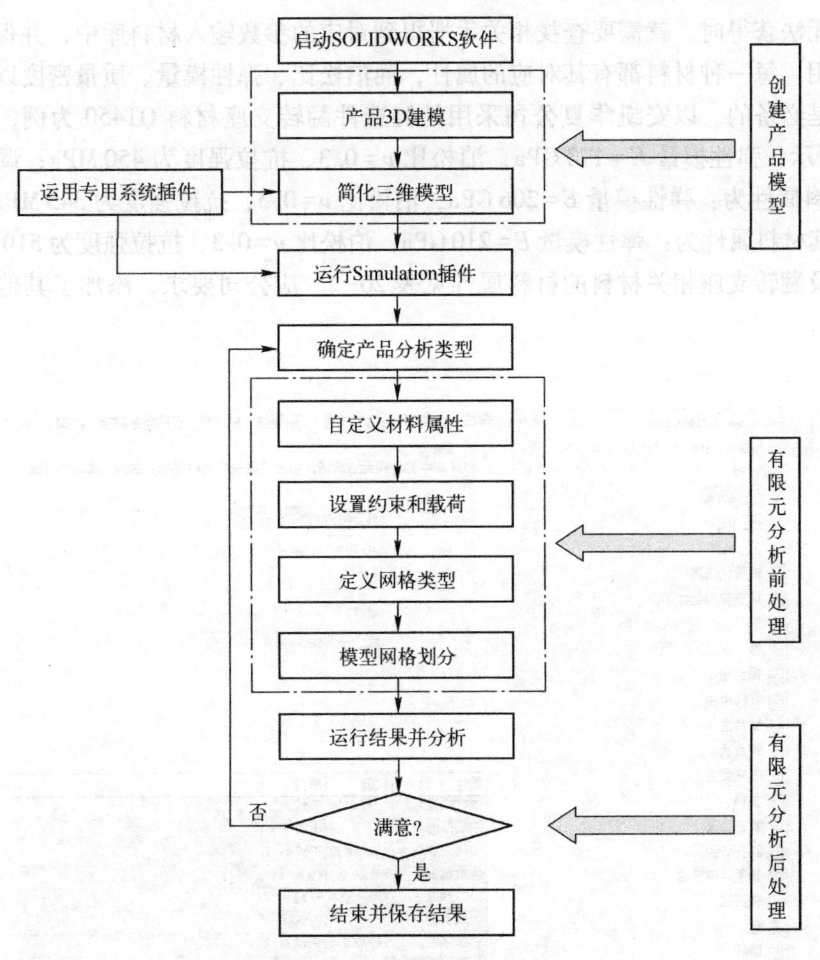

图 20-4　仿真分析的一般流程

很多细节都没有处理完好，如存在零件相互交叉的现象，这时候需要将这几个零件通过 SOLIDWORKS 里面的组合功能，组合成为一个整体。如果使用组合功能提示失败，则可能是由于某两个零件之间没有相互紧贴在一起，导致无法组合，需要测量出零件之间部分面的距离，再通过平移设置，使其贴在一起，再进行组合处理。除了去除边角、圆角以及将多个面重叠处简化外，由于调节器运动幅度很小，对于运算结果影响不大，可将原来支座上限制调节器扭转的洞口补上；由于连杆自身并不传递任何扭矩和力，对分析的影响不大，故可将连接左支承座和右支承座的连杆删除，根据这个思路，将支座的三维模型进行简化处理，简化后的整体三维模型如图 20-5 所示。

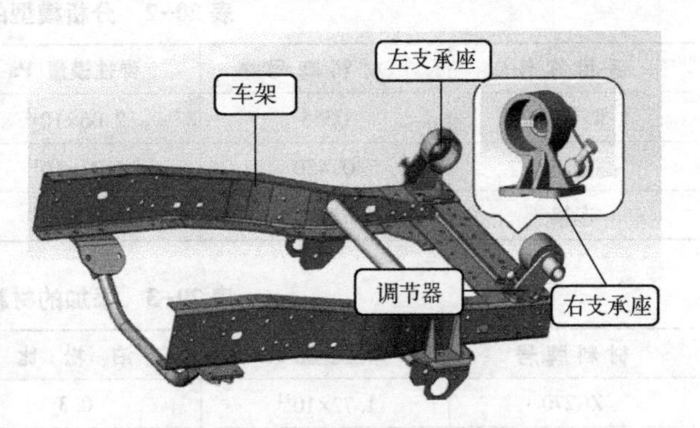

图 20-5　简化后的整体三维模型

20.2.4　翻转支座属性设置与网格划分

SOLIDWORKS 提供了很多材料，可以通过 SOLIDWORKS 材料库直接获取。当企业需要的材料在其中无法获得时，就需要查找相关手册得到对应的参数输入材料库中，并保存，之后需要可直接调用。每一种材料都有其对应的属性，而泊松比、弹性模量、质量密度以及屈服强度这几个属性是必备的。以安凯华夏公司采用的铸造件翻转支座材料 QT450 为例，其材料属性如图 20-6 所示：弹性模量 $E=173$ GPa，泊松比 $\nu=0.3$，抗拉强度为 450 MPa；调节器材料为 Q355，其材料属性为：弹性模量 $E=206$ GPa，泊松比 $\nu=0.3$，抗拉强度为 345 MPa；车架材料为 B510L，其材料属性为：弹性模量 $E=210$ GPa，泊松比 $\nu=0.3$，抗拉强度为 510 MPa。车架、调节器，以及翻转支座相关材料的材料属性见表 20-2。应公司要求，添加了其他的材料的属性见表 20-3。

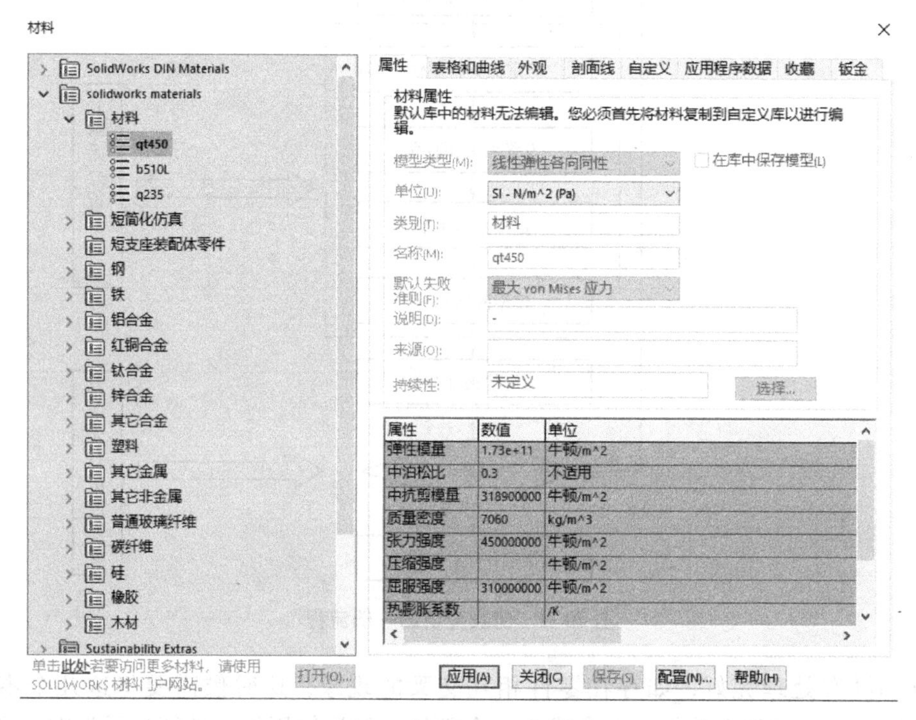

图 20-6　QT450 材料属性

表 20-2　分析模型的材料属性

适用零件	材料牌号	弹性模量/Pa	泊松比	抗拉强度/Pa
调节器	Q355	2.06×10^{11}	0.3	3.45×10^{8}
翻转支座	QT450	1.73×10^{11}	0.3	4.5×10^{8}
车架	B510L	2.1×10^{11}	0.3	5.1×10^{8}

表 20-3　添加的材料及其属性

材料牌号	弹性模量/Pa	泊松比	质量密度/(kg/m³)	屈服强度/Pa
ZG270	1.72×10^{11}	0.3	7.8×10^{3}	2.7×10^{8}
20	2.06×10^{11}	0.3	7.84×10^{3}	2.45×10^{8}
45	2.09×10^{11}	0.269	7.85×10^{3}	3.55×10^{8}
40Cr	2.1×10^{11}	0.3	7.82×10^{3}	8×10^{8}

20.2.5　翻转支座载荷施加及边界条件设置

根据图 20-7 所示的受力分析，对右支承座和左支承座内壁施加重力的分力，在扭杆调节器处施加扭杆提供的扭矩，如图 20-8 所示。

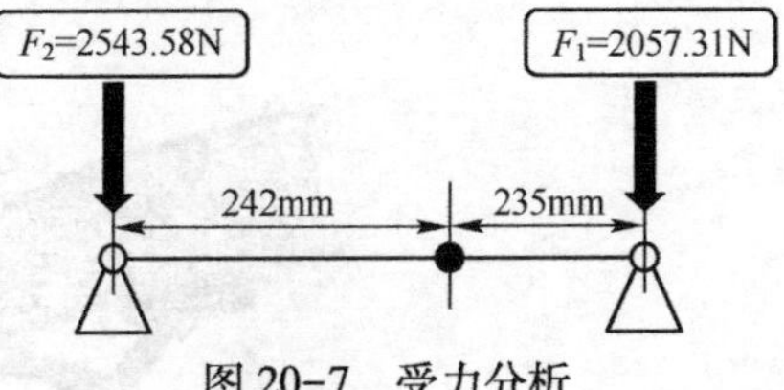

图 20-7　受力分析

a) 右支承座所受重力分力

b) 左支承座所受重力分力

c) 调节器处扭矩

图 20-8　重力分力和扭矩

根据结构特点和安装方式，可以近似将车架与车子底部看作是通过连接板连接在一起，即对车架安装面通过固定方式进行约束，车架中部截面设置为固定约束，从而限制了车架安装面的各方位动作。车架所受的固定约束情况如图 20-9 所示。载荷和约束分别如下所示。

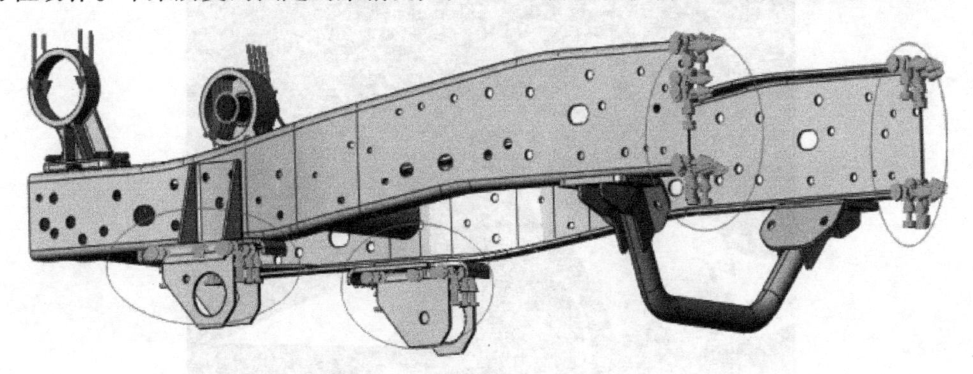

图 20-9　车架所受的固定约束情况

约束 1：车架底座 4 处以及尾部 2 处固定约束，共计 6 处固定。

约束 2：右支承座和调节器之间施加销钉，右支承座和左支承座与车架之间用螺栓连接，并将通过螺栓连接的零件设置成无穿透。

载荷 1：左支承座施加沿着垂直于 z 轴负方向大小为 2543.58 N 的力。右支承座施加沿着垂直于 z 轴负方向大小为 2057.31 N 的力。

载荷 2：在右支承座与调节器旋转中心添加 2569.6 N · m 的扭矩。

根据 Simulation 的软件特点，其模块有 5 种单元类型：一阶三角形壳单元、一阶实体四面体单元、二阶三角形壳单元、二阶实体四面体单元以及横梁单元。因为二阶实体四面体单元处理实体结构精度较高，因此选其作为有限元分析单元。为保证运算效率及精度，对受力部位进行网格细化，单元尺寸为 5 mm。对非关键部位采用大尺寸网格进行划分，单元尺寸为 15 mm，中间采用自动过滤的方式进行衔接。经网格处理后，单元数为 155622，节点数为 2693736。翻转支座网格划分模型如图 20-10 所示。

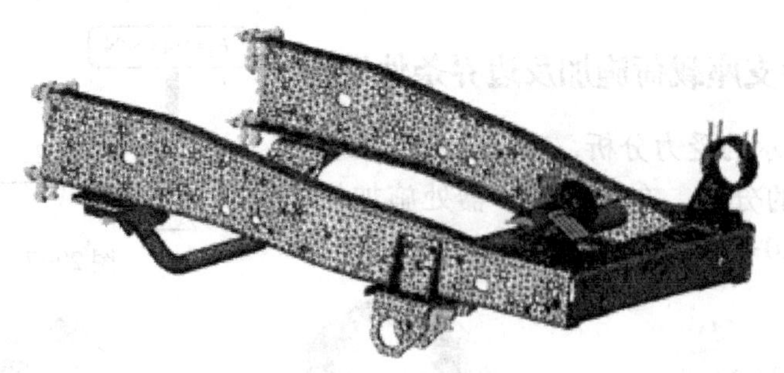

图 20-10　翻转支座网格划分模型

20.2.6　翻转支座有限元结果分析

支座所用材料 QT450 的抗拉强度是 450 MPa，从仿真结果可以看出，左支承座易断裂处的应力最大值为 422.7 MPa，超过许用应力的部分将被视为危险区域，翻转支座应力图如图 20-11 所示。该危险区域图中，横坐标指沿着竖直方向危险区域各个节点的坐标，纵坐标指各个节点所对应的应力值。取支座的安全系数为 1.18，其许用应力通过计算可知为 369 MPa，危险区域应力图是使用 iso 裁剪，将许用应力设置成为 369 MPa，此时超出应力的部分显示为红色，即可能发生断裂。静止状态下危险区域应力分析结果如图 20-12 所示。

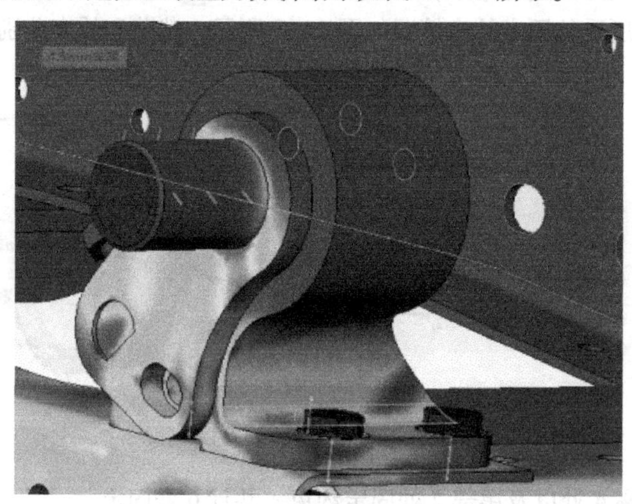

图 20-11　翻转支座应力图

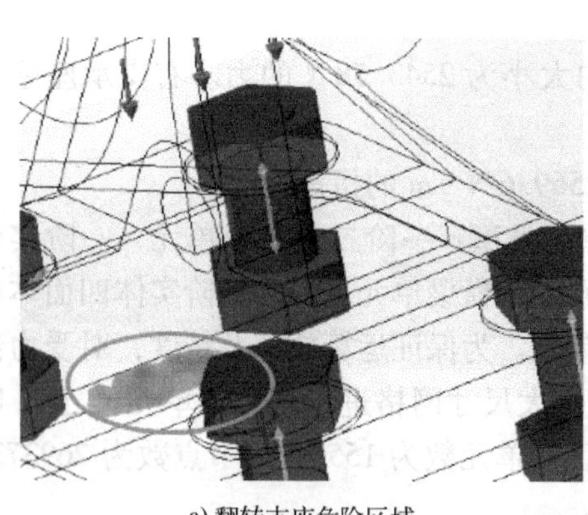

a) 翻转支座危险区域

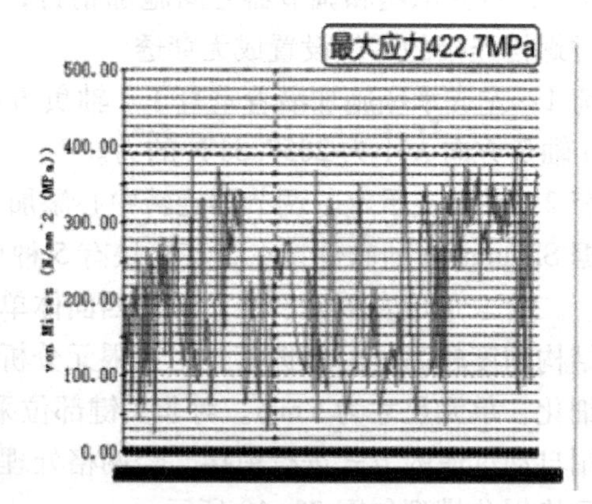

b) 危险区域应力表

图 20-12　静止状态下危险区域应力分析结果

左支承座顶端各方向位移见表 20-4，根据 x 和 z 轴方向的位移量，通过相似三角形的方式可计算出车骨架在 z 轴方向的偏转量 w，车骨架长为 130 mm。

$$w=\frac{0.5253\times130}{2.771}\text{ mm}=24.64\text{ mm}$$

表 20-4　左支承座顶端各方向位移

轴　方　向	x 轴方向位移	y 轴方向位移	z 轴方向位移
位移视图			
位移量/mm	2.771	1.457	0.5253

20.2.7　翻转支座极限工况结果分析

车辆正常运动状态如前文所述，但运动时往往会发生极限情况，所以为了进一步分析右支承座断裂的原因，对车辆在各种极限工况下的应力应变大小进行分析。其中，极限工况分别有颠簸、急转弯以及紧急制动等。

急转弯工况指车辆在路况良好的条件下行驶时，进行突然转弯的情况。紧急制动工况指车辆在路况良好的条件下行驶时，遇见紧急情况需要进行突然刹车，但是此时汽车会在惯性的作用下具有较大的动量。颠簸工况指汽车在情况不好的路面下，上下颠簸时，由于惯性从而产生惯性力作用，颠簸工况分为上、下颠簸。极限工况下翻转支座应力如图 20-13 所示。最大应力点都出现在支座圆角处，且位置几乎没有变化，所以可以考虑对重点区域增加厚度，从而减少变形量以及应力集中。但从表 20-5 可以发现，在颠簸工况以及紧急制动工况时，底座发生断裂处的最大应力值已经超过了 450 MPa，此时有发生断裂的风险，这时候就需要对其做出改进，以追求支座在极限工况的情况下，不发生断裂。

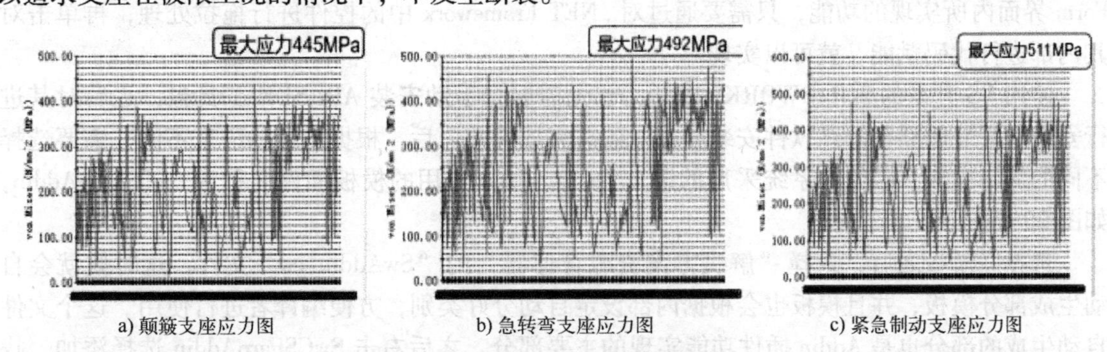

a) 颠簸支座应力图　　b) 急转弯支座应力图　　c) 紧急制动支座应力图

图 20-13　极限工况下翻转支座应力

表 20-5　各工况应力与位移

工 况 名 称	急转弯工况	紧急制动工况	颠簸工况
底座易发生断裂处最大应力/MPa	445	492	511
车架最大位移量/mm	1.090	1.310	1.518

20.3 系统软件开发

20.3.1 软件开发原则

软件设计的目的主要是解决企业的实际生产需求，并且对刚刚入门的技术员友好，易上手。故而设计时要注意以下几点：

（1）实用性　软件的设计要满足企业的要求，各种极限工况下保证支座不发生断裂，确保企业能够真正用上，增加企业设计研发效率。

（2）易操作性　设计人员经简单的培训后就可以上手，将企业所需要的材料都添加进软件内部，给予企业最大的便捷。

（3）合理性　分成三个模块，方便设计人员检测对零件的简化是否到位，以及对仿真结果的查找。

20.3.2 系统搭建

本章用于开发仿真软件系统的开发工具是 Microsoft Visual Studio。Visual Studio（VS）是 Microsoft 公司开发的集成开发环境，它可以使用多种主流软件，如 C#、C++、Java、VB 等。Visual Studio 的主页面非常清晰简明，操作方便智能，使用者在使用 Visual Studio 进行开发时，当编写出现错误后，代码的修复工具可以精准定位到具体的哪条代码。相较于之前版本来说，Visual Studio 可以支持 NET 4.5，比之前所使用的 4.0 版本有了更大的提升，并且它支持 C#表达式，与之前只可以使用 VB.NET，适用范围更广。本系统是采用 C#进行编写，一方面是因为 SOLIDWORKS 的 API 中，可以通过宏录制方式直接生成 C#代码，另一方面是因为 C#开发较为稳定。C#属于 C++和 C 之间的衍生产物，语法形式也与 C 和 C++颇为类似，只是在两者基础上做出了一些优化处理，使其不光延续了 C 和 C++的部分优点，也因为除去了复杂的底层语言而简单易懂，学习这一门语言较为容易。C#还有很多类似于 Java 的地方，如单一的继承以及接口等。此外，它的兼容性很好，可以调用很多类库，从而减少了编译的时间，通常一个 Form 界面内所实现的功能，只需要通过对 .NET Framework 中的控件进行拖拉处理，再单击对其内部进行代码赋能，就可以实现。

使用 VS 开发的 SOLIDWORKS 插件，首先需要先手动安装 API SDK 工具包，之后对其进行安装，安装的路径与该软件安装路径一致。完成安装之后，根据编译的语言不同，需要选择不同的编译模板。因为本系统采用的语言为 C#，所以选用的模板插件名称为 SwCSharpAddin，如图 20-14 所示。

选择好模板之后，选择“解决方案资源管理器”的“SwAddin.cs”文件，这时候就会自动生成部分模板，并且模板也会根据内部设定自动分好类别，方便编译者进行使用。这个文件自动生成的部分也是 Addin 插件功能实现的主要部分。之后右击 SwCSharpAddin 选择添加，找到 Winform 窗口，如图 20-15 所示，单击“Windows 窗体”选项，输入新窗口的名称，建立之后即可生成一个 Form.cs 窗口。可根据所需要的窗口数，相应的建立窗口，Form.cs 内部可以自动生成部分代码，此时我们需要将 Winform 窗口中的部分插件拉入 Form.cs 窗口内，每个控件都会根据自身需求自动生成代码，单击控件，对其内部进行代码赋能，就可以实现功能的使用。

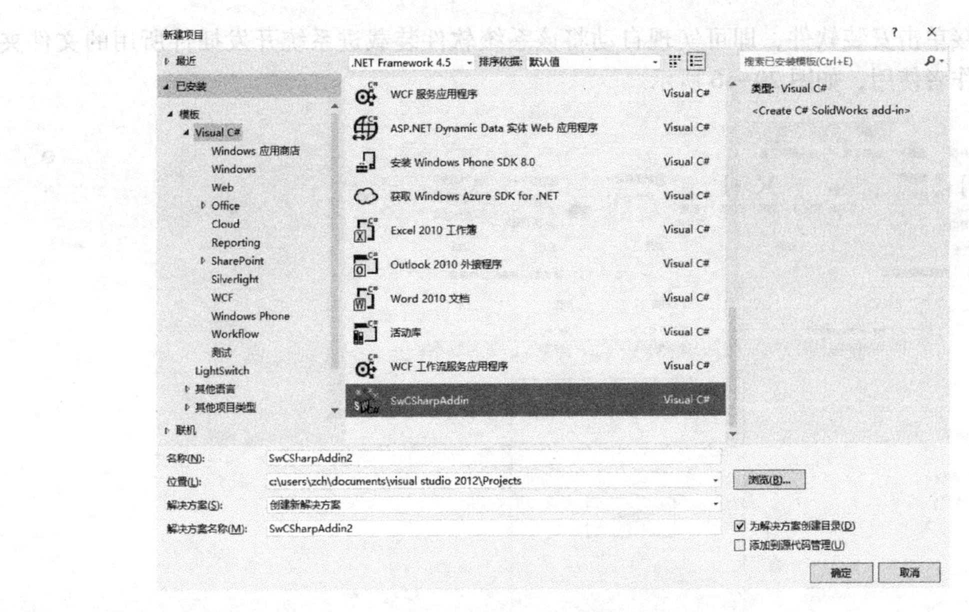

图 20-14　选择模板插件

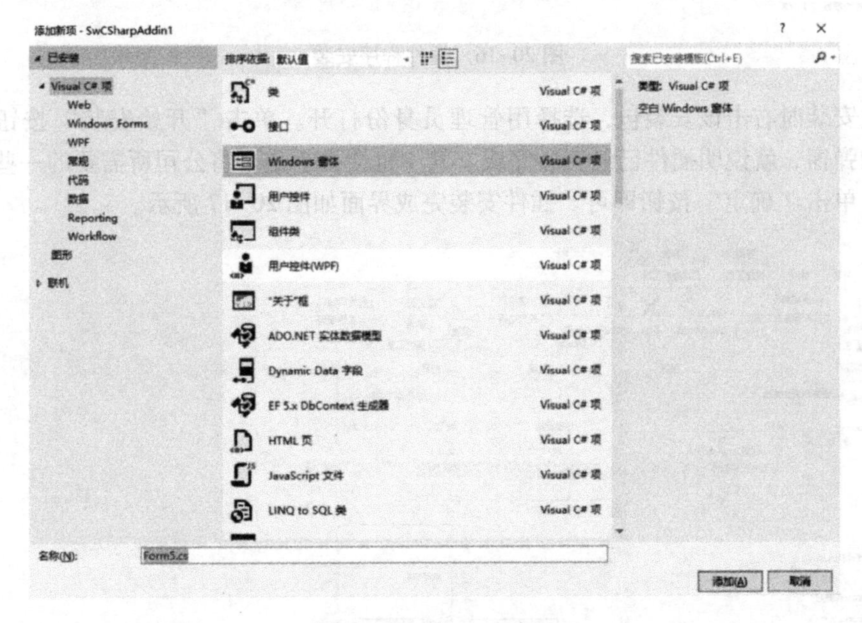

图 20-15　Winform 窗口

20.3.3　软件安装介绍

该系统是采用高级编程语言 C#在 Visual Studio 平台对三维绘图软件 SOLIDWORKS 进行二次开发，其主要功能是实现对各种材料的翻转支座以及车架做仿真分析以及部分零件的拓扑分析。本系统需要安装运行在 SOLIDWORKS 2019 或者以上版本。

以前安装 SOLIDWORKS Simulation 插件的方法较为烦琐。操作人员首先要系统插件复制到需要仿真的计算机的根目录中，使用 UDL 格式的文件进行数据库连接，之后找到后缀名为 .dll 的文件进行加载编译，再对计算机的注册表进行重新注册。这样操作往往不适用于非专业的人士，就算写入了操作说明也会经常出错，因此开发出一套简单快捷的安装软件就显得尤为必要，通过直接单击安装软件，即可实现自动将该系统软件装载进系统开发插件所用的文件夹中，便于操作者使用，如图 20-16 所示。

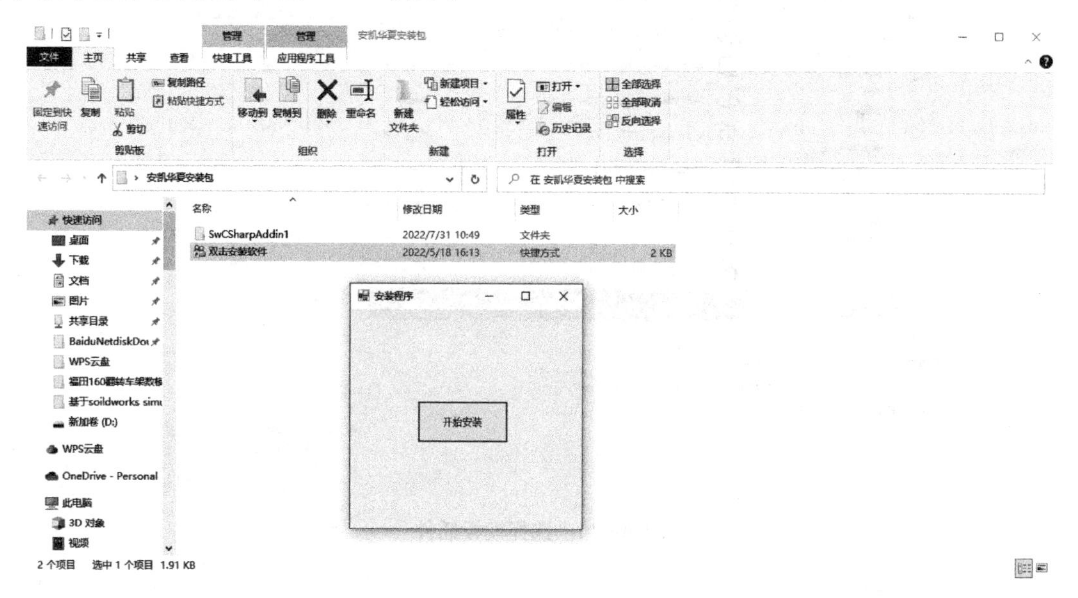

图 20-16 插件程序安装

第一次安装时右击该安装包，选择用管理员身份打开。单击“开始安装”按钮直到出现安装成功的弹窗，就说明插件已经安装完成。其中也会提示是否将公司所需要的一些材料直接添加进去，单击“确定”按钮即可。插件安装完成界面如图 20-17 所示。

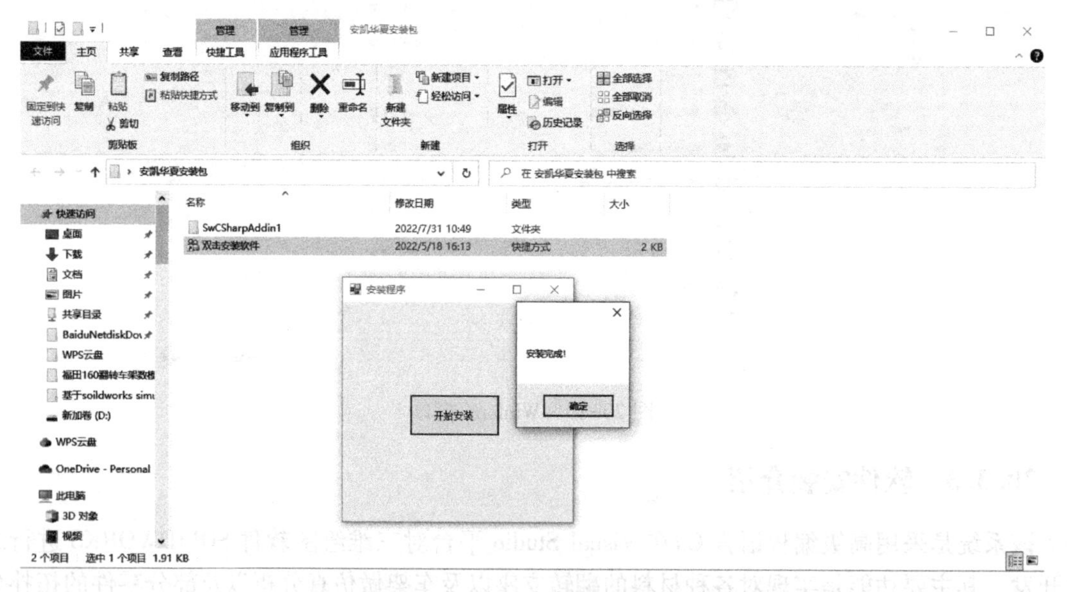

图 20-17 插件安装完成界面

安装成功之后，在 SOLIDWORKS 软件上方的工具栏中找到插件窗口，找到插件接口 C# addin 并选中。由于该仿真设计是基于 SOLIDWORKS Simulation 所进行的二次开发设计，所以 SOLIDWORKS Simulation 插件也要进行选中，如果没有进行这一步，直接进行仿真处理，则后续使用仿真操作时都会跳出弹框，提示错误。这一步至关重要，但很容易被忽略。这些操作完成之后，在 SOLIDWORKS 的工具栏的下拉菜单中就会出现“操作软件”选项，单击该选项就可以进入仿真系统主界面，如图 20-18 所示。

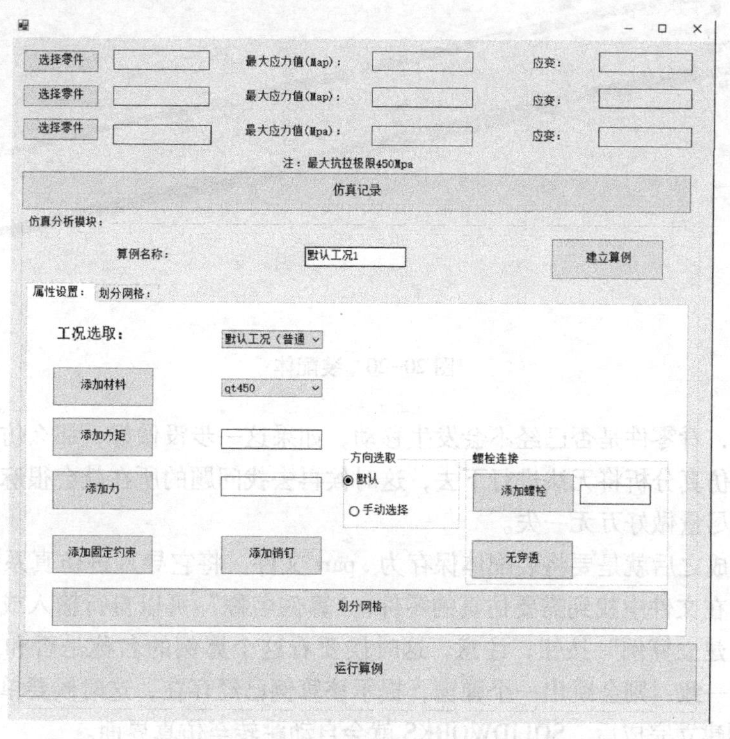

图 20-18 翻转支座的仿真系统主界面

20.3.4 软件操作介绍

该软件的操控范围较广，不仅仅针对翻转支座，对于正常的零件都可以实现仿真设计，可以根据属性设置和网格划分成两个界面，具体操作流程和仿真的流程一样，如图 20-19 所示。接下来分别就仿真分析的各个按钮的功能进行说明，首先对零件的仿真要做准备工作。

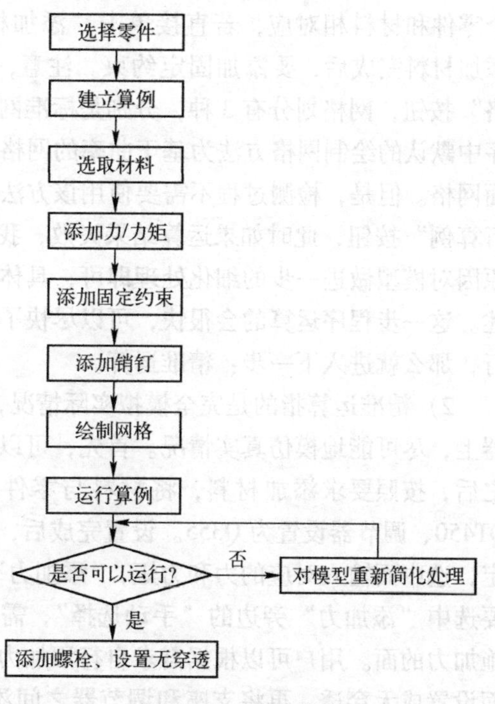

图 20-19 操作流程

1）企业拿到的往往是装配体，内部往往有上千个零件，如图 20-20 所示。此时需要对模型做简单的处理，将不影响仿真的零件删除，可以合并在一起的零件通过 SOLIDWORKS 自带的组合功能结合到一起。

2）对剩余的零件做简化处理，如去除部分倒角，对多个面交叉的部分进行优化处理，再将其提取出来，做孤立处理，进行单独的网格绘制，直到网格可以成功画上为止。

3）将这些孤立的零件重新组合，选择装配体，将处理之后的零件分别导入进装配体，通过配合方式，彼此之间施加约束。施加完成后，

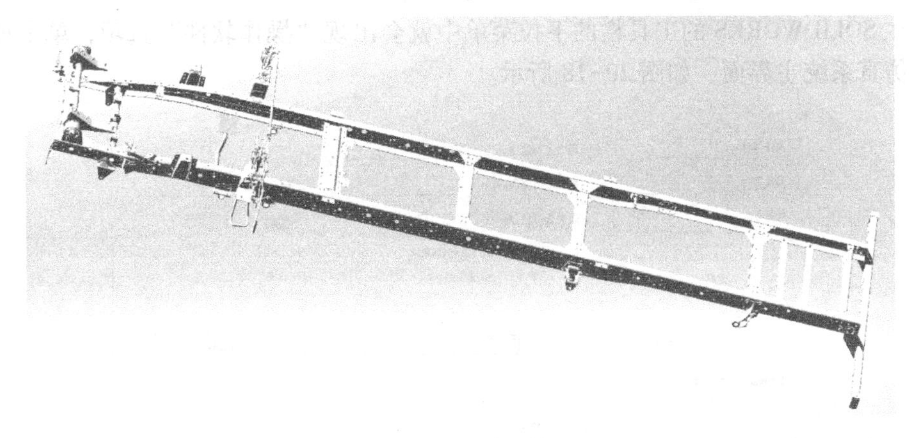

图 20-20 装配体

用鼠标拖动零件，看零件是否已经不会发生移动，如果这一步没做好，那么仿真设计过程就会提示有大位移，仿真分析将无法进行下去，这时候再去找问题的所在就会很麻烦，所以要在处理模型之初，就尽量做好万无一失。

模型处理完成之后就是要将装配体保存为 . part 文件。将它导入进仿真系统中，单击“选择零件”按钮，在文件中找到需要仿真的零件；“算例名称”可以自行输入或者使用默认的名称，之后单击“建立算例”按钮，注意，这时候要看这个算例的名称是否和之前的算例名称一致。如果出现一致，则会跳出一个弹窗，提示该算例已经存在，这时候要单击弹窗上的“确认”按钮。算例建立完成后，SOLIDWORKS 就会自动跳转至仿真界面。

1）检验模型是否已经处理完成。首先选择默认工况，再对每个部分进行添加材料，使每个零件和材料相对应，若直接单击“添加材料”按钮，软件会默认为零件进行材料的添加，添加材料完成后，要添加固定约束。注意，此时不需要添加力矩和力，只需要单击“划分网格”按钮，网格划分有 3 种，分别是标准网格、基于曲率的网格以及基于混合曲率的网格。程序中默认的绘制网格方法为基于曲率的网格，因为该网格使用了改进的算法可提供高质量的曲面网格。但是，检测过程不需要使用该方法，选择标准网格即可。网格划分完成后，单击“运行算例”按钮，此时如果运算结果失败，我们在内部已经设置好相应的错误原因，根据提示的原因对模型做进一步的细化处理即可，具体内容与准备工作中的内容基本一致，这里就不再赘述。这一步程序运算的会很快，可以尽快了解到模型是否具备了可以仿真的条件。如果可以运行，那么就进入下一步：精准运算。

2）精准运算指的是完全模拟实际情况，将对应的应力扭矩等施加到车架、支座以及调节器上，尽可能地模仿真实情况。首先，可以选择默认工况、紧急制动、急转弯以及上下颠簸。之后，按照要求添加材料，将材料与零件相匹配，其中，车架设置为 B510L、支座设置为 QT450、调节器设置为 Q355。设置完成后，将车架底座的 4 个位置以及车尾的 2 个位置进行固定，选中面输入对应的力和力矩，“添加力”默认的方向是垂直于面，如果需要改变方向则需要选中“添加力”旁边的“手动选择”，需要手动选择两个面，第一个是力的方向，第二个是施加力的面。用户可以根据需求自行添加力、添加螺栓，添加完成后要注意将与螺栓相接触的面设置成无穿透，再将支座和调节器之间添加销钉，否则运算之后会出现弹窗，提示有大位移，是否继续运行，这时要单击“否”按钮，然后按照之前的步骤重新设置，当所有的设置都完成后，就可以单击“运行算例”按钮。上述操作是因为添加了螺栓，并且要将网格进一步细化处理，通常按照默认参数即可，即最大单元数 8、最小单元数 0.4、圆中最小单位数 8 以及单元大小增长比例 1.6，这样的网格划分比较小，是经过多次实验得出来的结论。在此网格下绘制，目标区域的网格密度会相对较为精确，所以运行的速度会很慢，通常需要十多个小时。

3）当有限元分析完成之后，在 SOLIDWORKS 中会自动生成应力云图，在左侧的菜单栏中，可以找到应力、位移和应变云图。同样也可以对单个的位移进行查看。

4）仿真运算的结果会自动保存，仿真记录界面如图 20-21 所示，选择文件后单击“查看细节”按钮，就可以查看到之前仿真的结果，对于不需要的结果可以单击“编辑记录”按钮，实现对结果的删除。添加仿真记录是为了方便用户对各个模型的仿真结果进行对比分析，探究改变某一个参数后，仿真分析是否发生改变。由于仿真结果通常会长期保存，所以建立一个仿真记录的数据库就显得尤为必要。将数据库中的界面和数据之间建立联系，对数据库文件中的数据通过 ListBox 控件进行读取，实现数据库中的数据可以直接显示到界面上，数据库文件也可以直接读取 ListBox 中的数据，使得在删除界面中的记录后，数据库中的记录也随之消失，形成 UI 界面和数据库的实时变化。

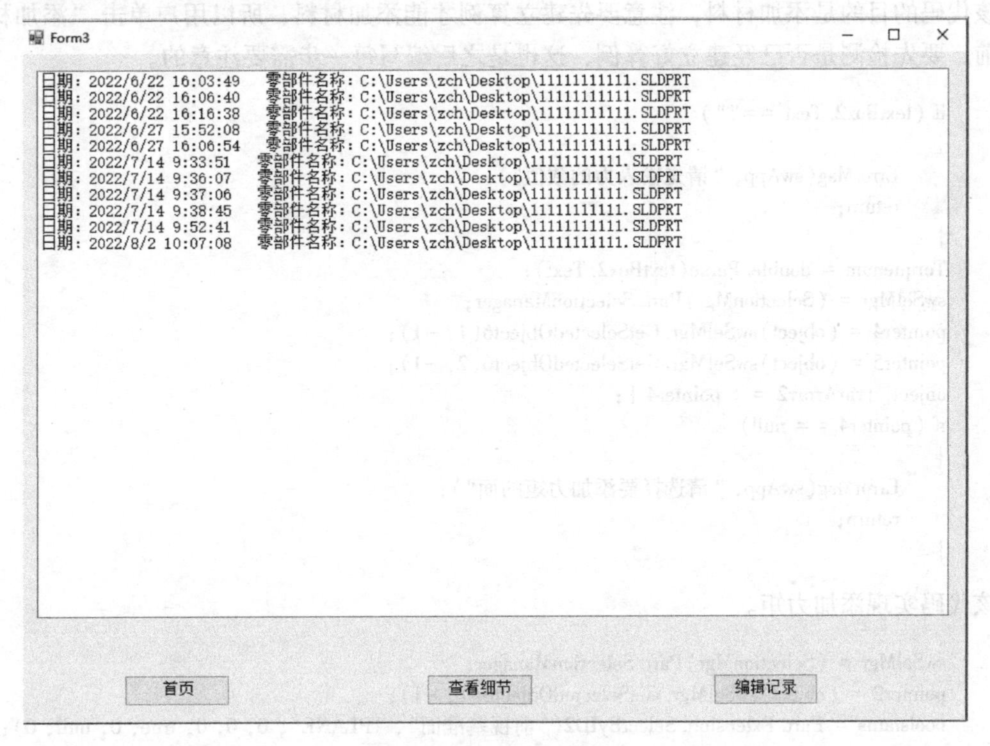

图 20-21　仿真记录界面

仿真记录界面中会根据操作者仿真结束的时间进行一个日期的保存，其中零部件的名称指的是这个仿真文件所储存的位置区域。用户对于某一条记录可以分别进行查看细节以及编辑记录两个操作。

1）查看细节：需要用户选中记录，再单击“查看细节”按钮，这样即可以直接跳转至这个仿真模型，对其仿真的结果进行查看。

2）编辑记录：如果用户对某一个结果不满意，可以直接单击“编辑记录”按钮，在弹出的记事本中，用户可以选中这条记录进行删除处理，但这里要注意一旦删除就是不可逆的。

20.3.5 重点代码解释

```
OpenFileDialog ofd = new OpenFileDialog();
ofd.Title = "请选择装配体";
```

该代码的目的是选择装配体。

```
string cailiao = null;
if (comboBox1.SelectedItem == null)
{
    ErrorMsg(swApp, "请先添加材料");
    return;
}

else
    cailiao = comboBox1.SelectedItem.ToString();
int a=SolidMgr.SetLibraryMaterialToSelectedEntities("自定义材料", cailiao);
```

该代码的目的是添加材料，注意要先建立算例才能添加材料，所以用户单击“添加材料”按钮前，要先检测是否已经建立好算例，这也是之后编写每一步需要注意的。

```
if (textBox2.Text =="")
{
    ErrorMsg(swApp, "请先输入力的数值");
    return;
}
Torquenum = double.Parse(textBox2.Text);
swSelMgr = (SelectionMgr)Part.SelectionManager;
pointer4 = (object)swSelMgr.GetSelectedObject6(1, -1);
pointer5 = (object)swSelMgr.GetSelectedObject6(2, -1);
object[]varArray2 = { pointer4 };
if (pointer4 == null)
{
    ErrorMsg(swApp, "请选择要添加力矩的面");
    return;
}
```

该代码实现添加力矩。

```
swSelMgr = (SelectionMgr)Part.SelectionManager;
pointer2 = (object)swSelMgr.GetSelectedObject6(1, -1);
boolstatus = Part.Extension.SelectByID2("前视基准面", "PLANE", 0, 0, 0, true, 0, null, 0);
pointer3 = (object)swSelMgr.GetSelectedObject6(2, -1);
if (pointer3 == null)
{
    ErrorMsg(swApp, "请先选择要施加力的面");
    return;
}
Forcenum = double.Parse(textBox1.Text);
Forcenum = 2.5 * Forcenum;
object[]varArray1 = { pointer2 };
double[]ComponentValues = { 0, 0, Forcenum, 0, 0, 0 };
LBCMgr = Study.LoadsAndRestraintsManager;
```

```
CWForceObj = LBCMgr.AddForce3(0, 0, 2, 0, 0, 0, (DistanceValues), (ForceValues), false, false,
0, 0, 4, 1, (ComponentValues), false, false, (varArray1), pointer3, false, out errCode);
```

该代码实现添加力。

```
object[] varArray1 = {pointer1};
LBCMgr = Study.LoadsAndRestraintsManager;
CWRes1 = LBCMgr.AddRestraint(0, (varArray1), null, out errCode);
```

该代码实现添加固定约束。

20.4 本章小结

二次开发实例——轻型卡车翻转支座断裂分析

本章对轻型卡车翻转支座开发现状进行了介绍，讲述了翻转支座的结构原理和工作特点，详细说明了对翻转支座进行有限元分析的过程，同时介绍了仿真分析插件的安装和使用说明。

参考文献

[1] 谭建荣，顾新建，祁国宁，等．制造企业知识工程理论、方法与工具［M］．北京：科学出版社，2008.

[2] 董玉德，赵韩．CAD二次开发理论与技术［M］．合肥：合肥工业大学出版社，2009.

[3] 江洪，魏峥，王涛威．SolidWorks二次开发实例解析［M］．北京：机械工业出版社，2004.

[4] 王文波，涂海宁，熊君星．SolidWorks 2008二次开发基础与实例（VC++）［M］．北京：清华大学出版社，2009.

[5] 殷国富，尹湘云，胡晓兵．SolidWorks二次开发实例精解：冲模标准件3D图库［M］．北京：机械工业出版社，2006.

[6] 董玉德，谭建荣，赵韩，等．AutoCAD系统开发技术：程序实现与实例［M］．合肥：中国科学技术大学出版社，2001.

[7] 王正军．Visual C++6.0程序设计从入门到精通［M］．北京：人民邮电出版社，2006.

[8] 汪泽森．图形参数化自适应衍生技术的研究［D］．合肥：中国科学技术大学，2005.

[9] 董玉德，丁毅，李久成，等．基于冰箱发泡模具的一种系列化设计方法［J］．组合机床与自动化加工技术，2017（12）：125-128.

[10] 葛华辉，丁毅，陈进富，等．基于SolidWorks轮胎花纹设计系统开发的研究［J］．轮胎工业，2016，36（10）：587-591.

[11] 杨善来，丁毅，谈国荣，等．基于模块化的矿车参数化方法研究［J］．机电工程，2016，33（12）：1436-1441.

[12] 陈兴玉，赵韩，董玉德，等．采用实例推理的寄生式通用零部件设计系统的研究［J］．工程图学学报，2008，29（1）：1-8.

[13] 董玉德，李年丰，陈兴玉，等．基于XML的YH30型液压机设计方法研究［J］．工程图学学报，2009，30（6）：30-35.

[14] 董玉德，李久成，杨善来，等．面向个性化定制焊接式渣包参数化方法［J］．中国机械工程，2018，29（12）：1446-1453.

[15] DONG Y D SU F，SUN G J，et al. A feature-based method for tire pattern reverse modeling［J］. Advances in Engineering Software，2018，124：73-89.

[16] LIU C，DONG Y D，WEI Y，et al. Image detection and parameterization for different components in cross-sections of radial tires［J］. Proceedings of the Institution of Mechanical Engineers，Part D：Journal of Automobile Engineering，2022，236（2/3）：287-298.

[17] 许锦泓，谭建荣，董玉德，等．剪板机系列化CAD系统的设计［J］．机械设计与制造，2000（3）：10-11.

[18] 董玉德，谭建荣，赵韩，等．面向图形结构单元的变量关联参数化原理与方法的研究［J］．中国机械工程，2001，12（6）：671-676.

[19] 董玉德，赵韩，谭建荣．基于图形单元的结构变异参数化设计方法［J］．农业机械学报，2002，33（3）：98-101；105.

[20] DONG Y D，ZHAO H，TANG J R. Implementation methods of computer aided design：drawing and drawing management for plate cutting-machine［J］. Journal of Donghua University，2002，19（1）：115-118.

[21] 汪泽森，董玉德．自适应参数化 CAD 图块数据库系统的设计［J］．计算机辅助工程，2005，14（2）：1-4；15.

[22] 董玉德，王平，董兰芳．面向扫描图纸的尺寸框架重建方法研究［J］．工程图学学报，2006，27（3）：167-172.

[23] DONG Y D，ZHAO H，LI Y F. Variable relation parametric model on graphics modelon for collaboration design［J］. Journal of Donghua University，2005，22（1）：45-49.

[24] 赵韩，陈兴玉，董玉德，等．基于 SolidWorks 二次开发的微小尺寸解决方法的探讨［J］．机械设计与制造，2007（9）：69-71.

[25] 董玉德，刘孙，朱长江，等．面向工程图纸离线式表格信息提取与识别方法研究［J］．工程图学学报，2009，30（1）：17-25.

[26] 王秋红，董玉德．基于 XML 的液压机产品零件的模型表达［J］．机械设计与制造，2012（11）：252-254.

[27] 王宣，董玉德．基于 SolidWorks 的零件参数化设计二次开发方法［J］．阜阳职业技术学院学报，2014，25（2）：47-50.

[28] 王宣，代晓波，董玉德．基于 SolidWorks 的陶瓷模具参数化设计［J］．西安工程大学学报，2014，28（3）：293-297.

[29] 孟庆当，丁战友，杨善来，等．浮选机关键零件的参数化设计［J］．西安工程大学学报，2014，28（4）：496-501；507.

[30] DONG Y D，DING Z Y，YANG S L，et al. Design and research of similarity and its serialization of the flotation machine's key structure［J］．Computer Aided Drafting，Design and Manufacturing，2014，24（2）：74-81.

[31] DAI X B，DONG Y D，QIN L. Research on variable structure parametric design system of ceramic tile mould based on modular［J］．Computer Aided Drafting，Design and Manufacturing，2014，24（2）：67-73.

[32] WANG Q H，ZHANG T，DONG Y D. Research on YH30 hydraulic press parts's model expression based on XML［J］．Applied Mechanics and Materials，2012，192：306-309.